大気力学の基礎

中緯度の総観気象

ジョナサン E. マーティン [著]

近藤豊・市橋正生 [訳]

Mid-Latitude
Atmospheric Dynamics
A First Course

東京大学出版会

Mid-Latitude Atmospheric Dynamics: A First Course
by Jonathan E. Martin

Copyright©2006 by John Willy & Sons Ltd.

All Rights Reserved. Authorised translation from the English language edition published by John Wiley & Sons Limited. Responsibility for the accuracy of the translation rests solely with University of Tokyo Press and is not the responsibility of John Wiley & Sons Limited. No part of this book may be reproduced in any form without the written permission of the original copyright holder, John Wiley & Sons Limited.

Japanese transration rights arranged with John Willy & Sons Ltd., through Japan UNI agency, Inc.

Transration by Yutaka KONDO and Masaki ICHIHASHI

University of Tokyo Press, 2016
ISBN978-4-13-062726-9

序　文

　多くの人々が，中緯度の大気の絶え間ない変動について興味を持ち，これを明確に理解したいと望んでいる．この大気領域では連続的に発達・消滅する気象システムの移動により，数日間隔で劇的な気象の変化が起きる．気象に興味を持つ物理学者にとって注目すべきことは，この変動が何世紀も前に明らかにされた物理学の基礎的な法則により支配されているということである．これらの物理法則を，大気力学の解析に厳密に適用した結果，この100年間に物理学にひとつの独立した分野が確立した．本書は，古典物理学の基礎と微積分学の知識がある学生が，中緯度大気の力学の物理学的かつ数学的な取扱いを学べる入門書となることを目的としている．

　通常の教科書では，教育的な目標を達成するのに必要な材料を取捨選択することなく，その著者の博識を詰め込みすぎていることがよくある．この本を書く2つの動機は，この主題についての長年にわたる多くの学生への講義から生まれた．第1の動機は，これまでの教科書は，しばしば数学的な導出が省略されており，学習の道具として使いにくいと，多くの学生たちが感じていることである．学生は講義の間に理解したつもりが，その夜，図書館で復習すると，理解できていないことに気づくのである．第2の動機は，初歩的な力学を，現代的な総観規模の気象学の中心的な問題に応用するための簡明な入門書がないことである．ここで中心的な問題というのは鉛直運動，前線および前線形成過程，低気圧のライフサイクルの力学過程を，ω（鉛直流）と渦位の両方の視点から診断することである．

　本書では，この2つの難点をやわらげるために，大気力学を説明し，それに基づいて中緯度気象システムへの理解が深まるような応用を示すという方法を取った．そのために概念的には深く，数学的には詳細な仕方で説明するよう心がけた．読者が講義に集中しているような感覚で読めるように，本書は会話的なスタイルをとっている．このことによって，学生が容易に，この主題での入門コースを習得できると期待している．

この本の最初の5つの章は，大気力学の入門的な講義を受講している学部学生を想定して書かれている．第1章は，関連する数学的な道具の概観を示し，第2章では，回転する地球の上で働く真の力や見かけの力を考察する．第3章では，質量，運動量，エネルギーの基本的な保存の法則を吟味し，その過程で，連続の式，運動方程式，エネルギーの方程式を導出する．第4章では，運動方程式を，様々な近似を通して簡単化し，中緯度大気の流れの基礎的な特性を考察する．第5章では，準地衡風の方程式系を導入し，流体における循環，渦度，発散の間の関係を調べる．

最後の4つの章は，より実際的な訓練が必要となる総観気象学の課程を受講する学生の準備のために書かれている．第6章では，鉛直運動の診断について述べる．第7章では，中緯度低気圧を特徴づける前線のメソ総観力学を考察し，前線形成過程，前線形成過程と前線を横切る鉛直循環との関係が，準地衡およびセミ地衡の枠組みで議論される．第8章では，中緯度低気圧のライフサイクルの力学を調べ，これまでの章で議論した関連事項を集約し統合的に理解を得る．第9章では，中緯度低気圧のライフサイクルを吟味するために，渦位診断の使用について解説する．本書に用いた材料の多くは，ウィスコンシン大学マディソン校の大気・海洋学部で何年間かにわたって行った，3つのコースの講義に基づいている．本書の前半・後半の内容は，気象学または大気力学について，バックグラウンドがない大学院1年生に適している．

本書では，すべての課題に対して，数学的な形式の応用よりも，概念的な理解を目指している．数学に慣れていることは必要ではあるが，中緯度大気力学を深く理解するためには，それだけでは十分ではない．中緯度大気力学の理解は，その現象への物理的直感と，それに対応する数学的な記述とを密接に結びつけることで初めて可能となる．学生が，主題について知識を深め，問題解法の技法を身につけるために，各章の最後には，様々な難易度の問題を付けた．すべての問題に対する完全な解答は，出版社から入手できる解法マニュアルに記載している．また，各章の最後には，さらに学ぶための重要な参考文献を，注釈を付けてリストアップした．より完全な参考文献目録は本書の最後に付けた．

ジョナサン E. マーティン

訳者のまえがき

　中緯度大気力学は，天気予報研究に代表されるような伝統的な気象学はもとより，現在では地球大気環境科学，気候変動研究，惑星大気科学などを含め，広く地球科学の分野を理解・研究する上での共通の知的基盤となっている．たとえば訳者（近藤）の専門である地球大気環境科学では，自然界や人間活動により放出された微量気体やエアロゾルの地球規模の空間分布をよりよく理解するためには，これらの物質の大気中での輸送過程や，降水除去過程などを理解する必要がある．このため，大学学部や大学院での関連分野の講義では，大気輸送や関連する気候の簡単な説明をしてきた．しかし，これでは気象学を専門としない学生への講義としても不十分であり，基礎から始めて，系統的な説明のある入門的な教科書の必要性を強く感じてきた．Jonathan Martin 教授による本書はこの必要性を十分に満たすものであり，学生や関連分野の研究者の学習の便宜をはかるため，これを翻訳するに至ったというのが経緯である．

　しかし大気力学を学ぶ理由には，専門的な研究への応用以上のものがある．球面としての地球表層が太陽エネルギーを緯度的に不均一に受け取り，温度の緯度勾配が生じ，大気がこのことに応答する結果，眼前に生き生きとした気象現象が生起する．この仕組みを物理的に理解することは古代ギリシャの自然哲学以来，知的探求の対象であり，その探究の営みは人々に大きな喜びをもたらしてきた．この大気物理学への扉が本書によって開かれるはずである．

　この本はウィスコンシン大学での気象学の講義を基に書かれたものである．Martin 教授は中緯度の低気圧のライフサイクルなど総観規模の気象学が専門であり，この本の著者として，まさに適任者である．第 1～3 章は物理学の基礎の復習である．第 4～5 章で初めて「気象力学」の説明があるが，「現実の大気現象，観測例」との結びつきはまだ見えてこない．初めて学ぶ読者にとって，ここまでを理解するにはかなりの「忍耐力」が必要である．しかし，ここであきらめてはいけない．面白いのはその先にある．

　第 6～9 章はまさに本書のハイライトであり，他のテキストに見られない

「独自性」を含んでいる．「中緯度低気圧がどのようにして発生するか」といったことや，その衰退に至るまでの変化の興味深い様相や過程が，数理物理的な解析手法を用いて説明されている．そこでは，方程式の意味を理解しやすくするため，方程式と実際の気象場とを具体的に関連付けて丁寧に説明してくれている．また Q ベクトルを縦横に用いて，これらの過程を統一的に説明しているのも，本書の大きな特長である．多くの人々が知りたいと思っている毎日の天気現象のからくりを，高い知的レベルで理解することができるのである．

　本書は日本の学部の通常の気象学の講義で 1 年間に教えられる以上の水準と分量となっている．読者が初学者の場合，理想的には，先達を含めた 2～3 人で本書を輪読するのが望ましい．しかし，そのような状況にない場合を考え，本書のよどみない理解のために補足説明が必要と考えた部分には，繰り返しをいとわず訳注を加えた．

　本書の内容の深い理解に必要と考えた詳しい解説を訳者が準備し，本文中でも引用している．この付録は東京大学出版会のホームページ（http://www.utp.or.jp/bd/978-4-13-062726-9.html）よりダウンロードされたい．さらに，原著の誤りと思われるいくつかの点については，Martin 教授と確認をとり修正を加えてある．Martin 教授は前線における循環に関する「コラム記事」の執筆依頼を快諾して頂いた．また章末の問題に対する，著者によるすべての詳細解答も，東京大学出版会のホームページに置いてある（付録の zip ファイルの解凍パスワードは v2uiufo54bg4vk4r5hk4）．このうち，重要と思われるものについては和訳してある．

　この本は，訳者の付録も含め論理構成を丹念に追っていけば理解できるように書かれている．しかし，大気力学を初めて学ぶ読者が本書全体の論理的な構造を一度読んだだけで十分に理解することは困難と思われる．二度，三度と読み返すことにより各章の内容を相互に関連づけて，全体がよく理解できるようになる．式の導出は詳しく記述されているので，読者自ら鉛筆を取り，すべての式をノートで検算することを勧める．大学ノート 2 冊程度の計算量になるはずである．

　付録も含め，この本に対するコメント，質問など東京大学出版会までお寄せ頂きたい．これらを著者に伝え，今後の改訂の参考にしてもらいたいと考えるからである．

　東京大学大気海洋研究所の高薮縁研究室の方々は原稿を詳細に査読され，専門的な立場から多くの有益なコメントを準備された．このことで，翻訳原稿を

大きく改訂することができた．東京大学先端科学技術研究センターの中村尚教授には，第6章から第9章までを精査頂いた結果，本書の記述をより正確なものにすることができた．気象大学校の露木義講師には第7章の訳注・訳文および「訳者の付録」に大変重要な加筆をして頂いた．廣田勇京都大学名誉教授からは原稿の内容に関する多くの貴重なご意見と，本書の出版への強い励ましを頂いた．また山崎孝治北海道大学名誉教授，小池真東京大学准教授，国立極地研究所の冨川喜弘准教授，猪上淳准教授も原稿を査読され，冨川准教授は訳者の付録の一部を書いて頂いた．付録の図の作成は東京大学のP. R. Sinha博士に協力頂いた．これらの方々の多大なご助力により，翻訳原稿を完成することができたことを，深く感謝する次第である．また翻訳作業にあたり国立極地研究所・東京大学の多くの方々のお世話になった．

この本により，より多くの読者が大気力学・大気科学の基礎を習得し，大気や自然の振舞いに対する理解を深めることができるよう心より願っている．

2016年6月

近藤　豊
市橋正生

目　次

序　文 ……………………………………………………………… i
訳者のまえがき ………………………………………………… iii

第1章　序論および数学的道具の概観 …………………… 1
　目的 ………………………………………………………… 1
　1.1　流体と流体力学の性質 ……………………………… 1
　1.2　有用な数学的道具の概観 …………………………… 2
　　　1.2.1　ベクトル演算の要素 ………………………… 2
　　　1.2.2　テイラー級数展開 …………………………… 10
　　　1.2.3　微分の中央差分近似 ………………………… 11
　　　1.2.4　連続変数の時間変化 ………………………… 12
　1.3　スケール解析による推定 …………………………… 16
　1.4　流体の運動学の基礎 ………………………………… 17
　　　1.4.1　純粋な渦度 …………………………………… 18
　　　1.4.2　純粋な発散 …………………………………… 19
　　　1.4.3　純粋な伸長変形 ……………………………… 19
　　　1.4.4　純粋なシアー変形 …………………………… 20
　1.5　測定法 ………………………………………………… 22
　参考文献 …………………………………………………… 22
　問題 ………………………………………………………… 22
　解答 ………………………………………………………… 24

第2章　真の力と見かけの力 ……………………………… 25
　目的 ………………………………………………………… 25
　2.1　真の力 ………………………………………………… 26
　　　2.1.1　気圧傾度力 …………………………………… 26

　　　　2.1.2　地球の引力 …………………………………… 27
　　　　2.1.3　摩擦力 ………………………………………… 28
　2.2　見かけの力 ……………………………………………… 32
　　　　2.2.1　遠心力 ………………………………………… 33
　　　　2.2.2　コリオリ力 …………………………………… 35
参考文献 ……………………………………………………… 40
問題 …………………………………………………………… 40
解答 …………………………………………………………… 42

第3章　質量，運動量およびエネルギー——物理的世界の基本的な量 … 43
　目的 …………………………………………………………… 43
　3.1　大気中の質量 …………………………………………… 43
　　　　3.1.1　測高公式 ……………………………………… 45
　3.2　運動量の保存：運動方程式 …………………………… 50
　　　　3.2.1　球座標における運動方程式 ………………… 54
　　　　3.2.2　質量の保存 …………………………………… 66
　3.3　エネルギーの保存：エネルギーの式 ………………… 69
参考文献 ……………………………………………………… 75
問題 …………………………………………………………… 76
解答 …………………………………………………………… 78

第4章　運動方程式の適用 …………………………………… 79
　目的 …………………………………………………………… 79
　4.1　鉛直座標としての気圧 ………………………………… 79
　4.2　鉛直座標としての温位 ………………………………… 86
　4.3　温度風平衡 ……………………………………………… 92
　4.4　自然座標系と平衡流 …………………………………… 97
　　　　4.4.1　地衡流 ………………………………………… 100
　　　　4.4.2　慣性流 ………………………………………… 101
　　　　4.4.3　旋衡流 ………………………………………… 102
　　　　4.4.4　傾度流 ………………………………………… 105
　4.5　流跡線と流線の関係 …………………………………… 111
参考文献 ……………………………………………………… 113

問題	……	114
解答	……	117

第 5 章　循環，渦度および発散 …… 119

目的	……	119
5.1	循環定理とその物理的解釈 ……	121
5.2	渦度および渦位 ……	128
5.3	渦度と発散の関係 ……	135
5.4	準地衡方程式系 ……	143
参考文献	……	147
問題	……	147
解答	……	150

第 6 章　中緯度総観規模の鉛直運動の診断 …… 151

目的	……	151
6.1	非地衡風の性質：加速度ベクトルの分離 ……	151
6.1.1	気柱内での正味の非地衡風発散に対するサトクリフの式	155
6.1.2	非地衡風のもう 1 つの視点 ……	158
6.2	サトクリフの発達定理（The Sutcliffe Development Theorem） ……	161
6.3	準地衡オメガ方程式 ……	166
6.4	Q ベクトル ……	172
6.4.1	地衡風のパラドックスとその解 ……	172
6.4.2	自然座標で表示した Q ベクトル ……	179
6.4.3	等温位線に沿った方向と等温位線を横切る方向の $\vec{Q}$ の成分 ……	184
参考文献	……	188
問題	……	188
解答	……	191

第 7 章　前線における鉛直循環 …… 193

目的	……	193
7.1	中緯度前線の構造的および力学的特性 ……	194

7.2 前線形成と鉛直運動 ……………………………………………… 198
7.3 セミ地衡方程式 …………………………………………………… 211
7.4 上層における前線形成 …………………………………………… 219
7.5 前線における降水過程 …………………………………………… 230
参考文献 ………………………………………………………………… 240
問題 ……………………………………………………………………… 241
解答 ……………………………………………………………………… 245

第8章 温帯低気圧のライフサイクルの力学的様相 …………… 247
目的 ……………………………………………………………………… 247
8.1 序：低気圧の寒帯前線理論 ……………………………………… 247
8.2 低気圧の基本構造とエネルギーの特性 ………………………… 252
8.3 低気圧発生の段階：準地衡傾向方程式の視点 ………………… 255
8.4 低気圧発生の段階：準地衡オメガ方程式の視点 ……………… 260
8.5 低気圧発生への非断熱過程の影響：爆弾低気圧発生 ………… 263
8.6 完熟期：温度構造の特性 ………………………………………… 270
8.7 完熟期：閉塞象限における準地衡力学 ………………………… 274
8.8 衰退期 ……………………………………………………………… 278
参考文献 ………………………………………………………………… 281
問題 ……………………………………………………………………… 281
解答 ……………………………………………………………………… 284

第9章 渦位と中緯度気象システムへの応用 …………………… 285
目的 ……………………………………………………………………… 285
9.1 渦位と温位座標系での発散 ……………………………………… 285
9.2 正の渦位偏差の特性 ……………………………………………… 290
9.3 渦位の視点からの低気圧発生 …………………………………… 296
9.4 渦位に及ぼす非断熱加熱の効果 ………………………………… 301
9.5 渦位の視点の更なる応用 ………………………………………… 306
    9.5.1 渦位の分割逆変換とその応用 ……………………………… 306
    9.5.2 閉塞に関する渦位の視点 …………………………………… 309
    9.5.3 山脈の風下での低気圧発生に関する渦位の視点 ………… 313
    9.5.4 渦位の重ね合わせと減衰の効果 …………………………… 315

参考文献	318
問題	318
解答	320

付録 A	仮温度	321
参考文献		323
訳者の参考文献		328
索　引		331
著訳者紹介		340

第 1 章　序論および数学的道具の概観

目的

　地球の大気は，美しく荘厳であり，力強く畏怖の念を起こさせ，複雑な振舞いをする．露の小さなしずくや小さな雪片から，中緯度の低気圧として知られる巨大な循環システムにいたるまで，すべての大気現象は，物理法則によって支配されている．これらの法則は，数学の言語で記述することができるが，大気の振舞いを深く理解するためには，大気現象に特有な言葉で考える必要がある．しかしながら，本質的な理解を得るためには，数学的形式を学ぶだけではなく物理的な理解も極めて重要である．大気の状態を記述する 7 つの基礎的な変数（これらは，本書では，**基礎的状態変数**と呼ぶ），即ち，u, v, w（3次元の風の成分），T（気温），P（気圧），ϕ（ジオポテンシャル）および q（湿度）の振舞いを完全に理解すれば，原理的には各変数の時間発展を支配する方程式により，大気の状態を予測することができる．しかし，これらの方程式がどのような形をとるかは自明ではない．本書では，地球の中緯度大気の振舞いを支配する基礎的な力学を理解するために，これらの方程式を導出していく．

　本章では，このような作業に必要となる道具（概念的および数学的）を概観することで，議論を展開するための基礎を述べる．まず我々を取り巻く大気が連続的な流体と考えることができるという（面倒であるが）有用な概念を説明する．次にベクトル演算，関数のテイラー級数展開，中央差分近似，ラグランジュとオイラーの微分の間の関係など，有用な数学的道具について述べる．最後にスケール解析による推定という考え方を調べ，流体の流れの基礎的な運動学について考察する．

1.1　流体と流体力学の性質

　自然界では，物理的対象は様々な様相を呈することは経験的によく知られて

いる．これらの物理的対象のほとんど（そして，本書で扱うすべて）は，**質量**を持っている．物体の質量は物質の尺度と考えられる．地球の大気は，そのような対象の1つである．大気には，確かに質量[1]があるが，岩石のような固体ではない．実際，地球大気は一般には流体として分類される．日常的には，流体とは容器の形に従うすべての物質を指す．我々の周囲にある大気の他に，よく知られているもう1つの流体は水である．与えられた質量を持つ液体の水は，注ぎこまれる容器の形に従う．この与えられた質量の液体の水は，空気と同じように，実際には離散した分子により構成されている．しかし，大気流体の振舞いについてのこれからの議論では，空気の分子構造の詳細を考える必要はない．その代わり，大気を連続した流体としての実在である**連続体**として取り扱うことができるのである．空気を構成する分子が離散的であることは明らかであるにも拘わらず，それを連続した流体とみなすことは有用である．たとえば空気の流れ（風）を，そのような連続的な流体の動きを示すものと考えることは妥当である．今後取り扱う「点」または「空気塊」を多数の分子を含む非常に小さな体積の要素として考えることができる．前に述べた様々な基礎的状態変数を，連続体の各「点」において一意的な値を持つと仮定し，その変数やそれらの微分が物理的な空間や時間の連続関数であると仮定する．このことにより，基礎的状態変数を従属変数，空間と時間を独立変数とする一組の偏微分方程式により，大気流体の運動を支配する基本的な物理法則を表現することが可能になる．これらの方程式を求めるために，ごく基礎的な数学的道具を用いる．次節では，いくつかの重要な数学的道具について説明する．

1.2 有用な数学的道具の概観

ここまで，流体に特有な性質を概念的に考えてきた．興味ある流体の振舞いを厳密に記述するために，数学的道具を整える必要がある．以下に続く項では，幾つかの道具を詳しく述べる．これらの内容を熟知した読者は，ここは飛ばして読んでも差し支えない．まずベクトル解析の復習から始める．

1.2.1　ベクトル演算の要素

多くの物理量は，大きさのみにより表される．**スカラー**と呼ばれる，これら

---

[1] 地球大気の総質量は 5.265×10^{18} kg である！

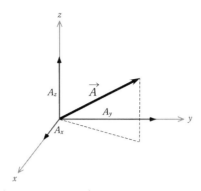

図 1.1 ベクトル $\vec{A}$ の 3 次元表示. $\vec{A}$ の各成分は，座標軸に沿って示されている.

の種類の量としては，面積，体積，お金，そして全降雪量などがある．その他の種類の物理量としては，大きさと方向の両方で特徴づけられる，速度，重力，地形の勾配などがある．そのような量は**ベクトル**と呼ばれ，流体としての大気はスカラーとベクトルの両方を用いて記述される．したがってベクトル解析[2]として知られる，これらの量の数学的表現に習熟する必要がある．

3 つの方向 (x, y, z) が互いに直交しているデカルト座標系を用いると，任意のベクトル $\vec{A}$ は，A_x，A_y，A_z と表示される x，y，z 方向の成分を持つ．これらの成分は座標軸方向のベクトルの大きさなので，スカラーである（図 1.1 参照）．x，y，z 方向の方向ベクトルを $\hat{i}$, $\hat{j}$, $\hat{k}$ と表示すると（ここで記号 ^ は，大きさが 1 で各方向を向いたベクトル——いわゆる**単位ベクトル**であることを示す），

$$\vec{A} = A_x \hat{i} + A_y \hat{j} + A_z \hat{k} \tag{1.1a}$$

がベクトル $\vec{A}$ を成分で表した形式である．同様にして，任意のベクトル $\vec{B}$ を成分で表した形式は，

---

[2]ベクトル解析は，アイルランドの数学者ハミルトン（Sir William Rowan Hamilton）により 1843 年に考案されたと考えられている．物理科学における重要性にも拘らず，ベクトル解析は 19 世紀では懐疑的に見られた．実際，ケルビン（Lord Kelvin）は，1890 年代にベクトルは「多少とも，それらに触れた人々に害悪を与え … ベクトル … は，少しも有用でなかった」と書いている．如何に偉大な思想家であろうと，常に正しいとは限らないことを覚えておこう！

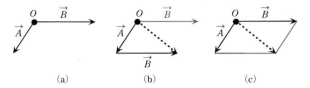

図 1.2 (a) 点 O に作用するベクトル $\vec{A}$ と $\vec{B}$. (b) ベクトル $\vec{A}$ と $\vec{B}$ を加えるための, 尾部から先頭部を結ぶ方法の模式図. (c) ベクトル $\vec{A}$ と $\vec{B}$ を加えるための, 平行四辺形による方法の模式図.

$$\vec{B} = B_x\hat{i} + B_y\hat{j} + B_z\hat{k} \tag{1.1b}$$

で与えられる．もし $A_x = B_x$, $A_y = B_y$, $A_z = B_z$ であればベクトル $\vec{A}$ と $\vec{B}$ は等しい．さらにベクトル $\vec{A}$ の大きさは，

$$|\vec{A}| = (A_x^2 + A_y^2 + A_z^2)^{1/2} \tag{1.2}$$

で与えられる．この式は 3 次元のピタゴラス定理と同等であり，図 1.1 により確かめられる．

　ベクトルは互いの成分を加えたり減じたりできるし，グラフを用いた方法でも同様な演算ができる．グラフによる加法は，図 1.2 により示される．図 1.2(a) に示されるように，力のベクトル $\vec{A}$ と $\vec{B}$ が点 O に作用している場合を考えよう．点 O に作用する合力は $\vec{A}$ と $\vec{B}$ の合計に等しい．尾部から先頭部を結ぶ方法または，平行四辺形による方法を用いて $\vec{A}$ と $\vec{B}$ のベクトル和をグラフで求めることができる．$\vec{A}$ の先頭に $\vec{B}$ を描き，$\vec{A}$ の尾部と $\vec{B}$ の先頭部を結べばよい（図 1.2(b)）．あるいは辺 $\vec{A}$ と $\vec{B}$ の平行四辺形を描き，$\vec{A}$ と $\vec{B}$ の間の平行四辺形の対角線を求めれば，ベクトル和 $\vec{A}+\vec{B}$ が得られる（図 1.2(c)）．

　$\vec{A}$ と $\vec{B}$ 両方の成分がわかっていれば，それらの和は

$$\vec{A} + \vec{B} = (A_x + B_x)\hat{i} + (A_y + B_y)\hat{j} + (A_z + B_z)\hat{k} \tag{1.3a}$$

で与えられる．$\vec{A}$ と $\vec{B}$ の和は，同じ成分同士を合計することにより求められる．ベクトル加法を成分形式で考えれば，ベクトルの加法は交換法則（$\vec{A} + \vec{B} = \vec{B} + \vec{A}$）と結合法則（$(\vec{A} + \vec{B}) + \vec{C} = \vec{A} + (\vec{B} + \vec{C})$）が成り立つことは明らかである．

　引き算は足し算の逆であり，$\vec{B}$ は $\vec{A}$ に $-\vec{B}$ を加えることにより，$\vec{A}$ から引くことができる．グラフによる $\vec{A}$ から $\vec{B}$ の引き算を，図 1.3 に示す．$\vec{A} - \vec{B} = \vec{A} + (-\vec{B})$ は，$\vec{B}$ の先頭部から $\vec{A}$ の先頭部へ向くベクトル（図 1.3 の薄

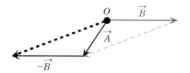

図 1.3 ベクトル $\vec{A}$ からベクトル $\vec{B}$ のグラフによる引き算.

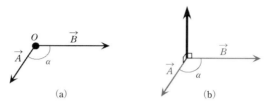

図 1.4 (a) ベクトル $\vec{A}$ および $\vec{B}$（両者の間の角 α）．(b) ベクトル $\vec{A}$ と $\vec{B}$（灰色の矢印）とそれらの外積 $\vec{A} \times \vec{B}$（太い矢印）の関係．$\vec{A} \times \vec{B}$ が $\vec{A}$ および $\vec{B}$ の両方に垂直であることに留意．

い破線の矢印）という結果になる．成分の引き算は，同じ成分同士を差し引くものであり，

$$\vec{A} - \vec{B} = (A_x - B_x)\hat{i} + (A_y - B_y)\hat{j} + (A_z - B_z)\hat{k} \tag{1.3b}$$

で与えられる．

ベクトル量は様々な方法で掛けることもできる．最も簡単なベクトルの乗法としては，ベクトル $\vec{A}$ とスカラー F の積がある．$F\vec{A}$ は，

$$F\vec{A} = FA_x\hat{i} + FA_y\hat{j} + FA_z\hat{k} \tag{1.4}$$

で与えられ，もとのベクトル $\vec{A}$ と同一の方向で，もとの大きさの F 倍の大きさのベクトルである．

2つのベクトルを掛け合わせることも可能であり，2つの異なったベクトル乗法の演算がある．そのような方法の1つはベクトルの乗法の結果がスカラーになるもので，**内積**または**スカラー積**と呼ばれる．図 1.4(a) に示されるベクトル $\vec{A}$ と $\vec{B}$ の内積は次式で与えられる．

$$\vec{A} \cdot \vec{B} = |A||B|\cos\alpha \tag{1.5}$$

ここで，α はベクトル $\vec{A}$ と $\vec{B}$ のなす角である．明らかに，この積はスカラーである．この公式は $\vec{A}$ と $\vec{B}$ の内積の具体的な表現である．$\vec{A} = A_x\hat{i} + A_y\hat{j} +$

$A_z\hat{k}$ および $\vec{B} = B_x\hat{i} + B_y\hat{j} + B_z\hat{k}$ に対し，内積は

$$\vec{A} \cdot \vec{B} = (A_x\hat{i} + A_y\hat{j} + A_z\hat{k}) \cdot (B_x\hat{i} + B_y\hat{j} + B_z\hat{k}) \tag{1.6}$$

で与えられ，次の 9 つの項に展開される．

$$\begin{aligned}\vec{A} \cdot \vec{B} = &A_xB_x(\hat{i}\cdot\hat{i}) + A_xB_y(\hat{i}\cdot\hat{j}) + A_xB_z(\hat{i}\cdot\hat{k}) \\ &+ A_yB_x(\hat{j}\cdot\hat{i}) + A_yB_y(\hat{j}\cdot\hat{j}) + A_yB_z(\hat{j}\cdot\hat{k}) \\ &+ A_zB_x(\hat{k}\cdot\hat{i}) + A_zB_y(\hat{k}\cdot\hat{j}) + A_zB_z(\hat{k}\cdot\hat{k})\end{aligned}$$

式 (1.5) により，同種類の単位ベクトルの間の角は $0°$ であるから，$\hat{i}\cdot\hat{i} = \hat{j}\cdot\hat{j} = \hat{k}\cdot\hat{k} = 1$ である．一方，単位ベクトルの他の組み合わせの内積は，単位ベクトルの各々が相互に直交しておりゼロである．したがって，$\vec{A}\cdot\vec{B}$ の 9 項にわたる展開から 3 つの項のみが残り次式が得られる．

$$\vec{A} \cdot \vec{B} = A_xB_x + A_yB_y + A_zB_z \tag{1.7}$$

この結果から，内積は交換可能（$\vec{A}\cdot\vec{B} = \vec{B}\cdot\vec{A}$）であり，分配可能（$\vec{A}\cdot(\vec{B}+\vec{C}) = \vec{A}\cdot\vec{B} + \vec{A}\cdot\vec{C}$）であることが容易に示される．

2 つのベクトルを掛け合わせ，他のベクトルを作ることもできる．このベクトル乗法の演算は，**外積**または**ベクトル積**として呼ばれ，

$$\vec{A} \times \vec{B}$$

と表される．

このベクトルの大きさは次式により与えられる．

$$|A||B|\sin\alpha \tag{1.8}$$

ここで，α は，2 つのベクトルの間の角である．外積はベクトルなので方向を持っており，$\vec{A}$ と $\vec{B}$ を含む平面に垂直である（図1.4(b)）．外積の方向は**右手の法則**で決まる．$\vec{A}$ から $\vec{B}$ の方向へ，親指以外の指を回したとき，親指は図 1.4(b) に示されるように，$\vec{A} \times \vec{B}$ の方向を指す．外積の方向は掛け算の順序に依存しているので，外積と内積の性質は異なる．それは交換可能ではなく（$\vec{A}\times\vec{B} \neq \vec{B}\times\vec{A}$．その代わり $\vec{A}\times\vec{B} = -\vec{B}\times\vec{A}$），結合可能でもない（$\vec{A}\times(\vec{B}\times\vec{C}) \neq (\vec{A}\times\vec{B})\times\vec{C}$）が，分配可能である（$\vec{A}\times(\vec{B}+\vec{C}) = \vec{A}\times\vec{B} + \vec{A}\times\vec{C}$）．

ベクトル $\vec{A}$ と $\vec{B}$ を成分の形式で表す場合，外積は，単位ベクトルを第 1 行

に，$\vec{A}$ の成分を第 2 行に，$\vec{B}$ の成分を第 3 行においた 3×3 の行列式から計算できる．

$$\vec{A} \times \vec{B} = \begin{vmatrix} \hat{i} & \hat{j} & \hat{k} \\ A_x & A_y & A_z \\ B_x & B_y & B_z \end{vmatrix} \tag{1.9a}$$

この行列式は単位ベクトル $\hat{i}$, $\hat{j}$, $\hat{k}$ に対応する 2×2 の 3 つの行列式から計算できる．ベクトルの $\hat{i}$ 成分に対しては，$\hat{j}$ および $\hat{k}$ 列の $\vec{A}$ および $\vec{B}$ の成分だけを考慮する．最初に，対角線（左上から右下へ）に沿った成分を掛け，その積から反対側の対角線（左下から右上へ）に沿った項の積を引くと，ベクトル $\vec{A} \times \vec{B}$ の $\hat{i}$ 成分が得られ，$(A_y B_z - A_z B_y)\hat{i}$ となる．$\hat{k}$ 成分に対しても同様の操作で $(A_x B_y - A_y B_x)\hat{k}$ を得る．$\hat{j}$ 成分に対しては，2×2 の行列式を作るために第 1 列と第 3 列を用いる．第 1 列と第 3 列は隣り合っていないので，第 1 列と第 3 列から作られる行列式に (-1) を掛け，$-(A_x B_z - A_z B_x)\hat{j}$ を得る．これらの 3 つの成分を合わせ，次式を得る．

$$\vec{A} \times \vec{B} = (A_y B_z - A_z B_y)\hat{i} + (A_z B_x - A_x B_z)\hat{j} + (A_x B_y - A_y B_x)\hat{k} \tag{1.9b}$$

ベクトルは，ベクトル加法や乗法の規則に従う限り，スカラー関数と同様に微分可能である．1 つの簡単な例は，物体の運動量は力が物体に働かない限り変化しないというニュートンの第 2 法則（すぐにまた出てくる）である．数学的には次のように表現される．

$$\vec{F} = \frac{d}{dt}(m\vec{V}) \tag{1.10}$$

ここで m は物体の質量であり，$\vec{V}$ はその速度である．式 (1.10) の右辺に微分の連鎖律（訳注：連鎖律に関しては，訳者の参考文献に挙げたような基礎的な微積分学の教科書を参照）を用いると，

$$\vec{F} = m\frac{d\vec{V}}{dt} + \vec{V}\frac{dm}{dt} \quad \text{または} \quad \vec{F} = m\vec{A} + \vec{V}\frac{dm}{dt} \tag{1.11}$$

ここで $\vec{A}$ は物体の加速度である．アインシュタインがこの表現の第 2 項を考慮したことはよく知られている！

もっと一般的な例を考える．$\vec{V} = u\hat{i} + v\hat{j} + w\hat{k}$ と定義されている速度の場合，加速度は，

$$\frac{d\vec{V}}{dt} = \frac{du}{dt}\hat{i} + u\frac{d\hat{i}}{dt} + \frac{dv}{dt}\hat{j} + v\frac{d\hat{j}}{dt} + \frac{dw}{dt}\hat{k} + w\frac{d\hat{k}}{dt} \quad (1.12)$$

により与えられる．単位ベクトルの微分を含む項は，数学的な「お荷物」のように思われるかもしれないが，後の章において極めて重要になる．物理的には，運動を記述するための座標軸が，空間に固定されていないとき，そのような項は，ゼロとはならない．回転している地球上に固定されている座標系は，明らかに（訳注：絶対空間に）固定されておらず，座標系の回転に伴う加速度を考慮しなければならない．したがって，右辺の 6 つの項のすべてが，中緯度大気の考察では必要になる．

最後に，流体力学において極めて有用な道具を説明する．スカラー場の微分の大きさと方向の両方を記述することが，しばしば必要となる．そのために，

$$\nabla = \frac{\partial}{\partial x}\hat{i} + \frac{\partial}{\partial y}\hat{j} + \frac{\partial}{\partial z}\hat{k} \quad (1.13)$$

として定義される数学的演算子である**デル（del）演算子**を用いる．もし，この偏微分演算子をスカラー関数またはスカラー場に適用すれば，その結果は，そのスカラーの**傾度（勾配, gradient）**と呼ばれるベクトルとなる．平坦な地形の中に孤立した丘がある 2 次元の平面図を想像してみる．図 1.5 に地形の中の各点の高度を 2 次元的に表す等高線を示す．そのような等高線は，海面からの高さ Z が等しい点を結んだ線である．等高線から，高度の傾度

$$\nabla Z = \frac{\partial Z}{\partial x}\hat{i} + \frac{\partial Z}{\partial y}\hat{j}$$

を求めることができる．傾度ベクトル ∇Z は，高度の低い値から高い値へ上向きに向く．丘の上では，Z の x および y 方向の各微分はゼロであり，そこでは，傾度ベクトルはゼロベクトルになる．したがって，傾度 ∇Z は高度差の大きさを与えるのみならず，その大きさの方向も決める．どのようなスカラー量 Φ もデル演算子により，ベクトル量 $\nabla \Phi$ に変換することができる．後の章では，いくつかのスカラー変数を扱う．スカラー変数としては温度や圧力がある．

デル演算子はベクトル量にも適用できる．∇ とベクトル $\vec{A}$ との内積は，

$$\nabla \cdot \vec{A} = \left(\frac{\partial}{\partial x}\hat{i} + \frac{\partial}{\partial y}\hat{j} + \frac{\partial}{\partial z}\hat{k}\right) \cdot (A_x\hat{i} + A_y\hat{j} + A_z\hat{k})$$

$$\nabla \cdot \vec{A} = \left(\frac{\partial A_x}{\partial x} + \frac{\partial A_y}{\partial y} + \frac{\partial A_z}{\partial z}\right) \quad (1.14)$$

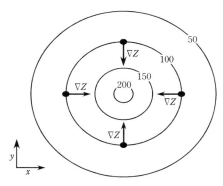

図 1.5 平らな地形の中にある孤立した丘の 2 次元図．実線は，50 m 間隔の高度 (Z) の等値線．Z の傾度は，スカラー Z の低い値から高い値に向いていることに留意．

と表される．これは $\vec{A}$ の**発散**（**divergence**）として知られるスカラー量である．正の発散は物理的には，ベクトル場が注目している点から外向きの方向を向くことを意味し，負の発散（**収束，convergence**）は，ベクトル場がその点に向かうことを意味する（訳注：図 1.5 の丘の上では収束している）．流体としての大気中の収束と発散の領域は，その振舞いを決めるのに非常に重要である．

∇ と $\vec{A}$ の外積は，

$$\nabla \times \vec{A} = \left(\frac{\partial}{\partial x}\hat{i} + \frac{\partial}{\partial y}\hat{j} + \frac{\partial}{\partial z}\hat{k} \right) \times (A_x\hat{i} + A_y\hat{j} + A_z\hat{k}) \qquad (1.15a)$$

である．このベクトルは，先に述べたように行列式の形式で計算することができる．

$$\nabla \times \vec{A} = \begin{vmatrix} \hat{i} & \hat{j} & \hat{k} \\ \frac{\partial}{\partial x} & \frac{\partial}{\partial y} & \frac{\partial}{\partial z} \\ A_x & A_y & A_z \end{vmatrix} \qquad (1.15b)$$

ここで，3×3 の行列式の 2 行目には ∇ の成分があり，3 行目には $\vec{A}$ の成分がある．このベクトルは，$\vec{A}$ の**回転**（**curl**）である．速度ベクトル $\vec{V}$ の回転は，流体の回転の尺度である渦度と呼ばれる量を定義するために使われる．

大気力学では，しばしば，2 階の偏微分方程式に出会う．いくつかの方程式では，**ラプラシアン**（**Laplacian**）演算子として知られる数学演算子（スカラー量に作用する）が現れる．ラプラシアンは**傾度の発散**であり，次式とな

る．

$$Laplacian = \nabla \cdot (\nabla F) = \nabla^2 F = \left(\frac{\partial^2 F}{\partial x^2} + \frac{\partial^2 F}{\partial y^2} + \frac{\partial^2 F}{\partial z^2}\right) \quad (1.16)$$

(訳注：ラプラシアンの数学的特性は付録1の1.および2.を参照)．

ベクトル $\vec{A}$ をデル演算子と組み合わせて，次の形の新しい演算子を作ることもできる．

$$\vec{A} \cdot \nabla = A_x \frac{\partial}{\partial x} + A_y \frac{\partial}{\partial y} + A_z \frac{\partial}{\partial z}$$

これは，スカラー不変演算子 (scalar invariant operator) と呼ばれる．この演算子は，ベクトル量およびスカラー量の両方に作用する．この演算子は，**移流（advection）**と呼ばれる過程を記述するのに使用されるので重要である．移流は流体研究において頻繁に現れる言葉である．

1.2.2 テイラー級数展開

点 $x = 0$ の周りの連続関数 $f(x)$ の値を，

$$f(x) = \sum_{n=0}^{\infty} a_n x^n = a_0 + a_1 x + a_2 x^2 + a_3 x^3 + \cdots + a_n x^n + \cdots \quad (1.17)$$

の形のべき級数で推定することは便利である．実際にべき級数表示が可能であることは自明ではないので，その条件を明らかにする必要がある．これらの条件は，(1) 式 (1.17) の多項式が点 $(0, f(0))$ を通ることと，(2) その n 次微分が，$f(x)$ の n 次微分と $x = 0$ で一致することである．この2番目の条件は，$f(x)$ が $x = 0$ で微分可能であることを意味する．これらの条件を満たすためには，係数 $a_0, a_1, a_2, \cdots, a_n, \cdots$ を適切に選ぶ必要がある．式 (1.17) に $x = 0$ を代入すると，$f(0) = a_0$ を得る．x に関し式 (1.17) の1次微分をとり，その式に $x = 0$ を代入すると $f'(0) = a_1$ を得る．x に関して式 (1.17) の2次微分を求め，$x = 0$ をこれに代入すると，$f''(0) = 2a_2$ または $f''(0)/2 = a_2$ を得る．式 (1.17) のより高次の微分を計算し，$x = 0$ での値を求め，式 (1.17) の級数の n 次微分が $f(x)$ の n 次微分に一致するようにすると，式 (1.17) の級数の係数 a_n は次式となる．

$$a_n = \frac{f^n(0)}{n!}$$

したがって，$x = 0$ における関数 $f(x)$ の値は，

$$f(x) = f(0) + f'(0)x + \frac{f''(0)}{2!}x^2 + \frac{f'''(0)}{3!}x^3 + \cdots + \frac{f^n(0)}{n!}x^n + \cdots \quad (1.18)$$

と表される．点 $x = x_0$ の近くの $f(x)$ を決定する場合は，上記の式は，

$$f(x) = f(x_0) + f'(x_0)(x - x_0) + \frac{f''(x_0)}{2!}(x - x_0)^2 + \cdots$$
$$+ \frac{f^n(x_0)}{n!}(x - x_0)^n + \cdots \quad (1.19)$$

により与えられ，$x = x_0$ 付近の $f(x)$ のテイラー級数展開として一般化できる．大気の振舞いを記述する独立変数はすべて連続変数なので，テイラー級数を使用することができ，後の解析で有効な手法となる．量 $(x - x_0)$ が非常に小さい場合は，式 (1.19) の 2 次以上のすべての項，いわゆる**高次項**を実際上無視することができる．そのような場合，与えられた関数を

$$f(x) \approx f(x_0) + f'(x_0)(x - x_0)$$

として近似する．

1.2.3 微分の中央差分近似

　大気は連続流体であり，理論的には状態変数は連続関数として表すことができるが，大気の実際上の観測では，空間と時間での離散した点での観測のみが可能である．本書の後の章での議論は，観測可能な量の空間的および時間的変動に基づいているので，離散点における量を近似する方法を考慮する必要がある．そのような方法の 1 つは，**中央差分法**[3]として知られており，先ほど議論したテイラー級数展開を用いることができる．

　図 1.6 に示されているように，中央の点 x_0 の近傍の 2 点 x_1 と x_2 を考える．両方の点で，式 (1.19) を適用し，以下の式を得る．

$$f(x_1) = f(x_0 - \Delta x) = f(x_0) + f'(x_0)(-\Delta x) + \frac{f''(x_0)}{2!}(-\Delta x)^2 + \cdots$$
$$+ \frac{f^n(x_0)}{n!}(-\Delta x)^n + \cdots \quad (1.20a)$$

また

---

[3]中央差分は，より広いカテゴリーの，**有限差分**として知られる近似の中の 1 つである．

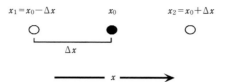

図 1.6 中央の点 x_0 に関し定義される点 x_1 と x_2.

$$f(x_2) = f(x_0 + \Delta x) = f(x_0) + f'(x_0)(\Delta x) + \frac{f''(x_0)}{2!}(\Delta x)^2 + \cdots$$
$$+ \frac{f^n(x_0)}{n!}(\Delta x)^n + \cdots \quad (1.20b)$$

式 (1.20b) から式 (1.20a) を差し引くと，次式が得られる．

$$f(x_0 + \Delta x) - f(x_0 - \Delta x) = 2f'(x_0)(\Delta x) + 2f'''(x_0)\frac{(\Delta x)^3}{6} + \cdots \quad (1.21)$$

この式から，次の $f'(x_0)$ の式が得られる．

$$f'(x_0) = \frac{f(x_0 + \Delta x) - f(x_0 - \Delta x)}{2\Delta x} - f'''(x_0)\frac{(\Delta x)^2}{6} - \cdots$$

Δx の 2 次以上の項を無視すると，この式は，次のように近似される．

$$f'(x_0) \approx \frac{f(x_0 + \Delta x) - f(x_0 - \Delta x)}{2\Delta x} \quad (1.22)$$

この式は，x_0 における $f'(x)$ の，2 次のオーダーの精度の（即ち，無視された項は，少なくとも，Δx の 2 次である）中央差分近似を表している．

式 (1.20a) を式 (1.20b) に加えることにより，2 次微分に対する，類似の近似式が得られる．

$$f''(x_0) \approx \frac{f(x_0 + \Delta x) - 2f(x_0) + f(x_0 - \Delta x)}{\Delta x^2} \quad (1.23)$$

このような表現は，後で出てくる幾つかの関係を評価するのに，大変有用である．

1.2.4 連続変数の時間変化

流体としての大気は，絶え間なく変動している媒質であり，1.1 節で議論した基本的変数は，常に時間変化をする．しかし，「この 1 時間で温度が変化した」と言う場合，本当はどのような意味があるのであろうか？ この表現は 2 つの意味を持ちうる．我が家の裏のベランダの温度計を通りすぎて行く空気塊

は，空間を移動するにつれ変化する．この場合，空気塊とともに動きながら，生じる温度の変化を考えていることになる．しかし，この温度変化は次のようなことによっても起こりうる．即ち，今まで存在していた空気が，その後，より冷たい空気塊で置き換わってしまったために，当初の空気塊の温度より低くなっている場合である．この場合は地理的な固定点で測定した温度における変化を考えている．温度変化に関する2つの考え方は異なっている．これらの2つの考え方が，物理的および数学的に，どのように関係しているのかを考えてみる．この関係を説明するために，よくある例で考えてみる．

ウィスコンシン州マディソンにおける冬の日を想像してみる．刺すような北西の風が吹いており，中央カナダから冷たい北極の空気が南向きに運び込まれている日である．我が家の裏のベランダの固定した場所では，時間の経過とともに温度（または温位）が低下する．しかし私が空気の流れとともに，これに乗っていくとすると，時間が経過しても温度は変化しないことになる．言い換えれば，我が家のベランダを午前8時に通過する $T = 270\,\mathrm{K}$ の空気塊は，午後2時までに，ほぼイリノイ州シカゴに移動しているが，温度は $T = 270\,\mathrm{K}$ のままで変化しないという状況を考えている．したがって，我が家のベランダでの温度の連続した低下は，カナダからのより冷たい空気塊が連続的に運び込まれていることによる．このため，現象論的には，我々が導いた関係を次の式のように書くことができる．

$$\begin{bmatrix}空気塊とともに動\\くときの時間変化\end{bmatrix} = \begin{bmatrix}固定した位置\\での時間変化\end{bmatrix} - \begin{bmatrix}空気の移動により運\\び込まれる温度変化\end{bmatrix} \quad (1.24)$$

この関係は，数学的に厳密に求めることができる．後にその関係を用い，中緯度大気を支配する方程式を導くことになる．移動する空気塊中での変化の速さは，**ラグランジュ的（Lagrangian）**変化率と呼ばれ，固定点における変化の速さは，**オイラー的（Eulerian）**変化率と呼ばれる．時間変化に関する2つの異なった考え方の関係を，Q という任意のスカラー（またはベクトル）量を考えることにより定量化する．Q が空間と時間の関数であるとすると，

$$Q = Q(x, y, z, t)$$

と書ける．微分演算により Q の全微分は次のようになる．

$$dQ = \left(\frac{\partial Q}{\partial x}\right)_{y,z,t} dx + \left(\frac{\partial Q}{\partial y}\right)_{x,z,t} dy + \left(\frac{\partial Q}{\partial z}\right)_{x,y,t} dz + \left(\frac{\partial Q}{\partial t}\right)_{x,y,z} dt \tag{1.25}$$

添字は偏微分をする際に一定に保たれる独立変数を示す．式 (1.25) の両辺を，t の全微分 dt（時間の増分）で割ると，その結果は次のようになる．

$$\frac{dQ}{dt} = \left(\frac{\partial Q}{\partial t}\right)\frac{dt}{dt} + \left(\frac{\partial Q}{\partial x}\right)\frac{dx}{dt} + \left(\frac{\partial Q}{\partial y}\right)\frac{dy}{dt} + \left(\frac{\partial Q}{\partial z}\right)\frac{dz}{dt} \tag{1.26}$$

ここで，偏微分の添字は，簡単のため省略した．時間に関する x, y, z の変化率は，速度の x, y, z 方向の成分である．これらの速度を u, v, w と表し，それらを $u = dx/dt$, $v = dy/dt$, $w = dz/dt$ と定義する．これらの表現を式 (1.26) に代入すると次式を得る．

$$\frac{dQ}{dt} = \left(\frac{\partial Q}{\partial t}\right) + u\left(\frac{\partial Q}{\partial x}\right) + v\left(\frac{\partial Q}{\partial y}\right) + w\left(\frac{\partial Q}{\partial z}\right) \tag{1.27}$$

この式は，ベクトル表記法では，次のように表現することができる．

$$\frac{dQ}{dt} = \left(\frac{\partial Q}{\partial t}\right) + \vec{V} \cdot \nabla Q \tag{1.28}$$

ここで，$\vec{V} = u\hat{i} + v\hat{j} + w\hat{k}$ は，3 次元の風である．式 (1.27) の，風の成分および Q の微分を含む 3 つの項は，物理的には，流れによる水平および鉛直の Q の輸送を表す．したがって，dQ/dt は，式 (1.24) で記されたラグランジュ的変化率に対応する．オイラー的変化率は，$\partial Q/\partial t$ により表される．流入率（式 (1.24) の右辺のオイラー的変化率から差し引かれるものであったことを思い出そう）は，$-\vec{V} \cdot \nabla Q$（速度ベクトルと Q の傾度の内積にマイナスを付したもの）で表される．以降では，$-\vec{V} \cdot \nabla Q$ を，Q の**移流**（**advection**）と呼ぶ．次に，項 $-\vec{V} \cdot \nabla Q$ が流れによる Q の流入率を表すことを示す（訳注：式 (1.24) を Q の変化を表す式と考えれば第 2 項（空気の移動により運び込まれる Q の変化）は $(-\vec{V} \cdot \nabla Q)$ であり，$dQ/dt = (\partial Q/\partial t) - (-\vec{V} \cdot \nabla Q) = (\partial Q/\partial t) + \vec{V} \cdot \nabla Q$ となり，式 (1.28) が得られる）．

図 1.7 に示された等温線（一定の温度の線）および風ベクトルを考える．温度傾度（∇T）は，図示されているように，最低温から最高温へ向かうベクトルである．図 1.7 に描かれているように，風のベクトルは ∇T と反対方向を向き，A 点に向かってより暖かい空気が運び込まれる．内積は，$\vec{V} \cdot \nabla T = |\vec{V}||\nabla T|\cos\alpha$ によって与えられる．α は，ベクトル $\vec{V}$ とベクトル ∇T のな

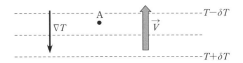

図 1.7 A 点を取り巻く等温線（破線）と風ベクトル $\vec{V}$（太い矢印）．細く黒い矢印は，水平の温度傾度ベクトルである．

す角度である．図 1.7 において，$\vec{V}$ と ∇T の間の角は $180°$ であるので，内積 $\vec{V} \cdot \nabla T$ は負の値となる．したがって，$\vec{V} \cdot \nabla T$ の符号は，図 1.7 で描かれた実際の物理的状況（A 点において，より暖かい空気が運び込まれている状況）を反映していない．したがって，A 点への温度の流入率（および符号）の尺度である温度移流を，$-\vec{V} \cdot \nabla T$ として定義する．したがって，図 1.7 で描かれる物理的状況は，正の温度（または暖気）移流があるということに対応する．

この議論を終えるにあたり，数学的な展開をさせる動機となった我が家のベランダにおける温度変化の測定に戻る．式 (1.28) を並べ変えて，Q に T（温度）を代入すると，次式を得る．

$$\frac{\partial T}{\partial t} = \frac{dT}{dt} - \vec{V} \cdot \nabla T$$

この式は，考えている座標系での固定点における温度変化（オイラー的温度変化）（訳注：これが普通に観測される温度変化である）は，空気塊とともに運動するときのラグランジュ的な温度変化（訳注：たとえば空気塊の加熱や冷却などによる実質的な温度変化）と温度移流（$-\vec{V} \cdot \nabla T$）の和に等しいことを示している（訳注：式 (1.18) は，実質的な温度変化は固定点で観測される温度変化から，温度移流の寄与を差し引いたものであることを意味している）．以前の例では，我が家のベランダにおいて温度が下がったことを想定した．空気塊の温度は時間とともに変化しない（訳注：加熱や冷却などによる実質的な温度変化がない）という状況を考えている．したがって，ベランダにおける移流による温度の変化は，負である．つまり，負の温度移流，または冷たい空気の移流（即ち $-\vec{V} \cdot \nabla T < 0$）が，この日のマディソンで起きていたことになる．このことと，カナダから冷たい空気を運び込む北西風が南に向けて吹いていた状況は一致する．

1.3 スケール解析による推定

　流体力学の多くの問題では，考えている過程において，どの物理的な項が最も寄与しているかを調べることで理解がしやすくなり，考えるヒントが得られる．たとえば大きな津波がハワイの沿岸の建物に与える脅威を推定する場合，周囲の風の速さが，この問題に大きな影響を及ぼすことはないと考えられる．後の章で運動方程式を求めることになるが，その際に出てくる様々な物理的過程は，流体としての大気の振舞いに関係してくる．しかし多くの場合，方程式に含まれる数学的な項の大きさを評価することにより，これらを簡単にすることができる．そのような作業において，スケール解析として知られる方法が用いられる．ここではスケール解析がこのような解析に有効であることを簡単な例で説明する．

　オリンピック用の水泳プールを，水で満たすことを想定する．その仕事にどれくらいの時間がかかるかを見積もることにする．妥当な近似を行うためには，問題に関係する物理的ないくつかの特性を知る必要がある．まず，プールの容量とプールを満たすのに使うホースから出る流量を知る必要がある．水の漏洩が起きる割れ目が，プールの壁にあるかもしれない．プールの表面からの水の蒸発は，物理的には起きているが，これは重要ではないと推測される．

　これらの4つの物理過程の測定精度は異なる．プールの容量とホースからの流量は，かなり正確に測定できる．しかし，漏洩率や蒸発率を正確に測定することはかなり難しい．最後の3つの項目について大まかな推定値をしてみる．流量は約 $100 \text{ m}^3 \text{ h}^{-1}$，蒸発率は，$0.001 \text{ m}^3 \text{ h}^{-1}$，漏洩率は $0.00001 \text{ m}^3 \text{ h}^{-1}$ である．これら3つの値を比較すると，明らかに流量が最も重要である（他のものより，5から7桁大きい）．したがって小さな誤差はあるものの，プールを満たすのに必要な時間は

$$t_{fill} \approx \frac{\text{プールの容量}}{\text{流量}}$$

に等しい．方程式に現れる様々な項のスケールを，このように評価することにより，運動方程式を簡単化することができる．

1.4 流体の運動学の基礎

　雲あるいは水蒸気の人工衛星の動画から容易にわかるように，風の場は x および y 方向に変動している．したがって水平の風の成分 u, v には x および y の微分がある．そのような 4 つの微分として，$\partial u/\partial x$ および $\partial u/\partial y$，そして $\partial v/\partial x$ および $\partial v/\partial y$ がある．これらの 4 つの微分を組み合わせて足し合わせることを考える．ここで u の 1 方向の微分と v の他の方向の微分が含まれるという条件をつける．この条件下では，水平な風の x と y の微分の独立な線型結合として $\partial u/\partial x \pm \partial v/\partial y$ と $\partial v/\partial x \pm \partial u/\partial y$ の 4 つだけが存在する．関数 $u(x,y)$ と $v(x,y)$ のテイラー級数展開により，これらの微分の組み合わせが，どのような流体の流れを表しているのかを考察する．u と v は x と y の空間の連続関数であるので，空間のある任意の点（たとえば，$(x,y) = (0,0)$）の周りの各展開は次のようになる．

$$u(x,y) = u_0 + \left(\frac{\partial u}{\partial x}\right)_0 x + \left(\frac{\partial u}{\partial y}\right)_0 y + \left(\frac{\partial^2 u}{\partial x^2}\right)_0 \frac{x^2}{2}$$
$$+ \left(\frac{\partial^2 u}{\partial y^2}\right)_0 \frac{y^2}{2} + \left(\frac{\partial^2 u}{\partial x \partial y}\right)_0 \frac{xy}{2} + 高次項 \quad (1.29\text{a})$$

$$v(x,y) = v_0 + \left(\frac{\partial v}{\partial x}\right)_0 x + \left(\frac{\partial v}{\partial y}\right)_0 y + \left(\frac{\partial^2 v}{\partial x^2}\right)_0 \frac{x^2}{2}$$
$$+ \left(\frac{\partial^2 v}{\partial y^2}\right)_0 \frac{y^2}{2} + \left(\frac{\partial^2 v}{\partial x \partial y}\right)_0 \frac{xy}{2} + 高次項 \quad (1.29\text{b})$$

2 次以上の項（いわゆる高次項）は一般に非常に小さいので無視すると，次式を得る．

$$u - u_0 = \left(\frac{\partial u}{\partial x}\right)_0 x + \left(\frac{\partial u}{\partial y}\right)_0 y \quad (1.30\text{a})$$

$$v - v_0 = \left(\frac{\partial v}{\partial x}\right)_0 x + \left(\frac{\partial v}{\partial y}\right)_0 y \quad (1.30\text{b})$$

ここで $u(x,y)$ と $v(x,y)$ を簡単のため，それぞれ u と v と書く．

　さらに風の場の x, y 微分の 4 つの独立した線型結合に名称を付けることにする．まず $\partial u/\partial x + \partial v/\partial y = D$ とし，D を**発散（divergence）**と呼ぶ．次に $\partial u/\partial x - \partial v/\partial y = F_1$ とし，F_1 を**伸長変形 (stretching deformation)** と呼ぶ．次に，$\partial v/\partial x + \partial u/\partial y = F_2$ とし，F_2 を**シアー変形（shearing de-**

formation) と呼ぶ. 最後に, $\partial v/\partial x - \partial u/\partial y = \zeta$ とし, ζ を**渦度**（**vorticity**) と呼ぶ. このように定義された量を用いて, 式 (1.30a) と式 (1.30b) を, 次のように書き直すことができる.

$$u - u_0 = \frac{1}{2}(D + F_1)x - \frac{1}{2}(\zeta - F_2)y = \frac{1}{2}(Dx + F_1x - \zeta y + F_2 y) \quad (1.31\text{a})$$

$$v - v_0 = \frac{1}{2}(\zeta + F_2)x + \frac{1}{2}(D - F_1)y = \frac{1}{2}(\zeta x + F_2 x + Dy - F_1 y) \quad (1.31\text{b})$$

u_0 および v_0（任意の原点における速度 u および v）が両者ともゼロであると仮定すると, 式 (1.31a) と式 (1.31b) を用いて, 4 つの微分場が物理的にどのように見えるかを, 容易に調べることができる. 観測している流れにおいて, これらすべての場が同時に起こりうるとしても, まずは各量を分離して考察する.

1.4.1　純粋な渦度

純粋な正の渦度を持った流れが, どのように見えるかを調べるために, 式 (1.31a) および式 (1.31b) を使い $\zeta = 1$ とし D, F_1, F_2 をゼロに等しくおく. そのような場合, 式 (1.31a) および式 (1.31b) は $u = -\frac{1}{2}y$ および $v = \frac{1}{2}x$ となる. 純粋な渦度の場合に対する u と v をデカルト座標系で示した（図 1.8 のいくつかの点で）. 純粋な正の渦度（$\zeta = 1$）の場は, 原点の周りの反時計回りの円形状の流れであることがわかる.

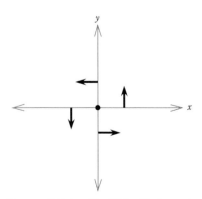

図 **1.8**　純粋な, 正の渦度の場（$\zeta = 1$).

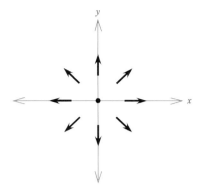

図 1.9 純粋な，正の発散の場（$D=1$）．

1.4.2 純粋な発散

純粋な正の発散の例としては $D=1$ であり，ζ, F_1, F_2 がすべてゼロに等しい流れがある．その場合，式 (1.31a) および式 (1.31b) は各々 $u=\dfrac{1}{2}x$ および $v=\dfrac{1}{2}y$ になる．図 1.9 は，その結果生じる流れの場を示している．即ち，流体は原点からすべての方向に，原点からの距離に比例した速さで動いている．この描像は「発散」という言葉の日常感覚と一致している．$D=-1$ であれば，原点へ向かって動く流れとなる．これは，「収束」という言葉の日常感覚と一致している．以降，負の発散を収束と呼ぶ．

1.4.3 純粋な伸長変形

$F_1=1$ で D, ζ, F_2 をゼロとおくことにより，純粋な伸長変形が得られる．この場合，式 (1.31a) および式 (1.31b) は各々 $u=\dfrac{1}{2}x$ および $v=-\dfrac{1}{2}y$ になる．その流れの場は x 軸に沿って引き伸ばされ，y 軸に沿って圧縮されること示している（図 1.10）．これらの 2 つの軸は，特別な名前で呼ばれている．即ち，流れは**膨張の軸**に沿って引き伸ばされる一方，流れは**収縮の軸**に沿って圧縮される．よく混同されるが，変形と収束を区別することが重要である．純粋な収束場（図 1.11(a)）の中に置かれた正方形の内部の流体要素の面積は，収束の流れの影響により次第に減少する．しかし，同じ流体要素が，純粋な伸長変形場に置かれると，正方形であった流体要素は，その面積を保ちながら長方形に変形される（図 1.11(b)）．その面積が変わらないことの証明は，読者の練習問題としてほしい．収束と変形（特に合流）の重要な物理的な区別は，

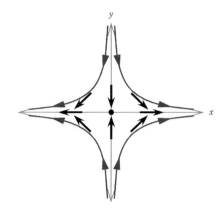

図 1.10 純粋な,正の伸長変形（$F = 1$）.黒い太い線は,変形場の流線である.x 軸は膨張の軸となっており,y 軸は収縮の軸である.

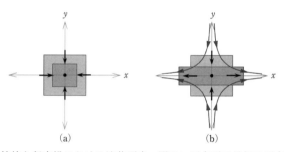

図 1.11 (a) 純粋な収束場における流体要素.明るい正方形は最初の正方形の要素を表す.流体要素の面積は収束場では減少する.(b) 純粋な伸長変形場における流体要素.最初の正方形は,その面積が正方形のものと同じ長方形に変形される.

高速道路への入り口のランプ（ramp）に入る自動車の動きを例にとると理解できる.高速道路と交わる入り口のランプ付近での交通の流れは**合流的**ではあるが（即ち,図 1.10 の x 軸の近くの流れに似ている）,収束してはいない.収束しているならば多くの事故が起きることになる！

1.4.4　純粋なシアー変形

純粋なシアー変形は D, ζ, F_1 をゼロとおき,$F_2 = 1$ とすることにより得られる.その場合,式 (1.31a) と式 (1.31b) は $u = \frac{1}{2}y$ および $v = \frac{1}{2}x$ となる.その流れ場（図 1.12）は,伸長変形を反時計回りに 45° 回転させたものと

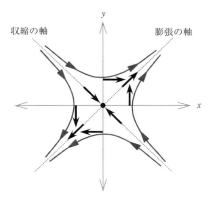

図 1.12 純粋な正のシアー変形（$F_2 = 1$）．曲線は，変形場の流線である．破線は膨張および収縮の軸を示す．

同じように見える．そうであるならば，そもそも伸長変形とシアー変形に相違があるのだろうか，またその相違は物理的に重要なものだろうか？ この相違は本質的ではないので F_1 と F_2 を区別せず，**総変形（total deformation）** として取り扱うことができる．総変形は，次式により与えられる．

$$F = (F_1^2 + F_2^2)^{1/2} \tag{1.32}$$

ここで F は変形ベクトル（F_1 と F_2 の成分を持つベクトル）の大きさを表す．座標軸を 45° 回転させることにより，$F_1 = 1$ を $F_1' = 0$ に，$F_2 = 0$ を $F_2' = 1$ に変換することができる．したがって，変形は**回転に伴い変化する量（rotationally variant）**である．実際，座標軸を角度

$$\theta = \frac{1}{2} \tan^{-1}\left(\frac{F_2}{F_1}\right) \tag{1.33}$$

で回転すると，当初の x 軸から反時計回りに角度 θ をなす膨張軸を持つ変形となる．x 軸および y 軸の回転は，渦度または発散には，何の効果も及ぼさないことは明らかである．流れのこれらの2つの特性（渦度および発散）は，**回転に対する不変量（rotationally invariant）またはガリレイ不変量（Galilean invariant）**である．この特徴のために，渦度と発散は流体の振舞いを説明する際には強力な概念となる（訳注：変形を用いた解析は第7章でなされている）．

表 1.1 標準の SI 単位.

特性	名称	記号
長さ	メートル	m
質量	キログラム	kg
時間	秒	s
温度	ケルビン	K

表 1.2 重要な SI 組立単位.

特性	名称	記号
振動数	ヘルツ	Hz (s^{-1})
力	ニュートン	N (kg m s^{-2})
圧力	パスカル	Pa (N m^{-2})
エネルギー	ジュール	J (N m)
仕事率	ワット	W (J s^{-1})

1.5 測定法

流体としての大気の振舞いを支配する力を調べるにあたって，関係する量を測定するのに用いる単位を定める必要がある．本書では表 1.1 に示した**国際単位系（SI）**単位を用いる．また本書で用いる **SI** 組立単位を表 1.2 に示した．

温度は °C（より古い図表を用いるとき，°F）で表すが，計算をする場合には SI 単位を用いる必要がある．

参考文献

参考文献の全リストは，この本の最後の参考文献に記載されている．

Spiegel, M. R., *Vector Analysis and an Introduction to Tensor Analysis* は，解答つきの問題 500 題がついた簡潔で優れた教科書である．

Thomas and Finney, *Calculus and Analytic Geometry* はテイラー級数展開と基本的な微分積分学について，更に詳細な説明がある．

Hess, *Introduction to Theoretical Meteorology* では，流体の基礎的な運動学が議論されている．

Saucier, *Principles of Meteorological Analysis* は，運動学の優れた参考図書である．

問題

1.1. $\vec{A} = \nabla \phi = 8x\hat{i} + 3y^2\hat{j}$ とする．$\phi(1,1) = 8$ および $\phi(0,1) = 4$ であることがわかっているとき，$\phi(x,y)$ の式を導け．

1.2. (a)-(c) のベクトル恒等式を証明せよ．ここで $\vec{V} = u\hat{i} + v\hat{j} + w\hat{k}$ および $\nabla = \frac{\partial}{\partial x}\hat{i} + \frac{\partial}{\partial y}\hat{j} + \frac{\partial}{\partial z}\hat{k}$ とする．
(a) $\nabla \cdot (\nabla \times \vec{V}) = 0$
(b) $(\vec{V} \cdot \nabla)\vec{V} = (1/2)\nabla(\vec{V} \cdot \vec{V}) - \vec{V} \times (\nabla \times \vec{V})$
(c) $\nabla \cdot (f\vec{V}) = f(\nabla \cdot \vec{V}) + \vec{V} \cdot \nabla f$
(d) 次式を証明せよ．
$\hat{k} \times (\hat{k} \times \vec{A}) = -\vec{A}$　ここで $\vec{A} = A_1\hat{i} + A_2\hat{j}$
(e) 「右手の法則」を使って，(d) を検証せよ．

1.3. 記号 $\vec{A}_{\vec{B}}$ は，ベクトル $\vec{A}$ のベクトル $\vec{B}$ への射影を表す．言い換えれば，$\vec{A}_{\vec{B}}$ は，$\vec{A}$ の成分で，$\vec{B}$ に平行なものを表す．ベクトル $\vec{A}$ と $\vec{B}$ を用いて，$\vec{A}_{\vec{B}}$ の式を導け．

1.4. 純粋な変形場（即ち，F_1 および F_2 両成分の結合）では，発散も渦度もないことを示せ．

1.5. 純粋の渦度場，純粋の収束場（負の発散）および変形場における等温線（破線）を示す図 1.1A を考える．ベクトル ∇T には，大きさと方向がある．

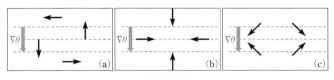

図 **1.1A**

(a) 渦度は ∇T の大きさと方向を変えることができるか？　等温線の向きは最初の質問への答えに影響を与えるか？　説明せよ．
(b) 収束は ∇T の大きさと方向を変えることができるか？　等温線の向きはこの質問への答えに影響を与えるか？　説明せよ．
(c) 変形は ∇T の大きさと方向を変えることができるか？　等温線の向きはこの質問への答えに影響を与えるか？　説明せよ．

1.6. 面積 $A = \delta x \delta y$ の流体要素を考える．
(a) この面積の時間変化率 dA/dt の式を導け．(ヒント：$\frac{d}{dt}(\delta F) = \delta\left(\frac{dF}{dt}\right)$ ここで F はどのような変数でもよい．)
(b) どのような運動学的な場が
$$\frac{1}{A}\frac{dA}{dt}$$
により表されるか？　その結論が正しい理由を述べよ．
(c) A を減少させる流れの型を述べよ（言葉で）．図とそれに伴う説明により，それが正しいことを示せ．

1.7. 点 $(2, 1, -2)$ における曲面 $2x^2 - y^2 + z^2 = 9$ と曲面 $3z = x^2 - 4y^2 + 5$ の間の角度を求めよ．

1.8. $\nabla\phi = 2xyz^2\hat{i} + x^2z^2\hat{j} + 2x^2yz\hat{k}$ であり，$\phi(1, -2, 2) = 4$ のとき，$\phi(x, y, z)$ を求めよ．

1.9. $\nabla^2(\alpha\beta) = \alpha\nabla^2\beta + 2\nabla\alpha \cdot \nabla\beta + \beta\nabla^2\alpha$ を証明せよ．ただし，α と β はスカラー関数である．

1.10. 温度計を積んだ自動車が，300 km 離れた場所に向かって，100 km h^{-1} で南方向へ進んでいる．出発した地点において温度は $-5°$C へ下がるとする（移動の間に）．出発時の温度が $0°$C であり，行程に沿って測定された温度の変化率が，$+5°$C h^{-1} である場合，目的地での温度を求めよ．

1.11. $\vec{A} \cdot (\vec{B} \times \vec{C}) = -\vec{B} \cdot (\vec{A} \times \vec{C})$ であることを証明せよ．

1.12. 自動車が 100 km h^{-1} で，ガソリンスタンドを過ぎて，真っ直ぐ南へ向かっている．地表面気圧は，1 Pa km^{-1} で南東に向けて低下する．自動車で測定された気圧が 50 Pa/3 h の割合で低下している場合において，ガソリンスタンドでの気圧変化率を求めよ．

1.13. 温度 (T) である安定成層をした定常流を考える．T の水平移流と鉛直運動との間の関係は，どのようなものになるか，物理的に説明せよ．

解答

1.1. $\phi(x, y) = 4x^2 + y^3 + 3$

1.7. $\alpha = 46.06°$

1.8. $\phi(x, y, z) = x^2yz^2 + 12$

1.10. 目的地の温度は 15°C となる．

1.12. 気圧は，87.38 Pa h^{-1} の率で下がる．

1.13. $w = \dfrac{-\vec{V} \cdot \nabla T}{(\partial T/\partial z)}$

第2章 真の力と見かけの力

目的

　流体としての大気は物体であり，その運動は物理法則によって支配される．これらの法則のうちニュートンの第2法則は，物体の運動量の変化率（物体の加速度）はその物体に働く力の和に等しい，ということを述べている．

$$\frac{d(運動量)}{dt} = \sum 物体に働く力$$

この強力な表現は，加速していない座標系（つまり空間に固定された座標系）に対してのみ有効である．そのような座標系は**慣性系**と呼ばれる．地球上における運動を測定するのに用いる最も便利な x, y, z 座標は，緯度と経度（x と y 座標方向に対して）および海面からの高度（z 座標の方向に対して）に基づいた格子を用いている．地球はその軸を中心に回転し，太陽の周りを回っているので，地球に固定された x, y, z 座標系は常に加速度を受けている．このことは地球儀を使って容易に示される．地球儀上でのある1点において東方と考えるその方向は，地球がその軸の周りで回転するとき，（空間に固定された観測者にとって）常に変化している．このように，地球に固定された座標系は非慣性的（加速している）である．このことからニュートンの第2法則は，地球に固定された座標系における加速度を修正することによってのみ，地球上の物体の運動を表現することができる．

　回転する地球上において，ニュートンの第2法則を適切に表すのに必要な種々の力を，2つに分類することができる．これらのうち第1種の力は，回転がなくとも物体に影響する，いわゆる**真の力（fundamental forces）**である．これらの真の力の中で重要なものは，(1) 気圧傾度力（pressure gradient force; PGF），(2) 地球の引力（gravitational force），(3) 摩擦力（frictional force）であり，これらをこの章で調べる．地球に固定された座標系でニュートンの第2法則を適切に適用するためには，地球上の座標系の加速度を修正する必要があり，第2種の力を考えなければならない．第2種の力を

見かけの力 (**apparent forces**) と呼ぶ．この章で調べる 2 つの重要な見かけの力は，(1) 遠心力 (centrifugal force) と (2) コリオリ力 (Coriolis force) である．まず，真の力について考察する．

2.1 真の力

　流体としての大気の振舞いを理解するために，真の力を理解することは不可欠である．地球の引力と摩擦力は日々の経験で認識され，直観的にも理解されているはずである．なじみのうすい気圧傾度力の効果も，どこにでも容易に見出だすことができる．まず，この気圧傾度力の性質を考察する．

2.1.1　気圧傾度力

　気圧傾度力を調べるために，図 2.1 に示された無限小の流体要素の面 A および B に働く気圧を考察する．面 A および B に働く気圧は，ランダムな分子の運動により，分子がこれらの面に衝突することにより生ずる．分子が流体要素の面に衝突するたびに，ある一定量の運動量がその面に移動する．移動する運動量の総計は，個々に移動する運動量の合計である．単位時間に移動する総運動量によって，大気から流体要素の面に働く力が定義される．この力の総計を，流体要素の面積で割ることにより，その面にかかる気圧が定義される．流体要素の体積は $V = \delta x \delta y \delta z$ で与えられ，その質量は $M = \rho \delta x \delta y \delta z$ である．ここで ρ は流体の密度である．流体要素の中心における圧力を $p(x_0, y_0, z_0) = p_0$ と定義する．気圧が連続的であるとし，面 A および B に対する気圧を求めるためにテイラー級数展開を用いる．

$$p_A = p_0 + \frac{\partial p}{\partial x}\left(\frac{\delta x}{2}\right) + 高次項 \tag{2.1a}$$

$$p_B = p_0 - \frac{\partial p}{\partial x}\left(\frac{\delta x}{2}\right) + 高次項 \tag{2.1b}$$

面 A に作用する x 方向の気圧による力の大きさは，$p_A \times (A の面積)$ であり，無限小の流体要素の中心の方へ向いているので，この力は次のように表される．

$$F_{A_x} = -\left(p_0 + \frac{\partial p}{\partial x}\frac{\delta x}{2}\right)\delta y \delta z \tag{2.2a}$$

同じように考えると，面 B に働く x 方向の気圧による力は次式で与えられる．

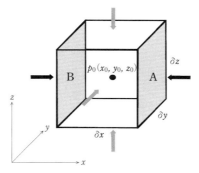

図 2.1 無限小の流体要素の面に作用する気圧による力．面 A および B に働く力は，黒い矢印で示されている．他の面への力は，灰色の矢印で示されている．

$$F_{B_x} = \left(p_0 - \frac{\partial p}{\partial x}\frac{\delta x}{2}\right)\delta y \delta z \tag{2.2b}$$

そこで流体要素に働く x 方向の気圧による正味の力は，

$$F_x = F_{A_x} + F_{B_x} = -\frac{\partial p}{\partial x}\delta x \delta y \delta z \tag{2.3}$$

となる．したがって単位質量の流体要素に作用する x 方向の正味の力は，

$$\frac{F_x}{M} = -\frac{1}{\rho}\left(\frac{\partial p}{\partial x}\right) \tag{2.4}$$

となる．単位質量当りの正味の力の y 成分，z 成分についても同様の式を導くことができる．それゆえ，単位質量当りの全気圧傾度力を次のように表すことができる．

$$\frac{\vec{F}}{M} = -\frac{1}{\rho}\nabla p \tag{2.5}$$

2.1.2 地球の引力

ニュートンの万有引力の法則によれば，宇宙において質量を持つ 2 つの物体はすべて，それらの質量の積に比例し，質量の中心間の距離の 2 乗に反比例して互いに引き合う．これは図 2.2 に示されるように，次のように表される．

$$\vec{F}_g = -\frac{GMm}{r^2}\left(\frac{\vec{r}}{r}\right) \tag{2.6}$$

ここで $G = 6.673 \times 10^{-11}\,\mathrm{N\,m^2\,kg^{-2}}$ は万有引力定数であり，M は m をその

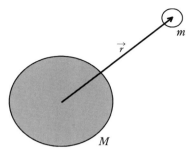

図 2.2 ニュートンの万有引力の法則を説明するために使われる 2 つの物体，M と m. ベクトル $\vec{r}$ は，M の質量の中心から m の質量の中心に向けた位置ベクトル．

中心へ引っ張る．M は地球の質量であり，m は空気塊の質量である．したがって，単位質量当りの空気塊に及ぼされる地球の引力は次のように表される．

$$\frac{\vec{F}_g}{m} = -\frac{GM}{r^2}\left(\frac{\vec{r}}{r}\right) \tag{2.7}$$

大気力学の多くの応用では，鉛直座標として，海抜高度（height above sea level）（Z）が用いられる．このことは，海面（地球の引力の中心により近く）に位置する空気塊より，高高度における空気塊の方が，地球から受ける引力がより小さいことを意味している．この考えは正しいが，対流圏（大気の下部 10-12 km）のいずれの高さでも表面との高度差は非常に小さく，一定の地球の引力 $\vec{g_0^*}$ が用いられる．

$$\vec{g_0^*} = -\frac{GM}{a^2}\left(\frac{\vec{r}}{r}\right) \tag{2.8}$$

ここで，a は地球の半径である．この単純化が妥当であることは，自ら確かめてほしい．

2.1.3 摩擦力

摩擦の固体の振舞いに対する効果などから，摩擦というものを概念的には理解できる．たとえばテーブルの上で押し出された書物は，それとテーブルの表面の間において作用する摩擦効果により，直ちに減速する．この書物が永遠にテーブルに沿って滑り続けない唯一の理由は，力，即ち摩擦力がその運動と反対方向に作用するからである．この簡単な例における摩擦力を，**摩擦係数（coefficient of friction）** により定量化することができる．この係数は，

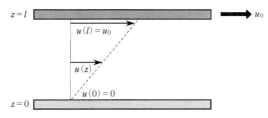

図 2.3 動いている板の下の流れ．これは粘性によるシアーがある 1 次元の定常流を示している．底板が固定されているのに対し，高さ $z = l$ では，上端の板が流体の上を速さ u_0 で水面に平行に運動している．流れの速さの鉛直シアーは，板の間の矢印で示されている．

テーブル上の書物の運動への抵抗の 1 つの尺度となる．流体要素に働く摩擦力を考察する場合は，摩擦に対するこの単純な考え方を修正する必要がある．流体は離散的な原子または分子の集合であり，これらの粒子間での内部摩擦を受ける．この内部摩擦は，流体の運動に対する抵抗として作用する．この抵抗の性質を考察し，その物理特性を数学的に表現してみる．

流体の摩擦を定式化する一助とするために，もう 1 つのアナロジーを挙げる．多重車線の高速道を走行する車を考える．追い越し車線（北米では左側）において，他の車を追い越し，右側（走行車線）での追い越しは禁じられている．追い越し車線を利用した運転者は，しばしば，平均速度がより遅い隣の走行車線へ移る．このことで，高い運動量が走行車線にもたらされ，交通の円滑な流れがしばしば乱される．同様の混乱は，運転者が不十分な速さで追い越し車線に入るときにも生じる．何人かの運転者が，同時に車線を変更した場合，追い越し車線から走行車線への急激な運動量の流れが生じ，交通の全体の流れの速さが低下する．この例で，個々の車を流体の流れの中の分子として考えるならば，流体の層の間の運動量の移動（分子や分子群によって担われる）として，流体の摩擦を概念的に理解できる．

たとえば，図 2.3 に描かれた状況を考える．速さ u_0 で動いている板が深さ l の流体の上に置かれている．底部の板に接する流体は動かないが，流体の上の板に接する流体層は板の速度で動いている．流体中にシアー応力が生じるため，板を流体の上の表面に沿って速さ u_0 で動かし続けるためには，板に力を働かせる必要がある．より大きな速さに対して，より大きな力が必要となるため，この力は u_0 に比例する．さらに，底部の板に接する流体分子は，その上にある流体との運動量の移動を通して，上の板の運動量に影響を与えるので，板を動かすのに必要な力は流体の深さに反比例する．大きな板は小さな板より

30 第 2 章 真の力と見かけの力

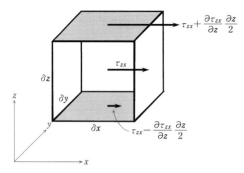

図 **2.4** 流体要素に働く鉛直シアー応力の x 成分の説明.

多くの流体と接することから,その力は板の面積にも比例する.板を動かし続けるのに必要な力を $F = \mu A u_0/l$ と書くことができる.ここで μ は実験的に測定された**粘性率** (**dynamic viscosity coefficient**) であり $\mathrm{kg\ m^{-1}\ s^{-1}}$ の単位で表される.流体内の鉛直シアーを $\delta u/\delta z = u_0/l$ で表すと,その力は次のように表すことができる.

$$F = \mu A \frac{\delta u}{\delta z} \tag{2.9a}$$

ここで F は x 方向の速度成分の鉛直シアーによる粘性効果を打ち消すのに必要な x 方向の力である.したがって, $\delta z \to 0$ のとき,シアー応力,即ち単位面積当りの粘性力は

$$\tau_{zx} = \mu \frac{\partial u}{\partial z} \tag{2.9b}$$

により与えられる.ここで添字 'zx' は, x 方向 (x) の速度成分の鉛直シアー (z) により生じる (x 方向の) シアー応力の成分であることを示す.分子運動論的に言えば,より小さな z の方 (流体の底の方) へ運動する分子は,板の運動から得た高い運動量を周りの流体に輸送する.したがって, x 方向の運動量の下方への正味の輸送があることになり,単位時間当り,単位面積当りの運動量の輸送がシアー応力 τ_{zx} である.

ここまで述べた例では,流体の上端を移動する板の定常的な運動について考察した.実際には,粘性力は非定常的なシアーのある流れの結果として生じる.このことを認識したうえで,図 2.4 で描かれた体積要素を考える.この図は密度一定の流体における,非定常の 2 次元のシアーがある流れを示している.気圧傾度力の扱いと同様,体積要素の上端面と下端面におけるシアー応力

の値を求めるため，シアー応力をテイラー級数展開する．上端面を横切って，それより下の流体に働く応力は，次のように近似できる．

$$\tau_{zx} + \frac{\partial \tau_{zx}}{\partial z}\frac{\delta z}{2} \tag{2.10a}$$

他方，下端面を横切って，それより下の流体に働く応力は次のように近似できる．

$$\tau_{zx} - \frac{\partial \tau_{zx}}{\partial z}\frac{\delta z}{2} \tag{2.10b}$$

ニュートンの第 3 法則によると，この応力は下端面の境界を横切って，その上の流体に働く応力と等しく，反対方向に作用しなければならない．図 2.4 の体積要素に働く正味の応力を求める必要があるので，体積要素の中にある流体に働く力を合計する．したがって，x 方向に働く，体積要素への正味の粘性力は次式により与えられる．

$$\left(\tau_{zx} + \frac{\partial \tau_{zx}}{\partial z}\frac{\delta z}{2}\right)\delta x \delta y - \left(\tau_{zx} - \frac{\partial \tau_{zx}}{\partial z}\frac{\delta z}{2}\right)\delta x \delta y = \frac{\partial \tau_{zx}}{\partial z}\delta x \delta y \delta z \tag{2.11a}$$

この式を体積要素の質量 $\rho \delta x \delta y \delta z$ で割ると，x 方向の運動の鉛直シアー応力から生じる単位質量当りの粘性力を得る．即ち，

$$\frac{1}{\rho}\frac{\partial \tau_{zx}}{\partial z} = \frac{1}{\rho}\frac{\partial}{\partial z}\left(\mu \frac{\partial u}{\partial z}\right) \tag{2.11b}$$

μ が一定であれば，式 (2.11b) は次のように簡略化できる．

$$\frac{1}{\rho}\frac{\partial}{\partial z}\left(\mu \frac{\partial u}{\partial z}\right) = \nu \frac{\partial^2 u}{\partial z^2} \tag{2.12}$$

ここで，$\nu = \mu/\rho$ は，**運動粘性係数（kinematic viscosity coefficient）** と呼ばれ，その値は実験的に 1.46×10^{-5} m^2 s^{-1} と測定されている．

他の方向に働く粘性応力も同様に求めることができる．その結果，x, y, z 方向の単位質量当りの摩擦力の各成分は，次式で表される．

$$\begin{aligned}
F_{rx} &= \nu \left(\frac{\partial^2 u}{\partial x^2} + \frac{\partial^2 u}{\partial y^2} + \frac{\partial^2 u}{\partial z^2}\right) \\
F_{ry} &= \nu \left(\frac{\partial^2 v}{\partial x^2} + \frac{\partial^2 v}{\partial y^2} + \frac{\partial^2 v}{\partial z^2}\right) \\
F_{rz} &= \nu \left(\frac{\partial^2 w}{\partial x^2} + \frac{\partial^2 w}{\partial y^2} + \frac{\partial^2 w}{\partial z^2}\right)
\end{aligned} \tag{2.13}$$

高度 100 km 以下の大気中では ν は大変小さく，地表から 2-3 mm の距離内

32　第2章　真の力と見かけの力

(そこでは鉛直のシアーが非常に大きい（10^3 s^{-1} のオーダー！）)を除き，分子粘性はまったく無視できる．地表約 10 mm より上では，流体の摩擦には，異なった扱いが必要となる．そこでは，流体の離散的な「小塊（blob）」として渦（eddy）を概念化することが役立つ．その「小塊」は，分子粘性における分子のように動きまわり，地球の表面へ，あるいは地球の表面から，運動量を輸送する．混合距離（mixing length）を，分子拡散における平均自由行程とのアナロジーで定義することができる．即ち，混合距離を，渦がその運動量を周囲との混合で失う前に，移動することができる平均的な距離として定義されている．このアナロジーにより，小規模の乱流の散逸効果を，渦粘性係数として定義し，次のように表すことができる．

$$\frac{1}{\rho}\frac{\partial \tau_{zx}}{\partial z} \approx K\frac{\partial^2 u}{\partial z^2} \tag{2.14}$$

ここで K は**渦粘性係数**（**eddy viscosity coefficient**）である．

2.2　見かけの力

アイザック・ニュートン卿は，第1法則を表現する際，次のように述べている．「すべての物体は，それに与えられる力により，その状態を変更することを強制されない限り，静止の状態のままでいるか，または直線上の一様な運動の状態を持続する」．言い換えれば，空間に固定された座標系に相対的に，一様な運動をしている質量は，いかなる力もなければ，一様な運動の状態のままで留まろうとする．空間に固定された座標系に相対的な運動は，**慣性運動**（**inertial motion**）として知られ，その運動が測定される座標系は，**慣性座標系**（**inertial reference frame**）として知られる．多くの人は長い間，1ヵ所に住んでおり，東西南北を固定した方向として考えるのに慣れている．しかし現実には，私がウィスコンシン州マディソンで「北」と呼ぶ方向は，インドネシアのジャカルタの住民にとっての「北」と同じではない．これは，地球を周回する宇宙飛行士の視点から眺めればわかることである．地球儀上の緯度線と経度線の交点を，地球を記述するデカルト座標の x および y 座標の格子の交点と考えるならば，地球は回転しているから，この座標系は加速しており，地球上の人にとっては，明らかに非慣性系となっている．非慣性系を仮定すれば，地球に相対的な運動に対し，ニュートンの運動の法則を適用することはできないように見える．これは，もちろん正しくはない．ただし，そうし

た運動を測定する座標系の非慣性的な性質を考慮して，補正をする必要がある．このために，遠心力やコリオリ力，即ち，いわゆる「見かけの力」を導入する．しかし，まず，なぜ座標系が重要であるかということを物理的に考えることが教育的である．このため，閉じられたエレベーター内で行われる実験に対し，ニュートンの法則を適用することを考えてみる．

第1の場合として，エレベーターが静止しているか，あるいは一定の速度 $\vec{V}$ で動いていると想像しよう．そのような条件下で，動いているエレベーターの中で重りを落としたと想像する．適切な測定または計算を行うことで，その重りが，エレベーターの床へ，$9.81\,\mathrm{m\,s^{-2}}$ の一定の加速度で落下したと結論することができる．エレベーターの縦・横・高さ方向で定義されたデカルト座標系において，この加速度はエレベーターの壁および床に相対的な運動として測定される．一定速度で動くエレベーターは，慣性系となるので，エレベーター中の観測者はニュートンの運動法則と完全に一致する実験結果を得ることになる．

第2の場合として，エレベーターが，エレベーター・シャフト内で自由落下しているのを，遠くから観測しているとする．同じ重りをエレベーター内で落とすと，重りはエレベーターの床上方の一定の高さで，空中に浮いたままに見える．遠くからの観測者には，重りは地上に向けて $9.81\,\mathrm{m\,s^{-2}}$ の大きさで加速しているように見えるが，エレベーターの座標系で測定された加速度はゼロである．エレベーター内で観察すると，ニュートンの法則は成立していないように思われるが，それは座標系自体が加速しており，非慣性系であるからである．

回転する地球上の緯度／経度の座標系もまた加速しているため，地球に固定した座標系に対し動いている物体に，ニュートンの法則を正確に適用するためには，座標系の加速度を考慮しなければならない．

2.2.1 遠心力

我々は，地球の回転軸からある一定の距離に位置している．その距離に応じて，その軸の周りを非常に速く，かつ一定の速さ（ウィスコンシン州マディソンで，その速さは $330\,\mathrm{m\,s^{-1}}$ ！）で回転している．したがって，我々は図 2.5 で描かれたひもの端にあるボールに似ている．ボールの速さは一定であり，回転半径 r ($r = |\vec{r}|$) に回転の角速度 ω を掛けたものとなっている．しかし，ボールの方向は連続的に変化し，そして，ボールの視点から見ると，回転軸方

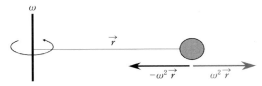

図2.5 ひもにくっついている回転するボールは，内向きの向心加速度（黒い矢印で表示される）を受ける．ボール上の視点から見ると，運動を正確に記述するために，ニュートンの法則を適用するための遠心力（灰色の矢印で表示される）を含めなければならない．

向に向いた

$$\frac{d\vec{V}}{dt} = -\omega^2 \vec{r} \tag{2.15}$$

に等しい一様な加速度がある．この加速度は**向心力**と呼ばれ，ボールを引っ張るひもの力により引き起こされる．あなたがボールの上にあって，ボールとともに回転していると仮定してみよう．あなたの視点からは，ボールは静止しているが，現実には，向心力がそれに働いている．ボールの上の視点から見ると，この条件でニュートンの法則を適用するためには，本当の向心力につり合う見かけの力を，力のつり合いに含めなければならない．この見かけの力は，**遠心力**と呼ばれる．

向心力の加速度とつり合う遠心力の加速度は回転半径に沿って外側に向いており，

$$遠心力 = \omega^2 \vec{r} \tag{2.16}$$

で与えられる．図2.6で示されるように，回転する地球の上では，遠心力は鉛直の力のつり合いに影響する．遠心力と地球の引力（$\vec{g^*}$）を加えた合力は，**有効重力（effective gravity）**（$\vec{g}$）と呼ばれ，

$$\vec{g} = \vec{g^*} + \Omega^2 \vec{R} \tag{2.17}$$

で与えられる（訳注：通常，有効重力は単に「重力」と呼ばれる）．ここでΩは，地球の回転の角速度であり，$\vec{R}$は地球中心と対象物体を結ぶ位置ベクトルの回転軸に垂直なベクトル成分である．このように定義された有効重力は地球の中心に必ずしも向いておらず，その場所での地表面に対する接平面に垂直な方向を向いている．$\Omega^2 \vec{R}$は回転軸から離れる方向に向いており，$\vec{g}$は，極と赤道を除いては，地球の中心に向かっていない．もし，地球が完全な球であれ

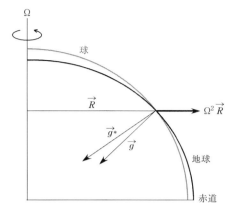

図 2.6 遠心力，地球の引力（$\vec{g}^*$），有効重力（$\vec{g}$）の間の関係．図示されているように，遠心力の効果により，地球の形は，その場所での鉛直方向が有効重力に平行である偏平楕円体へゆがんでいる．

ば，重力の赤道向きの水平成分が存在することになる．地球の地殻は，変形する性質があり，長期間にわたり地球が応答した結果，赤道の半径が極の半径より 21 km 長い偏平回転楕円体という形状となっている．そのような少しゆがめられた形を仮定すると，地球上のあらゆる場所で，その場所の鉛直な方向は $\vec{g}$ に平行であると定義できる．有効重力の遠心力成分は，地球に固定した回転座標系に相対的に静止している物体に働く回転の効果の例である．その回転系に対し相対的に運動する物体にニュートンの法則を正確に適用するためには，もう 1 つの見かけの力であるコリオリ力を考えなければならない．

2.2.2 コリオリ力

1 人の学生が回転木馬の上に乗り，もう 1 人の学生がそこからある距離にある木の上にいる状況での野外実験を考える．回転木馬は回っており，ボールが回転木馬の中心から，回っている学生に向けて押し出されるとする．木の上から見下ろす学生には，ボールは直線上を運動しているように見える（水平方向の力が働かないから）．しかし，回転系の視点からは，ボールは曲がった経路をとり，加速度運動をしているように見える．お互いの観察を比べることで，回転木馬の回転から生じる見かけの力が，その直線経路からボールをそらしていると結論できる．この見かけの力がコリオリ力である．回転する地球上におけるコリオリ力を定量化することを考えよう．

第 2 章 真の力と見かけの力

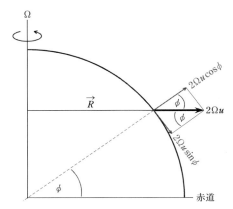

図 2.7 地球上の東から西への相対的運動に関し、コリオリ力は超過の遠心力として生じる.

凍った摩擦のない地球上においたアイスホッケーのパックに、東方向へ撃力を与えたとする. このような状況の下で、パックはその下にある固体地球より速く回転しているので、その緯度でパックに働く遠心力は次のように増加する.

$$遠心力 = \left(\Omega + \frac{u}{R}\right)^2 \vec{R} = \Omega^2 \vec{R} + 2\Omega u \frac{\vec{R}}{R} + \frac{u^2 \vec{R}}{R^2} \quad (2.18)$$

ここで、u/R は、東向きの撃力により生じる回転角速度の増加分を表す. ここで R は $\vec{R}$ の大きさである. 式 (2.18) の右辺の第 1 項は、既に述べた遠心力であり、これは有効重力に含めた. しかし、第 2 項および第 3 項は、$\vec{R}$ 方向外向き（回転軸に垂直）に働く力である. 地球上の通常の総観規模の運動に関しては、$u \ll \Omega R$（マディソンで $\Omega R = 330 \text{ m s}^{-1}$）であり、第 3 項を無視しても、ほとんど結果に影響がない. 残った項、$2\Omega u \vec{R}/R$（超過の遠心力）は緯度円に平行な相対運動から生じるコリオリ力である. コリオリ力は、図 2.7 により示されるように 2 つの成分を持つ. 鉛直成分および水平成分は次式で表される.

$$\frac{dw}{dt} = 2\Omega u \cos\phi \quad \text{および} \quad \frac{dv}{dt} = -2\Omega u \sin\phi \quad (2.19)$$

ここで ϕ は緯度である. いわゆるコリオリ・パラメーター f を $f = 2\Omega \sin\phi$ と表すと、赤道に平行な相対的な運動から生じるコリオリ力の水平成分を $dv/dt = -fu$ として書き直すことができる. 北半球（ϕ は慣習で正）では東

向き（西向き）の撃力が与えられると，コリオリ力により物体は南（北）へと，言い換えれば，当初の経路の右方向にそれる．

次に，地球に相対的に赤道方向に動いているアイスホッケーのパックを考える．パックに力が働かないとき，その角運動量（ΩR^2）は保存される．北半球で赤道方向に押し出されたとき，パックの地軸の周りの回転半径は増加し始める．その結果，角運動量を保存するために，運動に相対的に，地球の回転の反対向き（西向き）の運動が生じる．パックの当初の角運動量と，より大きな R の方に向けて赤道方向へ位置が変化した後の角運動量が等しいことを考慮し，この過程を定式化する（もしパックが鉛直方向に動く場合は，R が増加する位置変化となることから，その場合にも，同様の効果が生じることに留意せよ）．δu を，新しい回転半径 $R + \delta R$ における西向きの速度の変化とすると，角運動量保存則は

$$\Omega R^2 = \left(\Omega + \frac{\delta u}{R + \delta R}\right)(R + \delta R)^2 \qquad (2.20\text{a})$$

で与えられる．式 (2.20a) を展開すると次式を得る．

$$\Omega R^2 = \left(\Omega + \frac{\delta u}{R + \delta R}\right)(R^2 + 2R\delta R + \delta R^2) \qquad (2.20\text{b})$$

δR（そして δu）は大変小さいので，それら微分項の積は無視すると，式 (2.20b) は次式となる．

$$\Omega R^2 = \left(\Omega + \frac{\delta u}{R + \delta R}\right)(R^2 + 2R\delta R) \qquad (2.20\text{c})$$

あるいは

$$\Omega R^2 = \Omega R^2 + 2\Omega R \delta R + \frac{R^2 \delta u}{R + \delta R} \qquad (2.20\text{d})$$

この式は，次式に変形される．

$$2\Omega R \delta R = -\frac{R^2 \delta u}{R + \delta R} \quad \text{または} \quad 2\Omega R \delta R = -R \delta u \qquad (2.20\text{e})$$

結局，

$$\delta u = -2\Omega \delta R \qquad (2.21)$$

となる．赤道に平行な速度の増分 δu は，図 2.8 に示されるように，子午線方向（北/南）の運動または鉛直方向の運動の両方により引き起こされる．

図 2.8 に示した三角形の相似則により，$\sin\phi = \delta R/-\delta y$ および $\cos\phi =$

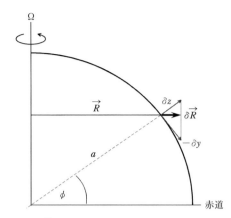

図 2.8 回転半径ベクトル $\vec{R}$ に及ぼす鉛直および子午線方向の運動の効果. 上方および赤道方向の位置の移動により $\vec{R}$ は増加し, その増加分を $\delta\vec{R}$ で示す.

$\delta R/\delta z$ であることがわかる. したがって, 子午線方向の運動に関し,

$$\delta u = -2\Omega(-\delta y \sin\phi) = 2\Omega \sin\phi(\delta y) \tag{2.22a}$$

となる. しかし, 図 2.8 からわかるように, $\delta y \approx a\delta\phi$ であり, 式 (2.22a) は次のように書き直すことができる.

$$\delta u = 2\Omega \sin\phi\, a\delta\phi \tag{2.22b}$$

式 (2.22b) の両辺を時間の増分 δt で割り, $\delta t \to 0$ の極限をとると, 次式を得る.

$$\frac{du}{dt} = 2\Omega \sin\phi \left(a\frac{d\phi}{dt}\right) \tag{2.23a}$$

$a d\phi/dt = v$ および $f = 2\Omega \sin\phi$ であるので, 式 (2.23a) を次のように書き直すことができる.

$$\frac{du}{dt} = fv \tag{2.23b}$$

北半球において, 赤道方向の運動 ($v < 0$) が, 角運動量の保存により西向きの運動を引き起こすことは直観的に理解できるが, このことは式 (2.23b) により示される. この例でも, コリオリ力が, 物体の当初の経路を右へ曲げることがわかる.

図 2.8 および式 (2.21) を考察することにより, 鉛直運動に対して次式を得

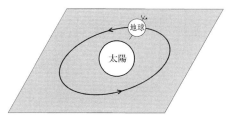

図 2.9 太陽を回る地球の公転と地軸の周りの自転の図．太い黒線は，地球の公転を表し，曲がった細い矢印は，自転を表す．灰色部は，黄道面である．

る．

$$\delta u = -2\Omega \cos\phi \, \delta z \tag{2.24a}$$

もう一度，両辺を時間の増分 δt で割り，$\delta t \to 0$ の極限をとると，次式を得る．

$$\frac{du}{dt} = -2\Omega \cos\phi \left(\frac{dz}{dt}\right) \quad \text{または} \quad \frac{du}{dt} = -2\Omega \cos\phi \, w \tag{2.24b}$$

したがって，子午面内の運動から生ずるコリオリ力の完全な式は

$$\frac{du}{dt} = fv - 2\Omega \cos\phi \, w \tag{2.25}$$

となる．3次元のコリオリ力は次式となる．

$$\begin{aligned}\frac{du}{dt} &= fv - 2\Omega \cos\phi \, w \\ \frac{dv}{dt} &= -fu \\ \frac{dw}{dt} &= 2\Omega \cos\phi \, u\end{aligned} \tag{2.26}$$

ここでコリオリ・パラメーター $f = 2\Omega \sin\phi$ について考えてみる．コリオリ・パラメーターが緯度に依存するということは，回転の効果が緯度とともに変化するという我々の直感と一致している．コリオリ・パラメーターは赤道でまったくゼロであり，極で最大になることがわかる．コリオリ力は，地球に固定した座標系の加速度から生じる見かけの力であり，回転角速度 Ω を含んだ議論はそのために複雑なものになる．

　太陽日（solar day）は，その場所である日の正午（ある場所で，太陽が空の最も高いところにある瞬間）から次の正午までに経過する時間を表し，それは 24 時間である．図 2.9 に示されるように，黄道面の上から見たとき，地球

は太陽の周りを反時計回りに周回している．地球が自転していないとしても，公転により1年に1回自転する（東から西へ！）．更に，1年間（365.25太陽日）に地球は自転し続ける（西から東へ）．したがって，遠くの固定した恒星から見ると，地球は1年間に地軸の周りに366.25回の回転をする（西から東へ）．そのため地球は固定した恒星に対して，恒星日の間に1回転する．**恒星日（sidereal day）**は次式で与えられる．

$$\frac{(365.25\,太陽日) \times (24 \times 3600\,\text{s}\,太陽日^{-1})}{366.25\,回転} = 86156.09\,\text{s}\,回転^{-1}$$

ニュートンの法則を正確に適用するためには，恒星に固定された座標系に対する，地球に固定された座標系の加速度の効果を補正する必要がある．このために，恒星日の長さを使って Ω を次のように表す必要がある．

$$\Omega = \frac{2\pi}{86156.09\,\text{s}} = 7.292 \times 10^{-5}\,\text{s}^{-1}$$

仕事とは力と移動距離ベクトルとのスカラー積であり，コリオリ力は常に速度ベクトルに垂直に働くので，運動している粒子に対してコリオリ力は仕事をしないということに留意すべきである．したがって，コリオリ力は運動の方向を変えることができるだけで，静止していた物体を動かし始めることはできない（訳注：式(2.26)の各式に，それぞれ u, v, w をかけて足し合わせると，$d/dt(u^2 + v^2 + w^2) = 0$ となり，運動エネルギー不変から「仕事ゼロ」がいえる．次章の式(3.50)参照）．これ以降，回転する地球における運動方程式から，中緯度大気の流体力学を調べることにする．ここまでの議論で，これらの方程式を定式化するのに必要な力はすべて考慮してきたことになる．次章では，これらの方程式が流体大気の運動量保存を表すものであることが示される．

参考文献
Holton, *An Introduction to Dynamic Meteorology* では，真の力と見かけの力が丁寧に議論され，導出されている．

Hess, *Introduction to Theoretical Meteorology* では，本章と同様の内容が明快に記述されている．

問題
2.1. 水はその深さが浅い場合，一定の密度を持つ流体である．この事を考慮し次の問題を解け．水の入った円柱の容器（水槽）が回転台の上にある．水槽の半径は r_0 であり，水深は z_0 である．

(a) 浅い容器において，水平圧力傾度を，水深（h）の関数として求めよ．
(b) 回転台が（回転角速度 ω で）回っていて，系は平衡になっている．水の表面の高さ h の式を，半径 r の関数として導出せよ．
(c) $h(r)$ の式を，z_0 を用いて表せ．（ヒント：容器内の体積を考えよ．）
(d) $r_0 = 1\,\mathrm{m}$ の場合，水槽の外側の端における水位を $h = 2z_0$ へ上げるのに，どれぐらいの回転角速度が必要か？

2.2. 緯度 $30°\mathrm{N}$ にいる野球選手が北に向かって投げたボールが，$2\,\mathrm{s}$ で $75\,\mathrm{m}$ の水平距離を移動した．地球の回転の結果，ボールはどの方向にどれだけ横にそれるか？

2.3. 図 2.1A において，$\alpha = \beta$ を証明せよ．

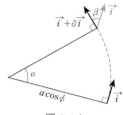

図 **2.1A**

2.4. 東向きの列車に乗って職場に向かっている間に，一定の質量を持つ乗客が自分の重さを測ったら，$542\,\mathrm{N}$ であった．家への帰路で列車が最大速度に達したとき，その乗客が再度体重を測ったら，$543\,\mathrm{N}$ であった．その乗客の家から $50\,\mathrm{km}$ のところに職場があり，その乗客が $40°\mathrm{S}$ のところに住んでいるならば，通勤にどれくらいの時間がかかるか？（列車の平均の速さは，最大速度と仮定してよい．）

2.5. 中緯度での典型的な海面高度の空気密度は，約 $1.25\,\mathrm{kg\,m^{-3}}$ である．水平の気圧傾度力が鉛直の気圧傾度力に等しいためには，$100\,\mathrm{km}$ の距離の間での海面気圧の相違は，どの程度でなければならないか？これは地球で可能か？

2.6. 地球上のある点から，投射体が速度 w_0 で鉛直上向きに発射される．投射体が受ける西向きの位置変化を，緯度と w_0 と地球の回転角速度で表せ．

2.7. 赤道上の静止衛星（地球上の同じ点の上空にとどまり続ける衛星）の軌道の半径はいくらか？

2.8. 赤道上に静止している物体は 3 つの加速度を受ける．1 つは，地球とともに自転していることに伴う，地球の中心への加速度である．2 つ目は，地球が太陽の周りをほとんど円の軌道で公転していることから生じる，太陽に向けた加速度である．3 つ目は，銀河系の中心に向かうものである．地球から太陽までの距離が $150 \times 10^6\,\mathrm{km}$ であり，銀河系の中心の周りの太陽の回転の周期が，距離 $2.4 \times 10^{17}\,\mathrm{km}$ において 2.5×10^8 年であるとして，これら 3 つの加速度の大きさを比較せよ．これらの比較により，地球の自転角速度が $\Omega = 7.292 \times 10^{-5}\,\mathrm{s^{-1}}$ として近似しても問題ないことを示せ．

2.9. $90°\mathrm{W}$ にある静止気象衛星を，緊急配置で $105°\mathrm{W}$ に動かさなければならないと想像する．(a) このためには，衛星の軌道半径は増加または減少させる必要があるか

を説明せよ．(b) もし，配置を 3 時間で完了しなければならないのであれば，この配置の間に衛星の軌道半径を何 km 変化させる必要があるか計算せよ．

2.10. ある観測所で，地表面の風が $15\,\mathrm{m\,s^{-1}}$ の速さで等圧線を高気圧から低気圧へ $\alpha = 25°$ で横切る方向に吹いている．流れがつり合っていると仮定して，水平気圧傾度力および単位質量当りの摩擦力の大きさを計算せよ．観測所は，$40°\,\mathrm{N}$ に位置しているとせよ．

2.11. 摩擦力と気圧傾度力のつり合いで大気の流れが決まる場所が，地球の上にあるか？ その回答が正しいことを説明せよ．

2.12. 木星は半径 $71500\,\mathrm{km}$ の球であると仮定する．木星大気の上端（$71500\,\mathrm{km}$）近くでの，木星の引力のベクトル（$\vec{g}^*$）と重力のベクトル（$\vec{g}$）の間の角度を，緯度の関数として計算せよ．木星は 9 時間 48 分 36 秒ごとに 1 回自転する．

解答

2.1. (a) PGF $x = -g\dfrac{\partial h}{\partial x}$ (b) $h = h_0 + \dfrac{\omega^2 r^2}{2g}$ (c) $h(r) = z_0 + \dfrac{\omega^2}{2g}\left(r^2 - \dfrac{r_0^2}{2}\right)$ (d) $\omega = 2\sqrt{gz_0}$

2.2. $x = 0.547\,\mathrm{cm}$

2.4. 10 分 18 秒

2.5. $\partial p = 12\,262.5\,\mathrm{hPa}$ 地球上では物理的に不可能

2.6. $x = \dfrac{4\Omega w_0^3}{3g^2}\cos\phi$

2.7. $z = 35\,804\,\mathrm{km}$

2.8. $3.369 \times 10^{-2}\,\mathrm{m\,s^{-2}}$, $5.946 \times 10^{-3}\,\mathrm{m\,s^{-2}}$, $1.522 \times 10^{-8}\,\mathrm{m\,s^{-2}}$

2.9. (a) 軌道半径の増加 (b) $\Delta z = 1058.78\,\mathrm{km}$

2.10. $F = 6.557 \times 10^{-4}\,\mathrm{m\,s^{-2}}$, 気圧傾度力 $= 1.551 \times 10^{-3}\,\mathrm{m\,s^{-2}}$

2.11. 赤道において

2.12. $\alpha \approx (1.1316)\dfrac{\sin 2\phi}{g}$

第3章 質量，運動量およびエネルギー
——物理的世界の基本的な量

目的

　物理的な世界の研究においては，**質量**，**運動量**，**エネルギー**といった量に注目することが多い．大気の振舞いの研究をする場合でも同様である．この章では中緯度大気の力学的な理解の基礎を説明するために，これらの量や様々な相互作用を検討する．まず大気中の質量分布を決めている力のつり合いを考察する．このことを知ることで，大気の鉛直分布に関する理解を深めることができる．

　ニュートンの第2法則から出発して，デカルト座標系での3方向に対する運動量保存の式を導出する．これらの式は通常，運動方程式として知られており，本書で扱うすべての課題において現れる物理的な関係を理解するための基本的な枠組みとなる．水平方向の運動方程式のスケール解析により，質量と運動量の場の簡明で診断的な関係，即ち地衡風の関係により地球上の中緯度大気が特徴づけられることを示す．最後に，これらの運動方程式を用い，質量保存とエネルギー保存の式を導出する．大気中の質量分布を考察することから始める．

3.1　大気中の質量

　まず，質量を物体の物質の尺度として定義し，それをキログラム（kg）単位で測定する．アリストテレス[1]のような古代の哲学者には，大気が質量を持っていることは明らかでなかった．実際，地球の大気は 5.265×10^{18} kg の質

---

[1] 古代ギリシャの自然哲学者アリストテレス（Aristotle, 384-322 BC）の理論は，ほぼ2000年もの間多くの学問分野で影響力を持った！　彼は空気の重さを決定するために，実験を行ったと伝えられている．精度の悪い秤を使い，皮の袋に空気を「詰め」，その測定を「空の」皮の袋の重さと比べたのである．2つの測定値に相違が認められなかったことから，空気には重さがないと結論した．

量を持っている！ この大気に起因する圧力は，地表からの距離の増加とともに減少する．大気上端からの深さが減少するからである．この結果，鉛直気圧傾度力（$PGF_{vertical}$）が次式で与えられる．

$$PGF_{vertical} = -\frac{1}{\rho}\frac{\partial p}{\partial z}\hat{k} \tag{3.1}$$

鉛直気圧傾度力は，空気を，より高い気圧（地表近く）から，より低い気圧（地表より上方）に押し出す．気圧傾度力による押し出し作用にも拘わらず，大気が宇宙へ逃げて行かないのは，空気塊に働く有効重力（*effective gravity*: *Gravity*）の作用により，それが下向きに引っ張られているということによる．この力は，

$$Gravity = -g\hat{k} \tag{3.2}$$

で与えられる．鉛直気圧傾度力と重力の和は，静止している大気の場合，ゼロであり，次式で表される．

$$0 = \left(-g - \frac{1}{\rho}\frac{\partial p}{\partial z}\right)\hat{k}$$

各項を並べ直し，簡単のため $\hat{k}$ を省くと次式となる．

$$\frac{\partial p}{\partial z} = -\rho g \tag{3.3}$$

この式は静水圧平衡（静力学平衡とも呼ばれる）の式と呼ばれ，地球の大気に特徴的な基本的な平衡を表す．即ち，鉛直の気圧傾度力は完全に重力とつり合う．厳密には，これは静止している大気にあてはまるが（故に，その名称の一部は静的と形容される），この**静水圧平衡**は地球大気のほとんどすべての条件下で，高精度で成り立つ．

鉛直方向の運動方程式を立てるためには，考えている場所での鉛直方向の成分を持つすべての力を考慮する必要がある．鉛直気圧傾度力と重力（静水圧平衡関係で結ばれている）は，これらの力の中で最も大きいものである．摩擦も僅かではあるが鉛直方向の運動に影響する．また赤道に平行な方向の運動により引き起こされる鉛直のコリオリ力の加速があることは既に述べた．したがって，鉛直方向の運動方程式に対する第 1 次近似式を次のように書くことができる．

$$\frac{dw}{dt} = -\frac{1}{\rho}\frac{\partial p}{\partial z} - g + F_z + (2\Omega\cos\phi)u \tag{3.4}$$

ここで F_z は摩擦力の z 成分である.

3.1.1 測高公式

図 3.1 に示したように,1000 hPa と 500 hPa の気圧面の間に挟まれる単位面積の気柱を考える.気圧は単位面積当りの力として定義されるので,その気柱の中で 500 hPa の気圧が生じる大気質量を灰色で図示した.そのような厚板の大気には,それが 1000 から 500 hPa に広がっていようが,あるいは,812 から 312 hPa に広がっていようが,同じ質量の大気が含まれる.実際,この厚板の気柱の質量は,次のように計算される.

$$\text{質量} = (500 \text{ hPa}) \times (100 \text{ N m}^{-2}/\text{hPa}) \times (1 \text{ m}^2) \times 1/(9.81 \text{ m s}^{-2})$$
$$= 5102.04 \text{ kg}$$

単位面積当りの 500 hPa 分の厚板の大気の質量は一定であるが,その深さは日ごとに変動する.この幾何学的な深さを,2 つの等圧面の間の**層厚**(**thickness**)と呼ぶ.この層厚が変動すると,単位面積当りの厚板の体積も変動する.厚板の体積の変動により,厚板の中に含まれる大気の密度も変動する.層厚がより厚い(薄い)ときは,それに対応して大気密度は,より小さく(大きく)なる.理想気体の法則によれば,より小さな(大きな)密度の大気は,気柱で平均した,より高い(低い)仮温度 $\overline{T_v}$ に対応する[2].このように,気柱平均した仮温度は,2 つの等圧面間の層厚に関係することがわかる.

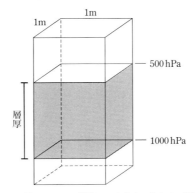

図 **3.1** 2 つの等圧面間の質量は,層厚に拘わらず同じである.

---

[2]仮温度 T_v の議論と導出について付録 A を見よ.

静水圧平衡の式と理想気体の法則とを合わせることにより，このことを証明することができる．理想気体の法則は $p = \rho R_d T_v$ と書ける．ここで p は気圧，ρ は密度，R_d は乾燥空気の気体定数[3]，T_v は仮温度である．この式を使うと，静水圧平衡の式は，次のように書き直せる．

$$\frac{dp}{dz} = -\frac{pg}{R_d T_v} \tag{3.5a}$$

この式は，更に次のように書き直せる．

$$-\frac{R_d T_v}{g} d\ln p = dz \tag{3.5b}$$

この式を高さが z_1 と z_2（$z_2 > z_1$）である気圧面 p_1 と p_2（$p_1 > p_2$）の間で積分すると，次式を得る．

$$-\int_{p_1}^{p_2} \frac{R_d T_v}{g} d\ln p = \int_{z_1}^{z_2} dz \tag{3.5c}$$

式 (3.5c) の左辺の積分の方向を逆にすると次式を得る．

$$\int_{p_2}^{p_1} \frac{R_d T_v}{g} d\ln p = \int_{z_1}^{z_2} dz$$

これを積分することにより，次式を得る．

$$\frac{R_d \overline{T}_v}{g} \ln\left(\frac{p_1}{p_2}\right) = z_2 - z_1 = \Delta z \tag{3.6}$$

ここで $\overline{T}_v$ は気圧で重み付けされた仮温度の気柱平均であり，次式で与えられる．

$$\overline{T}_v = \frac{\int_{p_2}^{p_1} T_v d\ln p}{\int_{p_2}^{p_1} d\ln p}$$

式 (3.6) は**測高公式（hypsometric equation）**と呼ばれ，p_1，p_2 間の気柱平均の温度が層厚（訳注：式 (3.6) の Δz）に影響していることを定量的に示し

---

[3] R_d は，$287\,\mathrm{J\,kg^{-1}\,K^{-1}}$ の値を持ち，普遍気体定数（$R^* = 8.3143 \times 10^3\,\mathrm{J\,K^{-1}\,kmol^{-1}}$）を大気の混合物の分子量（$28.97\,\mathrm{kg\,kmol^{-1}}$）で割ったものに等しい．「乾燥」空気とは，変動する水蒸気が含まれない混合気体のことを指す（訳注：付録2を参照）．

ている（訳注：T_v 一定の条件で式 (3.5a) を z_0 から z まで積分すると次式を得る．

$$p(z) = p_0 \exp(-\Delta z / H) \tag{3.5d}$$

ここで $\Delta z = z - z_0$, p_0 は高度 z_0 での気圧で, $H = R_d T_v / g$ はスケールハイト（scale height）と呼ばれ長さの次元を持つ量である．T_v が低い（高い）ほど H は小さく（大きく）なり，気圧は高度とともにより急速に（緩やかに）減少する）．

測高公式（それ故に，静水圧平衡の式も）を，**ジオポテンシャル** ϕ と呼ばれる量により表すことができる．ジオポテンシャルは，単位質量を海面から上方へ，距離 dz だけ持ち上げるのに要する仕事として定義される．それは重力に逆らって質量を持ち上げる際に，単位質量当りになされる仕事である．数学的にはジオポテンシャルは $d\phi = g dz$ として与えられる．この式を用いることにより，静水圧平衡の式を次のように書き直すことができる．

$$\partial p = -\rho \partial \phi \quad \text{または} \quad \frac{\partial \phi}{\partial p} = -\alpha = -\frac{R_d T_v}{p}$$

（訳注：α は，空気の単位質量当りの体積であり，比容（specific volume）と呼ばれる．$\alpha = 1/\rho$ である．付録 2 参照）．これに対応して，測高公式は，次のようにも表される．

$$R_d \overline{T}_v \ln(\frac{p_1}{p_2}) = \phi_2 - \phi_1 = \Delta \phi$$

今後の議論では，ジオポテンシャル高度（geopotential height）（Z）を用いる．ジオポテンシャル高度は次式で与えられる．

$$Z = \frac{\phi}{g_0} \tag{3.7}$$

ここで g_0 は海面における全球平均の重力加速度（$9.81 \, \mathrm{m \, s^{-2}}$）である．したがって，幾何学的な高さ（$z$）と Z は対流圏では，ほぼ等しい．

中緯度の気象システムを解析し理解する上で，静水圧平衡の式や測高公式には，いくつかの重要な応用が考えられる．気象の特徴を理解するのに，最も頻繁に用いられる資料は，地上天気図である．これは，与えられた時刻で与えられた場所における主要な循環系を特定し，その特徴を調べるために海面気圧の等圧線を示した地図のことである．北米のロッキー山脈やモンゴルの高地のステップ草原などの高原地域においては，海面からの高度があまりに高く，そこでの気圧（観測所で実際に測定された気圧）を，この目的に使うには適切ではない．そのような地域では，**海面更正気圧**（地表面の高度が 0 m であったと

したときの気圧の値）を計算するために測高公式を用いる．次の例を考える．

海面に近いミズーリ州セントルイス（STL）のある日の現地気圧が 995 hPa と測定されたとする．一方，高度が海面から 1609 m であるコロラド州デンバー（DEN）では，825 hPa と測定されたとする．セントルイスとデンバー間には 170 hPa の水平の気圧差はなく，観測された気圧差は，鉛直の気圧差のためである．観測所の気圧をデンバーでの海面に換算することにより，実際に観測された気圧差のどれだけが水平の気圧差であるかを計算してみる．

次の測高公式から始める．

$$\frac{R_d \overline{T}_v}{g} \ln\left(\frac{p_1}{p_2}\right) = z_2 - z_1 = \Delta z$$

ここで $z_2 = z_\text{DEN}$ および $z_1 = 0$（海面における幾何学的高さ）とする．これに対応して，$p_2 = p_\text{STA at DEN}$（観測された現地気圧）および $p_1 = p_\text{SLP at DEN}$（デンバーでの海面更正気圧として計算された値）である．$\overline{T}_v$ はデンバーでの海面と観測所の高度の間の平均の気柱仮温度を表す．これは仮想的な量であるが，考えている気柱において標準の気温減率（$6.5\,\text{K}\,\text{km}^{-1}$）を仮定することにより，推定することができる．与えられた定義を使って測高公式を並べ替えることにより次式を得る．

$$\frac{g z_\text{DEN}}{R_d \overline{T}_v} = \ln\left(\frac{p_\text{SLP at DEN}}{p_\text{STA at DEN}}\right) \tag{3.8a}$$

両辺の逆対数をとると次式となる．

$$\frac{p_\text{SLP at DEN}}{p_\text{STA at DEN}} = \exp\left(\frac{g z_\text{DEN}}{R_d \overline{T}_v}\right)$$

したがって，

$$p_\text{SLP at DEN} = p_\text{STA at DEN} \exp\left(\frac{g z_\text{DEN}}{R_d \overline{T}_v}\right) \tag{3.8b}$$

上式は**高度公式（altimeter equation）**と呼ばれ，観測所の気圧を海面気圧に更正する標準の式である．デンバーの地表の T_v が 20°C と仮定すると，デンバーにおける海面更正気圧は 998.6 hPa となる．こうして得られた値は，総観天気図におけるセントルイスでの海面気圧と比較できることになる．

測高公式は中緯度の気象システムの大規模な構造を理解するうえでも役に立つ．たとえば，与えられた観測所において，1000 hPa と 500 hPa の間の層厚を考えるとき，式 (3.6) は次のようになる．

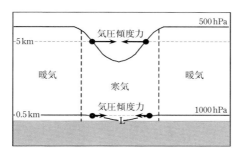

図 3.2 冷たい中心部を持つ低気圧の鉛直断面図.「暖気」および「寒気」は,3つの各気柱の平均温度である.実線は等圧線であり,細い破線は,0.5 km および 5 km の高度の線である.太い矢印は気圧傾度力を表し,頂上での黒い点において,かなり大きなものとなる.「L」は海面気圧が最低となる位置である.

$$\Delta z = \frac{R_d \overline{T}_v}{g} \ln\left(\frac{1000}{500}\right) = \frac{R_d \overline{T}_v}{g} \ln(2) = 20.3 \overline{T}_v \quad (3.9)$$

これから 1000-500 hPa 層厚が 60 m の変化をした場合,平均温度が 2.96°C 変化したと推定される.このことから,冷たい気柱においては暖かな気柱よりも,高さとともに気圧がより急速に低下することがわかる.このことは,冷たい中心部(core)を持つような低気圧の鉛直断面(図 3.2)からも示すことができる.このような低気圧の場合,その中央の気柱は,すべての高度で周囲に比べ冷たいので,その気柱における層厚は,どの場所より小さくなっている.したがって水平の気圧傾度力は低気圧の中心に向いており,高度の増加とともに,その大きさは増加する.このため中緯度に多く見られる冷たい中心部を持つ低気圧は,高さとともに強まる.後の議論において,この中緯度の低気圧の特性が低気圧のライフ・サイクルの力学に大きな影響を与えることがわかる(訳注:層厚が減少しジオポテンシャルが低下すると地衡風相対渦度が増加する(低気圧性の回転が強まること)は 5.4 節で直接的に示される.付録 1 参照).

　大気の質量分布についての理解が得られたので,その振舞いを支配する基礎的な保存法則を調べることにする.大気においては,すべての物理系におけるように,運動量および,エネルギーと質量の保存法則が成り立つ.ただし運動量の保存は,より限定的にしか成り立たない.運動量の保存を考察することから始める.

3.2 運動量の保存：運動方程式

ニュートンの第2法則は運動量の保存を述べたものである．即ち，

$$\frac{d}{dt}(m\vec{V}) = \sum 空気塊に働く力$$

しかし既に述べたように，それは厳密には慣性座標系にてのみ成り立つ．運動を記述するのに，地球に固定された x, y, z の座標を用いると便利である．これらの座標系は加速しているので，慣性系でのラグランジュ的なベクトルの微分と，回転系でのラグランジュ的な微分との間の関係を導く必要がある．慣性系におけるデカルト座標系での成分が

$$\vec{A} = A_x \hat{i} + A_y \hat{j} + A_z \hat{k}$$

である任意のベクトルを $\vec{A}$ とする．角速度 $\vec{\Omega}$ で回転している座標系における $\vec{A}$ の成分は，

$$\vec{A} = A'_x \hat{i}' + A'_y \hat{j}' + A'_z \hat{k}'$$

である $d_a\vec{A}/dt$ を慣性（絶対）系における $\vec{A}$ の全微分とすると，次のように表される．

$$\frac{d_a\vec{A}}{dt} = \frac{dA_x}{dt}\hat{i} + \frac{dA_y}{dt}\hat{j} + \frac{dA_z}{dt}\hat{k}$$

慣性系においては，座標の向き $\hat{i}$, $\hat{j}$, $\hat{k}$ は変化しない．しかし，回転系で同じ全微分を求めると次のようになる．

$$\frac{d_a\vec{A}}{dt} = \frac{dA'_x}{dt}\hat{i}' + \frac{dA'_y}{dt}\hat{j}' + \frac{dA'_z}{dt}\hat{k}' + A'_x\frac{d\hat{i}'}{dt} + A'_y\frac{d\hat{j}'}{dt} + A'_z\frac{d\hat{k}'}{dt}$$

これは次のように書き換えられる．

$$\frac{d_a\vec{A}}{dt} = \frac{d\vec{A}}{dt} + A'_x\frac{d\hat{i}'}{dt} + A'_y\frac{d\hat{j}'}{dt} + A'_z\frac{d\hat{k}'}{dt} \tag{3.10}$$

ここで

$$\frac{d\vec{A}}{dt} = \frac{dA'_x}{dt}\hat{i}' + \frac{dA'_y}{dt}\hat{j}' + \frac{dA'_z}{dt}\hat{k}'$$

$d\vec{A}/dt$ は回転系において観測した $\vec{A}$ の変化率を表している．

式 (3.10) の右辺における $d\hat{i}'/dt$, $d\hat{j}'/dt$, $d\hat{k}'/dt$ は，座標系が加速してい

3.2 運動量の保存：運動方程式 51

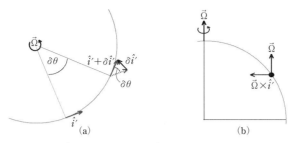

図 3.3 (a) 単位ベクトル $\hat{i}'$ における変化 ($\delta\hat{i}'$) を北極から見た図および (b) 同じベクトル $\delta\hat{i}'$ の断面図．$\vec{\Omega}$ は回転ベクトル（rotation vector）である．

るために生じる単位ベクトル $\hat{i}'$, $\hat{j}'$, $\hat{k}'$ の変化率である．これらのベクトルの大きさは常に 1 であるので（定義により），微分は単位ベクトルの向きの変化のみを表している．したがって，単位ベクトルの各々に生じる向きの変化（地球の回転の結果として生じる）を考慮することにより，絶対系における $\vec{A}$ の全微分が得られる．

図 3.3(a) は，北極から見たときの $\hat{i}'$ の変化の様子を示している．回転ベクトル（rotation vector）$\vec{\Omega}$ は紙面から垂直上向きを指している．三角形の相似により，$\delta\hat{i}' = \hat{i}'\delta\theta$ であることがわかる．$\delta\theta$ 回転するのに要する時間 δt で，この等式の両辺を割り，$\delta t \to 0$ の極限を取ると，次式を得る．

$$\left|\lim_{\delta t \to 0} \frac{\delta\hat{i}'}{\delta t}\right| = \left|\frac{d\hat{i}'}{dt}\right| = \left|\hat{i}'\frac{d\theta}{dt}\right| = \left|\hat{i}'\right| \times \left|\vec{\Omega}\right| \tag{3.11}$$

したがって，ベクトル $d\hat{i}'/dt$ の大きさは，$|\vec{\Omega}|$ に等しい．図 3.3(b) からわかるように，ベクトル $d\hat{i}'/dt$ は，回転の軸の方へ向いている．$d\hat{i}'/dt$ は，$\hat{i}'$ および $\vec{\Omega}$ の両方に垂直で，大きさが $|\vec{\Omega}|$ であるベクトルなので，ベクトル $d\hat{i}'/dt$ は，

$$\frac{d\hat{i}'}{dt} = \vec{\Omega} \times \hat{i}' \tag{3.12}$$

で与えられることがわかる．図 3.4 および図 3.5 からわかるように，同様の関係が $d\hat{j}'/dt$ や $d\hat{k}'/dt$ についても成り立つ．したがって式 (3.10) の右辺の最後の 3 つの項は，次のように書き換えることができる．

52　第3章　質量，運動量およびエネルギー

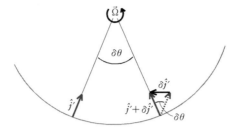

図 3.4　単位ベクトル $\hat{j}'$ における変化（$\delta\hat{j}'$）を北極から見た図．$\vec{\Omega}$ は回転ベクトルである．

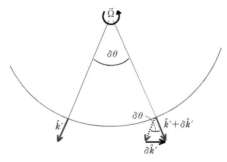

図 3.5　単位ベクトル $\hat{k}'$ の変化（$\delta\hat{k}'$）を北極から見た図．$\vec{\Omega}$ は，回転ベクトルである．

$$A'_x \frac{d\hat{i}'}{dt} = A'_x(\vec{\Omega} \times \hat{i}') = \vec{\Omega} \times (A'_x \hat{i}')$$

$$A'_y \frac{d\hat{j}'}{dt} = A'_y(\vec{\Omega} \times \hat{j}') = \vec{\Omega} \times (A'_y \hat{j}')$$

$$A'_z \frac{d\hat{k}'}{dt} = A'_z(\vec{\Omega} \times \hat{k}') = \vec{\Omega} \times (A'_z \hat{k}')$$

したがって，

$$A'_x \frac{d\hat{i}'}{dt} + A'_y \frac{d\hat{j}'}{dt} + A'_z \frac{d\hat{k}'}{dt} = \vec{\Omega} \times (A'_x \hat{i}' + A'_y \hat{j}' + A'_z \hat{k}') = \vec{\Omega} \times \vec{A} \quad (3.13)$$

となり，式 (3.10) は任意のベクトル $\vec{A}$ に対しても，次のように書き換えることができる．

$$\frac{d_a \vec{A}}{dt} = \frac{d\vec{A}}{dt} + \vec{\Omega} \times \vec{A} \quad (3.14)$$

この式は，慣性座標系におけるベクトルの全微分と，角速度 $\vec{\Omega}$ で回転する座

標系における全微分との関係を表す．

式 (3.14) を用いて，空気塊の絶対的な速度 ($\vec{U}_a$) と同じ空気塊の地球に相対的な速度 ($\vec{U}$) の間の関係を導く．地球上の空気塊の位置ベクトル $\vec{r}$ ($\vec{r}$ は回転軸に垂直で，地球の表面から回転の軸までの距離に等しい大きさをもつ) に式 (3.14) を適用することにより，次式を得る．

$$\frac{d_a\vec{r}}{dt} = \frac{d\vec{r}}{dt} + \vec{\Omega} \times \vec{r} \tag{3.15a}$$

定義により $d_a\vec{r}/dt = \vec{U}_a$ および $d\vec{r}/dt = \vec{U}$ であり，求めるべき速度の関係は次のようになる．

$$\vec{U}_a = \vec{U} + \vec{\Omega} \times \vec{r} \tag{3.15b}$$

この式により回転する地球上の物体の絶対速度が，地球に相対的な速度 ($\vec{U}$) と回転する地球に伴う速度 ($\vec{\Omega} \times \vec{r}$) の合計に等しいことがわかる．

ベクトル $\vec{U}_a$ に式 (3.14) を再度適用すると次式を得る．

$$\frac{d_a\vec{U}_a}{dt} = \frac{d\vec{U}_a}{dt} + \vec{\Omega} \times \vec{U}_a \tag{3.16a}$$

式 (3.15b) を式 (3.16a) の $\vec{U}_a$ に代入すると次式を得る．

$$\begin{aligned}\frac{d_a\vec{U}_a}{dt} &= \frac{d}{dt}(\vec{U} + \vec{\Omega} \times \vec{r}) + \vec{\Omega} \times (\vec{U} + \vec{\Omega} \times \vec{r}) \\ &= \frac{d\vec{U}}{dt} + \vec{\Omega} \times \frac{d\vec{r}}{dt} + \vec{\Omega} \times \vec{U} + \vec{\Omega} \times (\vec{\Omega} \times \vec{r})\end{aligned} \tag{3.16b}$$

$d\vec{r}/dt = \vec{U}$ および $\vec{\Omega} \times (\vec{\Omega} \times \vec{r}) = -\Omega^2 \vec{r}$ なので，これは次のように簡単になる．

$$\frac{d_a\vec{U}_a}{dt} = \frac{d\vec{U}}{dt} + 2\vec{\Omega} \times \vec{U} - \Omega^2 \vec{r} \tag{3.17}$$

式 (3.17) は，慣性系におけるラグランジュ的な加速度が，(1) 相対速度 $\vec{U}$ のラグランジュ的な変化率，(2) 相対座標系における相対運動から生ずるコリオリ加速度，そして，(3) 座標系の回転から生じる向心力を加えたものに等しいことを示している．ニュートンの第 2 法則と，大気流体に働く真の力として，気圧傾度力，摩擦力，地球の引力を考えることにより次式を得る．

$$\frac{d_a\vec{U}_a}{dt} = \frac{d\vec{U}}{dt} + 2\vec{\Omega} \times \vec{U} - \Omega^2 \vec{r} = -\frac{1}{\rho}\nabla p + \vec{g}^* + \vec{F}$$

項を並べ替えると，次式を得る．

$$\frac{d\vec{U}}{dt} = -2\vec{\Omega} \times \vec{U} - \frac{1}{\rho}\nabla p + \vec{g} + \vec{F} \tag{3.18}$$

ここで重力項 ($\vec{g}$) は, 遠心力と地球による引力 ($\vec{g^*}$) の合力である. この式は, 回転座標系における相対運動で生じる加速度が, (1) コリオリ力, (2) 気圧傾度力, (3) 有効重力, (4) 摩擦力の合計に等しいことを述べている. これが主な結果であるが, ベクトル形式で書かれているので, 解析に用いるには便利とはいえない. 地球は球に近いので, このベクトル形式を球座標に書き直すと大変便利になる.

3.2.1 球座標における運動方程式

3次元の運動は, 球座標では経度, 緯度, 海面上の幾何学的高度 (λ, ϕ, z) を変数とし, 単位ベクトル $\hat{i}$, $\hat{j}$, $\hat{k}$ を用いて記述される. 相対速度は $\vec{V} = u\hat{i} + v\hat{j} + w\hat{k}$ となり, 各成分は次のように定義される.

$$u \equiv a\cos\phi\frac{d\lambda}{dt}, \quad v \equiv a\frac{d\phi}{dt}, \quad w \equiv \frac{dz}{dt}$$

ここで a は地球半径である[4]. 経度方向および緯度方向の距離は, $dx = a\cos\phi d\lambda$ と $dy = ad\phi$ で表される. 単位ベクトルが一定でないので, この座標系はデカルト座標系ではないことに注意しよう. 実際, 単位ベクトルは地球上の位置によって変わるのである. これを直観的に理解するには, すべての経度線が極で収束することを想像すればよい. 「北」の方向は, 地球の異なった経度では同じ方向を指していないことがわかるであろう. 物体の加速度ベクトルを, その成分に分解する際には, この単位ベクトルの位置依存性を考慮する必要がある.

$$\frac{d\vec{V}}{dt} = \frac{du}{dt}\hat{i} + \frac{dv}{dt}\hat{j} + \frac{dw}{dt}\hat{k} + u\frac{d\hat{i}}{dt} + v\frac{d\hat{j}}{dt} + w\frac{d\hat{k}}{dt} \tag{3.19}$$

式 (3.19) の右辺の最後の3つの項の式を求める必要がある.

$d\hat{i}/dt$ (訳注: 運動する物体の位置での $\hat{i}$ の時間変化) については, 他の全微分のように, それを展開することで, 次式を得る.

$$\frac{d\hat{i}}{dt} = \frac{\partial \hat{i}}{\partial t} + u\frac{\partial \hat{i}}{\partial x} + v\frac{\partial \hat{i}}{\partial y} + w\frac{\partial \hat{i}}{\partial z} \tag{3.20}$$

---

[4] 形式的には, a は, $(r+a)$ とすべきである. ここで r は海面からの距離であり, a は地球の半径である. しかし対流圏のみならず, ほとんどすべての大気領域で $r \ll a$ なので本書では a と近似する.

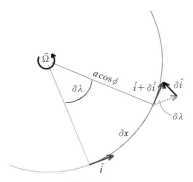

図 3.6 微分 $\delta\hat{i}/\delta x$ の図示.

座標の方向に，局所的な変化はない（いずれの場所でも，東は常に同じ方向を向いている）ので，$\partial\hat{i}/\partial t = 0$ である．与えられた経度に沿って，物体が北や南に動くとき，$\hat{i}$ 方向は変化を受けないし，上下方向に動くときも，変化を受けない．したがって $\partial\hat{i}/\partial y$ および $\partial\hat{i}/\partial z$ は，ともにゼロである．しかし，既に図 3.3(a) で見たように，物体が緯度一定の円に沿って動くとき，$\hat{i}$ 方向は変化し，式 (3.20) は簡単になり次式を得る．

$$\frac{d\hat{i}}{dt} = u\frac{\delta\hat{i}}{\delta x} \tag{3.21}$$

問題は $\partial\hat{i}/\partial x$ の大きさと向きを求めることである．北極から見た水平の断面図（図 3.6）を考えることにより，これを求める．$\delta x = a\cos\phi\delta\lambda$ であり，$\hat{i}$ の大きさは 1 であるから，$|\delta\hat{i}| = |\hat{i}|\delta\lambda = \delta\lambda$ であることは明らかであり，次式が成り立つ．

$$\left|\frac{\delta\hat{i}}{\delta x}\right| = \frac{\delta\lambda}{a\cos\phi\delta\lambda} = \frac{1}{a\cos\phi} \tag{3.22a}$$

$\delta\hat{i}$ は，その場所から地軸に垂直な方向を向いている．したがって $\delta\hat{i}/\delta x$ の方向（λ, ϕ, z を変数として）を求めるために，$\delta\hat{i}$ を成分に分ける必要がある．図 3.7 により $\delta\hat{i}$ は $\hat{j}$ と $-\hat{k}$ 方向の成分を持っていることがわかる．$\hat{j}$ 成分は $\sin\phi$ の関数であり，$-\hat{k}$ 成分は $\cos\phi$ の関数である．このことから次式を得る．

$$\frac{\delta\hat{i}}{\delta x} = \frac{(\sin\phi\hat{j} - \cos\phi\hat{k})}{a\cos\phi} \tag{3.22b}$$

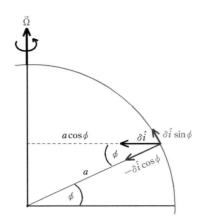

図 3.7 $\delta\hat{i}$ の北向き成分および鉛直成分.

$\delta x \to 0$ の極限をとると次式を得る.

$$\frac{d\hat{i}}{dt} = \frac{u(\sin\phi\,\hat{j} - \cos\phi\,\hat{k})}{a\cos\phi} \tag{3.22c}$$

次に $d\hat{j}/dt$ の成分の形式を考える．この項も他のラグランジュ的な微分のように，次式に展開される．

$$\frac{d\hat{j}}{dt} = \frac{\partial\hat{j}}{\partial t} + u\frac{\partial\hat{j}}{\partial x} + v\frac{\partial\hat{j}}{\partial y} + w\frac{\partial\hat{j}}{\partial z} \tag{3.23}$$

$\hat{i}$ の場合のように，(x,y,z) が一定条件での $\hat{j}$ の時間微分はゼロであり，高度変化により生ずる $\hat{j}$ の変化はない．しかし，x 方向，y 方向の位置変化により $\hat{j}$ は変化する．図 3.8(a) は $\partial\hat{j}/\partial x$ を求めるのに必要な幾何学的配置を示している．薄い灰色の三角形の（直角三角形の）斜辺 β は，$\sin\phi = (a\cos\phi)/\beta$ であることから，$\beta = a/\tan\phi$ となる．β がわかると，図 3.8(b) で取り出して示されている濃い灰色の三角形を用いて，$\partial\hat{j}/\partial x$ が求められる．$\delta x = (a/\tan\phi)\delta\alpha$ であり，$\delta\hat{j} = \hat{j}\delta\alpha$（ただし $\delta\hat{j}$ は $-x$ 方向に向いている）であるので，

$$\left|\frac{\delta\hat{j}}{\delta x}\right| = \frac{\tan\phi}{a}$$

となる．$\delta x \to 0$ の極限をとり，方向を考慮して次式を得る．

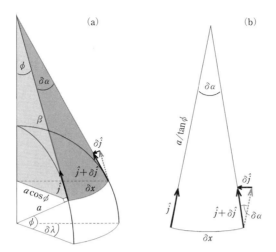

図 3.8 単位ベクトル $\hat{j}$ の x 依存性の図示．(a) $\hat{j}$ 含まれる平面（濃い灰色）を 3 次元で見たもの．(a) における濃い灰色の三角形が，(b) で図示されている．

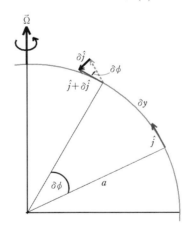

図 3.9 単位ベクトル $\hat{j}$ の y 方向依存性．

$$\frac{\partial \hat{j}}{\partial x} = -\frac{\tan\phi}{a}\hat{i} \tag{3.24}$$

図 3.9 は，$\hat{j}$ の y 方向依存性を示している．$\delta y = a\delta\phi$ であり，$|\delta\hat{j}| = |\hat{j}\delta\phi|$ $= \delta\phi$ であることがわかる．したがって $|\delta\hat{j}/\delta y| = 1/a$ であり，$\delta\hat{j}$ は $-\hat{k}$ の方向を向いている．再び $\delta y \to 0$ として，この式の極限をとると次式を得る．

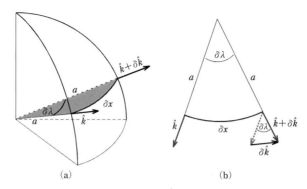

図 3.10 単位ベクトル $\hat{k}$ の x 方向依存性.

$$\frac{\partial \hat{j}}{\partial y} = -\frac{1}{a}\hat{k} \tag{3.25}$$

この式を式 (3.23) および式 (3.24) と結びつけると,$d\hat{j}/dt$ として次式を得る.

$$\frac{d\hat{j}}{dt} = \frac{-u\tan\phi}{a}\hat{i} - \frac{v}{a}\hat{k} \tag{3.26}$$

$d\hat{k}/dt$ については,(x, y, z) 一定条件での $\hat{k}$ の時間微分がゼロであり,鉛直の微分もゼロであることを考慮すると次式を得る.

$$\frac{d\hat{k}}{dt} = u\frac{\partial \hat{k}}{\partial x} + v\frac{\partial \hat{k}}{\partial y} \tag{3.27}$$

図 3.10 は $\hat{k}$ の x 方向依存性を示している.図示された三角形は,地球の中心を起点とする断面図を表しているので,$\delta x = a\delta\lambda$ であり,$\delta\hat{k}$ が x 方向に向いて $|\delta\hat{k}| = |\hat{k}\delta\lambda| = \delta\lambda$ であることがわかる.したがって $|\delta\hat{k}/\delta x| = 1/a$ であり,次の微分式が導かれる.

$$\frac{\partial \hat{k}}{\partial x} = \frac{1}{a}\hat{i} \tag{3.28}$$

図 3.9 と同じような断面図を想定し,δy の変化に対応した $\hat{k}$ の変化に注目することにより,$\partial\hat{k}/\partial y = (1/a)\hat{j}$ を得る.したがって,$d\hat{k}/dt$ の完全な式は,次のようになる.

$$\frac{d\hat{k}}{dt} = \frac{u}{a}\hat{i} + \frac{v}{a}\hat{j} \tag{3.29}$$

式 (3.22c),(3.26),(3.29) を結合すると,式 (3.19) を次の成分形式で書くことができる.

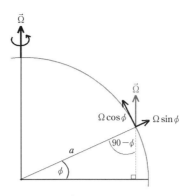

図 3.11 回転ベクトル $\vec{\Omega}$ の鉛直および子午面成分への分解.

$$\frac{d\vec{V}}{dt} = \left(\frac{du}{dt} - \frac{uv\tan\phi}{a} + \frac{uw}{a}\right)\hat{i} + \left(\frac{dv}{dt} + \frac{u^2\tan\phi}{a} + \frac{vw}{a}\right)\hat{j} + \left(\frac{dw}{dt} - \frac{u^2+v^2}{a}\right)\hat{k} \tag{3.30}$$

この式は，相対運動のラグランジュ微分（加速度）を球座標成分で表したものである（運動方程式ではない）．ベクトル表示の運動方程式 (3.18) は，気圧傾度力，コリオリ力，重力，摩擦力を含んでいる．球座標での運動方程式を成分ごとに表すためには，力の項も同様に成分ごとに表す必要がある．

コリオリ力は $-2\vec{\Omega}\times\vec{U}$ で与えられる．図 3.11 からわかるように，回転ベクトル $\vec{\Omega}$ は x 方向に垂直であるため，正の $\hat{j}$ 方向，正の $\hat{k}$ 方向にのみ成分を持つ．図 3.11 で三角法を適用すると $\vec{\Omega}$ の $\hat{k}$ 成分は $\Omega\sin\phi$ の大きさを持ち，$\hat{j}$ 成分は $\Omega\cos\phi$ の大きさを持つことがわかる．したがってコリオリ力の成分表示は，次の行列式の計算から求まる．

$$-2\vec{\Omega}\times\vec{U} = \begin{vmatrix} \hat{i} & \hat{j} & \hat{k} \\ 0 & -2\Omega\cos\phi & -2\Omega\sin\phi \\ u & v & w \end{vmatrix} = -(2\Omega\cos\phi\, w - 2\Omega\sin\phi\, v)\hat{i} \\ -2\Omega\sin\phi\, u\hat{j} + 2\Omega\cos\phi\, u\hat{k} \tag{3.31}$$

気圧傾度力の成分表示は，次式となる．

$$-\frac{1}{\rho}\nabla p = -\frac{1}{\rho}\frac{\partial p}{\partial x}\hat{i} - \frac{1}{\rho}\frac{\partial p}{\partial y}\hat{j} - \frac{1}{\rho}\frac{\partial p}{\partial z}\hat{k} \tag{3.32}$$

重力は各点で鉛直下向きに働き，次式で表される．

$$\vec{g} = -g\hat{k} \tag{3.33}$$

他方，摩擦力は次のように表すことができる．

$$\vec{F} = F_x\hat{i} + F_y\hat{j} + F_z\hat{k} \tag{3.34}$$

式 (3.30)，(3.31)，(3.32)，(3.33)，(3.34) を結びつけ，成分ごとに整理すると，回転する地球上の流れに対する 3 成分の運動方程式を得る．

$$\frac{du}{dt} - \frac{uv\tan\phi}{a} + \frac{uw}{a} = -\frac{1}{\rho}\frac{\partial p}{\partial x} + 2\Omega\sin\phi\,v - 2\Omega\cos\phi\,w + F_x \tag{3.35a}$$

$$\frac{dv}{dt} + \frac{u^2\tan\phi}{a} + \frac{vw}{a} = -\frac{1}{\rho}\frac{\partial p}{\partial y} - 2\Omega\sin\phi\,u + F_y \tag{3.35b}$$

$$\frac{dw}{dt} - \frac{u^2+v^2}{a} = -\frac{1}{\rho}\frac{\partial p}{\partial z} - g + 2\Omega\cos\phi\,u + F_z \tag{3.35c}$$

式 (3.35) の $1/a$ を含む様々な項は，地球が平らでないことから生じており，**曲率項**として知られる．各々の曲率項は独立変数 (u, v, w) の 2 次の形であり，非線形となるため，解析が複雑になる．しかし，中緯度の気象システムの力学を論じる際，これらの曲率項はまったく無視できることを，すぐ後で示す．しかしながら，これらの曲率に伴う非線形項がなくても，式 (3.35) の残りの要素は，非線形項を含んでいる．たとえば du/dt を展開すると次式を得る．

$$\frac{du}{dt} = \frac{\partial u}{\partial t} + \underline{u\frac{\partial u}{\partial x} + v\frac{\partial u}{\partial y} + w\frac{\partial u}{\partial z}}$$

下線を引いた項は，明らかに，(u, v, w) に関し 2 次の形となっている．これらの項は，移流加速度項と呼ばれ，局所的な加速度項（この場合，$\partial u/\partial t$）と同程度の大きさになる（訳注：$u\frac{\partial u}{\partial x}$ は，単位時間当りの運動量の移流，即ち運動量の時間変化率であるため，慣性力（inertial force）とも呼ばれる．たとえば，上流から，より大きな運動量をもつ流体が慣性で流れてくる場合は，観測点では運動量が増加したと考える）．そのような非線形の移流の過程が存在することにより，気象力学が大変興味深い（そして難しい）ものになる！

運動方程式 (3.35) は，複雑な一組の式なので，それを簡単化することを考

えるのは自然なことである．これは実際に可能であり，このために第 1 章で紹介したスケール解析の方法を使う．そのためには，運動方程式に含まれる変数に，観測に基づく特徴的な値を与える必要がある．式 (3.35) に現れている u および v の水平速度においては，中緯度での観測から，その特徴的な値は 1 m s^{-1} ほど小さくもなく，100 m s^{-1} ほど大きくもないことが知られている．それゆえ，水平速度の特徴的値は，10 m s^{-1} 程度である．式 (3.35) における他の変数に対し同様の解析を行うことで，妥当な特徴的な値が得られる．

$U \sim 10$ m s^{-1}　　特徴的な水平速度

$W \sim 1$ cm s^{-1}　　特徴的な鉛直速度

$L \sim 10^6$ m　　総観規模の現象の特徴的な長さ

$H \sim 10^4$ m　　特徴的な深さ（対流圏の深さ）

$\delta p/\rho \sim 10^3$ m^2 s^{-2}　　特徴的な水平方向の気圧変動

$L/U \sim 10^5$ s　　特徴的な時間スケール

上記の値のうち，あまり見慣れないものは，特徴的な水平方向の気圧変動である．総観規模の現象の特徴的な長さが 10^6 m であるならば，近接する総観規模の現象間の気圧差は，1000 Pa（10 hPa）のオーダーである[5]．空気の密度は，1 kg m^{-3} であり，典型的な総観規模擾乱の両端の気圧変動の特徴的な比 $\delta p/\rho$ は，~ 1000 m^2 s^{-2} である．そのような特徴的な値が与えられると，式 (3.35) に現れるすべてのスケールを評価することができる．この解析の目的は式 (3.35) を中緯度の総観規模の擾乱に適用できるよう簡単化しうることを示すことにあるので，緯度（ϕ_0）を 45° と仮定すると，特徴的なコリオリ・パラメーターは $f_0 = 2\Omega \sin\phi_0 = 2\Omega \cos\phi_0 \cong 10^{-4}$ s^{-1} となる．今述べた特徴的なスケールに基づく式 (3.35) の各項の近似的な大きさを表 3.1 にまとめた．摩擦力の項は式 (2.13) で表され，その式には，運動粘性係数 ν を含んでいる．このパラメーターは海面高度で，約 1.5×10^{-5} m^2 s^{-1} の値となる．

中緯度の総観規模の運動について適切なスケールの評価を行うと，水平方向の運動の式において，2 つの項のみが 10^{-3} 以上のオーダーであることが表 3.1 からわかる．これらは気圧傾度力とコリオリ力の項である．この結果は，運動方程式 (3.35) の第 1 次近似として，気圧傾度力とコリオリ力の項が概ねつり合っていることを示している．このつり合いは**地衡風平衡**と呼ばれ，中緯

---

[5] これは，海面高度での近接する高気圧および低気圧の中心の間における気圧の差が，1 hPa ほど小さくもなく，100 hPa ほど大きくもないという，総観規模の経験と整合している．

表 3.1 水平方向の運動方程式における様々な項の特徴的な値.

	1	2	3	4	5	6	7
x 式	$\dfrac{du}{dt}$	$-\dfrac{uv\tan\phi}{a}$	$\dfrac{uw}{a}$	$-\dfrac{1}{\rho}\dfrac{\partial p}{\partial x}$	$2\Omega\sin\phi v$	$-2\Omega\cos\phi w$	F_x
y 式	$\dfrac{dv}{dt}$	$\dfrac{u^2\tan\phi}{a}$	$\dfrac{vw}{a}$	$-\dfrac{1}{\rho}\dfrac{\partial p}{\partial y}$	$-2\Omega\sin\phi u$		F_y
スケール	$\dfrac{U^2}{L}$	$\dfrac{U^2}{a}$	$\dfrac{UW}{a}$	$\dfrac{\delta p}{\rho L}$	$f_0 U$	$f_0 W$	$\dfrac{vU}{H^2}$
大きさ（m s^{-2}）	10^{-4}	10^{-5}	10^{-8}	10^{-3}	10^{-3}	10^{-6}	10^{-12}

度の総観規模の流れを診断するときの基本になる．この地衡風平衡はどのような種類の流れを表すのであろうか．関係する力のつり合いを考えることにより，このことをよく理解することができる．図 3.12 に示された海面高度での一組の等圧線を考えよう．第 2 章で述べたように，気圧傾度力ベクトルは，常に高気圧から低気圧に向いており，図 3.12 に示した等圧線に垂直である．気圧傾度力とコリオリ力がつり合うためには，コリオリ力のベクトルは，気圧傾度力ベクトルと等しく，反対の方向でなければならない．図 3.12 は北半球での状況を仮定しているので，コリオリ力が空気塊の動きに垂直で右に向くことがわかる．したがって，図 3.12 に示されたように，この平衡により生じる地衡風は等圧線に平行に吹く．等圧線の間隔が水平方向に狭まっていれば，気圧傾度力ベクトルの大きさは，より大きくなる．地衡風平衡が成り立つためには，これに対応し，より大きなコリオリ力が必要となる．その結果，地衡風は依然として等圧線に平行に吹くが，速度は速くなる．このように風の場（大変重要なベクトル量）は，スカラー量である気圧の 2 次元的な場により，かなり高い精度で一義的に決まる．地球上の中緯度大気は，単純さを願う我々に迎合しているわけではなく，単にそのように振る舞っているだけである！ ここで，地衡風の数学的表現を吟味してみよう．

式 (3.35a) および (3.35b) から，地衡風平衡に関する成分は次式になる．

$$-fv_g = -\frac{1}{\rho}\frac{\partial p}{\partial x} \quad \text{または} \quad v_g = \frac{1}{\rho f}\frac{\partial p}{\partial x} \qquad (3.36a)$$

そして

$$fu_g = -\frac{1}{\rho}\frac{\partial p}{\partial y} \quad \text{または} \quad u_g = -\frac{1}{\rho f}\frac{\partial p}{\partial y} \qquad (3.36b)$$

地衡風の経度（緯度）方向の成分が，これに対応する緯度（経度）方向の気圧傾度に依存していることが式 (3.36) からわかり，これまでの物理的考察に

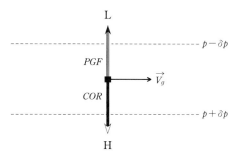

図 3.12 地衡風 V_g を生じさせる力のつり合いの図示．矢印 PGF は気圧傾度力を表し，矢印 COR はコリオリ力を表す．細い破線は等圧線であり，H および L は高気圧および低気圧の領域を表す．

合致している．ベクトル形式では，式 (3.36) は次のようになる．

$$\vec{V}_g = -\frac{1}{\rho f}\frac{\partial p}{\partial y}\hat{i} + \frac{1}{\rho f}\frac{\partial p}{\partial x}\hat{j} = \frac{1}{\rho f}\hat{k} \times \nabla p \tag{3.37}$$

これは，地衡風 ($\vec{V}_g$) が等圧線に常に平行（∇p に垂直）に吹き，その速さが気圧傾度の大きさと密度の逆数，コリオリ・パラメーターの逆数に依存することを示す．式 (3.37) から，地衡風のその他の性質もわかる．地衡風の速度は，気圧傾度力が同じであっても，コリオリ・パラメーターがより小さな低緯度で，より大きくなる．しかし，地衡風平衡は，赤道では（あるいは，それに非常に近いところで）考えることができない．コリオリ・パラメーターの逆数が非常に大きくなり，計算される $\vec{V}_g$ は，もはや現実の風 $\vec{V}$ と大きく異なっているからである．しかし中緯度では，観測される風の地衡風からのずれは 10-15% 以内に収まっている．この観測結果は，中緯度大気が単純な平衡を好む傾向があるということではなく，中緯度においては気圧傾度力とコリオリの力の 2 つの力が大きいことを意味している．

地衡風においては，気圧傾度力とコリオリ力がつり合っているが，どのような条件でこの平衡が成り立つであろうか？ 式 (3.36) においては du/dt，dv/dt は現れない．結果として，地衡風は，厳密には風の加速度がゼロの領域でのみ成り立つ．風は大きさと方向を持ったベクトル量であるので，これらのうち，どちらかが時間変化する場合，風は加速されたということになる．したがって，大気中の 2 つの種類の流れによって，地衡風平衡が破られる．それらは，(1) 流れに沿った速さの変化と (2) 流れに沿った風の方向の変化である．図 3.13 は，北半球の 9 km 高度での等圧線および等風速線（一定の風速の線）

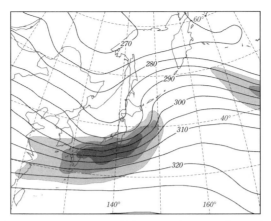

図 3.13　2004 年 2 月 23 日 00 時 00 分協定世界時（000 UTC）に，米国環境予報センター（NCEP）初期値からとった 9 km 高度の等圧線および等風速線．等圧線は，5 hPa ごとに描かれており，等風速線は，$30\,\mathrm{m\,s^{-1}}$ から始まって $10\,\mathrm{m\,s^{-1}}$ ごとに影がつけられている．

の解析データを示す．流れに沿った速さの変動や流れに沿った曲率のある領域は数多くあり，例外というよりも，むしろ常態である．局所的に風速が最大になる近傍（ジェット・ストリーク (**jet streak**) と呼ばれる）で，流れに沿った速さの変動は大変顕著になる．気圧の谷（トラフ；trough）や気圧の峰（リッジ；ridge）の近傍では，流れに沿った向きの変化が最も顕著である．後述するように，これらの場所は，循環系，雲，降水といった形で，日々経験する天気に関係している．これらの領域を特徴づける地衡風平衡からのずれの程度は，その場所での実際の風と，地衡風の計算値との差から推定することができる．この差は，**非地衡風 (ageostrophic wind)** $\vec{V}_{ag}$ と呼ばれ，数学的には，

$$\vec{V}_{ag} = \vec{V} - \vec{V}_g \tag{3.38}$$

として定義される．

表 3.1 からわかる，気圧傾度力とコリオリ力に次いで大きい項である du/dt および dv/dt を考慮することにより，式 (3.35) を単純化した式（地衡風平衡の式）に，時間発展を取り入れることができる．その結果，次式が得られる．

$$\frac{du}{dt} = fv - \frac{1}{\rho}\frac{\partial p}{\partial x} \tag{3.39a}$$

$$\frac{dv}{dt} = -fu - \frac{1}{\rho}\frac{\partial p}{\partial y} \tag{3.39b}$$

式 (3.39) に式 (3.36) を代入し，次式を得る．

$$\frac{du}{dt} = fv - fv_g = f(v - v_g) = fv_{ag} \tag{3.40a}$$

$$\frac{dv}{dt} = -fu + fu_g = -f(u - u_g) = -fu_{ag} \tag{3.40b}$$

これは，ベクトル形式で，次のように書くことができる．

$$\frac{d\vec{V}}{dt} = -f\hat{k} \times \vec{V}_{ag} \tag{3.41}$$

この式は，非地衡風はラグランジュ的な風の加速度領域に伴うものであることを示している．次節では，この非地衡風が中緯度大気力学を理解するのに極めて重要であることを示す．

　中緯度の多くの状況下では地衡風平衡が支配的であるので，非地衡風は現実の風の非常に小さな部分しか占めないことになる．したがって，流れがほぼ地衡風平衡にあるかを判断するために，流れを特徴づける容易な方法があれば便利である．物理的には，スケール解析および表 3.1 により示唆されるように，ラグランジュ的な加速度項（du/dt または dv/dt）がコリオリ力の項に比べて小さいならば，その流れは，ほぼ地衡風平衡にあるといえる．加速度項は U^2/L として表され，コリオリ力が $f_0 U$ のスケールで表されるので，これらの2つの加速度の比は，

$$\frac{\text{ラグランジュ的な加速度}}{\text{コリオリ加速度}} = \frac{U^2/L}{f_0 U} = \frac{U}{f_0 L} \tag{3.42}$$

この比は，無次元（単位のない数）であり，与えられた流れに対し，それが 0.1 より小さければ，コリオリ加速度がラグランジュ的な加速度より少なくとも 10 倍以上大きいことになる．そのような場合には，非常に良い近似で流れを地衡風平衡として取り扱える．式 (3.42) で定義された比は，有名な大気/海洋科学者のカール・グスタフ・ロスビー（Carl Gustav Rossby）の名をとって，**ロスビー数**（R_o）と呼ばれる[6]．これ以降，ほぼ地衡風平衡にある流れを

---

　[6]Carl Gustav Rossby (1898-1957) は，1928 年にマサチューセッツ工科大学（MIT）

表 3.2 鉛直方向の運動方程式における各項の特徴的な値.

	1	2	3	4	5	6
z 式	$\dfrac{dw}{dt}$	$\dfrac{-(u^2+v^2)}{a}$	$-\dfrac{1}{\rho}\dfrac{\partial p}{\partial z}$	$-g$	$2\Omega\cos\phi u$	F_z
特徴的スケール	$\dfrac{UW}{L}$	$\dfrac{U^2}{a}$	$\dfrac{p}{\rho H}$	g	$f_0 U$	$\dfrac{\nu W}{H^2}$
大きさ (m s^{-2})	10^{-7}	10^{-5}	10	10	10^{-3}	10^{-15}

低ロスビー数の流れと呼び，逆に地衡風平衡から大きくずれる流れを高ロスビー数の流れと呼ぶ．

ここまでは，運動の水平方向の式のスケール解析の結果を議論してきた．鉛直方向の運動方程式 (3.35c) についても同様な解析をしてみる．表 3.2 に，式 (3.35c) に現れる各項の特徴的なスケールと，それらの物理量の通常値（中緯度気象システムにおける）を示した．鉛直方向の運動方程式では，鉛直方向の気圧傾度力および重力の 2 つの項は，他の項に比べ 4 桁以上大きい．水平方向の場合では，コリオリ力と気圧傾度力が，加速度項に比べて 1 桁大きい程度であったことと対照的である．既に述べたように，静水圧平衡においては鉛直方向の 2 つの力が結び付けられている．したがって，中緯度の総観規模の運動に対する運動方程式のスケール解析により，地球の中緯度の大気の性質は次のように要約される．

第 1 次近似として，地球上の中緯度大気は静水圧平衡にあり，かつ地衡風平衡にある．

3.2.2 質量の保存

容器をホースにより水で満たすことを考えよう．もし容器に穴があいていれば，単位時間当りに満たされる量を正確に推定するためには，単位時間当りの穴からの流出量と，ホースからの流入量を知る必要がある．流出量が同じままで，流入量が増加すると，容器中の水の質量は増加する．容器中の水の質量を M_w とすると，質量の連続の式は，

$$\frac{\partial M_w}{\partial t} = 流入量 - 流出量$$

に米国で最初の気象学の学部を創設したスウェーデン系のアメリカ人である．ロスビーは 1930 年代および 1940 年代に，現代気象力学の多くの基礎的な原理を発見した．

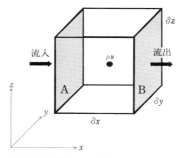

図 3.14 空間に固定された立方体を通る x 方向の流れの図示. 質量フラックス（単位時間当り単位面積を通過する質量）は，積 ρu で与えられる. 流入量が流出量より多いとき，立方体中の質量が増加する.

となる. 図 3.14 に示されているように，空間に固定された無限小の立方体を通過して空気が流れる状態を考える. この立方体の中心における x 方向の**質量フラックス**（x 方向の速度と流体の密度の積）は ρu で与えられる. この関数を中心点の周りにテイラー展開すると，立方体の側面 A を通る単位時間当りの質量流入量は

$$\left[\rho u - \frac{\partial}{\partial x}(\rho u)\frac{\delta x}{2}\right]\delta y \delta z \tag{3.43a}$$

で与えられ，他方，立方体の側面 B を通る時間当りの質量流出量は

$$\left[\rho u + \frac{\partial}{\partial x}(\rho u)\frac{\delta x}{2}\right]\delta y \delta z \tag{3.43b}$$

で与えられる. この簡単な例からわかるように，無限小の立方体の内部での単位時間当りの質量増加（x 方向の流れの結果として）は，単位時間当りの流入量から流出量を引いたものに等しくなる. 式 (3.43) により，次式が得られる.

$$\begin{aligned}\frac{\partial M_x}{\partial t} &= \left[\rho u - \frac{\partial}{\partial x}(\rho u)\frac{\delta x}{2}\right]\delta y \delta z - \left[\rho u + \frac{\partial}{\partial x}(\rho u)\frac{\delta x}{2}\right]\delta y \delta z \\ &= -\frac{\partial}{\partial x}(\rho u)\delta x \delta y \delta z\end{aligned} \tag{3.44}$$

ここで，$\partial M_x/\partial t$ は x 方向の質量フラックスの発散（収束）から生じる, 立方体中での単位時間当りの質量変化を表す. 同様に y 方向および z 方向の質量フラックスの発散（収束）から生じる, 立方体中での単位時間当りの質量変化を表す式は

$$\frac{\partial M_y}{\partial t} = -\frac{\partial}{\partial y}(\rho v)\delta x \delta y \delta z \quad \text{および} \quad \frac{\partial M_z}{\partial t} = -\frac{\partial}{\partial z}(\rho w)\delta x \delta y \delta z$$

で与えられ，立方体中での単位時間当りの正味の質量変化は，次のように表される．

$$\frac{\partial M}{\partial t} = -\left[\frac{\partial}{\partial x}(\rho u) + \frac{\partial}{\partial y}(\rho v) + \frac{\partial}{\partial z}(\rho w)\right]\delta x \delta y \delta z \tag{3.45}$$

定義により，単位体積当り，単位時間当りの正味の質量変化は，密度の単位時間当りのオイラー的変化率に等しい．したがって，式 (3.45) を立方体の体積 ($\delta x \delta y \delta z$) で割ると，次式を得る．

$$\frac{\partial \rho}{\partial t} = -\left[\frac{\partial}{\partial x}(\rho u) + \frac{\partial}{\partial y}(\rho v) + \frac{\partial}{\partial z}(\rho w)\right] = -\nabla \cdot (\rho \vec{V}) \tag{3.46}$$

この式は，質量の連続の式を**質量発散**の形式で表したものである．この式のもう 1 つの形式は，

$$\nabla \cdot (\rho \vec{V}) = \rho \nabla \cdot \vec{V} + \vec{V} \cdot \nabla \rho$$

から得られ，式 (3.46) は

$$\frac{\partial \rho}{\partial t} + \vec{V} \cdot \nabla \rho + \rho \nabla \cdot \vec{V} = 0 \quad \text{または} \quad \frac{1}{\rho}\frac{d\rho}{dt} + \nabla \cdot \vec{V} = 0 \tag{3.47}$$

となり，この式は，質量の連続の式を，**速度発散**の形式で表したものである．同じ関係式を，質量 δM が一定で，各辺 δx, δy, δz が変化する立方体を考慮することでも導くことができる．質量が一定であるので，$d(\delta M)/dt = 0$ となり，微分の連鎖律を用いて，

$$\frac{d(\rho \delta x \delta y \delta z)}{dt} = 0 = \frac{d\rho}{dt}\delta x \delta y \delta z + \rho\frac{d(\delta x)}{dt}\delta y \delta z + \rho\frac{d(\delta y)}{dt}\delta x \delta z + \rho\frac{d(\delta z)}{dt}\delta x \delta y \tag{3.48a}$$

となる．ここで，

$$\lim_{\delta x \to 0} \frac{d(\delta x)/dt}{\delta x} = \frac{\partial u}{\partial x}$$

である．また，式 (3.48a) の最後の 2 つの時間微分に，同様の式を適用する．式 (3.48a) の両辺を，立方体の体積で割ると，

$$\frac{d\rho}{dt} + \rho\frac{\partial u}{\partial x} + \rho\frac{\partial v}{\partial y} + \rho\frac{\partial w}{\partial z} = \frac{d\rho}{dt} + \rho \nabla \cdot \vec{V} = 0 \tag{3.48b}$$

が得られる．この式は，式 (3.47) に容易に帰着する．

流体大気に対する式 (3.47) の意味するところを考えてみる．運動に伴って流体の塊の密度が変化しないとき（$d\rho/dt = 0$），その流体を**非圧縮性流体**（**incompressible fluid**）と呼ぶ．逆に圧縮性流体とは，流体の塊の流跡線（trajectory）に沿って密度が変化する流体のことである．大気は圧縮性流体であると思われるかもしれないが，多くの大気現象においては，圧縮性は考慮すべき主要な物理的事項ではない．そのような場合には，質量の連続の式は，速度発散（収束）がゼロの式となる．後述するように，異なった鉛直座標を選ぶと，連続の式は，ずっと単純でかつ近似なしの形式で表すことができる（訳注：第 4 章で，気圧座標，温位座標を用いた解析からこのことが示される）．

3.3 エネルギーの保存：エネルギーの式

エネルギー保存の法則によれば，宇宙のすべてのエネルギーは一定である．これは価値ある知見であるが，大気中には運動エネルギー，位置エネルギー，潜熱エネルギー，放射エネルギーなど，多くの異なった種類のエネルギーが現れてくる．これらすべての種類のエネルギーの中で，太陽からの放射エネルギーは，大気/海洋系のほとんど全エネルギーの源である．太陽放射が地球の表面や大気中で吸収されると，内部エネルギーに変換され，温度変化として現れる．大気/海洋系には多くの種類のエネルギーが含まれているので，大気科学の主要な問題の 1 つは，内部エネルギーが他の形態のエネルギーに，どのように変換されるのかを推定することにある．

加速度ベクトル $d\vec{V}/dt$ と速度ベクトル $\vec{V}$ との内積をとることにより，大気中のエネルギーのいくつかの性質を理解することができる．この操作は各成分の運動方程式 (3.35a, b, c) に各々の速度成分（u, v, w）を乗じることと，数学的に同等である．その結果，次式が得られる．

$$\frac{1}{2}\frac{d(u^2)}{dt} - \frac{u^2 v \tan\phi}{a} + \frac{u^2 w}{a} = -\frac{u}{\rho}\frac{\partial p}{\partial x} + 2\Omega\sin\phi\, uv - 2\Omega\cos\phi\, uw + uF_x \tag{3.49a}$$

$$\frac{1}{2}\frac{d(v^2)}{dt} + \frac{u^2 v \tan\phi}{a} + \frac{v^2 w}{a} = -\frac{v}{\rho}\frac{\partial p}{\partial y} - 2\Omega\sin\phi\, uv + vF_y \tag{3.49b}$$

$$\frac{1}{2}\frac{d(w^2)}{dt} - \frac{w(u^2+v^2)}{a} = -\frac{w}{\rho}\frac{\partial p}{\partial z} - gw + 2\Omega\cos\phi\, uw + wF_z \tag{3.49c}$$

各成分の式 (3.49) を合計すると，コリオリの項と曲率の項はゼロとなり（訳

注:第2章「2.2 見かけの力」の訳注参照),次式となる.

$$\frac{d}{dt}\left[\frac{(u^2+v^2+w^2)}{2}\right] = -\frac{1}{\rho}\vec{V}\cdot\nabla p - gw + \vec{V}\cdot\vec{F} \quad (3.50)$$

式 (3.50) の左辺は,流れの全運動エネルギー(単位質量当り)の時間変化を表しており,右辺は,単位時間当りになされる仕事である.式 (3.50) の右辺の第1項は,圧力の移流を密度で割ったものである.式 (3.50) は,速度ベクトルが等圧線を高気圧から低気圧へ(低気圧から高気圧へ)横切る方向を向いているとき,運動エネルギーが生じる(消費される)ことを示している.もし,流れが純粋に地衡風であれば,$\vec{V}\cdot\nabla p$ は,ゼロになる.この項は気圧の仕事の項と呼ばれ,非地衡風が等圧面を横切ることによりなされる単位時間当りの仕事を表す.

定義により $w = dz/dt$ であり,$-gw$ を次のように書き換えることができる.

$$-gw = -g\frac{dz}{dt} = -\frac{d\phi}{dt}$$

ここで ϕ はジオポテンシャルであり,単位質量を海面上から高度 z まで持ち上げるのに要する仕事である.したがって,式 (3.50) を次のように書き直すと,理解しやすい形になる.

$$\frac{d}{dt}\left[\frac{(u^2+v^2+w^2)}{2}+\phi\right] = -\frac{1}{\rho}\vec{V}\cdot\nabla p + \vec{V}\cdot\vec{F} \quad (3.51)$$

ここで左辺は,空気塊の運動エネルギーと位置エネルギーの合計を表す.式 (3.51) の右辺の最後の項は,摩擦力($\vec{F}$)の作用によって散逸したエネルギーを表す.ほとんどの場合,$\vec{V}$ と $\vec{F}$ は逆向きであり,積 $\vec{V}\cdot\vec{F}$ は負になる.そのため,摩擦があるときは,運動エネルギーと位置エネルギーの和は減少することになる.

式 (3.51) は,運動方程式から導出されるので,力学的な形態のエネルギーのみを取り扱い,**力学的エネルギーの方程式(mechanical energy equation)** と呼ばれる.熱エネルギーを含めるためには,次の形の熱力学第1法則を用いる必要がある.

$$\dot{Q} = c_v\frac{dT}{dt} + p\frac{d\alpha}{dt} \quad (3.52)$$

ここで,$\dot{Q}$ は非断熱的な加熱率,c_v は乾燥空気の定積比熱($717\,\mathrm{J\,kg^{-1}\,K^{-1}}$),$\alpha$ は比容である(訳注:気体の熱力学の基本事項は付録2を参照).この式は,太陽

放射エネルギーの吸収（$\dot{Q}$ により表される）が，内部エネルギー（温度上昇の形で）および力学的エネルギー（空気の膨張によりなされる仕事で，膨張項 $d\alpha/dt$ で表される）に変換されるという重要な関係を示している．式 (3.51) を

$$0 = \frac{d}{dt}\left[\frac{(u^2+v^2+w^2)}{2}+\phi\right] + \frac{1}{\rho}\vec{V}\cdot\nabla p - \vec{V}\cdot\vec{F}$$

のように並べ変える．これを式 (3.52) の両辺に加えると，次式を得る．

$$\dot{Q} = c_v\frac{dT}{dt} + p\frac{d\alpha}{dt} + \frac{d}{dt}\left[\frac{(u^2+v^2+w^2)}{2}+\phi\right] + \frac{1}{\rho}\vec{V}\cdot\nabla p - \vec{V}\cdot\vec{F} \quad (3.53)$$

$(1/\rho)\vec{V}\cdot\nabla p$ が，$\alpha(dp/dt - \partial p/\partial t)$ に等しいことと

$$p\frac{d\alpha}{dt} + \alpha\frac{dp}{dt} = \frac{d}{dt}(p\alpha)$$

であることに留意し，式 (3.53) の項を並べ替え，次式を得る．

$$\dot{Q} = \frac{d}{dt}\left[\frac{(u^2+v^2+w^2)}{2}+\phi+c_vT+p\alpha\right] - \alpha\frac{\partial p}{\partial t} - \vec{V}\cdot\vec{F} \quad (3.54)$$

これは，**エネルギーの方程式（energy equation）**と呼ばれる．この関係から，摩擦がなく（$\vec{F}=0$），断熱的で（$\dot{Q}=0$），定常状態（$\partial p/\partial t=0$）の流れに対しては，物理量

$$\frac{(u^2+v^2+w^2)}{2}+\phi+c_vT+p\alpha$$

は一定であることがわかる．これは次式で示される非圧縮性の流れに対するベルヌーイ[7]の式を拡張したものになっている．

$$\frac{(u^2+v^2+w^2)}{2}+\phi+p\alpha = 一定$$

この関係は，静止大気では高度が増加すると気圧が減少する（訳注：ここでは非圧縮性の流体を仮定しており，α が一定と考える）ことを示唆している（驚くことではないが）．しかし，高度差が同じであっても（訳注：図 3.15 の z に相当す

---

[7] ダニエル・ベルヌーイ (Daniel Bernoulli, 1700-1782) は，スイスの数学者であり，流体力学の研究者であった．有名な数学者の家系だったが，父の強い意向により，医学を学び，20 世紀初めまで使われた血圧測定の手段を発見した．25 歳のとき，女帝キャサリンにより，サンクト・ペテルブルグ市の帝国アカデミーにおける数学の教授に任命された．そこでは，レオンハルト・オイラー（Leonhardt Euler）が彼の最初の学生の 1 人であった．30 歳のとき，彼の名前をつけた流体力学の式を導いた．

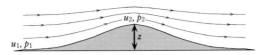

図 3.15 動圧の効果を説明するための丘を越える流れ．細い線は，流れの流線であり，鉛直方向に流線がより近接しあうほど，流速は大きくなる．$u_2 > 0$ であるから，高さ z において，p_2 は静水圧平衡で決まる気圧より小さい．

る），大気が運動していれば，その気圧差は（この場合，動圧の差なので），静止状態に比べ大きくなる．図 3.15 の丘を越えていく流れに関し，空気が丘の上を上昇するときは，流れの速さは増加する．したがって，丘の頂上の方が丘の麓より風速が大きいので（$u_2 > u_1$），丘の頂上と麓の間の気圧差（$p_2 - p_1$）は，それらの静水圧平衡の気圧差より大きい．

エネルギーの方程式をさらに考察すると，2つの気象学的な関係が導かれる．まず，式 (3.52) と理想気体の法則を結合することにより熱力学の第1法則についての，別の表現が得られる．気体の法則を時間微分すると次式を得る．

$$p\frac{d\alpha}{dt} + \alpha\frac{dp}{dt} = R\frac{dT}{dt} \tag{3.55a}$$

（式 (3.55a) からの）$pd\alpha/dt$ を式 (3.52) に代入し，定圧比熱は $c_p = c_v + R$ であるので，

$$c_p\frac{dT}{dt} - \alpha\frac{dp}{dt} = \dot{Q} \tag{3.55b}$$

を得る．式 (3.55b) を T で割り，$\alpha/T = R/p$ であることに留意すると次式を得る．

$$c_p\frac{d\ln T}{dt} - R\frac{d\ln p}{dt} = \frac{\dot{Q}}{T} \tag{3.55c}$$

ここで $\dot{Q}/T$ はエントロピーの時間変化率である．エントロピーが時間変化をしない場合は **等エントロピー過程（isentropic process）**（訳注：放射による加熱・冷却，水蒸気の凝縮・蒸発などに伴う非断熱過程がない場合）であるので

$$c_p\frac{d\ln T}{dt} - R\frac{d\ln p}{dt} = 0 \tag{3.55d}$$

となる．式 (3.55d) を，ある p および T から基準気圧 p_0 および基準温度 θ まで積分すると，**温位（potential temperature）** θ が定義される．即ち，

3.3 エネルギーの保存：エネルギーの式

$$\int_T^\theta c_p d\ln T = \int_p^{p_0} R d\ln p$$

が得られる．積分を実行し次式を得る．

$$c_p(\ln\theta - \ln T) = R(\ln p_0 - \ln p)$$

上記の式を並べ替え，対数の逆関数を求めると，ポアソンの式と呼ばれる次式を得る．

$$\frac{\theta}{T} = \left(\frac{p_0}{p}\right)^{\frac{R}{c_p}} \quad \text{または} \quad \theta = T\left(\frac{p_0}{p}\right)^{\frac{R}{c_p}} \tag{3.56}$$

物理的には，温度 T の空気塊を断熱的に気圧 p から基準気圧 p_0（通常1000 hPa）に圧縮したとき，その空気塊の温度が θ となることを意味している．各空気塊は，それぞれ一意的な θ の値を持ち，その値は断熱過程（エントロピーが変化しない条件）では，保存される．このため，一定の θ の線は**等温位線（等エントロピー線; isentropes）**と呼ばれ，等温位面に沿った流れは**等エントロピー流（isentropic flow）**と呼ばれる．

最後に，式 (3.56) の対数を高度（z）微分すると次式を得る．

$$\frac{\partial \ln \theta}{\partial z} = \frac{\partial \ln T}{\partial z} + \frac{R}{c_p}\left(\frac{\partial \ln p_0}{\partial z} - \frac{\partial \ln p}{\partial z}\right) \tag{3.57a}$$

p_0 は一定なので，その微分はゼロであり，式 (3.57a) は

$$\frac{1}{\theta}\frac{\partial \theta}{\partial z} = \frac{1}{T}\frac{\partial T}{\partial z} - \frac{R}{c_p p}\frac{\partial p}{\partial z} \tag{3.57b}$$

となる．静水圧平衡の式による $\partial p/\partial z$ を上式に代入し次式を得る．

$$\frac{1}{\theta}\frac{\partial \theta}{\partial z} = \frac{1}{T}\frac{\partial T}{\partial z} + \frac{R\rho g}{c_p p} \tag{3.57c}$$

理想気体の法則を用い，式 (3.57c) を並べかえることにより，式 (3.57c) は

$$\frac{T}{\theta}\frac{\partial \theta}{\partial z} = \frac{\partial T}{\partial z} + \frac{g}{c_p} \tag{3.57d}$$

となる．この式より乾燥断熱減率（Γ_d）が求まる．θ が高さによらず一定であれば（気温減率が乾燥断熱減率に等しければ），$-\partial T/\partial z = \Gamma_d = g/c_p = 9.8°\text{C km}^{-1}$ である．$\partial \theta/\partial z$ がゼロでない場合，減率（$\Gamma = -\partial T/\partial z$）は

$$\Gamma = \Gamma_d - \frac{T}{\theta}\frac{\partial \theta}{\partial z} \tag{3.58}$$

となる．式 (3.58) によると，安定性を決める3つの条件が与えられる．第1に，$\partial \theta/\partial z > 0$ のときは $\Gamma < \Gamma_d$ であり，静的な安定成層に対応する．そのような大気場では，持ち上げられた乾燥空気塊（これは乾燥断熱減率で冷却される）の温度は，新たな高度での温度より低い．第2に，$\partial \theta/\partial z = 0$ のときは $\Gamma = \Gamma_d$ であり，成層は中立であると呼ばれ，持ち上げられた乾燥空気塊の温度は，新たな周囲の空気の温度と同じになる．最後に，$\partial \theta/\partial z < 0$ のときは $\Gamma > \Gamma_d$ であり，絶対不安定な成層に対応する．この場合，持ち上げられた乾燥空気塊の温度は，常に周囲の温度より高いため，自発的な対流が生じる．

静的な安定成層の場合では，持ち上げられた空気塊の温度は，その高度での温度より低いことから，それを持ち上げる力がなくなると，元の高度へと下方に向かうような強制力が働く．その結果，元の高度を中心とした振動が生じる．この浮力振動の振動数は，空気塊を元に戻そうとする復元力に依存する．以下に示すように，この復元力（単位体積当り）は移動した空気塊と移動先の周囲の大気の密度差に重力加速度を掛けたものとなる．

δz を当初の高度付近の空気塊の鉛直方向の変位とすると，ニュートンの第2法則から次式を得る．

$$\frac{F_z}{質量} = \frac{dw}{dt} = \frac{d^2(\delta z)}{dt^2} \tag{3.59a}$$

$\rho(\rho')$ および $T(T')$ を周囲大気（空気塊）の密度と温度とし，空気塊と周囲大気の圧力が常に等しいと仮定すると，変位した空気塊の（単位体積当りの）復元力は，

$$\frac{F_z}{体積} = -(\rho' - \rho)g \tag{3.59b}$$

となる．したがって，変位した空気塊に対する単位質量当りの復元力は

$$\frac{F_z}{質量} = -\frac{(\rho' - \rho)g}{\rho'} \tag{3.59c}$$

となり，理想気体の法則を用いると次式を得る．

$$\frac{F_z}{質量} = -\left(\frac{1}{T'} - \frac{1}{T}\right)gT' = -g\left(\frac{T - T'}{T}\right) \tag{3.59d}$$

乾燥した空気塊は乾燥断熱減率で冷却し，周囲の大気の高度方向の温度変化率は Γ であるので，$(T - T')$ は $(\Gamma_d - \Gamma)\delta z$ に等しくなる．したがって，単位質

量当りの復元力は次式で表される.

$$\frac{F_z}{質量} = -\frac{g}{T}(\Gamma_d - \Gamma)\delta z \qquad (3.59e)$$

これを用いると,式 (3.59a) は 2 階の常微分方程式

$$\frac{d^2(\delta z)}{dt^2} + \frac{g}{T}(\Gamma_d - \Gamma)\delta z = 0 \qquad (3.60)$$

になる.この式の解は,周期 $2\pi/N$ の浮力振動を表す.ここで,

$$N = \left[\frac{g}{T}(\Gamma_d - \Gamma)\right]^{1/2}$$

である.これに式 (3.58) を代入すると次式を得る.

$$N = \left[\frac{g}{\theta}\frac{\partial \theta}{\partial z}\right]^{1/2} \qquad (3.61)$$

N はブラント-バイサラ振動数(**Brunt-Väisälä frequency**)(訳注:「振動数」の用語が使われているが,物理的には,角周波数(angular frequency)である)と呼ばれ,s^{-1} の単位を持つ.中立の条件 ($\partial \theta/\partial z = 0$) に対しては $N = 0$ であり,中立的な変位に対して復元力が働かないので,浮力振動は生じない.静的に安定な場合 ($\partial \theta/\partial z > 0$) に対しては $N > 0$ であり,浮力振動が生じる.絶対不安定な場合 ($\partial \theta/\partial z < 0$) に対しては N は虚数であり,摂動理論では擾乱が成長することに対応する.物理的には,このような場合,持ち上げられた乾燥空気塊は周囲大気より暖かく,式 (3.59) に従い,遮られることなく上向きの正味の力を受ける.絶対不安定の事例は極めて稀である.なぜなら,絶対不安定性が生じると大気が急速に混合し,中立になろうとする傾向が生じるので,絶対不安定は極めて短時間しか継続しないからである.

参考文献

Hess, *Introduction to Theoretical Meteorology* では,加速度運動している座標系についての,別の見方が述べられている.

Holton, *An Introduction to Dynamic Meteorology* は,本書と同じ論点を多く議論している.

Brown, *Fluid Mechanics of the Atmosphere* は,エネルギーの方程式を明快に議論している.

Acheson, *Elementary Fluid Dynamics* は,本書と同じ論点を多く議論している.

問題

3.1. 空気が，10 m の高さの幅の広い建物を越えて流れていると仮定する．流れは定常状態であり，密度は大気のこの深さを通じて一定（$\rho = 1.3 \, \mathrm{kg \, m^{-3}}$）である．地上での観測された風速は $5 \, \mathrm{m \, s^{-1}}$ であり，屋上で観測された風速は，$9 \, \mathrm{m \, s^{-1}}$ である．
 (a) 地上と屋上の高さの間の気圧差を求めよ．
 (b) この気圧差のうち，純粋に静水圧平衡によるものを求めよ．
 (c) この流れ場により生じた非静水圧的な，気圧傾度力ベクトルの大きさと向きを求めよ．
 上記のすべてにおいて，鉛直方向の温度変化は無視してよい．

3.2. (a) 地衡風の発散が，次式で与えられることを証明せよ．
$$\nabla \cdot \vec{V}_g = -V_g (\cot \phi / a)$$
ここで a は地球の半径であり，ϕ は緯度である．
 (b) 何故（物理的に）これが正しいのか説明せよ．（ヒント：コリオリ力の大きさが風速に依存することを用いよ．）
 (c) $43°$ N で，$|V_g| = 20 \, \mathrm{m \, s^{-1}}$ の点における地衡風の発散を計算せよ．

3.3. 摂動海面高度（POSH）は，平均海面高度（これは 0 m である）からの上または下方向の局所的な海面高度として定義される．局所的な POSH を 1 cm の精度で測定できる先端的な衛星観測装置があると仮定する．ある日の測定のプロットを図 3.1A に示した（実線は，POSH の 1 cm 単位で表した等高線である）．

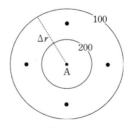

図 3.1A

$\Delta r = 500 \, \mathrm{km}$ で $\rho_w = 1000 \, \mathrm{kg \, m^{-3}}$（海水の密度）であるとすれば，
 (a) 海水面のちょうど上における大気の気圧傾度を求めよ．
 (b) 図 3.1A の点 A での気圧は，平均の海面大気圧から，どれぐらい異なっているか．
 (c) 各点において持ち上げられた水面における地衡流の速度（速さおよび向き）を計算せよ．
 (d) 地衡流は，低気圧性か，高気圧性か．答えの根拠を述べよ．
 (e) 高気圧性の大気下で発達する海洋表層の循環は，どのような型になるか，説明せよ．（表層とは，海洋の最上部 2-3 m の層のことである．）

3.4. 気温は，高さとともに一様に $\Gamma \,°\mathrm{C\,km^{-1}}$ の割合で減少すると仮定し，与えられた気圧面 (P) の高さを，海面での気圧 (P_0) および温度 (T_0) を用いて表せ．

3.5. ベクトル形式で書いた摩擦のない水平方向の運動方程式は

$$\frac{d\vec{V}}{dt} = -\frac{1}{\rho}\nabla p - f\hat{k}\times\vec{V}$$

である．
(a) このベクトル形式を x および y 成分の式に展開せよ．
(b) 非地衡風ベクトルが

$$\frac{\hat{k}}{f}\times\frac{d\vec{V}}{dt} = \vec{V}_{ag}$$

と表現できることを示せ．
図 3.2A に示された 300 hPa 高度でのジェット・ストリークを考える（実線は**等風速線**，一定の風速の線）．
(c) 灰色の円の各々における非地衡風を描き，それを説明せよ．
(d) 水平方向の風の場の上層における発散と収束の場所を示し，説明せよ．

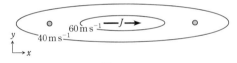

図 3.2A

3.6. 温度は 1000 hPa から 500 hPa へ一定の割合で減少する．マディソンで，500 hPa の温度は $-30\,°\mathrm{C}$ で，1000-500 hPa の層厚は 5180 m ある．マディソンでの 1000 hPa の温度を求めよ．($R = 287\,\mathrm{J\,kg^{-1}\,K^{-1}}$, $g = 9.8\,\mathrm{m\,s^{-2}}$)

3.7. サウスダコタ州のラピッドシティはブラックヒルズの近くにあり，大陸の中心に位置しているため，冬期に著しい温度逆転が見られる．地上では北極の空気が南向きに運ばれ，地表面温度が $-30\,°\mathrm{C}$ 近くの寒さになることは珍しくはない．その一方で，地上 100 m では同時期に $10\,°\mathrm{C}$ もの暖かさになることもある．そのような逆転層中での浮力振動の周波数を計算せよ．そのような状況では，どのような顕著な天気現象が起こるか．

3.8. 底面積 $1\,\mathrm{m^2}$ の 1000-850 hPa 間にある気柱が，$3\times 10^6\,\mathrm{J}$ の加熱を受けている．1000 hPa 高さに時間変化がないとしたとき，850 hPa のジオポテンシャル高度の変化を計算せよ．（空気の定圧比熱は，$c_p = 1004\,\mathrm{J\,kg^{-1}\,K^{-1}}$ である．）

3.9. 米国の中央部における低高度の観測所では，1000-500 hPa の層厚を用いて冬の嵐における降雪または降雨の確率を推定する．これらの場所において，雪または雨の確率が等しくなる臨界値は 5400 m である．この値の選択が妥当なものであることを説明せよ．雨雪判別の予想をするにあたって，この臨界値を用いた場合に起こ

りうる問題にはどのようなものがあるか．この予想をするための別の層厚を提案し，その妥当性を説明せよ．

3.10. 西向きの空気塊（$-2\,\mathrm{m\,s^{-1}}$ で運動している）の相対的な速さは，空気塊が赤道から $30°$ N へ動くならば，どれだけ変化するか．赤道域の雷雨からの上部対流圏における空気の流出（outflow）は，いわゆる $30°$ N の**亜熱帯**ジェット気流の存在に関係しているか，説明せよ．

3.11. 地球と等しい特徴的な水平速度のスケール（中緯度において）と回転速度を持つ惑星があったとする．流れに対する曲率項の効果が，コリオリ力に匹敵するためには，惑星はどれほどの大きさになるものと推定されるか．

3.12. 密度が変動しうる流体の連続の式は，
$$\frac{1}{V}\frac{dV}{dt} = \frac{\partial u}{\partial x} + \frac{\partial v}{\partial y} + \frac{\partial w}{\partial z}$$
と表されることを示せ．ここで V は流体素片の体積である．

3.13. ポテンシャル密度（D）は，ある空気塊が断熱的に $1000\,\mathrm{hPa}$ に圧縮されるか，膨張するかするとき，その空気塊が持つ密度として定義され，有用な診断パラメーターである．D の式を導出せよ．温位（θ）とポテンシャル密度の積（$D\theta$）が一定であることを示せ．

解答

3.1. (a) $131.04\,\mathrm{Pa}$ (b) $127.4\,\mathrm{Pa}$ (c) $0.28\,\mathrm{m\,s^{-2}}$ 上向き

3.2. (c) $-3.367 \times 10^{-6}\,\mathrm{s^{-1}}$

3.3. (a) $1.96 \times 10^{-2}\,\mathrm{Pa\,m^{-1}}$ (b) $-98.1\,\mathrm{hPa}$ (c) $0.23\,\mathrm{m\,s^{-1}}$ (d) 高気圧性 (e) 低気圧性

3.6. $267.7\,\mathrm{K}$

3.7. $0.121\,\mathrm{s^{-1}}$

3.8. $\Delta z = 9.29\,\mathrm{m}$

3.10. $133.79\,\mathrm{m\,s^{-1}}$

3.11. $a = 10^5\,\mathrm{m}$

第4章 運動方程式の適用

目的

　前章では，質量の連続の方程式と運動方程式を導いた．この章ではこれらの式を中緯度大気において観測される現象へ適用する．その際，3つの新しいデカルト座標系を導入する．そのうちの1つの座標系において運動方程式を書き直すと，大変簡単な形になる．最初の2つの座標系では鉛直座標として気圧（p）または温位（θ）が用いられ，**気圧座標系**（isobaric coordinates）または**温位座標系**（isentropic coordinates）と呼ばれる．方程式を新しい座標系へと変換し，いくつかの例を用いて，これらの座標が有用であることを示す．次に，地衡風平衡および静水圧平衡を組み合わせることにより，**温度風の関係**（thermal wind relationship）によって，地衡風の鉛直シアーと水平の温度傾度が直接結びついていることを示す．

　最後に，3番目の新しいデカルト座標系である**自然座標系**（natural coordinates）について述べる．この座標系では，流体各点での流れの方向を基準にして，水平方向が定義される．自然座標の視点から，つり合った流れ（慣性流，旋衡流，傾度流）を考察する．これらのつり合いの応用についても述べる．運動方程式と連続の方程式を気圧座標に変換することから始める．

4.1 鉛直座標としての気圧

　高度座標において，摩擦のない場合のベクトル形式の水平方向の運動量の方程式は次のようになる．

$$\frac{d\vec{V}}{dt} = -\frac{1}{\rho}\nabla p - f\hat{k} \times \vec{V}$$

この式を気圧座標で書き換えるために，気圧傾度力の項を気圧座標における同等の式に変換する必要がある．これは，等圧面における差分（dp）を考えると容易である．

第 4 章 運動方程式の適用

$$(dp)_p = \left(\frac{\partial p}{\partial x}\right)_{y,z} dx_p + \left(\frac{\partial p}{\partial y}\right)_{x,z} dy_p + \left(\frac{\partial p}{\partial z}\right)_{x,y} dz_p \tag{4.1a}$$

添字は下付きの変数を一定に保ちながら微分することを示す．等圧（一定の圧力）面においては，圧力変化がないので $(dp)_p = 0$ となり，次式が成り立つ．

$$0 = \left(\frac{\partial p}{\partial x}\right)_{y,z} dx_p + \left(\frac{\partial p}{\partial y}\right)_{x,z} dy_p + \left(\frac{\partial p}{\partial z}\right)_{x,y} dz_p \tag{4.1b}$$

次に dz_p を x と y の関数として展開すると，次式が得られる．

$$0 = \left(\frac{\partial p}{\partial x}\right)_{y,z} dx_p + \left(\frac{\partial p}{\partial y}\right)_{x,z} dy_p \\ + \left(\frac{\partial p}{\partial z}\right)_{x,y} \left[\left(\frac{\partial z}{\partial x}\right)_{y,p} dx_p + \left(\frac{\partial z}{\partial y}\right)_{x,p} dy_p\right]$$

この式を更に並べ変えると次のようになる．

$$0 = \left[\left(\frac{\partial p}{\partial x}\right)_{y,z} + \left(\frac{\partial p}{\partial z}\right)_{x,y} \left(\frac{\partial z}{\partial x}\right)_{y,p}\right] dx_p \\ + \left[\left(\frac{\partial p}{\partial y}\right)_{x,z} + \left(\frac{\partial p}{\partial z}\right)_{x,y} \left(\frac{\partial z}{\partial y}\right)_{x,p}\right] dy_p \tag{4.1c}$$

この式はすべての dx と dy に対して成り立つので，式 (4.1c) の中括弧の中の項はゼロになり，次式が成り立つ．

$$\left(\frac{\partial p}{\partial x}\right)_{y,z} = -\left(\frac{\partial p}{\partial z}\right)_{x,y} \left(\frac{\partial z}{\partial x}\right)_{y,p} \quad \text{および} \quad \left(\frac{\partial p}{\partial y}\right)_{x,z} = -\left(\frac{\partial p}{\partial z}\right)_{x,y} \left(\frac{\partial z}{\partial y}\right)_{x,p} \tag{4.1d}$$

静水圧平衡の式を用いると，これらの式は次のようになる．

$$-\left(\frac{\partial p}{\partial x}\right)_{y,z} = -\rho g \left(\frac{\partial z}{\partial x}\right)_{y,p} \quad \text{および} \quad -\left(\frac{\partial p}{\partial y}\right)_{x,z} = -\rho g \left(\frac{\partial z}{\partial y}\right)_{x,p} \tag{4.1e}$$

式 (4.1e) の両辺を ρ で割ると，次式を得る．

$$-\frac{1}{\rho}\left(\frac{\partial p}{\partial x}\right)_z = -g\left(\frac{\partial z}{\partial x}\right)_p = -\left(\frac{\partial \phi}{\partial x}\right)_p$$
$$-\frac{1}{\rho}\left(\frac{\partial p}{\partial y}\right)_z = -g\left(\frac{\partial z}{\partial y}\right)_p = -\left(\frac{\partial \phi}{\partial y}\right)_p$$

ここで簡単のため，左辺の微分に付いていた添字 x および y を省略した．左辺の式は高度座標での x および y 方向の気圧傾度力の項を表す．右辺の式は気圧座標における x および y 方向の気圧傾度力の項を表す．したがって，気圧座標におけるベクトル形式の気圧傾度力（PGF_p）は次のようになる．

$$PGF_p = -\nabla_p \phi \tag{4.2}$$

ここで，

$$\nabla_p = \frac{\partial}{\partial x}\hat{i} + \frac{\partial}{\partial y}\hat{j}$$

気圧座標形式での気圧傾度力には密度が含まれないので，取扱いがはるかに容易である．気圧傾度力の式で密度が現れないことは気圧座標の大きな利点であり，それが利用される理由でもある（訳注：気圧座標系の理解には注意が必要であるので，付録3を参照のこと）．

式 (4.2) の結果から，ベクトル形式の水平方向の運動方程式は次のように書き直すことができる．

$$\frac{d\vec{V}}{dt} = -\nabla_p \phi - f\hat{k} \times \vec{V} \tag{4.3}$$

ここで，

$$\frac{d}{dt} = \frac{\partial}{\partial t} + u\frac{\partial}{\partial x}\hat{i} + v\frac{\partial}{\partial y}\hat{j} + \omega\frac{\partial}{\partial p}\hat{k}$$

であることに留意せよ（訳注：この式の導出は付録4を参照）．最後の項に含まれる速度 ω は，次式となる．

$$\omega = \frac{dp}{dt} \tag{4.4}$$

ω は鉛直速度の尺度であり，単位は，$\text{hPa}\,\text{s}^{-1}$（あるいは $\mu\text{bar}\,\text{s}^{-1}$，ここで $1\,\mu\text{bar} = 10^{-3}\,\text{hPa}$）である．

水平方向の加速度を無視すると，地衡風の平衡を表す新しい式 (4.4a) が式 (4.3) から得られる．

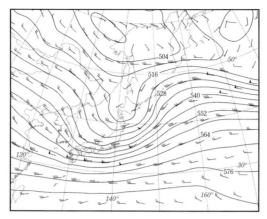

図 4.1 2004 年 2 月 23 日 0000 UTC の 500 hPa でのジオポテンシャル高度と風．ジオポテンシャル高度は，単位は 10 m で，60 m ごとに等高線が描かれている．風は矢羽の羽がついている方向から吹いている．風速は矢羽の羽により示されている．半分の羽は $5\,\mathrm{m\,s^{-1}}$ 以下，完全な羽は $5\,\mathrm{m\,s^{-1}}$，三角旗は $25\,\mathrm{m\,s^{-1}}$ の風速を示す．

$$f\hat{k} \times \vec{V} = -\nabla_p \phi \tag{4.4a}$$

$-\hat{k}\times$ 式 (4.4a) の演算を行い，両辺を f で割ると，気圧座標での地衡風の式が得られる．

$$\vec{V}_g = \frac{\hat{k}}{f} \times \nabla_p \phi \tag{4.4b}$$

式 (4.4b) にはには ρ が含まれないため，ジオポテンシャルの観測値から地衡風を計算するのが，はるかに容易になる．500 hPa のジオポテンシャル高度と中緯度における実際の風ベクトルの例（図 4.1）で，このことが示される．地衡風の風速は $\nabla_p \phi$ の大きさに依存し，風向はジオポテンシャル高度の等高線に平行である．ほとんどの場合，現実の風は地衡風に近いものとなっている（風速や曲率が大きい領域ではこれからずれるが）．

単純化された式 (4.4b) において，f が一定であるとすると，次式を得る．

$$\nabla \cdot \vec{V}_g = \nabla \cdot \left(\frac{\hat{k}}{f} \times \nabla_p \phi \right)$$

$$= \nabla \cdot \left(-\frac{1}{f} \frac{\partial \phi}{\partial y} \hat{i} + \frac{1}{f} \frac{\partial \phi}{\partial x} \hat{j} \right)$$

$$= \frac{1}{f} \left[\frac{\partial}{\partial x} \left(-\frac{\partial \phi}{\partial y} \right) + \frac{\partial}{\partial y} \left(\frac{\partial \phi}{\partial x} \right) \right]$$

$$= \frac{1}{f} \left(-\frac{\partial^2 \phi}{\partial x \partial y} + \frac{\partial^2 \phi}{\partial x \partial y} \right) = 0 \tag{4.5}$$

したがって，地衡風は非発散であることがわかる．これは地衡風の極めて重要な性質であり，気圧座標で連続の式を書くときに，特に重要となる．

連続の式を高度座標から気圧座標に変換する方法ではなく，前に行ったように，体積素片（$\delta V = \delta x \delta y \delta z$）を考えることにより，気圧座標形式の連続の式を導出する．静水圧平衡の式（$\delta p = -\rho g \delta z$）を用いることにより，$\delta V$ を

$$\delta V = \frac{-\delta x \delta y \delta p}{\rho g}$$

と書き直すことができる．注目している流体素片の質量（$\delta M = \rho \delta V = -\delta x \delta y \delta p / g$）が空気塊に沿って変化しない，ラグランジュ的な視点をとる．そのとき，（単位質量当りの）質量の時間変化率は，次式で与えられる．

$$\frac{1}{\delta M} \frac{d(\delta M)}{dt} = 0 = \frac{-g}{\delta x \delta y \delta p} \frac{d}{dt} \left(\frac{-\delta x \delta y \delta p}{g} \right) \tag{4.6a}$$

式 (4.6a) の右辺に微分の連鎖律を適用すると，次式が得られる．

$$\frac{1}{\delta x \delta y \delta p} \left[\frac{d(\delta x)}{dt} \delta y \delta p + \frac{d(\delta y)}{dt} \delta x \delta p + \frac{d(\delta p)}{dt} \delta x \delta y \right] = 0 \tag{4.6b}$$

既に述べたように，

$$\frac{d(\delta x)}{dt} = \delta u, \quad \frac{d(\delta y)}{dt} = \delta v, \quad \frac{d(\delta p)}{dt} = \delta \omega$$

なので，δx，δy，δp をゼロに近づけると，式 (4.6b) は次のように簡単化される．

$$\frac{\partial u}{\partial x} + \frac{\partial v}{\partial y} + \frac{\partial \omega}{\partial p} = 0 \tag{4.7}$$

これは，気圧座標形式の連続の式である．この形式の連続の式は，気圧座標における気圧傾度力の式と同様に，密度がその中に現れないので，高度座標での表現（(3.46) および (3.47)）より，はるかに簡単である．

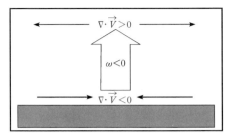

図 4.2 上向き鉛直流に伴う発散の鉛直分布の模式図. 発散値は, 等圧面上で推定され, $\omega < 0$ は上昇運動を意味する.

式 (4.7) を並べ替えると, 次式が得られる.

$$\nabla \cdot \vec{V}_h = \frac{\partial u}{\partial x} + \frac{\partial v}{\partial y} = -\frac{\partial \omega}{\partial p} \tag{4.8a}$$

(訳注：水平風ベクトル $\vec{V}_h$ は, (u, v) ベクトルで定義される). これは等圧面における水平発散が鉛直運動 (ω) と直接結びついていることを示している. ω は顕著な天気現象を起こす極めて重要な変数である. 気柱内での水平発散の鉛直 (p 方向) 分布がわかれば, 気柱内での鉛直運動の分布を求めることができる. 図 4.2 では, 地表近くで水平収束が生じており ($\nabla \cdot \vec{V}_h < 0$), 気柱の頂上で空気の発散が起きているような ($\nabla \cdot \vec{V}_h > 0$) 仮想的な状況を考えている. そのような場合, 質量の連続性により気柱の中間域で上向きの鉛直運動が起きていることになる. 式 (4.8a) を気圧で積分すると, 次式が得られる.

$$\int_{p_s}^{p_t} \left(\frac{\partial u}{\partial x} + \frac{\partial v}{\partial y} \right) dp = -\int_{\omega_{p_s}}^{\omega_{p_t}} d\omega \tag{4.8b}$$

ここで, p_t はこの気柱の上端の気圧, p_s は地表気圧である. ω_{p_t} はこの気柱の上端での鉛直速度, ω_{p_s} は下端での鉛直速度である. これより次式を得る.

$$(\nabla \cdot \vec{V}_h)_{p_t} \delta p - (\nabla \cdot \vec{V}_h)_{p_s} \delta p = -[\omega_{p_t} - \omega_{p_s}] \tag{4.8c}$$

ここで, δp はこの仮想的な気柱のモデルにおいて, 上端と下端で空気が流入する層の厚さを気圧差で表したものである (たとえば, $\delta p = 1$ hPa などと仮想的に考える).

地表面では鉛直運動は起きず $\omega_{p_s} = 0$ である. $(\nabla \cdot \vec{V}_h)_{p_t} \delta p - (\nabla \cdot \vec{V}_h)_{p_s} \delta p > 0$ であるから, 予想されるように, $\omega_{p_t} < 0$ であることがわかる (この仮想的な気柱の頂上では, 上向きの鉛直運動となる).

水平風は地衡風および非地衡風の成分から成ると考えると，式 (4.8a) からもう 1 つの物理的知見が得られる．$\vec{V}_h = \vec{V}_g + \vec{V}_{ag}$ を式 (4.8a) に代入し，次式を得る．

$$\nabla \cdot \vec{V}_h = \nabla \cdot (\vec{V}_g + \vec{V}_{ag}) = \nabla \cdot \vec{V}_g + \nabla \cdot \vec{V}_{ag} = -\frac{\partial \omega}{\partial p} \tag{4.9a}$$

f が一定ならば地衡風は非発散であるので（式 (4.5)），式 (4.9a) は次のようになる．

$$\nabla \cdot \vec{V}_{ag} = -\frac{\partial \omega}{\partial p} \tag{4.9b}$$

この式から非地衡風の発散を求めれば大気中の鉛直運動の分布が推定できることがわかる．このように，大気中の低気圧，高気圧，雲，降水の分布を決定しているのは，実は非地衡風なのである．ここで述べたことから，次の極めて重要な結論が導かれる．中緯度の大気が，ほぼ地衡風つり合いにあるにも拘わらず，生起する重要な天気現象はすべて相対的に小さな非地衡風成分に起因するのである．

最後に，気圧座標で熱力学第 1 法則である式 (3.55b) を

$$c_p \left(\frac{\partial T}{\partial t} + u \frac{\partial T}{\partial x} + v \frac{\partial T}{\partial y} + \omega \frac{\partial T}{\partial p} \right) - \alpha \omega = \dot{Q} \tag{4.10a}$$

と書くことにより，気圧座標における熱力学の方程式を容易に表すことができる．左辺を並べ替え c_p で割ると次式を得る．

$$\left(\frac{\partial T}{\partial t} + u \frac{\partial T}{\partial x} + v \frac{\partial T}{\partial y} \right) - \left(\frac{\alpha}{c_p} - \frac{\partial T}{\partial p} \right) \omega = \frac{\dot{Q}}{c_p} \tag{4.10b}$$

この式は次のように書き換えることができる．

$$\left(\frac{\partial T}{\partial t} + u \frac{\partial T}{\partial x} + v \frac{\partial T}{\partial y} \right) - \sigma_p \omega = \frac{\dot{Q}}{c_p} \tag{4.10c}$$

ここで

$$\sigma_p = \left(\frac{\alpha}{c_p} - \frac{\partial T}{\partial p} \right)$$

は，気圧座標における静的安定度である．大気の流れが，(1) 断熱的 ($\dot{Q} = 0$) で，(2) 定常状態で ($\partial T/\partial t = 0$)，(3) 安定成層をしている ($\sigma_p > 0$) とすると，式 (4.10c) は，

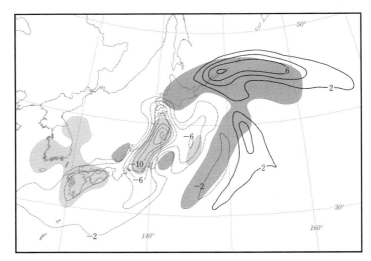

図 4.3 2004 年 2 月 23 日 0000 UTC における 700 hPa の温度移流と鉛直運動. 実線 (点線) は正 (負) の温度移流を示し, $2(-2) \times 10^{-4}\,\mathrm{K\,s^{-1}}$ で始まる $2(-2) \times 10^{-4}\,\mathrm{K\,s^{-1}}$ ごとの等値線で描かれている. 鉛直運動 (ω) の暗灰色 (明灰色) の部分は, $\omega < -5 \times 10^{-3}\,\mathrm{hPa\,s^{-1}}$ ($\omega > 5 \times 10^{-3}\,\mathrm{hPa\,s^{-1}}$) である.

$$\frac{(-\vec{V}_h \cdot \nabla T)}{-\sigma_p} = \omega \tag{4.11}$$

と，物理的に理解しやすい形になる．この式は，水平温度移流が，鉛直運動と関係していることを示している．つまり，暖気 (寒気) 移流により上向き (下向き) の鉛直運動が生じるのである．図 4.3 の低気圧の例で示されるように，これらの関係は中緯度大気でよく観測されている (定常状態の仮定などいくつかの仮定には無理があるが)．このため，水平温度移流の符号は，極めて重要な要素である (訳注：式 (4.10a) に対応する温位に関する式については付録 2 を参照)．

4.2 鉛直座標としての温位

気圧を鉛直座標として採用することにより，密度を含まないように，いくつかの基礎方程式を簡単化することができるが，空気塊が，ある高度面にとどまらないのと同様に，等圧面にとどまることもない．応用面においては，温位

4.2 鉛直座標としての温位

(θ) を鉛直座標として選ぶことが便利である．それは，(1) 静的な安定成層においては，θ は高さの単調関数であり，また (2) 断熱過程では空気塊は同じ θ 面にとどまるからである．この第 2 の点から，θ 面は空気塊が実際にその面に沿って動く（断熱流の場合）という物質面（material surface）であると考えられる．この節では θ を鉛直座標として用いる座標系，いわゆる**温位**座標系，における基礎方程式の概要を簡潔に述べる．気圧傾度力を温位座標に変換することから始めよう．

次式に示すように，一定の θ 面上での差分（dp）を考えることにより，気圧傾度力の項を温位座標に変換することができる．

$$dp_\theta = \left(\frac{\partial p}{\partial x}\right)_{y,z,t} dx_\theta + \left(\frac{\partial p}{\partial y}\right)_{x,z,t} dy_\theta + \left(\frac{\partial p}{\partial z}\right)_{x,y,t} dz_\theta + \left(\frac{\partial p}{\partial t}\right)_{x,y,z} dt_\theta \tag{4.12a}$$

ここで添字は，その変数を一定に保ちながら微分することを示す（式 (4.1a) と同様）．ここでは x 方向の気圧傾度力を考える．式 (4.12a) の各項を dx_θ で割ると，$(dy/dx)_\theta$ および $(dt/dx)_\theta$ の項は，x, y, t はお互いに独立変数なのでゼロになり次式を得る．

$$\left(\frac{dp}{dx}\right)_\theta = \left(\frac{\partial p}{\partial x}\right)_{y,z,t} + \left(\frac{\partial p}{\partial z}\right)_{x,y,t} \left(\frac{dz}{dx}\right)_\theta \tag{4.12b}$$

静水圧平衡の式を用いて，これを次のように書くことができる．

$$\left(\frac{dp}{dx}\right)_\theta = \left(\frac{\partial p}{\partial x}\right)_{y,z,t} - \rho g \left(\frac{dz}{dx}\right)_\theta \tag{4.12c}$$

気圧傾度力の x 微分を取り出すと，次のように書き直すことができる．

$$-\frac{1}{\rho}\left(\frac{\partial p}{\partial x}\right)_{y,z,t} = -\frac{1}{\rho}\left(\frac{dp}{dx}\right)_\theta - g\left(\frac{dz}{dx}\right)_\theta \tag{4.12d}$$

次に $-(1/\rho)(dp/dx)_\theta$ の式を検討する．そのためにポアソンの式 (3.56) の対数をとったものを x 微分した式

$$\frac{d\ln\theta}{dx} = \frac{d\ln T}{dx} + \frac{R}{c_p}\left(\frac{d\ln 1000}{dx} - \frac{d\ln p}{dx}\right) \tag{4.13a}$$

を調べる．$d\ln 1000/dx = 0$ であるので，上式は次のように書くことができ

る．

$$\frac{1}{\theta}\frac{d\theta}{dx} = \frac{1}{T}\frac{dT}{dx} - \frac{R}{c_p p}\frac{dp}{dx} \tag{4.13b}$$

この式ですべての微分は等温位面の上で行われる．その場合，$d\theta/dx$ はゼロであり，$-(1/\rho)(dp/dx)_\theta$ の式を次のように取り出すことができる．

$$-\frac{1}{\rho}\left(\frac{dp}{dx}\right)_\theta = -\frac{c_p p}{\rho RT}\left(\frac{dT}{dx}\right)_\theta = -c_p\left(\frac{dT}{dx}\right)_\theta \tag{4.13c}$$

これを式 (4.12d) に代入すると次式を得る．

$$-\frac{1}{\rho}\left(\frac{\partial p}{\partial x}\right)_{y,z,t} = -c_p\left(\frac{dT}{dx}\right)_\theta - g\left(\frac{dz}{dx}\right)_\theta = -\frac{\partial}{\partial x}(c_p T + \phi)_\theta \tag{4.14}$$

$(c_p T + \phi)_\theta$ は，モンゴメリー流線関数（**Montgomery streamfunction**）またはモンゴメリーポテンシャル（**Montgomery potential**）と呼ばれており，Ψ_M と書く．y 方向についても同様の式が導出でき，等温位面における水平の気圧傾度力は次式で表される．

$$PGF = -\nabla_\theta \Psi_M \tag{4.15}$$

これを用いて，温位座標における水平方向の運動方程式を次式で表すことができる．

$$\frac{d\vec{V}_\theta}{dt} = -\nabla_\theta \Psi_M - f\hat{k}\times\vec{V}_\theta + \vec{F}_\theta \tag{4.16}$$

ここでラグランジュ微分は，次のようになる．

$$\frac{d}{dt} = \frac{\partial}{\partial t} + u_\theta\frac{\partial}{\partial x} + v_\theta\frac{\partial}{\partial y} + \frac{d\theta}{dt}\frac{\partial}{\partial \theta}$$

この式の最後の項から，非断熱加熱によってのみ空気塊が「鉛直」(θ) 方向に動くことは明らかである．（訳注：等温位座標での水平の気圧傾度力とコリオリ力とのつり合いによって決まる地衡風は式 (4.16) において，$d\vec{V}_\theta/dt = 0$，$\vec{F}_\theta = 0$ とすることで，次式で与えられる．

$$\vec{V}_g = \frac{\hat{k}}{f}\times\nabla_\theta \Psi_M$$

これは，気圧座標系での地衡風の式 (4.4b) と同じ形式をしている）．

次に温位座標における静水圧平衡を考える．これまで調べてきた他の座標系と同様，モンゴメリーポテンシャルの「鉛直」方向の微分を求めることで，次

式を得る．
$$\frac{\partial \Psi_M}{\partial \theta} = c_p \frac{\partial T}{\partial \theta} + g \frac{\partial z}{\partial \theta} \tag{4.17}$$
高度座標による静水圧平衡の式と連鎖律を組み合わせ，次式を得る．
$$\frac{\partial p}{\partial \theta}\frac{\partial \theta}{\partial z} = -\rho g$$
これは次のように表すことができる
$$g\frac{\partial z}{\partial \theta} = -\frac{1}{\rho}\frac{\partial p}{\partial \theta} = -\frac{RT}{p}\frac{\partial p}{\partial \theta} \tag{4.18}$$
式 (4.18) を式 (4.17) の右辺に代入し，$c_p T$ で割ると次式を得る．
$$\frac{1}{c_p T}\frac{\partial \Psi_M}{\partial \theta} = \frac{1}{T}\frac{\partial T}{\partial \theta} - \frac{R}{c_p p}\frac{\partial p}{\partial \theta} \tag{4.19}$$
ポアソンの式の対数をとったものを θ で微分すると，次式を得る．
$$\frac{1}{\theta}\frac{\partial \theta}{\partial \theta} = \frac{1}{T}\frac{\partial T}{\partial \theta} - \frac{R}{c_p p}\frac{\partial p}{\partial \theta} \tag{4.20}$$
式 (4.19) と式 (4.20) の左辺は等しいとすることができるので，
$$\frac{1}{c_p T}\frac{\partial \Psi_M}{\partial \theta} = \frac{1}{\theta}\frac{\partial \theta}{\partial \theta} = \frac{1}{\theta}$$
$\partial \Psi_M / \partial \theta$ は次式となり，これは，温位座標での静水圧方程式である．
$$\frac{\partial \Psi_M}{\partial \theta} = \frac{c_p T}{\theta} \tag{4.21}$$

静的に安定な条件では，温位座標は高度とともに単調に変化するので，等温位面間の距離を幾何学的な高度間隔または気圧間隔を用いて表現することができる．気圧間隔を用いる利点は，気圧間隔を質量の増分として変換できることにある．図 4.4 に示した空気の直方体を考えると，体積要素 $\delta x \delta y \delta \theta$ の中の質量は，次式となる．
$$\delta M = -\delta p \left(\frac{\delta x \delta y}{g}\right) = -\frac{\delta p}{\delta \theta}\left(\frac{\delta x \delta y \delta \theta}{g}\right) \tag{4.22}$$
負の符号は，鉛直方向 θ と逆の向きに p が変化する（p は θ の増加とともに減少する）ことから生じる．式 (4.6) との類推から，質量の連続性を次式で表すことができる．
$$\frac{1}{\delta M}\frac{d}{dt}(\delta M) = 0 = \left[\frac{-g}{\delta x \delta y \delta \theta}\left(\frac{\delta \theta}{\delta p}\right)\right]\frac{d}{dt}\left[-\frac{\delta p}{\delta \theta}\left(\frac{\delta x \delta y \delta \theta}{g}\right)\right] \tag{4.23a}$$

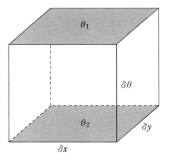

図 4.4 温位座標における空気の無限小の直方体．安定成層した大気中では，θ は高さとともに単調に変化するので，θ_1 と θ_2（$\theta_1 > \theta_2$）は，異なる気圧に対応する．$\theta_1 > \theta_2$ であることに留意すること．

g は定数であるので，これは次のように書き直すことができる．

$$\left(-\frac{\delta\theta}{\delta p}\right)\left(\frac{1}{\delta x \delta y \delta\theta}\right)\left[\frac{d}{dt}\left(-\frac{\delta p}{\delta\theta}\right)\delta x\delta y\delta\theta + \left(-\frac{\delta p}{\delta\theta}\right)\delta y\delta\theta\frac{d}{dt}(\delta x) \right.$$
$$\left. + \left(-\frac{\delta p}{\delta\theta}\right)\delta x\delta\theta\frac{d}{dt}(\delta y) + \left(-\frac{\delta p}{\delta\theta}\right)\delta x\delta y\frac{d}{dt}(\delta\theta)\right] = 0 \quad (4.23\text{b})$$

以前に述べた定義より次式を得る．

$$\frac{d}{dt}(\delta x) = \delta u, \quad \frac{d}{dt}(\delta y) = \delta v, \quad \frac{d}{dt}(\delta\theta) = \delta\left(\frac{d\theta}{dt}\right)$$

これらの定義式を用い，$\delta x, \delta y$ および $\delta\theta$ のゼロの極限をとると，式 (4.23b) は次のように簡単化できる．

$$\frac{\partial\theta}{\partial p}\frac{d}{dt}\left(\frac{\partial p}{\partial\theta}\right) + \frac{\partial u}{\partial x} + \frac{\partial v}{\partial y} + \frac{\partial}{\partial\theta}\left(\frac{d\theta}{dt}\right) = 0 \quad (4.23\text{c})$$

$\partial p/\partial\theta$ を掛け，全微分を展開すると，次式を得る．

$$\frac{\partial}{\partial t}\left(\frac{\partial p}{\partial\theta}\right) = -u\frac{\partial}{\partial x}\left(\frac{\partial p}{\partial\theta}\right) - v\frac{\partial}{\partial y}\left(\frac{\partial p}{\partial\theta}\right) - \left(\frac{\partial p}{\partial\theta}\right)\nabla\cdot\vec{V}_\theta - \left(\frac{\partial p}{\partial\theta}\right)\frac{\partial}{\partial\theta}\left(\frac{d\theta}{dt}\right) \quad (4.24)$$

これは，温位座標での連続の式である．式 (4.24) の左辺 $(\partial/\partial t)(\partial p/\partial\theta)$ は，質量の局所的な変化率を表す．式 (4.24) の右辺の第 1 項と第 2 項は，等温位面における質量の水平移流を表す．第 3 項，即ち発散の項は質量分布に対する水平発散の効果に相当する．温位座標における収束（発散）により，2 つの θ 面間の質量が増加（減少）する．式 (4.24) の右辺の第 4 項は，非断熱加熱

4.2 鉛直座標としての温位

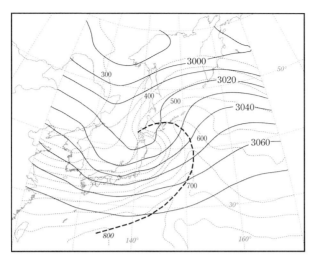

図 4.5 2004 年 2 月 23 日 0000 UTC における 305 K 温位面の等圧線の配置．実線は，モンゴメリー流線関数の等値線であり，$10\,\mathrm{m^2\,s^{-2}}$ ごとに引かれている．細い破線は，等圧線であり，50 hPa ごとに引かれている．太い破線は，負の気圧移流の先端を示す．その線の北および東方向では，正の気圧移流が卓越する．

が鉛直方向に勾配を持つと，鉛直方向の収束（発散）により，2 つの θ 面間の質量が増加（減少）することを表す（訳注：$d\theta/dt$ は温位座標系における鉛直方向の速度に相当するので第 4 項は鉛直方向の収束（発散）を表す）．後の渦位の議論の際に，温位座標形式の連続の式の利点を利用することになる．

最後に，温位座標系の応用例について述べることにする．既に述べたように，モンゴメリー流線関数により，温位座標系での地衡風の水平流が定義される．等圧面はほぼ水平であるのに対し，等温位面は大きな鉛直勾配を持つことがある．図 4.5 のように，等温位面における等圧線を描くことで等温位面の傾きを簡単に見ることができる．例示した等温位面上において，風が気圧の低（高）い方に，鉛直上（下）方に向かっている領域があることが容易に見て取れる．したがって，等温位面上での気圧移流から，鉛直運動の符号が決まると考えられる．実際，この興味ある関係を等温位面上での気圧のラグランジュ的微分を考えることにより，調べることができる．

$$\frac{dp}{dt} = \omega = \frac{\partial p}{\partial t} + u\frac{\partial p}{\partial x} + v\frac{\partial p}{\partial y} + \frac{d\theta}{dt}\left(\frac{\partial p}{\partial \theta}\right) \tag{4.25}$$

ここで，すべての微分は等温位面上でなされる．断熱条件下では，式 (4.25)

の右辺の最後の項は無視できる．しかし，気圧移流（式 (4.25) の右辺の中央の 2 つの項）だけで鉛直運動の正負を決定するためには，もう 1 つの仮定が必要である．即ち，気圧分布は定常状態（$\partial p/\partial t = 0$）でなければならない．気象システムは連続的に変化しており，多くの等温位面の構造も連続的に変化するので，この条件は通常満たされない．この問題にも拘わらず，等温位面上での気圧移流を考えることにより，多くの場合，鉛直運動の正負を正しく決めることができる（訳注：図 4.5 でたとえば 3040 m^2 s^{-2} のモンゴメリー流線関数の等値線に沿って東方に移動する空気塊を考える．破線より西では空気塊に沿って気圧が増加し下降流となり，破線より東では気圧が減少し上昇流となっている．この上昇・下降運動は等温位面上での気圧移流に対応している）．

最後に，図 4.5 に示された 305 K の等温位面上での 700 hPa の等圧線を考える．ポアソンの式には，温度，気圧，θ が含まれている．したがって，700 hPa における温度は 275.4 K に一意的に決まる（温位は 305 K なので）．それゆえに，305 K の等温位面上の 700 hPa の等圧線は 700 hPa の等圧面上の 275.4 K の等温線に完全に対応する．この例から簡単な規則が導かれる．

等温位面上の等圧線は，等圧面上の等温線と同等である．

したがって，等温位面上における気圧移流の診断法は等圧面上での温度移流の診断法と非常に似ている．このため温度移流の正負を考えることにより，鉛直運動（中緯度の気象システムにおける）を大ざっぱに診断することができる．この診断には気圧移流の診断（図 4.5）と同じ制約がある．それは，静的安定度が正であり，断熱的，定常状態であるという条件である．気圧座標系において断熱的な鉛直運動を診断する場合には，静的安定度が正という条件が必要であるが，このことは，温位座標において温位が高度とともに単調に増加するという仮定をしているということと同等である．後の章では，より厳密な力学的考察に基づき，中緯度の気象システムにおける鉛直運動の，より高度な診断を行う．

4.3　温度風平衡

既に述べたように，測高公式 (3.6) によれば，等圧面間の層厚は，暖かい気柱の中より，冷たい気柱の中の方が小さい．高度座標で描かれた図 4.6 のように，冷たい気柱と暖かい気柱が水平に並べて置かれる状態を考える．1000

hPa と 800 hPa 面の間の距離は，暖かい空気の中では，冷たい空気の中より大きいので，800 hPa 面は図示されているように，冷たい空気に向けて下向きに傾いている．同様に，800 hPa と 500 hPa 面の間の距離も，暖かい空気の中では冷たい空気の中よりも大きくなければならず，500 hPa 面は冷たい空気に向かって，さらに大きく下向きに傾いている．このように，気柱の平均温度に水平勾配があるため，等圧面の傾きは高さとともに増加する．図 4.6 における等圧面の傾きの増加は，水平方向の気圧傾度力（PGF）の大きさが，高さとともに増加することを意味する．その結果，地衡風は高さとともに増加することになる．このように，地衡風の鉛直シアー（地衡風の高度方向の変化）と水平温度傾度の間に物理的な関係があることがわかる．

高度座標で等圧面が傾いているということは，気圧座標で考えると，ジオポテンシャルの差は $g\Delta z$ であるので，等圧面上でジオポテンシャルの傾度があるということと同等である．つまり，等圧面上の気圧傾度力（PGF_p）は，その面上でのジオポテンシャルの傾度で表される（式 (4.2)）．気圧座標における静水圧平衡式を考察することで，この関係を数学的に表現する．

静水圧平衡の式 $\partial p/\partial z = -\rho g$ を並べ変えることにより，次式を得る．

$$\frac{g\partial z}{\partial p} = -\frac{1}{\rho} = -\frac{RT}{p} \tag{4.26a}$$

$g\partial z = \partial \phi$ であるので，これを気圧座標での静水圧平衡の式として表す．

$$\frac{\partial \phi}{\partial p} = -\frac{RT}{p} \tag{4.26b}$$

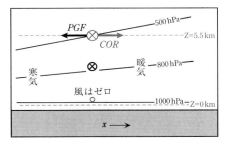

図 **4.6** 水平温度勾配がある領域の鉛直断面図．実線は等圧線である．灰色の破線は等高線である．$Z = 0$ km では気圧傾度力（PGF）がないので，風がゼロになる．同じ鉛直の気柱内で，高度 5.5 km では紙面の裏側へ向かう（円で囲まれた灰色の「X」により示す），強い地衡風がある．より大きな「X」はより強い地衡風を表す．COR はコリオリ力を表す．

地衡風の関係 $(\vec{V}_g = (\hat{k}/f) \times \nabla \phi)$ を（気圧座標で）鉛直方向に微分すると次式となる.

$$\frac{\partial \vec{V}_g}{\partial p} = \frac{\hat{k}}{f} \times \nabla \left(\frac{\partial \phi}{\partial p}\right) \tag{4.27a}$$

式 (4.26b) を $\partial \phi / \partial p$ に代入すると，次式を得る.

$$\frac{\partial \vec{V}_g}{\partial p} = \frac{\hat{k}}{f} \times \nabla \left(-\frac{RT}{p}\right) = \left(\frac{-R}{fp}\right) \hat{k} \times \nabla T \tag{4.27b}$$

この式から，地衡風の鉛直シアーは，水平温度傾度に直接関係していることがわかる. 地衡風の鉛直シアーが温度傾度に依存しているため，このシアーを**温度風**と呼ぶ. 式 (4.27b) を成分ごとに書き，次式を得る.

$$\frac{\partial u_g}{\partial p} = \frac{R}{fp}\frac{\partial T}{\partial y} \quad \text{および} \quad \frac{\partial v_g}{\partial p} = -\frac{R}{fp}\frac{\partial T}{\partial x} \tag{4.28}$$

図 4.6 に示されているように，$\partial T / \partial x > 0$ なので，$\partial v_g / \partial p < 0$ となり，高度とともに v_g が増加する. 温度風は大気上層の地衡風と，下層の地衡風のベクトルの差であることが，図 4.7(a) のグラフ表示から理解できる. したがって，温度風ベクトル $(\vec{V}_T)$ は $\vec{V}_T = -\partial \vec{V}_g / \partial p$ として表される. 式 (4.27a) から，温度風ベクトルは等層厚線に平行であり，北（南）半球では，その左（右）で層厚が薄くなることがわかる（図 4.7(b)). この物理的関係があるので，温度風の方向から，地衡風による温度移流（気柱平均の）の正負を決定することができる.

たとえば図 4.8 で示すように，地衡風が高さとともに向きを変えている（時計回りに回転している）状況を考える. 温度風は太い矢印で表されているように $\vec{V}_T = \vec{V}_{g_{500}} - \vec{V}_{g_{1000}}$ で与えられる. これが北半球で起きているとすると，等層厚線は図 4.8 のようになる必要がある. 地衡風の温度移流（気柱平均した）は次式で表される.

$$-\bar{\vec{V}}_g \cdot \nabla \bar{T} \quad \text{または} \quad -\frac{p}{R}\bar{\vec{V}}_g \cdot \nabla \left(-\overline{\frac{\partial \phi}{\partial p}}\right) \tag{4.29}$$

ここで，$\bar{\vec{V}}_g$ は気柱平均の地衡風 $(\bar{\vec{V}}_g = (\vec{V}_{g_{500}} + \vec{V}_{g_{1000}})/2)$ であり，気柱平均の温度は（測高公式による）層厚に関係している. したがって，これらの状況下では，気柱平均の地衡風は大きな値の等層厚線からより小さな値の等層厚線へと横切る方向に吹いており，気柱平均の地衡風による暖気移流があることを

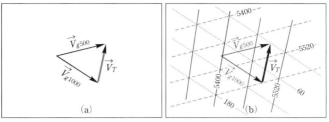

図 4.7 (a) 500 hPa 面での地衡風から 1000 hPa 面での地衡風を差し引くことにより得られる温度風ベクトルのグラフ表示．(b) 温度風ベクトルと 1000-500 hPa 等層厚線の間の関係の図示．破線は 500 hPa のジオポテンシャル高度で，点線は 1000 hPa のジオポテンシャル高度，黒い実線は 1000-500 hPa の層厚である．すべての等値線は，60 m ごとに引かれている．

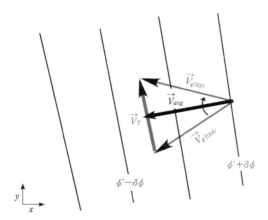

図 4.8 北半球における，高度とともに向きを変える地衡風．太い黒い矢印は気柱平均の地衡風である．実線は 1000-500 hPa 間の等層厚線である．気柱平均の地衡風は高い等層厚線から低い等層厚線へと横切る方向に吹いており，気柱平均の地衡風による暖気移流があることを示している．

示している．それゆえ，ある地点での地衡風の鉛直分布から，その点付近の平均的な温度傾向を推定することができる（訳注：温度風の定義については付録 5 を参照）．

この温度風の関係を応用して，中緯度のジェット気流（中緯度気象システムの構造と振舞いに関係がある）を考察する．図 4.9(a) に示されるように，対流圏上部に位置する強風軸がジェット気流である．中緯度の風は地衡風が卓越しており，ジェット域の風の大部分は，地衡風で表される．中緯度のジェット

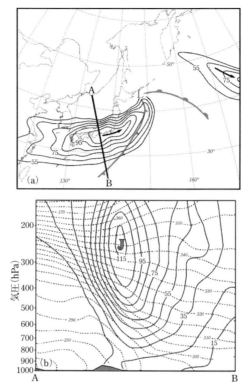

図 4.9 (a) 2004 年 2 月 23 日 0000 UTC における 300 hPa 高度の地衡風の等風速線．等風速線は，55 m s^{-1} から始まり 10 m s^{-1} ごとに引かれている．太い矢印は，風向を表す．直線 A-B に沿った鉛直断面図が (b) に示される．薄い灰色の L および前線の記号は，この時刻の地表低気圧の位置を表す．(b) (a) に示された直線 A-B に沿った地衡風の等風速線および温位の鉛直断面図．黒い実線は等風速線であり，その数字や線は (a) と同様である．灰色の破線は，5 K ごとの等温位線である．対流圏を通して最大の鉛直シアーの領域は，最大の水平温度傾度の領域と一致していることに注意．

気流付近での地衡風の鉛直断面図を図 4.9(b) に示した．約 700 hPa から 350 hPa の間で，地衡風の大きな鉛直シアーがあることに注意せよ．温度風の関係により，鉛直シアーがあるとき，水平方向の温度の勾配があるはずである．図 4.9(b) はジェット気流のコア付近での温位の鉛直断面図も示してある．この図は，対流圏全高度および下部成層圏で，大きな水平温度勾配が存在することを示している．そのような温度勾配は，温帯低気圧内の前線の特徴である．図 4.9(a) はジェット気流が温帯低気圧のどこに位置しているかを示している．

ジェット・ストリーク（ジェット気流の特に強い部分）は地表の寒冷前線付近にあるが，これは偶然ではない．ジェット・ストリーク領域での地衡風の大きな鉛直シアーには（温度風の関係により）大きな水平温度傾度が伴っているはずである．その一方，この温度傾度は寒冷前線帯の特徴であることから，両者の位置が近いことが説明される．中緯度気象システムの議論において，ジェット気流の位置が大変重要であることの理由の1つはこのことにある．

広い視点から見ると，温度風の関係は大気大循環に重要な力学効果をもたらす．地球表面は球面であるため，太陽加熱は緯度的に均一ではなく，単位面積当り入射する年平均の太陽光のエネルギーフラックス（W m^{-2}）は赤道域で極大となる．結果として，両半球において，低温の極から高温の赤道にかけて温度傾度があり，時間平均された層厚の等値線が緯度線のように，地球を環状に取り巻き，温度傾度ベクトルは赤道方向に向いている．この温度傾度と両半球の西風の鉛直シアーが，温度風の関係で結びつけられている．太陽による地球の不均一な加熱の結果，南北方向に温度傾度が形成され，それに伴う中緯度における温度風平衡により，中緯度気象システムが，地球上を西から東へ動くということが生じるのである．

温度風の関係は，近代の気象力学の土台を形成し，中緯度大気の流れの第1次近似的つり合いを決めている．このつり合いは，地衡風平衡と静水圧平衡に起因している．地衡風的および静水圧的な平衡を，温度風平衡と結びつけることにより，中緯度気象システムの構造，力学，および時間変化を理解するのに強力な診断の道具が得られることが後の章で示される．

4.4 自然座標系と平衡流

中緯度の大気の振舞いは，大変複雑であるが，力の近似的なつり合いによって理解できることが，力学的な考察により明らかになってきた．流れを理想化する（定常状態，あるいは，純粋に水平的（鉛直運動がない）として）ことにより，様々な力のつり合いをさらに深く理解することができる．

この節では，再度，摩擦のない運動方程式を考える．

$$\frac{d\vec{V}}{dt} = -\nabla_p \phi - f\hat{k} \times \vec{V} \tag{4.30}$$

ここでは流体の流れの向きを基準にするデカルト座標系を用いる．このような系は**自然座標系（natural coordinates）**と呼ばれ，これらの解析に大変

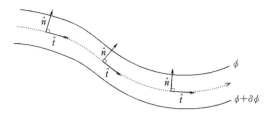

図 4.10 水平的な流れと自然座標系の単位ベクトル $\hat{t}$ と $\hat{n}$ の間の関係の模式図．灰色の点線はジオポテンシャル高度の等高線に平行な流れの流線である．

役立つことがわかる．これまでとは別の座標変換をあえて導入する必要性を疑問に思うかもしれないが，自然座標を用いる理由は，式 (4.30) の加速度項の表現が便利になる点にある．加速度はベクトル量であり，(1) 流速の変化，(2) 流れの曲率から生じる流れの方向の変化，により生じる．自然座標系で式 (4.30) を展開すると，これらの加速度を区別して考えることができ，物理的な理解が深まることになる．

自然座標系を一組の直交する単位ベクトル $\hat{t}, \hat{n}, \hat{k}$ に基づくデカルト座標として定義する．図 4.10 に示されるように，各点において $\hat{t}$ は水平の速度ベクトルに平行であり，$\hat{n}$ は水平の流れに垂直であり（ただし，流れの向きの左方向を正とするように），$\hat{k}$ は上向きである．この自然座標系では速度ベクトル $\vec{V}$ は $\vec{V} = V\hat{t}$ と書ける．ここで V は速度ベクトルの大きさで，$V = ds/dt$ と表すことができる．s は $\hat{t}$ 方向の距離である．加速度 $d\vec{V}/dt$ は，次式で与えられる．

$$\frac{d\vec{V}}{dt} = \frac{d}{dt}(V\hat{t}) = \hat{t}\frac{dV}{dt} + V\frac{d\hat{t}}{dt} \tag{4.31}$$

次に，方向の変化率である $d\hat{t}/dt$ の表現を求める．この方向変化は図 4.11 に示されるように，流れの曲率に依存する．この曲率を表現するために，空気塊の流跡線の曲率半径（$R =$ 空気塊の運動の曲率半径）は，$\hat{n}$ が曲率中心の方に向いているとき，正であるとする（慣習に従い）．したがって，反時計回りの流れに対しては $R > 0$ であり，時計回りの流れに対しては $R < 0$ となる．図 4.11 の模式図において，$\delta s = R\delta\psi$ であり，$\delta\hat{t} = \delta\psi\hat{n}$ である．両式から，$\delta\psi$ に対する式を等しいとすると，$\hat{n}$ は単位ベクトルであるから，次式を得る．

$$\delta\psi = |\delta\hat{t}| \tag{4.32}$$

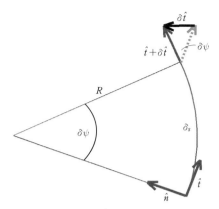

図 4.11 運動方向の自然座標系ベクトル $\hat{t}$ の変化率. R は空気塊の流跡線の曲率半径.

$\delta s \to 0$ のとき, $\delta \hat{t}$ は $\hat{n}$ に平行となり,

$$\lim_{\delta s \to 0} \frac{\delta \hat{t}}{\delta s} = \frac{d\hat{t}}{ds} = \frac{d\hat{t}}{Rd\psi} = \left(\frac{1}{R}\right)\hat{n} = \frac{\hat{n}}{R} \quad (4.33a)$$

定義により $V = ds/dt$ なので次式を得る.

$$\frac{d\hat{t}}{dt} = \frac{d\hat{t}}{ds}\frac{ds}{dt} = \left(\frac{\hat{n}}{R}\right)V = \left(\frac{V}{R}\right)\hat{n} \quad (4.33b)$$

したがって, 式 (4.31) を次のように書き直すことができる.

$$\frac{d\vec{V}}{dt} = \frac{dV}{dt}\hat{t} + \frac{V^2}{R}\hat{n} \quad (4.34)$$

このことから, 運動に沿った加速度が, (1) 空気塊の速さの変化率 (水平速度ベクトルに平行) と (2) 流れの曲率に起因する向心加速度の和であることが証明された.

コリオリ力は流れに垂直に作用するので, $\hat{n}$ 方向を向く. 北半球では, コリオリ力は運動方向に対し右向きに働くため $-\hat{n}$ 方向を向いている. したがって, コリオリ力を $COR = -(fV)\hat{n}$ と表す. 南半球では, コリオリ力は運動方向に対し左向きに作用するため $\hat{n}$ 方向に沿う. 北 (南) 半球では緯度が正 (負) であるので, コリオリ力に対する同じ式

$$-f\hat{k} \times \vec{V} = -(fV)\hat{n} \quad (4.35)$$

が南半球でも適用できる (訳注:$\hat{n}$ は, 水平の流れの向きの左方向を正とするように定義している. このため, 北半球ではコリオリ力は $-\hat{n}$ の方向に働くように, 式 (4.35)

で記述で記述できる.南半球では $f = 2\Omega\sin\phi$ が負となり,コリオリ力は流れに対し左向きに働くので,$\hat{n}$ の方向を向き,やはり式 (4.35) で表される).気圧傾度力は,流れに沿った ($\hat{t}$) 方向および流れに直交する ($\hat{n}$) 方向の2つの成分を持ち,次のように書き直すことができる.

$$-\nabla_p \phi = -\left(\frac{\partial \phi}{\partial s}\hat{t} + \frac{\partial \phi}{\partial n}\hat{n}\right) \tag{4.36}$$

これらより,自然座標系では,摩擦のない運動方程式 (4.30) および式 (4.31) を,次のように書き直すことができる.

$$\left(\frac{dV}{dt}\hat{t} + \frac{V^2}{R}\hat{n}\right) = -\left(\frac{\partial \phi}{\partial s}\hat{t} + \frac{\partial \phi}{\partial n}\hat{n}\right) - (fV)\hat{n} \tag{4.37}$$

この式から流れに沿った成分を取り出すと次式になる.

$$\frac{dV}{dt} = -\frac{\partial \phi}{\partial s} \tag{4.38a}$$

また流れに直交する成分を取り出すと次式になる.

$$\frac{V^2}{R} + fV = -\frac{\partial \phi}{\partial n} \tag{4.38b}$$

ジオポテンシャル高度の等高線に平行な運動に対しては,$\partial\phi/\partial s = 0$(流れに沿った方向には ϕ は変化しない)であり,流速は一定である.この場合には,式 (4.38b) の3つの項(運動の $\hat{n}$ 成分)の相対的な大きさにより,流れを分類することができる.

4.4.1 地衡流

運動方程式の $\hat{n}$ 成分を考えるとき,速さが一定と暗黙のうちに仮定している.完全に真っ直ぐな流れの場合には $|R| = \infty$ であり,コリオリ力と気圧傾度力のみが式 (4.38b) で残り,次式を得る.

$$fV = -\frac{\partial \phi}{\partial n} \tag{4.39a}$$

したがって,流れは地衡風平衡にあり,地衡風は次式で表される.

$$V_g = -\frac{1}{f}\frac{\partial \phi}{\partial n} \tag{4.39b}$$

(訳注:流れが厳密に地衡風であるならば,その高度での等圧線は直線で,かつ平行になり,時間変化しないことになる.この条件が満たされない場合は,非地衡風が存在する.しかし実際には,$R_o \ll 1$ の流れを近似的に地衡風とみなす.付録 15 参照).

4.4.2 慣性流

流体には，その流体の内部の圧力傾度力以外に力が働くことがある．水の運動の開始はこの例である．通常そのような運動（**海流**として知られる）は，水の表面での風の応力により生じる[1]．そのような場合は，圧力傾度力はゼロであり，ジオポテンシャル場が等圧面に沿って，水平方向に一様であることを示している．したがって，流体の慣性から生じる力だけが支配方程式に残り，$\hat{n}$ 方向の運動方程式は，遠心力とコリオリ力のつり合いを表すことになる．

$$\frac{V^2}{R} + fV = 0 \tag{4.40a}$$

結果として生じる運動は，**慣性運動（inertial motion）**と呼ばれる．式 (4.40a) を R で解くと，慣性運動の特徴である，水塊の流跡線の曲率半径は，次式になる．

$$R = -\frac{V}{f} \tag{4.40b}$$

したがって，R が小さい場合に限り（そのような運動において V は小さいので，ほとんど常に当てはまる），純粋な慣性運動の流跡線は円形の高気圧性循環となる（訳注：R が小さく f が一定とみなされるので円形となる）．水塊の速さが一定（$\nabla \phi = 0$）であるとき，半径 R の円をたどるのに要する時間は，

$$\frac{水塊の円形軌道の長さ}{水塊の速さ} = \left|\frac{2\pi R}{V}\right| = \left|\frac{2\pi R}{-Rf}\right| = \left|\frac{2\pi}{f}\right| \tag{4.41a}$$

である．この時間は，定義により，この慣性運動の振動周期（P）である．したがって，式 (4.41a) を次のように書き直すことができる．

$$P = \frac{2\pi}{2\Omega \sin\phi} = \frac{\pi}{\Omega \sin\phi} \tag{4.41b}$$

式 (4.41b) の分子は，π ラジアンであり，完全な回転の半分に相当し，Ω は地球の自転角速度（1恒星日当り1回転）である．したがって，式 (4.41b) は次式で表される．

$$P = \frac{\pi}{\Omega \sin\phi} = \left(\frac{1/2 \text{ 回転}}{1 \text{ 回転}/\text{日}}\right) \frac{1}{\sin\phi} = \frac{1/2 \text{ 日}}{\sin\phi} \tag{4.41c}$$

これは，**半振り子日（half-pendulum day）**と呼ばれる．海洋において慣性運動が存在する証拠として，13°N 近くの場所における力学的エネルギーのス

---

[1] しかし，気圧傾度力のない大気の中で始まる運動の例は，極めて少ない．

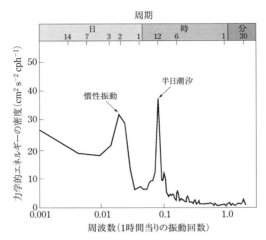

図 4.12 バルバドス（13°N）付近の深さ 30 m での海洋中の運動エネルギー（KE）のパワー・スペクトル．単位周波数当りの力学的エネルギーを周波数に対してプロットしたこの図は，全運動エネルギーが，異なる周期の振動へどのように割り振られるかを示している．2 つの強いピーク，即ち，半日周期の潮汐の周波数と慣性振動の周波数が見られる（Warsh et al.（1971）より引用．©AMS）．

ペクトルを図 4.12 に示した．力学的エネルギーに見られる 2 つの顕著なピークは，流体の流れの 2 つの顕著なモード（(1) 半日潮汐，(2) 約 2 日周期の慣性振動）に対応している．式 (4.41c) より，13°N において慣性振動の周期が $P = 2.2$ 日であることがわかる．

4.4.3 旋衡流

運動のつり合いに対するコリオリ力の影響が小さい場合を考える．低緯度での流れ，あるいは流れの水平スケールが小さい場合は，コリオリ力の影響は小さい．地球外では，太陽系のいくつかの惑星や衛星（たとえば，金星またはタイタン）では，回転角速度が小さく，コリオリ力が弱い．そのような状況では，$\hat{n}$ 方向の運動方程式は，遠心力と気圧傾度力のつり合いになる．

$$\frac{V^2}{R} = -\frac{\partial \phi}{\partial n}$$

この式は V について解くことができ，次式を得る．

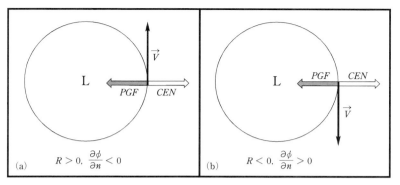

図 4.13 旋衡流の力のつり合い．気圧傾度力（PGF）および遠心力（CEN）は，灰色の矢印と白抜きの矢印で表され，風のベクトルは，太い黒い矢印で示される．曲率半径およびジオポテンシャル高度の傾度の符号（正，負）を (a) 低気圧性の流れ，(b) 高気圧性の流れに対して示してある．

$$V = \left(-R\frac{\partial \phi}{\partial n}\right)^{1/2} \tag{4.42}$$

遠心力と気圧傾度力のつり合いは，**旋衡流平衡（cyclostrophic balance）**と呼ばれ，V は**旋衡風（cyclostrophic wind）**の速さである．旋衡風平衡には，コリオリ力は含まれず，遠心力が常に回転中心から外側に向いているので図 4.13 からわかるように，低ジオポテンシャル領域の周りで低気圧性の流れあるいは高気圧性の流れのどちらも生じうる．

遠心力（V^2/R）がコリオリ力（fV）よりはるかに大きい場合は，旋衡流平衡が良い近似で成り立つ．これら 2 つの力の比は，次式で与えられる．

$$\frac{V^2/R}{fV} = \frac{V}{fR}$$

V/fR は，ロスビー数（訳注：式 (3.42) 参照）である．したがって，旋衡流平衡は，大きなロスビー数の流れに対し，良い近似で成り立つ．竜巻（tornadoes）は，渦の中心から 1000 m 以下の距離において，100 m s^{-1} の接線方向の速さを持つ小さな円形の渦として近似できる．$\sim 40°$N（$f \approx 10^{-4}$ s^{-1}）の北米中央平原で起きる竜巻におけるロスビー数は

$$R_o = \frac{V}{fR} = \frac{100 \text{ m s}^{-1}}{(10^{-4} \text{ s}^{-1})(1000 \text{ m})} = 1000$$

となる．このロスビー数は大変大きいので，竜巻の大きな風速は，第 1 次近

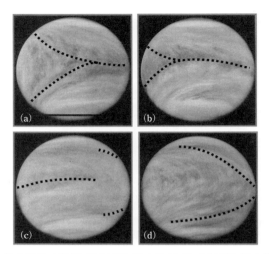

図 4.14 1979年4月の4日間（(a)1979年4月16日,(b)1979年4月17日,(c)1979年4月18日,(d)1979年4月19日）にわたりパイオニア・ビーナスにより撮影された金星の雲頂の赤外線衛星画像（NASA）．太い破線は，4日ごとに金星を巡る金星の雲中でのY字形構造で，金星大気のスーパーローテーションの証拠となっている．

似で旋衡流平衡によるものと考えてよい．高気圧性回転の（訳注：低気圧性回転はもちろん）竜巻の渦が，ときどき観測されることは，この結論と整合的である．竜巻に比べてずっと小さな規模の塵旋風や，小さな水上竜巻では，低気圧性あるいは高気圧性回転の発生頻度の差は更に小さくなる．

旋衡流平衡による流れの顕著な例は太陽系の他の惑星でも見られる．金星は地球の243倍の自転周期をもち，東から西へ！　と回転している．その結果，金星大気における成層圏風は東から西へ向かっているが，風速は $100 \mathrm{~m\,s^{-1}}$ を超えており，図 4.14 に示されるように4地球日で惑星を周回している．この風速は固体金星の角速度をはるかに超えているので，金星大気は**スーパーローテーション**していると言われているが，詳しいことはわかっていない．この流れのロスビー数は，

$$\frac{V}{fR} \approx \frac{100 \mathrm{~m\,s^{-1}}}{(10^{-7} \mathrm{~s^{-1}})(\sim 10^7 \mathrm{~m})} \approx 100$$

である．土星最大の月であるタイタンは，1回の自転に16地球日を要するので，コリオリ力は非常に小さい．ボイジャー宇宙船による遠隔観測によると，成層圏風の速さは $100 \mathrm{~m\,s^{-1}}$ のオーダーである．したがって，ロスビー数は

〜10 であり，流れは近似的に旋衡風平衡にある．

4.4.4 傾度流

図 4.1 に示した 500 hPa でのジオポテンシャル高度と風を見ると，中緯度においては，ほとんどの場合，流れの曲率に拘わらず，摩擦のない水平流は等ジオポテンシャル高度線に平行になることがわかる．そのような流れにおいては気圧傾度力，コリオリ力，流れの曲率から生じる遠心力がつり合っており，**傾度流（gradient flow）** と呼ばれる．$\hat{n}$ 方向の運動方程式が**傾度風（gradient wind）** 方程式になる．

$$\frac{V^2}{R} + fV = -\frac{\partial \phi}{\partial n}$$

これは V の 2 次式であり，2 次方程式の解の公式を使って，次式を得る．

$$V = \frac{-f \pm \sqrt{f^2 - 4(1/R)(\partial \phi / \partial n)}}{(2/R)} = -\frac{fR}{2} \pm \left(\frac{f^2 R^2}{4} - R\frac{\partial \phi}{\partial n}\right)^{1/2} \quad (4.43)$$

この複雑に見える式は，いくつかの数学的に可能な解をもっているが，そのすべてが実際の物理現象と対応しているわけではない．物理的に適切な解を見出すためには，いくつの数学的な解が存在するのか求める必要がある．式 (4.43) の解は根号の前の符号により 2 通りあり，その各々に，$\partial \phi / \partial n > 0$ および $\partial \phi / \partial n < 0$ の両方の場合があり，それぞれに $R > 0$ と $R < 0$ の場合がある．したがって，図 4.15 に示されるように，式 (4.43) には数学的に可能な解が全部で 8 個ある．物理的に適切な解であるためには，V は正の実数でなければならない．図 4.15 の解の系統図を調べるために，まず $\partial \phi / \partial n > 0$ の場合を検討する．

(a) $\partial \phi / \partial n > 0$, $R > 0$ に対する解

$\partial \phi / \partial n > 0$ および $R > 0$ の条件の下では，根号の前の符号は正と負の両方を取りうる．与えられた条件下では，$-R \partial \phi / \partial n < 0$ であるから，式 (4.43) にある根号は，$fR/2$ より小さくなる．この根号を，その前にある $-fR/2$ 項に加えても，それから差し引いても，V は負となり，2 つの解には物理的意味がない．

(b) $\partial \phi / \partial n > 0$, $R < 0$ に対する解

与えられた条件の下では，$-R \partial \phi / \partial n > 0$ で，式 (4.43) における根号は，$|fR|/2$ より大きい．$R < 0$ であるので $-fR/2$ は正である．したがって，根

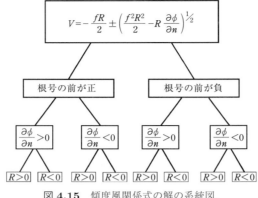

図 4.15 傾度風関係式の解の系統図.

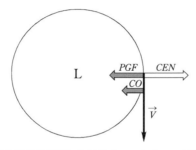

図 4.16 北半球における異常低気圧における力のつり合い．気圧傾度力，コリオリ力および遠心力は，PGF, CO, および CEN で示されている.

号の前の符号が正の場合は，V は正となり解は物理的な意味をもつ．この解に伴う流れの特徴を図 4.16 に示した．北半球では $R < 0$ は時計回り（高気圧性の）流れに対応し，$\hat{n}$ は回転中心から外向きに向くことになる．$\partial \phi / \partial n > 0$ のとき，回転中心でジオポテンシャルが最小になる（たとえば，低気圧システムの擾乱の場合など）．その結果，気圧傾度力はコリオリ力（これは，風の右方向へ働く）と同様，内側に向かっている．遠心力は常に回転中心から外側に向いており，他の 2 つの力とつり合うのに十分な大きさが必要である．この場合は低気圧領域での時計回りの傾度風平衡となるので，**異常低気圧（anomalous low）** と呼ばれる．それは物理的に可能な解ではあるが，予想されるように，実際には，まず起きない．既に述べたように，これらの条件下では，式 (4.43) の根号は，$|fR|/2$ より大きくなることから，根号の前の符号

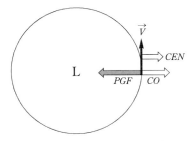

図 4.17 北半球での標準低気圧における力のつり合い．気圧傾度力，コリオリ力および遠心力は，PGF，CO，および CEN で示した．

が負の場合は，式 (4.43) より V が負になり，解には物理的な意味がない．

(c) $\partial\phi/\partial n < 0$, $R > 0$ に対する解

$-R\partial\phi/\partial n > 0$ であり，式 (4.43) における根号は，$|fR|/2$ より大きい．第 1 項の $-fR/2$ にこれを加えると，根号の前の符号が正の場合は V が正となり，物理的に意味のある解となる（図 4.17）．北半球における流れを考察すると，$R > 0$ では，流れは反時計回り（低気圧性）となり，$\hat{n}$ は内向きとなる．$\partial\phi/\partial n < 0$ のとき，流れはジオポテンシャルの最小値の周りを回転する．したがって，気圧傾度力は回転中心の方向を向き，外向きのコリオリ力および遠心力とつり合う．低ジオポテンシャルの領域の周りの低気圧性の流れは，通常見られる**標準低気圧（regular low）**である．根号の前の符号が負の場合には，V は負となり（$-fR/2$ と合わせ），物理的にありえない解となる．

(d) $\partial\phi/\partial n < 0$, $R < 0$ に対する解

これらの条件下では $-R\partial\phi/\partial n < 0$ であり，積 $(-R\partial\phi/\partial n)$ の大きさによっては，式 (4.43) の根号の中は負になる．その場合，解（根号の前の符号が正または負）は複素数となり，物理的にありえないものとなる．この根号の中が正の場合，根号は $-fR/2$ より小さい．その場合，根号の前の符号が正の場合に対する解は，$V \geq -fR/2$ であり，$R < 0$ であることから正である．したがって，根号の前の符号が正の場合には，時計回り（北半球では高気圧性）の流れとなり，図 4.18 に示した物理的解に対応する．$\partial\phi/\partial n < 0$ のとき，回転中心でジオポテンシャルが最大となり，気圧傾度力は遠心力と同様外側を向く．その結果，高いジオポテンシャル領域の周りに時計回りの流れが生じ，一見，標準状態に見える．しかし，この場合，力のつり合いの性質は標準状態ではない．この場合は，$V \geq -fR/2$ であるので，次の関係式が成り立つ．

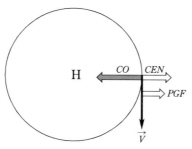

図 4.18 北半球における異常高気圧の力のつり合い．気圧傾度力，コリオリ力および遠心力は，PGF, CO, および CEN で示した．

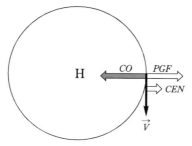

図 4.19 北半球における標準高気圧の力のつり合い．気圧傾度力，コリオリ力および遠心力は，PGF, CO, および CEN で示した．

$$\frac{V^2}{-R} \geq \frac{fV}{2} \quad \text{または} \quad 2\frac{V^2}{-R} \geq fV \tag{4.44}$$

これは，コリオリ力が遠心力の 2 倍より小さいことを意味する．遠心力が気圧傾度力より大きくなければならないことが示唆される．傾度風平衡のこの特別な場合を**異常高気圧**（**anomalous high**）と呼ぶ．

式 (4.43) における根号の中が正の場合，根号を $-fR/2$ から引くならば，$V \leq -fR/2$ である．$-fR/2$ は $R < 0$ のとき正である．これは，北半球での物理的に意味がある解であり，図 4.19 に示す時計回り（高気圧性）の流れに対応する．$\partial\phi/\partial n < 0$ なので，回転中心はジオポテンシャルの極大となり，その解は高ジオポテンシャル領域の周りの高気圧性の流れを表している．しかし，外側に向かう気圧傾度力は遠心力よりも大きく，解は**標準高気圧**（**regular high**）と呼ばれる．

異常高気圧および標準高気圧が生じるためには $f^2R^2/4 - R\partial\phi/\partial n \geq 0$ とな

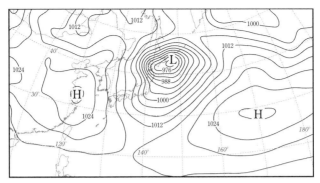

図 4.20 2004 年 2 月 23 日 0000 UTC での海面気圧．実線は，hPa で表された等圧線であり，4 hPa ごとに書かれている．L と H は，各々，海面高度の低気圧と高気圧の中心を表す．低気圧領域における強い気圧傾度と，高気圧の周りのはるかに弱い気圧傾度に留意すること．

る必要がある．この条件は，$f^2 R^2/4 \geq R\partial\phi/\partial n$ と書き直すことができる．R と $\partial\phi/\partial n$ の絶対値を考えると，

$$\left|\frac{\partial\phi}{\partial n}\right| \leq \frac{|R|f^2}{4} \tag{4.45}$$

であり，高気圧のシステムの近傍（これは，中心から小さな半径のところ）での気圧傾度が非常に小さい（高気圧中心では気圧傾度が事実上ゼロになるなど）という気圧傾度力に対する制約があることを示している．低気圧の領域では，そのような制約はない．この大きな相違は，海面気圧解析データ（図 4.20）によく見られる．等圧線のパターンが高気圧の近くでは，不明確になり，低気圧の周りの等圧線の場と大きく異なることがわかる．高気圧中心の近くでは，気圧傾度が弱く，その周囲では風が存在しないほど弱くなるということは実際の天気の状況に大きな影響を与える．そのような大規模場では，冬の夜間の極低温や季節を問わない霧の形成など，大きな被害が生じるような気象現象が起きることになる．

日々の上部対流圏のジオポテンシャル高度と海面気圧を丹念に見ると，地表の低気圧／高気圧は，常に上層の気圧の谷／気圧の峰の軸の下流（東方）に位置していることがわかる．この特徴的な分布は，傾度風平衡と質量の連続性を考えることにより説明できる．地衡風の定義

$$V_g = -\frac{1}{f}\frac{\partial\phi}{\partial n}$$

を，(4.38b) で与えられる $-\partial \phi / \partial n$ に代入すると，傾度風平衡は，次式で表される．

$$\frac{V^2}{R} + fV - fV_g = 0 \qquad (4.46a)$$

したがって，傾度風に対する地衡風の比は，次式で与えられる．

$$\frac{V_g}{V} = 1 + \frac{V}{fR} = 1 + R_o \qquad (4.46b)$$

この比は，(1) 低気圧性の流れ（$R > 0$）に対しては，地衡風は傾度風より大きいこと，(2) 高気圧性の流れ（$R < 0$）に対しては，地衡風は傾度風より小さいことを示している．傾度風は地衡風よりも実際の風に近いものであると考えられるので，非地衡風は次式で与えられる（訳注：これは式 (4.46a) から簡単に導かれる）．

$$V_{ag} = V - V_g = -\frac{V^2}{fR}$$

非地衡風はすべての点で，全体の風（傾度風）に平行である（訳注：(1) 非地衡風と実際の風（ここでは傾度風）の加速度の関係式 (3.41) に，左から $\hat{k}$ の外積をとると，$\hat{k} \times d\vec{V}/dt = \vec{V}_{ag}$ となる．$d\vec{V}/dt$ は，向心力の向きであり，左から $\hat{k}$ の外積をとると，円運動の接線方向となり，$\vec{V}$ と平行となる．したがって非地衡風ベクトルの向きは，円運動の接線方向である．低気圧の場合は，$\vec{V}$ と平行で逆向きで，高気圧の場合には，$\vec{V}$ と同じ向きであることが，図 4.17 と図 4.19 からわかる）．流れの曲率がある領域では，地衡風より傾度風の方が，実際の風をよりよく表すことができる．そのため気圧の谷を通る実際の流れは**地衡風より遅く**（**subgeostrophic**）なり，気圧の峰を通る流れは**地衡風より速く**（**supergeostrophic**）なる（図 4.21 に示される 500 hPa の図参照）．この高度での非地衡風は，気圧の谷の軸の下流（右側）では発散し，その上流では収束することに注意せよ．連続の方程式から，気圧の谷の軸の下流側上空での発散により，地表では収束が生じ，気柱内では上向きの鉛直運動が生じることになる．この上向き鉛直運動により，雲の生成，降雨，地表低気圧に伴う海面気圧の低下が起きる．逆に，気圧の谷の軸の上流側（気圧の峰の軸の下流側）上空での収束により，地表で発散が生じ，気柱内で下向きの運動が生じることになる．この下向きの鉛直運動のため，晴天となり，海面気圧（地表高気圧に伴う）が上昇することになる．

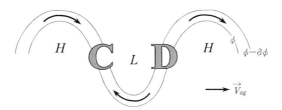

図 4.21 黒い矢印は，北半球 500 hPa の気圧の谷と気圧の峰を通る，流れに沿った非地衡風を表す．ジオポテンシャル高度が相対的に高いあるいは低い領域を，H および L により示した．中部対流圏での非地衡風の収束域と発散域を，灰色の C および D で示した．

4.5 流跡線と流線の関係

これまでの議論では，遠心力 (V^2/R) を定式化する際に，曲率半径 (R) を使ってきた．傾度風平衡を考える際には，個々の空気塊に働く力のつり合いに注目しているのである．それゆえ，R の式は，個々の空気塊の道筋，即ち流跡線の曲率半径を表している．典型的な 500 hPa でのジオポテンシャル高度の等値線は，傾度風の方向に関係しているが，実際にはその流れの流線 (streamline) を表し，流跡線を表しているのではない．したがって，流線と流跡線の物理的な違いを明確にすることが重要である．まず各項を定義することから始める．流線は，すべての場所における各瞬間での風の速度に平行な線と考えられる．流跡線は，時間とともに空間を移動する空気塊の実際の道筋を示す線と考えられる．流線も流跡線も曲率半径を持つ．図 4.22 に，この流線と流跡線の違いを示した．図 4.22 において，波が東進する間に，波の形が変化しないとすると，流線の曲率半径 R_s は一定である．しかし，気圧の谷の南端にもともとあった空気塊の流跡線の曲率半径 (R_t；これまで R と言ってきたもの) は，波の速さに対する空気塊の速さに依存する．この依存性により，R_t の大きさが変わるだけでなく，R_s と比べ符号が変わることさえ起こりうる！ R_s と R_t の相違は，図 4.23 を用い，数学的にも表すことができる．その図から次式が導かれる．

$$\delta s = R\delta\beta \quad \text{あるいは} \quad \frac{\delta\beta}{\delta s} = \frac{1}{R} \tag{4.47a}$$

ここで，β は風向の角度で，s は道筋に沿った距離であり，R は曲率半径である．流跡線は，空気塊が進む距離 δs とその間の風向変化 $\delta\beta$ との関係で与え

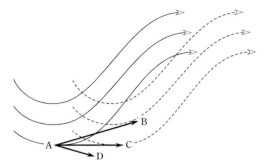

図 4.22 東進する上層の気圧の谷における流線と流跡線．実線は，ある最初の時刻における流れの流線を表し，鎖線は，後の時刻における流線を表す．太い矢印（AD，AC，および AB）は，波より遅く動く空気塊，波と同じ速さで動く空気塊，波より速い空気塊の流跡線を表す．

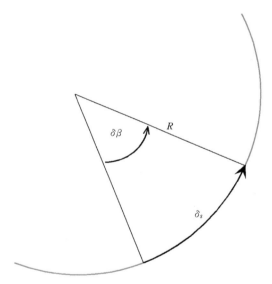

図 4.23 風向の変化（$\delta\beta$）と曲率半径 R との間の関係．

られるので，流跡線を考える場合には，ラグランジュ微分を用いるのが適切である．その結果，次式を得る．

$$\frac{d\beta}{ds} = \frac{1}{R_t} \tag{4.47b}$$

流線は，ある局所的な場所の風向の変化 $\delta\beta$ を表すので，流線についての次

式を得る．
$$\frac{\partial \beta}{\partial s} = \frac{1}{R_s} \quad (4.47c)$$

定義により $V = ds/dt$ なので次式を得る．
$$\frac{d\beta}{dt} = \frac{d\beta}{ds}\frac{ds}{dt} = \frac{V}{R_t} \quad (4.47d)$$

これは，空気塊に沿った方向変化を表している．ラグランジュ的な方向変化は次式のように表される．
$$\frac{d\beta}{dt} = \frac{\partial \beta}{\partial t} + V\frac{\partial \beta}{\partial s} = \frac{\partial \beta}{\partial t} + \frac{V}{R_s} \quad (4.47e)$$

$d\beta/dt$ に対するこれらの 2 つの式を等しいとおき，次式を得る．
$$\frac{\partial \beta}{\partial t} = V\left(\frac{1}{R_t} - \frac{1}{R_s}\right) \quad (4.48)$$

これは局所的な方向変化の速さを表している．実際に，式 (4.48) の使用にあたっては，$\partial \beta/\partial t$ を適切に推定するためには，観測時間間隔を短くする必要がある．しかし，式 (4.48) により，局所的な風向の変化率がゼロのときは，流跡線と流線が一致すると推論できる．言い換えれば，定常状態では流跡線と流線は同じものであるが，これは特別な場合なのである．要約すれば，遠心力の項が含まれている式 (4.38b) を適用するにあたっては，R としては，R_s ではなく，R_t を用いるべきであることに注意することが重要である（訳注：流跡線上を動く空気塊にニュートン運動方程式を適用することを考えているので，空気塊が受ける向心力 V^2/R_t を用いるべきである）．

参考文献

Bluestein, *Synoptic-Dynamic Meteorology in Midlatitude, Volume I* では，流れのつり合いが議論されている．

Hess, *Introduction to Theoretical Meteorology* では，流れのつり合いと気圧座標が詳しく議論されている．

Palmén and Newton, *Atmospheric Circulation Systems* は，この章の内容に関する良い参考文献である．

Holton, *An Introduction to Dyanamic Meteorology* では，流れのつり合いと自然座標系が議論されている．

Sutcliffe and Godart (1942) は，気圧座標での解析に関する優れた文献である．

Montgomery (1937) では，彼の名前を冠した等温位面上での流線関数が導かれている．

Carlson, *Mid-Latitude Weather Systems* では，温位座標の使用に関する深い議論がな

114　第 4 章　運動方程式の適用

されている．

問題

4.1. 45°N での無限の平たい摩擦のない氷の表面で，アイスホッケーのパックに，水平方向の衝撃が与えられた．
(a) 最初の衝撃後，どのような力がパックに作用するか，説明せよ．
(b) これらの条件下で，パックの経路を図示し，説明せよ．
(c) (a) で述べられた力の影響下で，経路の途中でパックの速さは変化するか，考えよ．
(d) 与えられた状況に適切な x 方向および y 方向の運動方程式を使い，パックの位置 (x, y) の関数式を導け．（ヒント．$u = dx/dt$, $v = dy/dt$ である．）
(e) パックが 45°N から遠くに離れることはないとして，この運動の振動周期を求めよ．

4.2. ハリケーンは軸対称の擾乱である（その構造は，中心の周りに対称である）．大西洋のハリケーンが，カリブ海（緯度 26°N）に位置している．中心から 200 km 離れた観測所で，950 hPa において，風速 $60\,\mathrm{m\,s^{-1}}$ のつり合った風が観測された．
(a) この嵐における流れのロスビー数を求めよ．
(b) (a) に対する答えに基づいて，この流れでは，$\hat{n}$ 方向の自然座標において，運動方程式のどの項がつり合っているか，説明せよ．
(c) この観測所の 950 hPa のジオポテンシャル高度が 367 m であるとき，ハリケーンの目における海面高度の気圧を求めよ．
(d) そのような嵐における非地衡風の式を，f，気圧傾度力，曲率半径 (R) を用いて導け．
(e) 観測所での非地衡風の速さを計算せよ．観測所付近の流れにおいて地衡風平衡が成り立つ前のハリケーンの半径を推定せよ．

4.3. (a) 次の記述が正しいことを（グラフを用いておよび数学的に）証明せよ．
1000 hPa 高度の地衡風の速度を用いて計算した 1000-500 hPa の層厚移流は，500 hPa 高度の地衡風の速度を用いて計算した 1000-500 hPa の層厚移流に等しい．
(b) 気圧 P_1 と P_2（ただし $P_1 < P_2$）間の等圧の層における気柱平均の地衡風による温度移流の式を，P_1 および P_2 に対応するジオポテンシャルで表せ．

4.4. 観測所 X における晴天の午後を考える．気圧が北東へ向かって 5 hPa/100 km で下がっている．気温は，5°C/100 km で西に向かって高くなっている．局所的な気温の変化は -0.5°C/日である．観測所 X は，どちらの半球に位置しているかを答え，理由を説明せよ．（ヒント：観測所 X におけるロスビー数が小さいと仮定してよい．）

4.5. 43°N における大気の鉛直な気柱が 900 hPa から 500 hPa まで初期は等温であったとする．地衡風は，900 hPa では南から $10\,\mathrm{m\,s^{-1}}$ で，700 hPa では西から $10\,\mathrm{m\,s^{-1}}$ で，500 hPa では南から $10\,\mathrm{m\,s^{-1}}$ で吹いている．900-700 hPa および 700-500 hPa の 2 つの層における，平均の水平気温傾度を計算せよ．各層での移流によ

る気温の時間変化率を計算せよ．2.25 km で，600 hPa と 800 hPa の間の層厚が一定とする．600-800 hPa 層において気温高度分布が乾燥断熱減率となるため必要な，この移流パターンの継続時間を求めよ．

4.6. (a) 温度風の関係と地球の放射収支の基礎的な性質に関連し，対流圏の平均鉛直風シアーが地球上で西風である理由を説明せよ．

(b) 簡単な図を使い，この鉛直シアーの方向が，北半球と南半球で同じである理由を説明せよ．

4.7. 天王星での流れの特徴はロスビー数が低いことである．天王星は地球より僅かに速い速度で自転しており，自転軸は黄道面に対し 7°傾いている（このことは，天王星の 1「年」の半分は，北極が直接，太陽に向いていることを意味する）．

(a) 上記の情報に基づき，天王星の対流圏における風の主な力のつり合いを説明せよ．

(b) 天王星の対流圏中を，天王星の 1「年」の半分をジェット機で飛ぶことができるとすると，西から東へ飛ぶ方が速いか，東から西へ飛ぶ方が速いか答えよ．

4.8. (a) 風速が気圧の谷では，地衡風より遅くなり，気圧の峰では地衡風より速くなる理由を物理的に説明せよ（水平の力に関連して）．

(b) 運動方程式の $\hat{n}$ 成分

$$\frac{V^2}{R} + fV = -\frac{\partial \phi}{\partial n}$$

を用いて，(a) で表される関係が，南北半球でも同じであることを示せ．

4.9. 図 4.1A に，地表の低気圧と高気圧が示されている．また，各図に 1000-850 hPa の気柱平均の等温線も（破線で）示されている．低気圧が高さとともに強くなり，高気圧は強くならない理由を説明せよ．

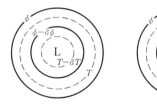

図 **4.1A**

4.10. 中部太平洋の（緯度 40°N）小さな島で読者が乗った船が難破したとする．ある日，大気中に 3 つの異なった高度にある雲がある．最も低い高度の雲は，北から南へ動いている．中間の高度の雲は，西から東へ動いている．高層の雲は，北から南へ動いている．すべての雲は，地衡風により動かされている．その 1 日が進行していくと，島の上の気温減率は，どのように変わるかを答え，説明せよ．

4.11. シグマ座標として知られる鉛直座標系が，ペンシルバニア州立大学/NCAR MM5 を含む多くの数値予報モデルで使用されている．シグマは次のように定義される．

$$\sigma = (p/p_s)$$

ここで p は気圧であり，p_s は地表気圧である．σ 座標における水平気圧傾度力の式を導け．

4.12. ウィスコンシン州マディソン（緯度 $41°\text{N}$）でのある日，海面高度（$1005\,\text{hPa}$）と $850\,\text{hPa}$ の高度とで，水平の気圧傾度力が同じであることが観測された．1005-850 hPa の層厚は $1367\,\text{m}$ であり，$1005\,\text{hPa}$ 高度での気温は $11°\text{C}$ である．
(a) $850\,\text{hPa}$ 高度における地衡風の速さが $35\,\text{m s}^{-1}$ である場合，$1005\,\text{hPa}$ 高度での地衡風の速さを求めよ．
(b) 海面高度での単位質量当りの力学的エネルギーの発生が，$2\times 10^{-2}\,\text{J s}^{-1}$ である場合，その高度で風が等圧線を横切る角度を求めよ．
(c) 海面高度での摩擦抵抗力の大きさを求めよ．
(d) マディソンより海面気圧が $10\,\text{hPa}$ 低くなる場所とマディソンとの距離を求めよ．

4.13. (a) 流れが一定で，鉛直運動がなく，気温が一定である晴天日を考える．加熱率が $750\,\text{J kg}^{-1}\,\text{h}^{-1}$ である場合，気温の水平移流の正負と大きさを求めよ．
(b) 等温線が東西に向いており，考えている地点から北 $100\,\text{km}$ の場所で $3°\text{C}$ 低いとする．西北西（$290°$）から風が吹いている場合の風速を求めよ．

4.14. ニュージーランドのオークランドで，$700\,\text{hPa}$ における気温は，$-5°\text{C}$ である．$700\,\text{hPa}$ における局所的な気温減率が $-5\,\text{K km}^{-1}$ であり，気温は $1.5\,\text{K h}^{-1}$ の速度で上昇し，北東風が $15\,\text{m s}^{-1}$ で吹いており，気温が北に向かって $150\,\text{km}$ 毎に $4\,\text{K}$ 上昇している場合を考える．流れが断熱的とし，$700\,\text{hPa}$ における鉛直速度を計算せよ．

4.15. ある日，日本の札幌（緯度約 $45°\text{N}$）近くで，地衡風の風速が $35\,\text{m s}^{-1}$ であるとする．ロスビー数が 0.4 で，その場所での風向が，$10°\,\text{h}^{-1}$ の速度で変わるとき，流れの流線の曲率半径を求めよ．

4.16. 問題 3.2 で，コリオリ・パラメーターの緯度変化を考慮するならば，地衡風の発散はゼロとはならないことが示されている．$300\,\text{hPa}$ での典型的な中緯度の気圧の谷に対し，地衡風の発散だけを考慮することにより，発生する上向きおよび下向きの鉛直運動を模式的に描け．この答えを連続の方程式に基づき説明せよ．鉛直運動の分布は，観測された特徴と一致するか，あるいは矛盾するか，説明せよ．

4.17. 次の風のデータ（風向および風速）を，観測所の東，北，西，南へ $50\,\text{km}$ 離れた各地点から受信した．数値は $90°$，$10\,\text{m s}^{-1}$；$120°$，$4\,\text{m s}^{-1}$；$90°$，$8\,\text{m s}^{-1}$；$60°$，$4\,\text{m s}^{-1}$ である．
(a) 観測所での近似的な水平発散を計算せよ．
(b) 与えられた風速は，10% の誤差があるとする．計算された水平発散の誤差を推定せよ（最悪の場合）．
(c) (b) における回答を考慮し，水平発散が，通常このような方法で推定されない理由を述べよ．

解答

4.1. (e) 16.92 h

4.2. (a) 4.69

(c) 940.25 hPa

(d) $V_{ag} = \dfrac{1}{f}\dfrac{\partial \phi}{\partial n} - \dfrac{fR}{2} + \left(\dfrac{f^2 R^2}{4} - R\dfrac{\partial \phi}{\partial n}\right)^{1/2}$

(e) $341.41 \,\mathrm{m\,s^{-1}}$

4.5. 25 時間 21 分 7 秒

4.11. $PGF_\sigma = -RT\,\nabla \ln p_s - \nabla \phi$

4.12. (a) $26.19\,\mathrm{m\,s^{-1}}$

(b) $14.81°$

(c) $323.625\,\mathrm{km}$

4.13. (a) $-0.727\,\mathrm{K\,h^{-1}}$

(b) $19.68\,\mathrm{m\,s^{-1}}$

4.14. $0.347\,\mathrm{m\,s^{-1}}$

4.15. $-3457.16\,\mathrm{km}$

4.17. (a) $2\times 10^{-5}\,\mathrm{s^{-1}}$

(b) 110%

第5章 循環，渦度および発散

目的

　到る処で，様々な種類の渦が生じていることは大気の特徴である．実際，第4章で簡単な力のつり合いに及ぼす流れの曲率効果を考察したのも，このことと関係している．中緯度大気に存在する渦の中では，総観規模の低気圧と呼ばれる大規模な低気圧が最も重要である．図5.1(a)で示した地表の解析データによれば，北半球の広大な領域において，風が低気圧中心の周りに反時計回りに循環していることがわかる．逆に，図5.1(b)から北半球では，地表風が地表の高気圧中心の周りに時計回りに循環していることがわかる．中緯度大気において，大規模で渦状に回転する擾乱が普遍的に存在していることから，流体の回転の性質と，これらの渦により生ずる循環を理解することの必要性が認識されるはずである．この章では，流体の回転を定量化するのに重要な**循環（circulation）**と**渦度（vorticity）**と呼ばれる物理量を調べる．第9章では**渦位（potential vorticity）**と呼ばれる興味深い量を，より詳細に調べる．数学的に渦度方程式を導くことにより，渦度の変化（流体の回転強度の変化と関係している）が，流体の発散と極めて密接に結びついていることがわかる．質量の連続性から，流体中に発散があると鉛直運動が生じていることが示唆される．したがって，渦度の分布と時間変化傾向を理解することが，中緯度の低気圧とそのライフサイクルを理解するための基礎となる．また，中緯度大気では，近似的に温度風平衡が成り立っているので，低ロスビー数の流れにあてはまる渦度方程式と熱力学の方程式の近似について述べる．このことを通して，**準地衡システム（quasi-geostrophic system）**として知られる方程式系を学ぶ．これらの重要な関係式は，本書の後半で述べる事柄の基礎となる．まず，循環を定義することから始める．

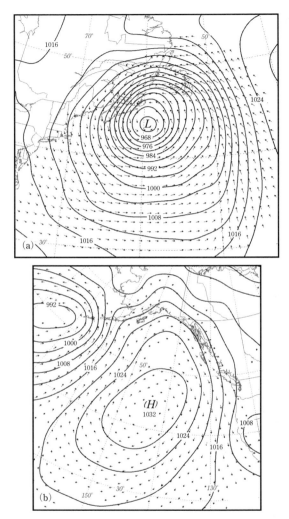

図 5.1 (a) NCEP Eta モデルによる 2004 年 2 月 19 日 0000 UTC における北大西洋の海面気圧解析データ．実線は，hPa 単位で記された等圧線であり，4 hPa ごとに描かれている．矢印は，$10\,\mathrm{m\,s^{-1}}$ より大きな地表近くの風を示す．海面気圧の最小値の周りで，風が反時計回りに回転していることがわかる．(b) 2004 年 7 月 8 日 0000 UTC の北太平洋であること以外は (a) と同じ．矢印は，$5\,\mathrm{m\,s^{-1}}$ より強い地表近くの風を示す．海面気圧の最大値の周りで，風が時計回りに回転していることがわかる．

5.1 循環定理とその物理的解釈

小さな半径 R の水槽の中に水が入っていて，最初は完全に静止しているとする．水槽の縁に沿って接線方向の速度が与えられる（水がかき回されるとき，力のモーメント（torque）が働くので）ならば，その水は回転するようになり，角運動量は増加する．機械が櫂(かい)を一定速度 V で動かし，水を水槽の縁に沿って動かすとする．櫂を周囲の 1/4 だけ機械で引っ張った後に櫂を取り除くと，水にある量の回転が起こる．もし，櫂を周囲半周にわたり引っ張ると，より大きな回転が起こる．水槽を 1 周するよう，櫂を引くと，水には更に大きな回転が起こる（訳注：水槽の中心に 1 枚の回転羽があり，それが 4 分の 1 回転，2 分の 1 回転，1 回転することにより，水槽の水が回る状況を考えればよい）．

この簡単な思考実験には，流体の循環の概念の本質となる物理的な関係が現れている．即ち，流体に与えられる循環は，流体に与えられる接線方向の速度に関係しているのみならず，櫂が動き出しそれが取り除かれるまでの間に動いた水（および櫂）の距離にも関係しているのである．形式的には，有限の領域を持つ流体要素を取り囲む循環 C を，接線速度を流体要素の周りに線積分したものとして定義する（訳注：接線速度とは，流体要素の縁のある点における接線方向の速度成分）．数式の形で表現すれば，次式となる．

$$C = \oint \vec{V} \cdot d\vec{l} = \oint |V|\cos\alpha \cdot d\vec{l} \tag{5.1}$$

ここで，$d\vec{l}$ は，図 5.2 に示されるように，流体要素の縁に沿った変位ベクトルを表す．慣習により，式 (5.1) の積分は反時計回りに行われ，$C > 0$ ($C < 0$) は，北半球では低気圧性（高気圧性）の回転に対応し，南半球では反対になる．式 (5.1) は (x, y) デカルト座標で，次のように書き直すことができる．

$$C = \oint (U dx + V dy) \tag{5.2}$$

ここで U と V は流体要素の縁における接線速度の x および y 方向の成分である．

前に述べたように，循環の変化により，気象に大きな影響を与える高気圧や低気圧システムが強まる．このことを考えると，循環の変化を理解することは，大気の研究にとって大変重要である．このため，次のラグランジュ的な微分を考えることが有用である．

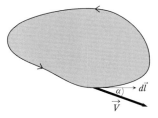

図 5.2 閉じた流体の輪郭の周りの循環を計算する方法の図示．記号の意味は，文中に記載されている．

$$\frac{dC}{dt} = \frac{d}{dt}(\oint \vec{V} \cdot d\vec{l}) = \oint \left[\frac{d}{dt}(\vec{V} \cdot d\vec{l})\right] \quad (5.3\text{a})$$

連鎖律により $(d/dt)(\vec{V} \cdot d\vec{l})$ は次式で表される．

$$\frac{d}{dt}(\vec{V} \cdot d\vec{l}) = \frac{d\vec{V}}{dt} \cdot d\vec{l} + \vec{V} \cdot \frac{d(d\vec{l})}{dt} \quad (5.3\text{b})$$

$d\vec{l}$ は変位ベクトルなので，$d(d\vec{l})/dt = d\vec{V}$ であり，

$$\frac{d}{dt}(\vec{V} \cdot d\vec{l}) = \frac{d\vec{V}}{dt} \cdot d\vec{l} + \vec{V} \cdot d\vec{V} \quad (5.3\text{c})$$

式 (5.3c) を式 (5.3a) に代入すると，循環の変化率は次式で表される．

$$\frac{dC}{dt} = \oint \frac{d\vec{V}}{dt} \cdot d\vec{l} + \oint \vec{V} \cdot d\vec{V} \quad (5.4)$$

積分は閉じた流体要素の周りに行われるので，式 (5.4) の右辺の第 2 項を次のように表すことができる．

$$\oint \vec{V} \cdot d\vec{V} = \frac{1}{2} \oint d(\vec{V}^2) = 0$$

式 (5.4) において，**絶対加速度（absolute acceleration）** $d\vec{V}_a/dt$ を用いると，

$$\frac{dC_a}{dt} = \oint \frac{d\vec{V}_a}{dt} \cdot d\vec{l}$$

となる（訳注：「絶対」とは，宇宙空間に固定された座標系（地球とともに動かない）を基準にとったという意味である．C_a は絶対循環（absolute circulation）であり，次式で定義される．

$$C_a = \oint \vec{V}_a \cdot d\vec{l}$$

ここで V_a は絶対速度である）．気圧傾度力および重力だけが，絶対加速度に影響

を及ぼすということを利用すると，

$$\frac{dC_a}{dt} = \oint (-\frac{1}{\rho}\nabla p - \nabla\phi) \cdot \vec{dl} = -\oint \frac{\nabla p}{\rho} \cdot \vec{dl} - \oint \nabla\phi \cdot \vec{dl} \quad (5.5)$$

となる．ここで一定高度面において $\nabla\phi = g\hat{k}$ であり，重力を表す．変位ベクトル $\vec{dl}$ の鉛直成分は dz であり（$\vec{dl}\cdot\hat{k} = dz$），次式が成り立つ．

$$\nabla\phi \cdot \vec{dl} = gdz = d\phi$$

また次式が成り立つ．

$$-\oint \nabla\phi \cdot \vec{dl} = -\oint d\phi = 0$$

$d\phi$ は完全微分であり，それを周回積分するので，積分経路によらず，重力に抗してする正味の仕事はゼロであるからである．したがって，式 (5.5) は次のように表すことができる．

$$\frac{dC_a}{dt} = -\oint \frac{\nabla p}{\rho} \cdot \vec{dl} = -\oint \frac{dp}{\rho} \quad (5.6)$$

ここで $\nabla p \cdot \vec{dl} = dp$ であることを用いた．式 (5.6) の左辺の項は，流体回転のラグランジュ的な変化率を表しており，式 (5.6) は固体における角加速度と類似している．固体の力学においては，力のモーメントにより角加速度が生じる．式 (5.6) の右辺の式は，**ソレノイド項**と呼ばれ，固体における力のモーメントに相当する．一般的には，ソレノイド項はゼロではない．しかし，ある大気場では，密度は圧力のみの関数（$\rho = \rho(p)$）となる．その場合は，等圧線と等比容線（isosteres）（一定の密度の線）は，どこでも一致する．この条件は**順圧（barotropy）**と呼ばれ，そのような流体は**順圧（barotropic）**流体である．その場合，ソレノイド項は，$1/\rho(p)$ を閉曲線に沿って1周積分したものであるから，ゼロとなる．

$$-\oint \frac{dp}{\rho} = 0 \quad (5.7)$$

したがって，順圧流体では，運動する空気塊において絶対循環は保存される．これを**ケルビンの循環定理（Kelvin's circulation theorem）**という．

しかし，中緯度の大気では，ほとんどの場合，等圧面上で水平方向に密度傾度，温度傾度があり（密度は気圧だけの関数ではない），**傾圧（baroclinic）**流体として特徴づけられる．したがって，等圧面と等密度面（isopycnal surface）は交差している（図 5.3）．この図は，陸／海の境界近傍の気圧／密度の

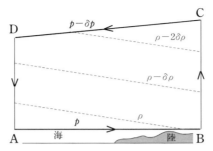

図 5.3 陸／海の境界と，その近傍での等圧線と等密度線のソレノイド．閉経路 ABCD の周りの循環の傾向が，本文中で議論されている．

分布の鉛直断面の模式図である．この場合，陸上より海上で密度が大きい．地表での気圧が同じであるとしても，海上のより冷たい気柱の中では層厚は薄いので，高高度では，等圧面は海側に向かって下方に傾いており，等密度面は，より暖かな陸側に向かって下方に傾いている．図 5.3 における交差する等圧面と等密度面は，ソレノイドと呼ばれる平行四辺形を形成する．またソレノイド項という名称はこのソレノイドという呼称に由来する（訳注：図 5.3 では等圧面と等密度面の間隔が広く描かれているため，平行四辺形が欠けた形状になっている．図 5.13 では完全な平行四辺形となっている）．

図 5.3 で示されている大気場において，$-dp/\rho$ を閉経路上で線積分することにより，ラグランジュ的な絶対循環の変化率を求めることができる．等圧面上での，A から B への移動の経路上での積分はゼロである．B から C への経路上では，dp は負であり，積分への寄与は正である．C から D への経路も等圧面上にあり，循環の変化に対する寄与はゼロである．D から A への経路では dp は正であり，負の循環の変化を生じる．B から C の経路上における平均密度は，D から A の経路上での値より低く，また密度は式 (5.6) の右辺の分母にあるので，正の寄与（B から C まで）が，負の寄与（D から A）より大きく，反時計回りの経路の循環が正味増加することになる．したがって，この例では循環は発達し，より軽い流体は上昇するようになり，より重い流体は沈むようになる．

この循環の効果は，等密度面を，より等圧面に平行になるように傾けるものである．すなわち，循環が起きない順圧状態に持っていこうとする作用である．この循環により，全流体系の重心が低くなり，この系の位置エネルギーが減少する．したがって，循環が生じることで，水平密度勾配に伴う位置エネル

ギーが，質量の再分配によって流体の運動の運動エネルギーに転換されることになる．循環定理は，ラグランジュ的な循環の変化率のみを記述しており，循環そのものを記述するものではないという点に十分注意する必要がある．したがって，図 5.3 における結果は，ソレノイド項が循環の増加に寄与することだけを述べているのである．図 5.3 に描かれた大気場で，すでに背景となる循環が存在しているならば，その大気場における正味の循環を求めるためには，その循環にソレノイドの寄与を加える必要がある．ソレノイド項により駆動され，それと同じ（反対の）方向に動く循環は直接（間接）ソレノイド循環と呼ばれる．（訳注：$\nabla \rho \times \nabla p = 0$ となるような大気を順圧大気と定義する．この場合 ∇p と $\nabla \rho$ は平行であり，それと直交する等圧面と等密度面も互いに平行である．このとき ρ は圧力 p だけの関数となり，$\rho = \rho(p)$ となる．気圧座標系では等圧面も等密度面も鉛直軸に直交している．理想気体の場合は，

$$T = \frac{p}{R\rho(p)} = T(p)$$

であり，温度も p だけの関数となり，等温度面は等圧面に平行となるので等圧面上での温度は一定である．したがって水平方向の温度傾度はゼロであり，温度風はゼロとなる．5.3 節で示される式 (5.34a) から

$$-\oint \frac{dp}{\rho} = \iint_A \frac{1}{\rho}(\nabla \rho \times \nabla p) \cdot \hat{k} dA$$

となることが容易にわかる．順圧大気では $\nabla \rho \times \nabla p = 0$ であり，式 (5.7) が成り立つ．本書や Holton（2004）では $\rho = \rho(p)$ となる大気を順圧大気と呼んでいる．この場合，上記のように等温度面は等圧面に平行であることがわかる．したがって $\nabla \rho \times \nabla p = 0$ となり，2 つの定義は同じことを意味している．ρ が一定の条件は順圧大気の特別な場合である．$\nabla \rho \times \nabla p =$ がゼロではない大気を傾圧大気と定義する．この場合は，等圧面と等密度面が平行でない．したがって等圧面と等温度面も平行ではなく，等圧面上で温度は一定ではなく温度風が存在する．また式 (5.6) から循環の変化が生じ，5.3 節の解析から渦度が変化することもわかる）．

ここまでは，絶対循環の性質を議論してきた．当然のことながら，地球上の流体を理解するためには，相対循環（relative circulation）を考察することの方が，はるかに重要である．そのためには，地球の回転により生じる循環を計算し，それを式 (5.6) の右辺から引く必要がある．球体の地球の緯度円の周りの速度は次式になる．

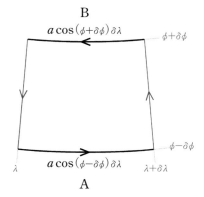

図 5.4 本文中で計算する地球の循環の緯度—経度の囲み．A および B の側の長さが表示されている．経度方向の積分範囲は，λ から λ+δλ である．

$$\vec{V} = \vec{\Omega} \times \vec{R}$$

ここで，$\vec{R}$ は位置ベクトルの地軸に直交する成分であり，$|\vec{R}| = a\cos\phi$ である．したがって，地球の回転による西から東への運動の速さは次式になる．

$$U = \Omega a \cos\phi \tag{5.8}$$

ここで，図 5.4 に示される緯度—経度の囲みの周りの循環を計算する．球座標では，東西方向の長さの要素は $dx = a\cos\phi\,\delta\lambda$ で表される．ここで λ は経度である．地球の回転は，囲みの南北方向の運動に寄与しないので，A と B の側の辺だけが，循環の計算に算入される．したがって，地球の回転に伴う循環は次式となる．

$$\begin{aligned}
C_e &= \oint \vec{V}\cdot d\vec{l} = U_A(dx)_A - U_B(dx)_B \\
&= [\Omega a\cos(\phi-\delta\phi)]\,[a\cos(\phi-\delta\phi)]\,\delta\lambda - [\Omega a\cos(\phi+\delta\phi)]\,[a\cos(\phi+\delta\phi)]\,\delta\lambda \\
&= \Omega a^2\,[\cos(\phi-\delta\phi)]^2\,\delta\lambda - \Omega a^2\,[\cos(\phi+\delta\phi)]^2\,\delta\lambda
\end{aligned} \tag{5.9}$$

三角関数の公式

$$\cos(a-b) = \cos a \cos b + \sin a \sin b$$

および

$$\cos(a+b) = \cos a \cos b - \sin a \sin b$$

を用いると，式 (5.9) は次式となる．

$$\begin{aligned}C_e =\ & \Omega a^2[(\cos\phi\cos\delta\phi + \sin\phi\sin\delta\phi)^2]\delta\lambda \\ & -\Omega a^2[(\cos\phi\cos\delta\phi - \sin\phi\sin\delta\phi)^2]\delta\lambda\end{aligned} \qquad (5.10)$$

2 乗の演算を行うと，次の結果を得る．

$$C_e = 4\Omega a^2 \cos\phi\sin\phi\cos\delta\phi\sin\delta\phi\delta\lambda \qquad (5.11)$$

図 5.4 における囲みの面積は，

$$A = (a\cos\phi\delta\lambda) \times (2a\delta\phi) = 2a^2\cos\phi\delta\phi\delta\lambda \qquad (5.12\mathrm{a})$$

によって与えられる．

$\delta\phi$ と $\delta\lambda$ がゼロに近づくように無限小の囲みを考えると，

$$\lim_{\delta\phi\to 0}\cos\delta\phi = 1 \quad \text{および} \quad \lim_{\delta\phi\to 0}\sin\delta\phi = \delta\phi$$

したがって，式 (5.12a) は次のようになる．

$$A = 2a^2\cos\phi\sin\delta\phi\delta\lambda \qquad (5.12\mathrm{b})$$

式 (5.11) と式 (5.12b) を組み合わせると，地球回転に伴う循環 C_e は次式で与えられる．

$$C_e = 2\Omega\sin\phi \times A \qquad (5.13)$$

したがって，次式が得られる．

$$\frac{dC_e}{dt} = 2\Omega\sin\phi \times \frac{dA}{dt} \qquad (5.14)$$

式 (5.14) を式 (5.6) と組み合わせると，ラグランジュ的な相対循環 C_{rel} の変化率が求まる．

$$\frac{dC_{rel}}{dt} = \frac{dC_a}{dt} - \frac{dC_e}{dt} = -\oint\frac{dp}{\rho} - 2\Omega\sin\phi\frac{dA}{dt} \qquad (5.15)$$

この式は，ビヤクネスの循環定理（**Bjerknes circulation theorem**）と呼ばれ，現実の流れに容易に適用することができる．

128　第5章　循環，渦度および発散

5.2　渦度および渦位

前節で説明したように，循環は流体の重要な特徴である．しかしながら，流体の回転の巨視的な数値を得るためには，流体を構成する個々の要素の不連続な集合について，外側の縁付近の接線方向の速度を合計することが必要であり，実際上，循環を推定することは困難である．1.4節において，流体の力学的特性として渦度を考察した．そこで理解したように，渦度は物理的には，流体の回転を表す微視的な量であり，定式化することが容易である．この節では，流体の回転の性質をさらに詳しく調べるために，渦度と循環の間の関係を調べる．

渦度は速度ベクトルの curl（クロス積）として定義されるベクトル量である．したがって，絶対渦度は，$\vec{v}_a = \nabla \times \vec{V}_a$（訳注：$v$（ギリシア文字の Upsilon））で与えられ，相対渦度は，デカルト座標では，次式で与えられる．

$$\vec{v} = \nabla \times \vec{V} = \left(\frac{\partial w}{\partial y} - \frac{\partial v}{\partial z}\right)\hat{i} + \left(\frac{\partial u}{\partial z} - \frac{\partial w}{\partial x}\right)\hat{j} + \left(\frac{\partial v}{\partial x} - \frac{\partial u}{\partial y}\right)\hat{k} \quad (5.16)$$

ここで問題にしている回転流体システムのほとんどは，水平面内で回転している（たとえば，中緯度低気圧，ハリケーン，竜巻）．したがって，気象力学においては，絶対および相対渦度の鉛直成分が重要となる．絶対渦度の鉛直成分は次式で表される．

$$\eta = \hat{k} \cdot \vec{v}_a = \hat{k} \cdot (\nabla \times \vec{V}_a) \quad (5.17a)$$

相対渦度の鉛直成分は次式となる．

$$\zeta = \hat{k} \cdot \vec{v} = \hat{k} \cdot (\nabla \times \vec{V}) = \frac{\partial v}{\partial x} - \frac{\partial u}{\partial y} \quad (5.17b)$$

相対渦度の鉛直成分は，観測される水平風の場の微分だけを含んでいるので，それを推定することは循環に比べ，はるかに容易である．しかし，循環と渦度の間に物理的関係があるのだろうか？

図5.5に描かれた小さな流体要素を考える．A側の速度はuで与えられ，D側の速度はvで与えられる．uとvをテイラー級数展開すると，C側およびB側の速度の式を得ることができる．流体要素の各辺での速度式を用い，その要素の周りの循環を計算することができる．慣習により，反時計回りの向きに要素の周りを積分するので，循環は次式で与えられる．

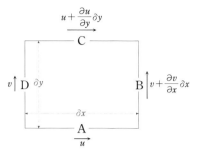

図 5.5 面積 = $\delta x \delta y$ の無限小の流体要素の周りの渦度の計算の模式図. 説明は本文参照.

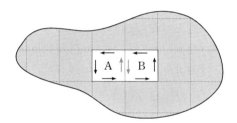

図 5.6 灰色の流体要素の周りの循環は, A や B のような正方形の周りの循環を合計することにより表される. 結合した長方形 AB の周りの循環には, AB の外周の寄与のみを考慮すればよい. A および B の両方に共通の辺における灰色の矢印は, 循環に対し, 反対に寄与し打ち消し合う.

$$C = \oint u dx + v dy = (u)\delta x + \left(v + \frac{\partial v}{\partial x}\delta x\right)\delta y - \left(u + \frac{\partial u}{\partial y}\delta y\right)\delta x - (v)\delta y$$
$$= \left(\frac{\partial v}{\partial x} - \frac{\partial u}{\partial y}\right)\delta x \delta y \tag{5.18}$$

流体要素の面積は $\delta x \delta y$ であるので, $\delta x \delta y \to 0$ と極限をとると, 相対渦度は相対循環を流体要素の面積で割ったものに等しいことがわかる. また, 図 5.4 と式 (5.13) を考慮すると, 地球の渦度は次式となる.

$$\text{地球の渦度} = \frac{C_e}{A} = \frac{2\Omega \sin\phi(A)}{A} = 2\Omega \sin\phi = f \tag{5.19}$$

したがって, 絶対渦度の鉛直成分 (相対渦度と地球の渦度の合計) は, 次式となる.

$$\eta = \left(\frac{\partial v}{\partial x} - \frac{\partial u}{\partial y}\right) + f \tag{5.20}$$

有限の領域を持つ閉じた流体要素を描いた図5.6を用いて，循環と渦度の間の物理的な関係を，さらに調べることにする．その領域を，多数の小さな正方形に細分化し（正方形AとBのように），それぞれの正方形の周りの循環を計算する．AとBに共通の辺は，両方の正方形の循環に，同じ大きさ分の寄与をするが，積分は反対方向に行うので，寄与分は反対符号となる．したがって，2つの正方形の循環を合計するには，2つの隣り合う正方形の外側の縁の周りの循環だけを考慮すればよい．図5.6の閉じた流体要素の中に，より小さな正方形が多数あるので，これらの正方形の間で，共通の辺での打ち消し合いが生じることになる．したがって，流体要素の外側の境界に接する正方形の辺だけが，循環に寄与する．正方形の面積をゼロに縮めるならば（$\delta x \delta y \to 0$），閉じた流体要素を，そのような小さな正方形の集合として表すことができる．そのため，流体要素の周りの全体の循環は，流体要素の面積にわたって加えられた無限小の各正方形の循環（渦度で測られた点渦）の合計となる．この関係は，**ストークスの定理**の2次元形式により表すことができ，次のようになる．

$$\oint (udx + vdy) = \iint\limits_{area} \left(\frac{\partial v}{\partial x} - \frac{\partial u}{\partial y} \right) dxdy \tag{5.21}$$

ここで，左辺は流体要素周りの循環であり，右辺は曲線で囲まれた領域にわたっての渦度の積分である．この等式は，一般的に表現すると次式となる．

$$\oint \vec{V} \cdot d\vec{l} = \iint\limits_{A} (\nabla \times \vec{V}) \cdot \hat{n} dA \tag{5.22}$$

ここで，$\hat{n}$は流体要素に垂直な渦度成分についてのみ積分することを意味する．

運動する流体の流れの形状は多様であるが，2つの型の流れだけが渦度を伴う（訳注：具体的には後述のシアー渦度と曲率渦度のことを指す）．デカルト座標を用いて，渦度について，これを示すことは難しい．しかし，自然座標で渦度の鉛直成分を考察することにより，この考えが正しいことを示すことができ，渦度の性質に対する理解を深めることができる．図5.7に示した流線に平行な流れを考える．渦度の鉛直成分の式を求めるには，図示された囲みの周りの循環を計算し，その面積で割ればよい．これまで見たように，流線に沿った囲みの辺だけが，循環に寄与する．

囲みの底の流れの速度がVとすると，Vを流線の経路を横切る方向にテイ

5.2 渦度および渦位　131

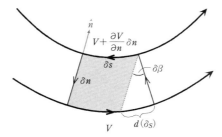

図 5.7 自然座標における無限小の流体ループ．太い実線の矢印は，流れの流線である．灰色の平行四辺形の面積は $\delta s \delta n$ である．距離 δs を動いたときの，流れの方向の角度変化は $\delta \beta$ である．

ラー級数展開すると，囲みの上辺の速度 $V + (\partial V / \partial n)\delta n$ が求まる．上辺および底辺の速度は，同じ方向であることに留意せよ．囲みの底辺の長さ要素は $\delta s + d(\delta s)$ で与えられ，$d(\delta s)$ は δs の変化であり，図 5.7 の流れが曲がっていることに伴うものである．長さ要素のこの変化は $d(\delta s) = \delta \beta \delta n$ として，流れの方向の変化に直接関係しているため，囲みの底辺の長さ要素は $\delta s + \delta \beta \delta n$ により与えられる．それゆえ，囲みの下半分からの循環への寄与は $V(\delta s + \delta \beta \delta n)$ である．囲みの上辺の長さ要素は δs であり，囲みのその辺における循環への寄与は次のようになる．

$$-\left(V + \frac{\partial V}{\partial n}\delta n\right)\delta s$$

ここで，積分は反時計周りの方向に行うため，負の符号をつけている．循環へのこれら2つの寄与を合計すると次式を得る．

$$\begin{aligned} C = \oint \vec{V} \cdot d\vec{l} &= V(\delta s + \delta \beta \delta n) - \left(V + \frac{\partial V}{\partial n}\delta n\right)\delta s \\ &= V\delta s + V\delta \beta \delta n - V\delta s - \frac{\partial V}{\partial n}\delta n \delta s \\ &= V\delta \beta \delta n - \frac{\partial V}{\partial n}\delta n \delta s \end{aligned} \tag{5.23}$$

渦度は循環を面積で割ったものであるので，面積がゼロの極限をとると次式を得る．

$$\zeta = \lim_{\delta n \delta s \to 0}\left(\frac{C}{\delta n \delta s}\right) = \lim_{\delta n \delta s \to 0}\left(\frac{V\delta \beta \delta n}{\delta n \delta s} - \frac{\partial V}{\partial n}\frac{\delta n \delta s}{\delta n \delta s}\right) = V\frac{\partial \beta}{\partial s} - \frac{\partial V}{\partial n} \tag{5.24}$$

既に述べたように，流れに沿った流線の角度変化は，流線自体の曲率半径に比

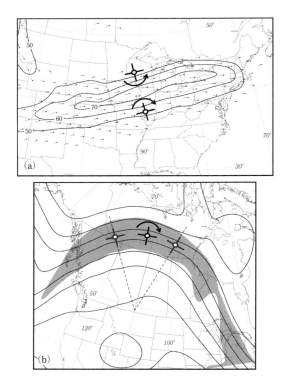

図 5.8 (a) NCEP Eta モデル解析値による 2003 年 11 月 12 日 0000 UTC での真っ直ぐなジェット気流に伴う 300 hPa での等風速線（実線）と風ベクトル．等風速線は，$m\,s^{-1}$で示されており，$50\,m\,s^{-1}$ より，$10\,m\,s^{-1}$ ごとに描かれている．風ベクトルは，$40\,m\,s^{-1}$ より大きなものだけを示した．(b) NCEP Eta モデル解析値からの 2003 年 11 月 14 日 0000 UTC の高気圧性の曲率を持つ領域を伴う，300 hPa でのジオポテンシャル高度（実線）と $50\,m\,s^{-1}$ の等風速線（灰色の部分）．ジオポテンシャル高度は，デカメートル（dam）で記載されており，12 dam ごとに等ジオポテンシャル高度線が描かれている．灰色の風車は，風向きが曲がることを示しており，その流れの曲率が高気圧性の渦度（黒い風車により表示される）を生じさせている．

例する（$\partial \beta/\partial s = 1/R_s$）．このことから，式 (5.24) は次式のように書き直すことができる．

$$\zeta = \frac{V}{R_s} - \frac{\partial V}{\partial n} \quad (5.25)$$

この式は，渦度が (1) **シアー渦度（shear vorticity）** と呼ばれる流れの方向に垂直な流速変化 $-\partial V/\partial n$，および (2) **曲率渦度（curvature vorticity）**

と呼ばれる流線に沿った流れの方向の変化 V/R_s の2つの成分からなることを示している．図 5.8 に示されるように，中緯度大気では，この2種類の渦度が多く見られる．真っ直ぐなジェット・ストリーク（図 5.8(a)）は，シアー渦度の特徴をよく表す典型的な例である．図 5.8(a) の（風車で示した）ジェット気流の北側の流体要素は，その南側で流速が増加するので反時計周りに回転する．逆に，ジェットの南側に位置する流体要素は，その北側で流速が増加するので時計周りに回転する．ほぼ一定の風速で曲がった領域を通過する流れ場を図 5.8(b) に示す．空気塊が気圧の峰を通過するとき，風車の上側の縁は，下側の縁よりも長い距離を横切ることになる（外側の競走路を走る走者が，トラックの曲がるところでは，より長い距離を走るように）．したがって，風車は時計回りに回転し，負の曲率渦度を示すことになる．

ここで，等温位面上での流れを考え，気柱の回転と気柱の深さとの間の重要な関係を導く．ポアソンの式により，温位が $\theta = T(p_0/p)^{R/c_p}$ と定義された．ここで $p_0 = 1000$ hPa である．理想気体の法則から T を置き換えると次式を得る．

$$\theta = \frac{p}{\rho R}\left(\frac{p_0}{p}\right)^{R/c_p} \quad \text{または} \quad \rho R \theta = p_0^{R/c_p} p^{1-(R/c_p)}$$

$c_p - R = c_v$ であるから，前述の式は次のように書くことができる．

$$\rho = \frac{p_0^{R/c_p} p^{c_v/c_p}}{R\theta} \tag{5.26}$$

この式は，等温位面（この面では，θ は一定）上の流れに対して，密度は気圧のみの関数であり，流れは順圧であることを示している．したがって，等温位面上ではソレノイドはゼロであり，式 (5.15) の循環定理は次のようになる（訳注：この循環は相対循環のことである）．

$$\frac{dC}{dt} = -2\Omega \sin\phi \frac{dA}{dt} \quad \text{または} \quad \frac{d}{dt}(C + 2\Omega \sin\phi\, A) = 0 \tag{5.27}$$

$\zeta = C/A$ であるから，式 (5.27) は次のように書ける．

$$\frac{d}{dt}[(\zeta_\theta + f)A] = 0 \tag{5.28}$$

したがって，等温位面上での断熱的な流れでは，$(\zeta_\theta + f)A$ は一定となる．ここで ζ_θ は等温位面上での相対渦度である．静水圧平衡の関係から $-\delta p = F/A = (\delta M)g/A$（訳注：$\delta p$：2つの θ 面間の圧力差，F：気柱に働く重力，A：気柱

の底面積，δM：2つの θ 面間に含まれる気柱の質量）により，今，2つの θ 面に挟まれる大気柱の質量が，その大気柱の等圧面の深さ $-\delta p$ に直接関係していることを思い起こそう．質量の連続性から，この質量は保存される．したがって，気柱の断面積 A を次のように表すことができる．

$$A = -g\frac{\delta M}{\delta p}$$

しかし，気柱の質量を推定することは実際には困難である．そこで，この式を次式のように書き替える．

$$A = -g\left(\frac{\delta M}{\delta \theta}\frac{\delta \theta}{\delta p}\right)$$

δM および $\delta \theta$ は，断熱的な流れでは保存されるから，それらの比率は一定であり，

$$A = -g\left(\frac{\delta \theta}{\delta p}\right) \times 定数$$

$\delta \theta, \delta p \to 0$ と極限をとり，式 (5.28) に代入すると，次式を得る．

$$(\zeta_\theta + f)\left(-g\frac{\partial \theta}{\partial p}\right) = 一定 \tag{5.29}$$

この量は，**渦位（potential vorticity）**と呼ばれ，断熱的な流れにおける空気塊の保存量である．温位が一定に保たれながら，空気塊の温度が断熱的な膨張や圧縮で変化するように，渦位が一定に保たれながら，空気塊の渦度（訳注：ζ_θ）が，(1) 緯度変化（f）および／または (2) 静的安定度（$-\partial\theta/\partial p$）の変化に伴い変化することを示す．浅い水槽の水のようないわゆる均一な流体（密度が一定であるもの）では，渦位の式は，さらに簡単になる．そのような流体では，圧力-密度のソレノイドはゼロとなり，水柱の断面積は，密度が一定で，静水圧平衡が適用されるので，次式で与えられる．

$$A = -\frac{\delta Mg}{\delta p} = \frac{\delta Mg}{\rho g \delta z} = \frac{定数}{\delta z}$$

したがって，浅水に対しては，次のようになる．

$$\frac{(\zeta + f)}{\delta z} = 定数 = 渦位_{浅水} \tag{5.30}$$

ここで，ζ は一定の幾何学的高さの表面における相対渦度である．この関係により，渦位（PV）の物理的見方を明確に理解することができる．即ち，渦位は，絶対渦度と渦の深さとの比なのである．回転する流体の柱の深さが，鉛

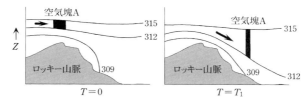

図 5.9 北米のロッキー山脈を横切る流体柱の模式図.312 K および 315 K の温位面の間に挟まっている空気塊 A が,時刻 $T=0$ に,太い矢印で示された流れにより,山の頂上を横切って運ばれている.峰を横切るとき,流れは沈降し,境を接している等温位面の間隔を広げる作用をする(時刻 $T=T_1$).山脈の下流側での下部対流圏において,沈降による大気加熱と渦度の増加が生じる.

直方向の伸び(縮み)により,増加(減少)すると,そのとき,PV は保存されるので,流体の柱の絶対渦度も増加(減少)する.2 つの等温位面に挟まれた気柱に式 (5.29) を適用してみれば,渦の深さは静的安定度の逆数(隣り合った等温位面間の圧力差)に比例することが理解できる.この対応から「水の鉛直方向の伸び(縮み)と絶対渦度の増加(減少)との関係」が等温位の大気の流れに対してもあてはまることがわかる.流体における渦の強さと渦の深さとの比が保存されるという特性は物理的に不思議に思えるかもしれないが,実際に PV の保存は大気の振舞いを大きく制約しているのである.たとえば,図 5.9 に示されるように,北米西部のロッキー山脈の頂上の東側に断熱的に運動する気柱を考える.気柱がグレートプレーンズ上を東進するにつれ,その深さは増加する.その結果,静的安定度が減少するので,PV が保存されるためには,絶対渦度が増加する必要がある.ロッキー山脈を横切る強い風が吹くときは,山脈の下流では,絶対渦度が増加するため,気圧の谷が形成される(図 5.10(a)).ロッキー山脈の風下の気圧の谷を横切る鉛直断面図(図 5.10(b))を見ると,下流側では気柱が伸びるために,静的安定度が著しく減少している.下流側での気圧の谷の軸は,地表面近くでの暖気の軸と一致するという特徴が見られるが,この暖気は,空気の下降(等温位面の間隔が広がっていることに現れている)に伴う断熱加熱により生じるものである.第 9 章で,PV および低気圧の発生をさらに詳しく調べることとする.

5.3 渦度と発散の関係

気象学で取り扱う多くの物理量と同様,渦度の**時間的傾向(time tendency)**は重要なものである.運動方程式を操作することにより,そのような関

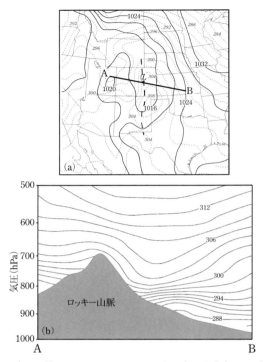

図 5.10 (a) 2004 年 12 月 27 日 0000 UTC における米国中央部における海面更正気圧の値と 750 hPa 面での温位．実線は 4 hPa ごとに描かれている等圧線である．破線は 2 K ごとに描かれた等温位線である．太い破線は風下側の気圧の谷を表している．A-B に沿った鉛直の断面図が (b) に示されている．(b) 温位の鉛直断面図（(a) の線 A-B に沿った）．実線は 2 K ごとに描かれた等温位線である．ロッキー山脈のすぐ下流では，成層が弱まっている（訳注：304 K から 308 K の間の等温位面の間隔が広がっている）ことに留意すること．

係を得ることができる．摩擦の効果を考慮することもできるが，簡単のために，高度座標における摩擦なしの運動方程式（次式）から始める．

$$\frac{\partial u}{\partial t} + u\frac{\partial u}{\partial x} + v\frac{\partial u}{\partial y} + w\frac{\partial u}{\partial z} - fv = -\frac{1}{\rho}\frac{\partial p}{\partial x} \tag{5.31a}$$

および

$$\frac{\partial v}{\partial t} + u\frac{\partial v}{\partial x} + v\frac{\partial v}{\partial y} + w\frac{\partial v}{\partial z} + fu = -\frac{1}{\rho}\frac{\partial p}{\partial y} \tag{5.31b}$$

次に，式 (5.31b) の偏微分 $\partial/\partial x$ から，式 (5.31a) の偏微分 $\partial/\partial y$ を引く．相対渦度の鉛直成分の定義

を用いると，次式を得る．

$$\frac{\partial \zeta}{\partial t} + u\frac{\partial \zeta}{\partial x} + v\frac{\partial \zeta}{\partial y} + w\frac{\partial \zeta}{\partial z} + (\zeta + f)\left(\frac{\partial u}{\partial x} + \frac{\partial v}{\partial y}\right)$$
$$+ \left(\frac{\partial w}{\partial x}\frac{\partial v}{\partial z} - \frac{\partial w}{\partial y}\frac{\partial u}{\partial z}\right) + u\frac{\partial f}{\partial x} + v\frac{\partial f}{\partial y} = \frac{1}{\rho^2}\left(\frac{\partial \rho}{\partial x}\frac{\partial p}{\partial y} - \frac{\partial \rho}{\partial y}\frac{\partial p}{\partial x}\right) \quad (5.32)$$

ここで

$$\frac{df}{dt} = \frac{\partial f}{\partial t} + u\frac{\partial f}{\partial x} + v\frac{\partial f}{\partial y} + w\frac{\partial f}{\partial z}$$

であり，f は y によってのみ変化し，$df/dt = v\partial f/\partial y$ であるので，式 (5.32) を次のように書き直すことができる．

$$\frac{d(\zeta + f)}{dt} = -(\zeta + f)\left(\frac{\partial u}{\partial x} + \frac{\partial v}{\partial y}\right) - \left(\frac{\partial w}{\partial x}\frac{\partial v}{\partial z} - \frac{\partial w}{\partial y}\frac{\partial u}{\partial z}\right)$$
$$+ \frac{1}{\rho^2}\left(\frac{\partial \rho}{\partial x}\frac{\partial p}{\partial y} - \frac{\partial \rho}{\partial y}\frac{\partial p}{\partial x}\right) \quad (5.33)$$

これが高度座標における**渦度方程式（vorticity equation）**である．この関係は，絶対渦度の変化率が，式 (5.33) の右辺の 3 つの項，即ち (1) 発散項，(2) 傾斜項（立ち上がり項，tilting term），(3) ソレノイド項の合計によって与えられることを示している．これから，各項を順次調べることとし，まず発散項から始める．

流体中で水平発散のみがあるならば，渦度方程式は次のようになる．

$$\frac{d(\zeta + f)}{dt} = -(\zeta + f)\left(\frac{\partial u}{\partial x} + \frac{\partial v}{\partial y}\right)$$

図 5.11(a) に示されるように，流体において発散があるとき（$(\partial u/\partial x + \partial v/\partial y) > 0$），輪で囲まれた流体の面積は時間とともに増加する．したがって，もともと低気圧性の流れであったならば（総観規模では，ほとんどの場合そうなっている），絶対渦度は時間とともに，より高気圧性のものになる．物理的には，この結果は流体要素の循環は（ソレノイドがなければ）保存されるということに関係している．渦度は循環/面積の比であるので，水平発散により面積が増加するならば，渦度は減少する．

逆に，図 5.11(b) に示されているように，収束が起きている流体にもこのことが当てはまる．水平収束（$(\partial u/\partial x + \partial v/\partial y) < 0$）により，低気圧性の渦

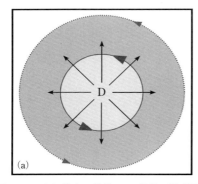
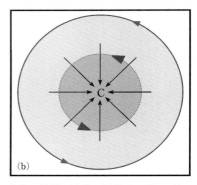

図 5.11 (a) 渦度の発散 (D) 効果の模式図．もとの状態の流体の円盤は，薄い灰色であり，循環の大きな矢印で境界が示されている．ある時間の後の流体の円盤は濃い灰色であり，循環方向の小さな矢印で境界が示されている．(b) 水平収束 (C) の条件の他は，(a) と同様である．

度が強まる．これは，流体要素に囲まれた面積が収縮するために，循環/面積の比が増加することにより生じるのである．フィギュア・スケートの選手は，腕を体の脇に（から）引きつけ（広げ）て，回転半径を減少（増加）させながら，回転速度を増加（減少）させるが，収束・発散の効果は，これを流体に当てはめたものである．力のモーメント（トルク）は，スケーターに作用しないから，回転半径を小さく（大きく）するためには，大きな（小さな）角速度が必要となる．そこで，次のような結論が得られる．

収束は低気圧性の渦度（回転）を強め，
発散は高気圧性の渦度（回転）を強める．

このことは，中緯度の気象システムに関する多くの示唆を含んでいる．地表の低気圧中心には収束が伴い，低高度で低気圧性の渦度を生み出す中心となる．逆のことが地表の高気圧に当てはまる．

発散もソレノイドも存在しないと仮定し，傾斜項の性質を調べる．そのような場合，式 (5.33) は次のようになる．

$$\frac{d(\zeta + f)}{dt} = -\left(\frac{\partial w}{\partial x}\frac{\partial v}{\partial z} - \frac{\partial w}{\partial y}\frac{\partial u}{\partial z}\right) = \left(\frac{\partial w}{\partial y}\frac{\partial u}{\partial z} - \frac{\partial w}{\partial x}\frac{\partial v}{\partial z}\right)$$

$(\zeta + f)$ は，絶対渦度ベクトルの鉛直成分だけを表している．したがって，デカルト座標の他の 2 軸の周りにも回転がある．たとえば，地球の中緯度で典型的な風である西風の鉛直シアーの効果を考える．図 5.12 に示されているように，そのような鉛直シアーは，風車を反時計回り（y 軸の正方向から見て）

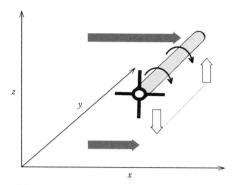

図 5.12 水平渦度に対する鉛直シアーの効果の模式図．灰色の矢印は，2 つの異なる高度での西風を表している．y 軸に沿った灰色の空気管と風車は，表示された方向に回転する．白い矢印は，y 軸に沿った上向きおよび下向きの鉛直運動を表す．u の鉛直シアーおよび w の水平シアーの組み合わせ効果は，本文を参照のこと．

に回転させるよう働く．y 軸に沿って一直線に並んだ空気塊は同じ方向に回転するので，y 軸に沿った空気管（tube of air）は y 成分の渦度を持つ．鉛直運動に y 方向の傾度があるならば，（たとえば，$\partial w/\partial y > 0$)，回転する空気管の北端は上昇し，南端は沈み込む．したがって，空気管の反時計回りの回転（ベクトル）の z 軸への射影が z 成分となる．言い換えれば，もともとゼロであった渦度の鉛直成分が，水平な渦管を鉛直方向へ傾ける作用により，次第に正の値をとるようになる．鉛筆を回転させながら，片方の端を持ち上げ，他方を下げてみると，図 5.12 に示した回転と鉛直運動による傾斜項の効果を実感できる．図 5.12 において，$\partial u/\partial z$ および $\partial w/\partial y$ は，ともに正であるため，傾斜項は正になり，絶対渦度の鉛直成分は増加することになる．

ソレノイド項が渦度の方程式から生じるということは，循環と渦度の間に物理的関係があることから，驚くべきことではない．ソレノイドは流体中の質量を最も低い位置エネルギーの状態へ再配置するように作用する．実際，式 (5.33) におけるソレノイド項（微視的）は，循環定理におけるソレノイド項（訳注：式 (5.6) の右辺）と等価である．ストークスの定理を循環の式のソレノイド項に適用することで，これを容易に示すことができる．

$$-\oint \frac{dp}{\rho} = -\oint \alpha dp = -\oint \alpha \nabla p \cdot d\vec{l} = -\iint_A \nabla \times (\alpha \nabla p) \cdot \hat{k} dA \quad (5.34\text{a})$$

$\nabla \times (\alpha \nabla p) = \nabla \alpha \times \nabla p$ であり，$\nabla \alpha \times \nabla p$ の $\hat{k}$ 成分は，

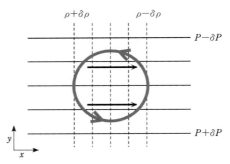

図 5.13 北半球での地衡風による寒気移流を生じる等圧線（実線）および等密度線（破線）の配置．直線の矢印は地衡風を表す．誘起されたソレノイド循環を矢印つきの太い灰色の円で示してある．

$$(\nabla \alpha \times \nabla p) \cdot \hat{k} = -\frac{1}{\rho^2}\left(\frac{\partial \rho}{\partial x}\frac{\partial p}{\partial y} - \frac{\partial \rho}{\partial y}\frac{\partial p}{\partial x}\right) \tag{5.34b}$$

であるから，渦度方程式におけるソレノイド項は，式 (5.34a) の循環定理のソレノイド項を流体要素の面積で割ったものに等しい（$C/A = \zeta$ と整合的である）（訳注：渦度に対するソレノイド項を面積分すると，循環に対するソレノイド項になる）．ソレノイド項は p と ρ の適切な水平分布が与えられれば，渦度が生じることを示している．北半球での東西地衡風による寒気移流を生じる p と ρ の分布を考察する（図 5.13）．発散項や傾斜項がないとし，図 5.13 に示された条件を考慮すると，式 (5.33) は次のような形になる．

$$\frac{d(\zeta + f)}{dt} = \frac{1}{\rho^2}\left(\frac{\partial \rho}{\partial x}\frac{\partial p}{\partial y}\right)$$

この場合，$\partial \rho / \partial x < 0$ および $\partial p / \partial y < 0$ であることは明らかである．したがって，ソレノイド項により，低気圧性の渦度が生じる．低気圧性の渦度は，等密度線を回転させる傾向がある．究極的には，等密度線が等圧線と平行になり，高い気圧と大きな密度が一致し，その逆もまた成り立つ．等圧線と等密度線のそのような配置では ∇T が最小になり（訳注：状態方程式 $T = p/\rho R$ より，等圧線と等密度線が平行であれば右辺が p のみの関数になり，等圧面上で $\nabla T = 0$ となる）位置エネルギーが最も低い状態になる（訳注：$-\nabla \alpha \times \nabla p$ は傾圧ベクトルあるいはソレノイドベクトルと呼ばれる．このベクトルの垂直成分である $(\nabla \alpha \times \nabla p) \cdot \hat{k}$ は力のモーメントであり，これが渦度を変化させることが示される．詳しくは付録 14 を参照のこと）．ソレノイド項の物理的性質は明確であるが，密度が必要となるので，測定は容易ではない．既に示したように，鉛直座標として気圧を用いるこ

とにより，基礎方程式において，密度を消去することができる．等圧面上では $dp = 0$ であるので，渦度を定式化する際に気圧座標を用いることで，煩わしいソレノイド項を消去することができる．より単純な関係式を得るために，気圧座標での渦度方程式を定式化する．

高度座標で渦度方程式を導いたのと同様，気圧座標での渦度方程式を導出する．気圧座標では鉛直風は ω，鉛直方向の微分は $\partial/\partial p$ であり，気圧傾度力は $-\nabla_p \phi$ で表されるから，気圧座標における摩擦のない運動方程式は，次のようになる．

$$\frac{\partial u}{\partial t} + u\frac{\partial u}{\partial x} + v\frac{\partial u}{\partial y} + \omega\frac{\partial u}{\partial p} - fv = -\frac{\partial \phi}{\partial x} \tag{5.35a}$$

および

$$\frac{\partial v}{\partial t} + u\frac{\partial v}{\partial x} + v\frac{\partial v}{\partial y} + \omega\frac{\partial v}{\partial p} + fu = -\frac{\partial \phi}{\partial y} \tag{5.35b}$$

前に行ったように，式 (5.35a) の $\partial/\partial y$ を取り，式 (5.35b) の $\partial/\partial x$ からそれを引く．代数計算を行った後，$\zeta = (\partial v/\partial x - \partial u/\partial y)$ を代入すると次式を得る．

$$\frac{\partial \zeta}{\partial t} = -\vec{V} \cdot \nabla(\zeta + f) - \omega\frac{\partial \zeta}{\partial p} - (\zeta + f)(\nabla \cdot \vec{V}) + \hat{k} \cdot \left(\frac{\partial \vec{V}}{\partial p} \times \nabla \omega\right) \tag{5.36}$$

この式は，絶対渦度の局所変化を（$\partial f/\partial t = 0$ であるから）(1) 水平移流項，(2) 鉛直移流項，(3) 発散項，(4) 傾斜項で表している．式 (5.36) の右辺の最後の 2 つの項は，式 (5.33) の第 1 項および第 2 項に対応する．式 (5.36) の右辺の最初の 2 つの項は，これまでなじみのある移流項を表す（訳注：式 (5.33) においては，移流項は左辺に含まれており，その式の右辺にあったソレノイド項は式 (5.36) では現れない．ソレノイド項が見かけ上，この式で消えるのは渦度ベクトルの鉛直成分が高度座標系と気圧座標系で異なるためであり，ソレノイド項の効果が気圧座標系では消えるということではない）．

以前述べたように，複雑な運動方程式にスケール解析を適用することによって，中緯度の大気の流れの基本的なつり合いの理解を深めることができた．式 (5.33) および式 (5.36) も，同様に複雑な方程式なので，スケール解析を適用してみる．第 3 章（3.2.1 項）と同様に，基本的なスケーリングを適用する．スケール解析を行うと，相対渦度のスケールは次のようになる．

$$\zeta = \left(\frac{\partial v}{\partial x} - \frac{\partial u}{\partial y}\right) \approx \frac{U}{L} \sim 10^{-5} \text{ s}^{-1}$$

$f_0 = 10^{-4} \text{ s}^{-1}$ であるから，$\zeta/f_0 \approx U/f_0 L \equiv R_o = 10^{-1}$ となり，(訳注：一般的な) 総観規模の運動に対しては，相対渦度は惑星渦度より1桁小さいことを示している．このことにより，中緯度の総観規模の運動に対して，発散項は次のように近似できる．

$$-(\zeta + f)(\nabla \cdot \vec{V}) \approx -f(\nabla \cdot \vec{V})$$

第3章で行ったスケール評価に基づけば，式 (5.32) の項は，次のようにスケール評価することができる．

$$\frac{\partial \zeta}{\partial t}, u\frac{\partial \zeta}{\partial x}, v\frac{\partial \zeta}{\partial y} \approx \frac{U^2}{L^2} \approx 10^{-10} \text{ s}^{-2}$$

$$w\frac{\partial \zeta}{\partial z} \approx \frac{WU}{HL} \approx 10^{-11} \text{ s}^{-2}$$

$$v\frac{\partial f}{\partial y} \approx U\beta \approx 10^{-10} \text{ s}^{-2}$$

$$f(\nabla \cdot \vec{V}) \approx \frac{f_0 U}{L} \approx 10^{-9} \text{ s}^{-2}$$

$$\left(\frac{\partial w}{\partial x}\frac{\partial v}{\partial z} - \frac{\partial w}{\partial y}\frac{\partial u}{\partial z}\right) \approx 10^{-11} \text{ s}^{-2}$$

$$\frac{1}{\rho^2}\left(\frac{\partial \rho}{\partial x}\frac{\partial p}{\partial y} - \frac{\partial \rho}{\partial y}\frac{\partial p}{\partial x}\right) \approx 10^{-11} \text{ s}^{-2}$$

上記の最後の2つの項においては，水平方向の微分（またはそれらの積）を含むが，項に含まれる2つの部分は，部分的に打ち消し合い，その合計は，典型的なスケール評価よりも小さくなる可能性がある．たとえば，

$$\frac{\partial w}{\partial x}\frac{\partial v}{\partial z} \quad \text{および} \quad \frac{\partial w}{\partial y}\frac{\partial u}{\partial z}$$

は，ちょうど同じスケールの大きさになる．実際，傾斜項におけるそれらの合計値は，その典型的なスケール値よりも小さくなる可能性がある．上述のリストでは，渦度の移流，局所的な渦度の傾向，発散が主要な項である．これらの項が，近似的につり合うためには，発散がこのスケール評価よりも小さくなければならない．移流項は 10^{-10} s^{-1} のオーダーであり，$f_0 = 10^{-4}$ s^{-1} であるから，発散項は次のようなオーダーの値になる必要がある．

$$(\nabla \cdot \vec{V}) \approx 10^{-6} \text{ s}^{-1}$$

したがって，総観規模での，中緯度の大気中の運動については，前述のスケール解析により，渦度方程式は，次のように近似できることがわかる．

$$\frac{\partial \zeta}{\partial t} + u\frac{\partial \zeta}{\partial x} + v\frac{\partial \zeta}{\partial y} + v\frac{\partial f}{\partial y} = \frac{d_h(\zeta + f)}{dt} = -f\left(\frac{\partial u}{\partial x} + \frac{\partial v}{\partial y}\right) \quad (5.37)$$

ここで，d_h/dt は次式で与えられる．

$$\frac{d_h}{dt} = \frac{\partial}{\partial t} + u\frac{\partial}{\partial x} + v\frac{\partial}{\partial y}$$

(訳注：式 (5.37) において $v\frac{\partial f}{\partial y} = \frac{df}{dt}$ なので，$\frac{\partial \zeta}{\partial t} + u\frac{\partial \zeta}{\partial x} + u\frac{\partial \zeta}{\partial y} + v\frac{\partial f}{\partial y} = \frac{d_h(\zeta + f)}{dt}$ となることを用いている)．

式 (5.37) は，総観規模の水平運動に伴うラグランジュ的な絶対渦度の変化率が，近似的に水平発散による渦度の生成または消滅により決まることを示している．典型的な温帯低気圧の中心近くでは，しばしば相対渦度が惑星渦度をはるかに超えるので，式 (5.37) を導くのに用いたスケール評価は適用できない．したがって，温帯低気圧発生に関する診断や予報を行うためには，ここで述べた以外の物理過程を考慮する必要がある (訳注：次章以降で議論する)．

式 (5.37) において水平収束・発散が存在することやそれが中心的な役割を果たしていることから，流体に関する重要な一組の諸関係が存在することが示唆される．流体の回転は，その流体の発散の存在に依存している．その流体に発散があれば，連続性により，流体には上昇および下降運動の領域があることになる．大気流体では，これらの上昇および下降運動により，断熱的昇温と冷却が生じ，水の相変化が起き，顕著な気象現象がもたらされる．次節では，ここで用いたようなスケール評価を適用し，温度，渦度および発散の相互関係についての，一組の近似的な物理方程式を構築する．これらの方程式は，中緯度気象システムを詳細に理解することを目指す本書後半での基礎となる．

5.4 準地衡方程式系

これまでに，大気の運動に関するニュートンの第 2 法則，質量の連続性，エネルギー保存の式を導出してきた．それらは (1) 運動方程式，(2) 連続の式，(3) 熱力学の方程式である．この節では，これらの方程式を近似し，中緯度気象システムと中緯度の総観規模の流れの性質を物理的に理解するために，簡単

化した方程式系を構築する．これまで見てきたように，気圧座標では密度を考慮する必要がないことから，気圧座標を使って，これらの方程式を導くことにする．これらを導くにあたって，地球上の中緯度大気の振舞いを制約する基本的なつり合いは，（水平方向では）地衡風平衡であり，（鉛直方向では）静水圧平衡であるという，基礎的で単純な仮定をする．既に見てきたように，これらの2つの別々のつり合いは，温度風平衡で結びつけられ，それにより中緯度大気における運動が決まるのである．3.2 節で行ったスケール解析によれば，摩擦力は総観規模の流れに対して重要ではないので，近似した運動方程式は次のようになる．

$$\frac{du}{dt} = -\frac{\partial \phi}{\partial x} + fv \quad \text{および} \quad \frac{dv}{dt} = -\frac{\partial \phi}{\partial y} - fu \tag{5.38}$$

静水圧平衡の方程式は次のようになる．

$$\frac{\partial \phi}{\partial p} = -\alpha = -\frac{RT}{p} \tag{5.39}$$

連続の方程式は，次のようになる．

$$\nabla \cdot \vec{V}_h + \frac{\partial \omega}{\partial p} = 0 \tag{5.40}$$

熱力学の方程式は，次のようになる．

$$\frac{\partial T}{\partial t} + \vec{V}_h \cdot \nabla T - S_p \omega = \frac{\dot{Q}}{c_p} \tag{5.41}$$

ここで $S_p = -T \partial \ln \theta / \partial p$ である．これらの 5 つの式を（そのうちいくつかの式では，既に近似を用いている），中緯度総観規模の流れに適したスケール解析を満たす 2 つの式の組み合わせとしてまとめる．まずはじめに，気圧座標での渦度方程式 (5.36) が，式 (5.38) による水平方向の流れの振舞いを表すことができることを再確認する．式 (5.36) を，便宜のため再掲する．

$$\frac{\partial \zeta}{\partial t} = -\vec{V} \cdot \nabla(\zeta + f) - \omega \frac{\partial \zeta}{\partial p} - (\zeta + f)(\nabla \cdot \vec{V}) + \hat{k} \cdot \left(\frac{\partial \vec{V}}{\partial p} \times \nabla \omega \right)$$

ここで考えている運動に対し，鉛直移流や傾斜項を無視できることはスケール解析で既に示した．発散項においては，f に比べ ζ も無視するできることを示した．ある緯度 ϕ_0 付近のコリオリ・パラメーターのテイラー級数展開を考えることにより，惑星渦度の移流も簡単化することができる．f は y 方向でのみ変化するので，この展開で df/dy のみ考えればよい．$\beta = df/dy =$

$2\Omega\cos\phi_0/a$ とすれば,コリオリ・パラメーターは次式で表される.

$$f = 2\Omega\sin\phi_0 + 2\Omega\cos\phi_0 y/a = f_0 + \beta y \tag{5.42}$$

緯度 ϕ_0 で $y = 0$ である.展開の2つの項の比は次のようになる.

$$\frac{\beta L}{f_0} \approx \frac{\cos\phi_0 L}{\sin\phi_0 a} \approx \frac{L}{a}$$

したがって,運動の緯度方向のスケール(L によって表される)が地球の半径より,十分小さいとき(総観規模の中緯度の運動に対してほとんど常に満たされる条件である),式 (5.36) における移流項の中の f の微分 df/dy を β とおく以外は,f に対し一定のコリオリ・パラメーター f_0 値を用いることができる.運動が十分小さい緯度範囲($L \ll a$)(訳注:図3.13 ではある流線の南北幅は 1000-1500 km 程度)にあれば,コリオリ・パラメーターの変化は無視できるので,物理的には,その単純化は妥当である.その運動はコリオリ・パラメーターが式 (5.42) に従って変化する仮想的な平面(これは緯度 ϕ_0 で地球に接している)上で起きると考えることができる.このため,式 (5.42) による近似は,**ベータ面近似(beta-plane approximation)**と呼ばれる.

渦度の近似式 (5.37) を次に再掲する.

$$\frac{\partial\zeta}{\partial t} + u\frac{\partial\zeta}{\partial x} + v\frac{\partial\zeta}{\partial y} + v\frac{\partial f}{\partial y} = \frac{d_h(\zeta + f)}{dt} = -f\left(\frac{\partial u}{\partial x} + \frac{\partial v}{\partial y}\right)$$

(1) 水平移流が地衡風によりもたらされ,(2) 相対渦度を地衡風の相対渦度により表現できるとし,(3) $f = f_0$ と近似すると,上式を更に簡単にすることができ,次式を得る.

$$\frac{\partial\zeta_g}{\partial t} + u_g\frac{\partial\zeta_g}{\partial x} + v_g\frac{\partial\zeta_g}{\partial y} = \frac{d_g\zeta_g}{dt} = -f_0\left(\frac{\partial u}{\partial x} + \frac{\partial v}{\partial y}\right) \tag{5.43}$$

微分演算子は次のように表される.

$$\frac{d_g}{dt} = \frac{\partial}{\partial t} + u_g\frac{\partial}{\partial x} + v_g\frac{\partial}{\partial y}$$

地衡風の相対渦度 ζ_g は,

$$\zeta_g = \frac{\partial v_g}{\partial x} - \frac{\partial u_g}{\partial y} = \frac{\partial}{\partial x}\left(\frac{1}{f_0}\frac{\partial\phi}{\partial x}\right) - \frac{\partial}{\partial y}\left(-\frac{1}{f_0}\frac{\partial\phi}{\partial y}\right) = \frac{1}{f_0}\nabla^2\phi \tag{5.44}$$

と書けるので,式 (5.43) の左辺全体は,ジオポテンシャルにより表すことができる.コリオリ・パラメーターが一定の場合,地衡風の発散はゼロである.式 (5.43) の右辺の水平速度を,地衡風の速度には置き替えていないことに留

意せよ．式 (5.40) を次式のように書き直す．
$$-f_0\left(\frac{\partial u}{\partial x}+\frac{\partial v}{\partial y}\right)=f_0\frac{\partial \omega}{\partial p}$$
これを用いて，式 (5.43) は，次のように書ける．
$$\frac{\partial \zeta_g}{\partial t}=-\vec{V}_g\cdot\nabla\zeta_g+f_0\frac{\partial \omega}{\partial p} \tag{5.45}$$

これは，**準地衡渦度方程式（quasi-geostrophic vorticity equation）**と呼ばれる（訳注：準地衡近似については，付録 15 参照）．

式 (5.39) より次式を得る．
$$T=-\frac{p}{R}\frac{\partial \phi}{\partial p}$$
熱力学の方程式 (5.41) は，次のように書き直すことができる．
$$\frac{p}{R}\left[\frac{\partial}{\partial t}\left(-\frac{\partial \phi}{\partial p}\right)+\vec{V}_h\cdot\nabla\left(-\frac{\partial \phi}{\partial p}\right)\right]-S_p\omega=\frac{\dot{Q}}{c_p} \tag{5.46}$$

$ds/dt=\dot{Q}/T$ は，エントロピーの変化率を表すので，式 (5.46) は，次のように書き直すことができる．
$$\frac{\partial}{\partial t}\left(-\frac{\partial \phi}{\partial p}\right)+\vec{V}_h\cdot\nabla\left(-\frac{\partial \phi}{\partial p}\right)-\sigma\omega=\frac{\alpha}{c_p}\frac{ds}{dt} \tag{5.47}$$
ここで，
$$\sigma=\frac{RS_p}{p}=-\alpha\frac{\partial \ln\theta}{\partial p}$$

σ を静的安定度（static stability parameter）と呼び，静的に安定した大気では，$\partial\theta/\partial p<0$ なので，$\sigma>0$ となることに留意せよ．渦度方程式の場合と同様，水平風を地衡風で近似し，非断熱加熱は無視できると仮定する．このような仮定の下で，熱力学の方程式は，次のようになる．
$$\frac{\partial}{\partial t}\left(-\frac{\partial \phi}{\partial p}\right)=-\vec{V}_g\cdot\nabla\left(-\frac{\partial \phi}{\partial p}\right)+\sigma\omega \tag{5.48}$$

この式は，温度の変化率は（$-\partial\phi/\partial p$ が等圧面上では，温度に比例することから），移流に伴う傾向と鉛直運動により生じる断熱加熱または断熱冷却の差で表されることを意味している．温度変化の大きさの大半が，式 (5.48) の右辺で表される 2 つの過程のいずれかの結果で起こる限りでのみ，非断熱加熱を無視することができる．この仮定は，現実には決して当てはまらないが，中

緯度の総観規模の大気運動に対しては，それほど大きな間違いではない．ただし，温帯低気圧の発達を論じる場合には，潜熱が重要な役割を果たすので，この仮定は適切でなくなる（訳注：高気圧や完熟期の低気圧ではこの仮定は概ね当てはまる）．

式 (5.45) と式 (5.48) の組み合わせが，2 つの単純化した式である（この節の最初で求めることを予告した）．地衡風，地衡風渦度，および σ（それは自明ではないが）は，すべてジオポテンシャルにより表すことができるので，式 (5.45) および式 (5.48) は，2 つの未知数（ϕ と ω）を含む 2 つの方程式となる．次章以降では，大気中の様々な高度で，ジオポテンシャル場の瞬時値のみが与えられているとき，この 2 つの式を用いて，ジオポテンシャルの時間傾向（$\partial \phi/\partial t$）と鉛直運動（ω）の計算を行う．驚くべきことに，地衡風平衡および静水圧平衡にある中緯度大気では，速度場の直接測定がなくても，大気の挙動を診断したり，予測したりできるのである！　容易にわかるように，準地衡方程式系を構成する，これらの 2 つの式が，現代気象力学のまさに中心にある．ここまでの議論で，方程式の導出に関する最も重要な部分を述べてきた．本書の残りの部分では，これらの基礎的な道具を用いて，中緯度気象システムの挙動の物理的な理解を深める．ここまで，根気と忍耐をもって努力してきたことは，今後の興味ある議論を理解することで報われるであろう．

参考文献

Acheson, *Elementary Fluid Dynamics* では，渦度に対するしっかりした議論がなされている．

William and Elder, *Fluid Physics for Oceanographers and Physicists* も同様である．

Hess, *Introduction to Theoretical Meteorology* は，渦度と循環との関係を，わかりやすく説明している．

Eliassen (1984) は，準地衡方程式系に関する研究をエレガントに概観している．

Bleck (1973) では比較的平易な渦位の議論がなされている．

問題

5.1. (a) 気圧座標で，地衡風の相対渦度の式を ϕ を用いて表せ．

(b) 北半球では，この式は流線の低気圧性の曲率領域に対する正の相対渦度を表し，高気圧性の曲率領域では，負の相対渦度を表すことを示せ．

(c) **等価の順圧（equivalent barotropic）**大気場とは，ジオポテンシャルの等高度線が，どこでも等温線および等層厚線に平行である大気場のことである．そのような大気場が，低気圧性の渦度で特徴づけられるならば，地衡風の相対渦度は，500

hPa または 900 hPa のどちらで大きくなるか．図と支配方程式を用いて，その理由を説明せよ．

5.2. 30°N における半径 100 km の大気の円柱が，もともとの半径の 2 倍に広がるとする．空気は最初，静止している．
(a) 広がった後の，円柱の周りの循環を計算せよ．
(b) 広がった後の，相対渦度はどれぐらいか説明せよ．
(c) この問題の結果は，渦度方程式とどの程度整合的なものであるか．この問題で暗示されている相対渦度を変える強力なメカニズムとは，どのような物理的過程か．

5.3. 観測値から計算される水平発散は，誤差が大きく信頼性が低いと結論した（問題 4.7）．発散と同様，鉛直渦度は水平風の場の 1 次微分である．観測された中緯度風に基づく相対渦度の計算結果は，発散の計算のように誤差が大きくない理由を述べよ．

5.4. ある人々は，地球は平らであると信じている．それが真実であり，回転角速度 Ω で回転しているとすると，コリオリ・パラメーター（惑星渦度）は，どのような値を持つであろうか．

5.5. 各辺が 800 km の正方形が，東からの流れ（西向きの空気）の中にある．ここで流速は，400 km 当り 10 m s^{-1} の割合で北に向けて減少しているとする．
(a) 正方形の周りの循環はいくらか，その計算過程を示せ．
(b) 正方形の平均の相対渦度はいくらか．この答えを導く 2 つの方法を示せ．

5.6. 円柱（反時計回りに回転している）が，図 5.1A に示されるように，異なる色の流体で満たされている．内側の半径は 2 m であり，外側の半径は 4 m である．接線方向の速度分布は，関数 $V = A/r$ で与えられる．ここで $A = 10$ m^2 s^{-1} である．

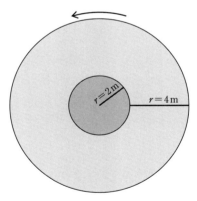

図 **5.1A**

(a) 濃い灰色の流体で満たされた環形の平均渦度はいくらか（計算過程を示せ）．
(b) 薄い灰色の流体の平均渦度はいくらか，説明せよ．
(c) $r = 3$ m（環形の平均半径）における渦度（自然座標での形式を用いる）によ

り，この結果を説明せよ．

5.7. 一定のコリオリ・パラメーター（f_0）の地衡風の定常状態の流れは，次式となることを示せ．

$$\frac{\partial \omega}{\partial p} = \nabla \cdot \left(\frac{\vec{V}_g \zeta_g}{f_0} \right)$$

5.8. その年の最初の大きな冬の嵐が，米国中部にちょうどやってきたと想像せよ．嵐はネブラスカ州の北部に大量の雪をもたらしたが，ネブラスカ州南部には雪は積もらなかった．嵐に引き続いて，地表面での広い高気圧がその領域の上に滞留した．ネブラスカ州の上には，気圧傾度力はほとんどなく，ネブラスカ州南部の地表では，卓越した北風が発達した．なぜか．この北からの流れには，観測できる程度の日変化があるか．なぜあるのか，あるいはなぜないのか．

5.9. チリのアンデス（高度 5000 m，緯度 40°S）の頂上に高さ 10 km の気柱があり，その相対渦度は最初はゼロであるとする．西からの流れが，その気柱をアンデスの斜面下方のアルゼンチンのパンパ（高度 1000 m）へ移流させる場合，流れが順圧であると仮定すると，その相対渦度はいくらになるか．

5.10. 曲がった地衡風の流れの中で渦度がゼロになるための条件を説明せよ．答えを説明するために模式図を書け．

5.11. 流布した考えによれば，「風呂桶の渦」は地球の回転によって決定される．この考えを評価するため，最初に静止していた大きな水槽の中心に，小さな排水口が開けられているという状況を考える．ある時間 t の後，排水口の軸から 1 cm のところの接線方向の速度は 0.5 cm s^{-1} であった．水槽は 45°N に位置している．
(a) 地球の回転だけが，観測された渦を引き起こしたとし，摩擦力は無視できるとすると，時刻 t で観測された半径 1 cm の流体の輪の最初の時刻での動径距離はいくらだったか．
(b) 最初，運動がないとするかわりに，水は最初，時計回りに小さく渦巻いていたとする．(a) で計算された最初の動径で，排水口の渦の回転を逆に向けるためには，この渦の接線方向の速度は，どれぐらい大きくなければならなかっただろうか．
(c) 流布した考えが正しいか，述べよ．

5.12. 43°N の大気中で，一対の低気圧性と高気圧性の渦が観測される．両方の渦は，同じ面積平均の相対渦度の値（$|\zeta| = 1 \times 10^{-5}$ s^{-1}）を持っている．低気圧性および高気圧性の渦に伴い，一様な水平収束と発散が，1 日中，等しい大きさ（$|\nabla \cdot \vec{V}| = 2 \times 10^{-6}$ s^{-1}）で持続する．
(a) この状況において，1 日後の低気圧性および高気圧性の ζ 値を求めよ．
(b) 極端な低気圧における気圧は，極端な高気圧での気圧に比べ，平均の海面気圧からのずれは大きい．(a) における結果から，この非対称性に対する力学的な理由が得られるか，説明せよ．

解答

5.1. (a) $\zeta_g = \dfrac{1}{f}\nabla^2 \phi$

5.2. (a) $-6.872 \times 10^6 \text{ m}^2\text{ s}^{-1}$ (b) $-5.469 \times 10^{-5}\text{ s}^{-1}$

5.4. $2\,\Omega$

5.5. (a) $-1.6 \times 10^7 \text{ m}^2\text{ s}^{-1}$ (b) $-2.5 \times 10^{-5}\text{ s}^{-1}$

5.6. (a) 5 s^{-1} (b) 0

5.9. $-7.5 \times 10^{-5}\text{ s}^{-1}$

5.10. $R_s = \dfrac{V_g}{\partial V_g/\partial n}$

5.11. (a) 0.985 m (b) $-5.07 \times 10^{-5}\text{ m s}^{-1}$

5.12. (a) 低気圧に対して $\zeta_t = 3.06 \times 10^{-5}\text{ s}^{-1}$
高気圧に対して $\zeta_t = -2.29 \times 10^{-5}\text{ s}^{-1}$

第 6 章 中緯度総観規模の鉛直運動の診断

目的

　上昇する空気は膨張により冷却するため，上向きに鉛直運動する領域では，しばしば雲や降水が生じる．この冷却により空気の相対湿度が増加し，水蒸気が凝結し雲が生成する．上昇域では，気柱内の質量の発散が生じ，その結果，地表面気圧が低下し，低気圧が生じる．下向き鉛直運動が生じる領域で晴天が多いのは，空気がより高圧部に向かって沈降し圧縮されるため，それが乾燥し暖められることによる．下向き鉛直運動により気柱内に質量が収束すると地表面気圧が上昇し，地表で高気圧が生じる．これらの関係は基本的であるため，天気の現況を診断し予報するためには，空気がどこで，いつ，どの程度，上昇あるいは下降しているのかということを推定することは極めて重要である．この章では，典型的な中緯度気象システムにおける総観規模の鉛直運動を診断するために有効な方法を調べる．

　非地衡風ベクトルそのものを注意深く考慮することにより鉛直運動を診断するいくつかの方法を導くことができる．他のいくつかの診断法（伝統的な形式と Q ベクトル形式で表現される準地衡オメガ方程式およびサトクリフ（Sutcliffe）の発達定理）は，準地衡近似の渦度方程式と鉛直運動 ω に対する熱力学の方程式を同時に解くことから導出される．これらの診断においては，診断時における質量分布だけが必要である．まとめると，この章で展開する診断法は，中緯度気象システムの総観規模の振舞いを理解するための優れた一組の道具となる．まず，非地衡風を考察することからその検討を始める．

6.1 非地衡風の性質：加速度ベクトルの分離

　地衡風は f 平面（訳注：コリオリ・パラメーターを定数として考えた平面）で非発散であることは既に述べた．実際，そのような条件下では，地衡風からのずれが水平発散を生じ，質量の連続性を通して，鉛直運動を起こす（式 (4.9)）．そ

のため，中緯度大気中での非地衡風の運動を診断するための手段を調べることが大変重要となる．摩擦を考慮しない水平方向の運動方程式

$$\frac{d\vec{V}}{dt} = -f\hat{k} \times \vec{V} - \nabla\phi \tag{6.1}$$

から始める．この式と，鉛直ベクトルとの外積をとると次式を得る．

$$\frac{\hat{k}}{f} \times \frac{d\vec{V}}{dt} = \frac{\hat{k}}{f} \times (-f\hat{k} \times \vec{V}) - \frac{\hat{k}}{f} \times \nabla\phi \tag{6.2a}$$

右手系では，$\vec{A}$ が水平方向のとき $\hat{k} \times (\hat{k} \times \vec{A}) = -\vec{A}$ であり，$\vec{V}_g = (\hat{k}/f) \times \nabla\phi$ であるから次式を得る．

$$\frac{\hat{k}}{f} \times \frac{d\vec{V}}{dt} = \vec{V} - \vec{V}_g = \vec{V}_{ag} \tag{6.2b}$$

著名なイギリスの気象学者サトクリフ (R. C. Sutcliffe)[1]は，気柱内で質量の収束・発散の強さが高度により異なると，地表面気圧が変化すると推論した．地表と比べ上空での質量発散のほうが大きければ，地表面気圧が低下し，逆の場合は上昇する．式 (6.2b) を用いることにより，そのような発散の差と地表と上空の加速度の差とを関係付けることができることを後で示す．具体的には，サトクリフは加速度ベクトルを分離することにより，気柱内における鉛直運動についての解析をした．サトクリフ (Sutcliffe, 1939) のエレガントな理論を示す前に，2つの単純な場合について，加速度ベクトルとそれにより生じる非地衡風を分離してみる．それらは地衡風平衡が成り立たなくなるような，2つの一般的な状況に対応する．すなわち，流れに沿って速さが変わる場合と流れに曲率がある場合である．

総観規模で流れに沿って速さが変化する典型的な例としては，孤立したジェット・ストリークがある．北半球 300 hPa における孤立した最大風速域の等風速線の分布を図 6.1 に示す．ジェット軸に直交する破線を境に，左側はいわゆるジェットの入口領域 (entrance region) であり，右側は出口領域

---

[1] R. C. Sutcliffe (1904-1991) は，統計学で Ph.D. を取得し，1927 年に英国気象局に勤務した．マルタで著名なトール・ベルシェロン (Tor Bergeron) とともに働く間，天気予報は科学的な活動とは言いがたいとの考えを持っていた．彼は，天気予報や診断が運動方程式から出発するべきであると，最初に主張した偉大な大気科学者の1人である．この主張は近代総観気象力学の最初の重要なブレークスルーであり，また彼の最も有名な論文である R. C. Sutcliffe (1947) A contribution to the problem of development として結実した．

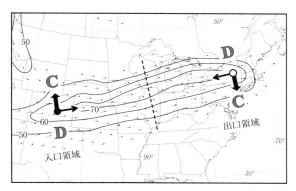

図 6.1 NCEP の Eta モデル解析からの 2003 年 11 月 12 日 0000 UTC における，真直ぐなジェットに伴う 300 hPa での等風速線（実線）と風ベクトル．等風速線は 50 m s^{-1} から 10 m s^{-1} ごとに描かれている．40 m s^{-1} より大きな風ベクトルのみを示す．太い黒の実線の矢印は入口領域（黒丸）と出口領域（白丸）における加速度ベクトル $d\vec{V}/dt$ の方向を示す．灰色の矢印は 2 つの場所での非地衡風ベクトル $\vec{V}_{ag}$ である．300 hPa での非地衡風の収束 (C) と発散 (D) の場所も示す．

(exit region) である．明らかに，入口領域の西端に位置する空気塊（図 6.1 の黒丸）は，その場所において流れの方向に加速される．それゆえ，ベクトル $d\vec{V}/dt$ は東向きとなる．したがって，黒丸で示した地点では，非地衡風ベクトル $\vec{V}_{ag}$ は北を向いている．ジェットの入口領域における非地衡風のこの分布から，300 hPa 高度で黒丸の位置の北側に収束があり，この位置の南側で発散があるということになる．300 hPa 高度は，対流圏のほぼ上端に位置するので，上層での発散（収束）により，地表と上層との間にある気柱内で上向き（下向き）の鉛直運動が生じ，この結果，真っ直ぐなジェット・ストリークの入口領域では，一般的に熱的な直接循環が存在することになる．

出口領域（図 6.1 の白丸）の東端にある空気塊は，その場で流れと反対方向の減速を受ける．したがって，ベクトル $d\vec{V}/dt$ は，ジェット・ストリークの中心を指すよう西向きである．よって，白丸の位置で非地衡風ベクトル $\vec{V}_{ag}$ は南向きになる．ジェットの出口領域での非地衡風の分布から，300 hPa 高度で，この場所の南側で収束があり，同じ場所の北側で発散があることがわかる．発散が最大になる場所の下層にある気柱の中で上向きの鉛直運動が生じることから，一般的に，真直ぐなジェット・ストリークの出口領域で，熱的な間接循環が存在すると言える（訳注：強い西風がある場合は，温度風の関係から，その領域で南北の温度傾度があることを見てきた．寒気側で空気が沈降し，暖気側で空気が上昇するような循環を直接循環という．逆に，寒気側で空気が上昇し，暖気側で空気

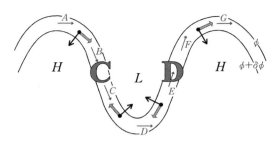

図 6.2 上部対流圏で気圧の谷と峰が連なる波列（風速は流れに沿って場所によらず一定）の模式図．黒色の矢印は各点での加速度ベクトル $d\vec{V}/dt$ を表す．加速度ベクトルは隣接する風の矢印（細い灰色．本文参照）の間の有限差分から図式的に求めた．灰色の太い矢印は各点における非地衡風 $\vec{V}_{ag}$ を表す．収束（C）と発散（D）の領域を示した．

が下降するような循環を間接循環という．付録 6 参照．このジェット・ストリークの入口・出口領域での循環については，7.4 節で再度，議論する）．

　流れに曲率が存在する場合にも，地衡風の仮定は成り立たない．図 6.2 に示したように，上部対流圏で東西に対をなす気圧の谷と峰を通過する速度が一定で等圧面上でのジオポテンシャル高度の等値線に平行な流れを考える．そのような状況では，風の加速度は風向の変化によってのみ生じる．図 6.2 で示したように，点 A における西風から，点 B における北西風へと風向が変化するためには，点 A と点 B の間で南西向きの加速度が必要になる．点 B と点 C の間には方向の変化はなく，加速度ベクトルもない．点 C における北西風を点 D における西風に変えるためには，北東向きの加速度が必要となる．点 D における西風を，点 E における南西風に変えるためには，北西向きの加速度が必要である．点 E と点 F の間には方向の変化はないが，点 F における南西風から点 G における西風への変化には，南東向きの加速度が必要となる（図示したように）．図 6.2 に描かれている 4 つの加速度ベクトルが与えられるとき，この気圧の谷と峰の対に伴う非地衡風を容易に描くことができる．非地衡風は上層の気圧の谷の西側（上流）で収束するので，そこでの気柱の中で下向き運動が生じる．一方，上層の気圧の谷の下流側での非地衡風の発散により，上向き運動が生じる．この結果から，上層の気圧の谷の軸の下流側で天候が不良になり，上層の気圧の峰の軸の下流で晴天になるということを物理的に説明することができる．この基本的な関係は，中緯度の顕著な天気の分布を理解する上で核心的な部分である．

6.1.1 気柱内での正味の非地衡風発散に対するサトクリフの式

これらの典型的な総観気象の事例における非地衡風の分布を調べてきた．ここからはサトクリフ (Sutcliffe, 1939) の独創的な研究に焦点を当てる．まず，地上風 $\vec{V}_0$，上部対流圏のある高度での風 $\vec{V}$，両高度間の鉛直シアー $\vec{V}_s$ を考える．定義から $\vec{V} = \vec{V}_0 + \vec{V}_s$ であり，次式を得る．

$$\frac{d\vec{V}}{dt} = \frac{d\vec{V}_0}{dt} + \frac{d\vec{V}_s}{dt} \tag{6.3}$$

ここで，

$$\frac{d}{dt} = \frac{\partial}{\partial t} + \vec{V} \cdot \nabla$$

は，$d\vec{V}/dt$ を記述するのに用いられたラグランジュ微分の演算子（Lagrangian operator）である（訳注：ここでは，$d\vec{V}_0/dt = \partial \vec{V}_0/\partial t + \vec{V} \cdot \nabla \vec{V}_0$ である）．これらの定義から，式 (6.3) は次のように展開できる．

$$\frac{d\vec{V}}{dt} = \frac{\partial \vec{V}_0}{\partial t} + (\vec{V}_0 + \vec{V}_s) \cdot \nabla \vec{V}_0 + \frac{d\vec{V}_s}{dt} \tag{6.4}$$

あるいは，式 (6.4) は次のように書くこともできる．

$$\frac{d\vec{V}}{dt} = \frac{\partial \vec{V}_0}{\partial t} + \vec{V}_0 \cdot \nabla \vec{V}_0 + \vec{V}_s \cdot \nabla \vec{V}_0 + \frac{d\vec{V}_s}{dt} \tag{6.5}$$

式 (6.5) の右辺最初の 2 項が地上風の加速度 $(d\vec{V}/dt)_0$ を表すことから，考えている層内での上下の加速度差（differential acceleration）は次式となる．

$$\frac{d\vec{V}}{dt} - \left(\frac{d\vec{V}}{dt}\right)_0 = \vec{V}_s \cdot \nabla \vec{V}_0 + \frac{d\vec{V}_s}{dt} \tag{6.6}$$

この式からわかるように，地表風の上に鉛直シアーをもつ流れがあるか（$\vec{V}_s \cdot \nabla \vec{V}_0$），あるいは，シアーベクトルに時間変化（$d\vec{V}_s/dt$）があれば，上部対流圏の風と地表風とでは，加速度に差が必ず生じる．式 (6.2b) より，気柱の中で正味の発散が生じ，その結果，連続性から鉛直運動が生じることが示唆される（訳注：式 (6.2b) より，上部対流圏の風と地表風とでは，非地衡風の違いが生じるので，非地衡風の収束・発散の上下差も生じる．この差から，式 (4.8c)，式 (4.9b) により鉛直流が生じることがわかる）．ここで，式 (6.6) の右辺の 2 つの項の物理的な意味を吟味する．このために各項の効果を 1 つ 1 つ取り出して検討するが，以後の診断でも同様な方法をとる．まず地上風の上に存在するシアーから考える．

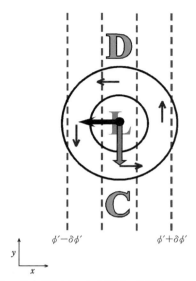

図 6.3 北半球で発達中の地表低気圧の中心付近の海面高度での等圧線（実線）および 1000-500 hPa の層厚（破線）．細い黒矢印は海面高度での地衡風を表している．太い黒矢印は $\vec{V}_s \cdot \nabla \vec{V}_0$ を表す．灰色の矢印は上層の非地衡風（$\vec{V}_{ag_U}$）と地表面の非地衡風（$\vec{V}_{ag_L}$）の差 $\vec{V}_{ag_U} - \vec{V}_{ag_L}$ を表す．気柱の正味の収束（C）と発散（D）領域を示している．

(a) 地上風の上にシアーが存在する場合：$d\vec{V}/dt - (d\vec{V}/dt)_0 = \vec{V}_s \cdot \nabla \vec{V}_0$

まずこの項を成分展開することから始める．

$$\vec{V}_s \cdot \nabla \vec{V}_0 = \left(u_s \frac{\partial u_0}{\partial x} + v_s \frac{\partial u_0}{\partial y} \right) \hat{i} + \left(u_s \frac{\partial v_0}{\partial x} + v_s \frac{\partial v_0}{\partial y} \right) \hat{j} \qquad (6.7)$$

$\left(訳注： \vec{V}_0 = u_0 \hat{i} + v_0 \hat{j} \text{ ゆえに } \dfrac{\partial \vec{V}_0}{\partial x} = \dfrac{\partial u_0}{\partial x}\hat{i} + \dfrac{\partial v_0}{\partial x}\hat{j} \text{ および } \dfrac{\partial \vec{V}_0}{\partial y} = \dfrac{\partial u_0}{\partial y}\hat{i} + \dfrac{\partial v_0}{\partial y}\hat{j} \right)$

図 6.3 では，海面気圧の極小（訳注：地上低気圧）と，1000-500 hPa 間の層厚の等値線を模式的に示した．式 (6.7) を適用する際，この項の値を低気圧の中心で考えると，数学的に簡単になる．どの場所でも風は地衡風であると仮定すると，北半球においては，温度風ベクトルは，y 軸の正の向きである．したがって，低気圧の中心では，x 方向の鉛直シアーはなく，$u_s = 0$ である．明らかに低気圧の中心では $\partial v_0/\partial y$ はゼロであり，式 (6.7) は図 6.3 の配置に対し次式となる．

6.1 非地衡風の性質：加速度ベクトルの分離　157

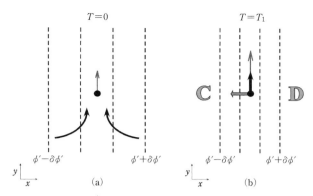

図 6.4 シアー項の変化率 $d\vec{V}_s/dt$（式 (6.6)）の効果の模式図．破線は 1000-500 hPa の層厚の等値線であり，その傾度は時刻 $T = 0$ から時刻 $T = T_1$ の間に増加している．水平の合流による効果により，傾度が増加した．(a) で合流を黒い矢印で表した．細い灰色の矢印は，温度風のシアーである $\vec{V}_s$ を表す．$T = T_1$ で温度風は強まり，(b) における太い黒矢印はシアーのラグランジュ的な変化 $d\vec{V}_s/dt$ を表す．(b) における太い灰色の矢印は上層と地表近くの非地衡風の差 $\vec{V}_{ag_U} - \vec{V}_{ag_L}$ を表す．気柱の正味の収束（C）と発散（D）を示している．

$$\vec{V}_s \cdot \nabla \vec{V}_0 = v_s \frac{\partial u_0}{\partial y}\hat{i}$$

v_s はこの場合，正である．$\partial u_0/\partial y$ が負であることから，積 $v_s \partial u_0/\partial y$ は負である．したがって，ベクトル $\vec{V}_s \cdot \nabla \vec{V}_0$ は図示されるように，負の x 方向を指す．$\vec{V}_s \cdot \nabla \vec{V}_0$ は気柱上端での加速度から，気柱下端での加速度を引いたものを表すので，鉛直単位ベクトル $\hat{k}$ と $\vec{V}_s \cdot \nabla \vec{V}_0$ ベクトルとの外積は気柱内での非地衡風の上下差（column-differential ageostrophic wind）の向きを示す（訳注：式 (6.2b) 参照）．図 6.3 は，地表の低気圧の北（南）では，非地衡風の発散（収束）は，地表より上空の方が大きいことを示しており，その上空では上昇（下降）が起きることが示唆される．地表の空気が上昇し気柱内での質量が発散するときにのみ，地表において気圧低下が継続するので，地表の低気圧は，気柱内での正味の質量発散が起こる場所に向けて（すなわち，上昇する空気の方向に）伝搬していくことになる．地表の高気圧の場合に対し同様の考察を適用すれば，次の一般的な結論が導かれる（読者の練習問題）．すなわち，**海面高度の気圧の擾乱は温度風の向きに伝搬する**（訳注：地表風が弱ければ，上層の風の方向に，高低気圧が移動することになる）．

(b) シアーベクトルの変化率：$d\vec{V}_s/dt$

図 6.4(a) は北半球における，ある時刻 $T = 0$ での 1000-500 hPa の層厚の

等値線とその大気層中での温度風ベクトルを示す．合流する水平方向の流れといった大気中の作用により，$T = T_1$ の時刻では，水平方向の層厚の勾配は強まったとする．このように傾圧性が増大することにより，温度風も強まる．図 6.4(b) に示されるように，温度風は $T = 0$ のときと同様，北に向かっている．風はどこでも地衡風であるとすると，図 6.4(a) と図 6.4(b) で示した温度風ベクトルの差は，シアーベクトルの変化を表し，式 $d\vec{V}_s/dt$ により表すことができる．ここでは，その変化は個々の空気塊に沿って起きたものとして議論している．したがって，鉛直単位ベクトル $\hat{k}$ と $d\vec{V}_s/dt$ との外積（図 6.4(b) では，薄い層厚の方向に真っ直ぐに向いている）は，同じ気柱内での高度による非地衡風の差を表す．層厚に傾度がある場において暖気（寒気）側の気柱では，上層に地表より大きな発散（収束）があり，そのため空気は上昇（下降）する．したがって，水平流により層厚（すなわち気温）の傾度が強まる場合は必ず，暖気が上昇し，寒気が下降するという，熱的な直接循環が生じる．逆に，水平流の作用で水平気温傾度が弱まるときは，熱的な間接循環が起きる（訳注：気温の水平傾度が弱まるとき，図 6.4(b) における北向きの温度風が弱まり，$d\vec{V}_s/dt$ は南向きの加速度となる．鉛直ベクトルと $d\vec{V}_s/dt$ の外積をとると，非地衡風は東向きとなる．東の地点で収束が起こり，暖気側で下降流が生じ，間接循環となる）．シアーベクトルの変化により気柱内に発散が生じるということによる結果を物理的に考察することは，前線形成（frontogenesis）の力学過程の理解にとって重要であり，これについては第 7 章で詳細に論じる．

6.1.2 非地衡風のもう 1 つの視点

既に述べた非地衡風の関係式 (6.2b) を用いて，数学的に議論を進める．

$$\vec{V}_{ag} = \frac{\hat{k}}{f} \times \frac{d\vec{V}}{dt}$$

上式右辺のラグランジュ微分は次のように展開できる．

$$\vec{V}_{ag} = \frac{\hat{k}}{f} \times \left(\frac{\partial \vec{V}}{\partial t} + \vec{V} \cdot \nabla \vec{V} + \omega \frac{\partial \vec{V}}{\partial p} \right) \tag{6.8}$$

式 (6.8) の右辺における 3 つの項は，非地衡風に対する 3 つの成分の寄与を表している．即ち (1) 局所的な風の時間変化の成分，(2) 慣性移流の成分，(3)「対流」に伴う成分である．式 (6.8) のすべての項において，$\vec{V}$ を $\vec{V}_g$ と入れ替えると次式を得る．

$$\vec{V}_{ag} = \frac{\hat{k}}{f} \times \left(\frac{\partial \vec{V}_g}{\partial t} + \vec{V}_g \cdot \nabla \vec{V}_g + \omega \frac{\partial \vec{V}_g}{\partial p} \right) \tag{6.9}$$

この式の演算の目的は，まず全体の風から非地衡風の分布を分離して，総観規模の鉛直運動を診断することである．式 (6.9) から明らかなように，非地衡風の対流成分の診断をするには，鉛直運動を知る必要がある．しかし，鉛直運動は先験的には与えられていないため，対流成分に関する診断をすることは不可能である．このため，式 (6.9) の右辺の最初の 2 つの項のみを考慮する．局所的な風の時間変化から始める．

非地衡風のうち，局所的な時間変化成分 ($\vec{V}_{ag_T}$) はジオポテンシャル高度あるいは気圧変化に関係づけることができる．なぜなら，気圧座標で次式が成り立つからである．

$$\vec{V}_{ag_T} = \frac{\hat{k}}{f} \times \frac{\partial \vec{V}_g}{\partial t} = \frac{\hat{k}}{f} \times \frac{\partial}{\partial t} \left(\frac{\hat{k}}{f} \times \nabla \phi \right) = -\frac{1}{f^2} \nabla \frac{\partial \phi}{\partial t} \tag{6.10a}$$

同様に，高度座標では次式が成り立つ（訳注：式 (3.37) を用いる）．

$$\frac{\hat{k}}{f} \times \frac{\partial \vec{V}_g}{\partial t} = -\frac{1}{\rho f^2} \nabla \frac{\partial p}{\partial t} \tag{6.10b}$$

非地衡風のこの成分は等 $\partial p/\partial t$ 線（isallobars）の傾度に依存するので，**変圧風（isallobaric wind）** と呼ばれる．非地衡風の他の成分と同様，その発散がわかっているときに限り，変圧風の知見から鉛直運動の分布を知ることができる．したがって，気圧座標で

$$\nabla \cdot \vec{V}_{isal} = -\frac{1}{f^2} \nabla^2 \frac{\partial \phi}{\partial t} \tag{6.11a}$$

また，高度座標で

$$\nabla \cdot \vec{V}_{isal} = -\frac{1}{\rho f^2} \nabla^2 \frac{\partial p}{\partial t} \tag{6.11b}$$

で与えられる変圧風の発散が重要となる．変圧風の収束に伴い気圧（またはジオポテンシャル）が低下し，変圧風の発散に伴い気圧（またはジオポテンシャル）が上昇する（読者の練習問題とする）（訳注：ラプラシアンの特性から直ちにわかる．付録 1 を参照）．

非地衡風の慣性移流成分 ($\vec{V}_{IA}$) は，次式により与えられる．

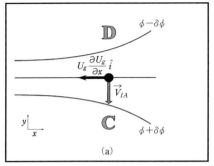 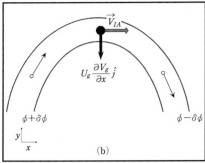

図 6.5 (a) 北半球における分流性の水平流における慣性移流風 $\vec{V}_{IA}$. 実線は上部対流圏 (たとえば，300 hPa) でのジオポテンシャル高度で，矢印は本文中で説明されている．慣性移流風の上層での収束（C）と発散（D）領域を示している．(b) 北半球における上層の気圧の峰の軸を通る慣性移流風．線の説明は (a) と同じ．細い矢印は気圧の峰を通る地衡風を表している．

$$\vec{V}_{IA} = \frac{\hat{k}}{f} \times \left[\left(u_g \frac{\partial u_g}{\partial x} + v_g \frac{\partial u_g}{\partial y} \right) \hat{i} + \left(u_g \frac{\partial v_g}{\partial x} + v_g \frac{\partial v_g}{\partial y} \right) \hat{j} \right] \quad (6.12)$$

この項の効果の例として，まず図 6.5 に示した上部対流圏の分流性の流れ（diffluent flow）を考える．注目している場所（図 6.5(a) の黒丸）では v_g の値がゼロであるので，式 (6.12) は簡単になる．そこでは $\partial v_g/\partial x$ もゼロであるので，式 (6.12) は次式となる．

$$\vec{V}_{IA} = \frac{\hat{k}}{f} \times u_g \frac{\partial u_g}{\partial x} \hat{i}$$

この点においては $u_g > 0$ であり，$\partial u_g/\partial x < 0$ なので，$(u_g \partial u_g/\partial x)\hat{i}$ は負の x 方向を向いている．したがって，慣性移流風 $\vec{V}_{IA}$ は，図 6.5(a) に示されるように，y 軸負の向きである．そのため，この点の北側では上層での発散があり，南側では上層での収束がある．したがって，北側では気柱内を空気が上昇し，南側では気柱内を空気が下降する．このパターンは，前に診断したジェットの出口領域における熱的な間接循環とまったく同じである．

式 (6.12) を再度用いて，流れの曲率が地衡風平衡を崩し，それによって鉛直運動が生じる効果を考える．北半球の 500 hPa の気圧の峰を模式的に図 6.5(b) に示す．黒丸の点を横切るときに，地衡風の流れの大きさが変化しない場合，式 (6.12) はかなり簡単になる．図 6.5(b) における中央の地点で，明らかに v_g はゼロで，微分 $\partial u_g/\partial x$ もまたゼロである．したがって，図 6.5(b)

に示された流れ場では，式 (6.12) は次式となる．

$$\vec{V}_{IA} = \frac{\hat{k}}{f} \times u_g \frac{\partial v_g}{\partial x}\hat{j}$$

気圧の峰の頂上において u_g は正で，$\partial v_g/\partial x$ は負であり，$(u_g \partial v_g/\partial x)\hat{j}$ は負の y 方向に向いている．したがって，慣性移流風 $\vec{V}_{IA}$ は気圧の峰を通る地衡風の方向を向いている．気圧の峰の軸を通る流れが地衡風を超えた速さとなる（supergeostrophic）ことはよく知られているが，この解析は，この状態が非地衡風の慣性移流成分に起因することを示している（訳注：気圧座標系での図 6.5(b) の解析から，向心加速度（慣性移流による運動量の時間変化率）は非地衡風 $\vec{V}_{IA}$ に伴うコリオリ力によるものと解釈できる．また自然座標系での図 4.19 で示した傾度風の力のつり合いの解析においては，上記の向心加速度は遠心力に対応する．この解析からも，気圧の峰（谷）を通る流れは地衡風よりも速い（遅い）ことが同様に示されている）．合流性の流れと，低気圧性の曲率がある流れに対してなされた議論を熟考してほしい．非地衡風の発散（$\nabla \cdot (\hat{k}/f \times d\vec{V}/dt)$）から生じる鉛直運動について多くの考察をしてきた．以下にサトクリフが 1947 年に初めて導いた式を説明する．

6.2　サトクリフの発達定理（The Sutcliffe Development Theorem）

サトクリフ（Sutcliffe, 1947）はそれ以前の彼の理論 (1939) を，地衡風の仮定の下で精密化した（訳注：「発達」とは低気圧や高気圧などの擾乱の発達を意味する）．ベクトル恒等式 $\vec{A} \cdot (\vec{B} \times \vec{C}) = -\vec{B} \cdot (\vec{A} \times \vec{C})$ を基に，非地衡風の発散は渦度の鉛直成分の変化に密接に関係していると考えた．数学的には，次式で表される．

$$-\nabla \cdot \left(\hat{k} \times \frac{d\vec{V}}{dt}\right) = \hat{k} \cdot \left(\nabla \times \frac{d\vec{V}}{dt}\right) \tag{6.13}$$

x と y 方向での摩擦のない運動方程式を用いると，式 (6.13) の右辺は次のようになる．

$$\frac{\partial}{\partial x}\left(\frac{dv}{dt} = -\frac{\partial \phi}{\partial y} - fu\right) - \frac{\partial}{\partial y}\left(\frac{du}{dt} = -\frac{\partial \phi}{\partial x} + fv\right) \tag{6.14}$$

$$\frac{d}{dt} = \frac{\partial}{\partial t} + u\frac{\partial}{\partial x} + v\frac{\partial}{\partial y}, \quad \zeta = \frac{\partial v}{\partial x} - \frac{\partial u}{\partial y}, \quad \eta = \zeta + f$$

とすると，式 (6.14) は次の渦度方程式[2]の形となる．

$$\frac{d\eta}{dt} = \frac{d(\zeta + f)}{dt} = -(\zeta + f)\nabla \cdot \vec{V} \tag{6.15}$$

(訳注：式 (6.15) の導出は付録 13 を参照)．

この式は，流体の発散により渦度が変化することを示している．次に，サトクリフは，この式を各項に展開した．

$$\frac{\partial(\zeta + f)}{\partial t} + \vec{V}\cdot\nabla(\zeta + f) + \omega\frac{\partial(\zeta + f)}{\partial p} = -(\zeta + f)\nabla \cdot \vec{V} \tag{6.16}$$

また，次の仮定をした[3]．(1) 渦度と水平風は地衡風近似する．(2) 渦度の鉛直移流は無視できる．(3) 発散の項で相対渦度は無視できる．これにより式 (6.16) は次のように簡単化される．

$$\frac{\partial(\zeta_g + f)}{\partial t} + \vec{V}_g \cdot \nabla(\zeta_g + f) = -f_0\nabla \cdot \vec{V} \tag{6.17a}$$

$\zeta_g = (1/f)\nabla^2\phi$ なので，この式を次のように書き直すことができる．

$$\frac{1}{f}\nabla^2\frac{\partial\phi}{\partial t} + \vec{V}_g \cdot \nabla(\zeta_g + f) = -f_0\nabla \cdot \vec{V} \tag{6.17b}$$

気柱の上端と下端での式 (6.17b) の差をとると，次のようになる．

$$f_0(\nabla \cdot \vec{V} - \nabla \cdot \vec{V}_0) = -\vec{V}_g \cdot \nabla(\zeta_g + f) + \vec{V}_{g_0} \cdot \nabla(\zeta_{g_0} + f) - \frac{1}{f}\nabla^2\frac{\partial\phi'}{\partial t} \tag{6.18}$$

ここで

$$\frac{\partial\phi'}{\partial t} = \frac{\partial\phi}{\partial t} - \frac{\partial\phi_0}{\partial t}$$

は，気柱の層厚の変化率を表す．$f_0(\nabla \cdot \vec{V} - \nabla \cdot \vec{V}_0)$ は，気柱内における上層と地表近くでの発散の差であり，それが正（負）の場合は，総観規模の上（下）向き運動が生じることを意味している（訳注：式 (4.8c) 参照）．したがって，式

---

[2] それは，式 (5.36) と同様に導出される．しかし，$\zeta + f$ のラグランジュ微分の式において，運動方程式のラグランジュ微分の鉛直移流項 ($\omega\partial/\partial p$) を無視したので，式 (6.15) は鉛直移流項と傾斜項を含んでいない（訳注：式 (5.35a)，式 (5.35b) の左辺第 4 項を無視したので，式 (5.36) の右辺第 2 項（鉛直移流項）と第 4 項（傾斜項）が現れなくなる）．

[3] これらの仮定は，準地衡渦度方程式 (5.43) を導いたときに用いたものと同じである．

6.2 サトクリフの発達定理（The Sutcliffe DevelopmentTheorem）

(6.18) は，鉛直運動は，(1) 移流による渦度の鉛直分布の変化と (2) 温度場の時間変化のラプラシアンに関係しているということを示している．

まず，層厚の時間変化を考える

$$\frac{\partial \phi'}{\partial t} = \frac{d\phi'}{dt} - \vec{V} \cdot \nabla \phi' - \omega \frac{\partial \phi'}{\partial p}$$
$$\quad\quad\quad\quad\text{A} \quad\quad\quad \text{B} \quad\quad\quad \text{C}$$

であるから，層厚の局所的な変化を起こすのは (1) 非断熱加熱（A），(2) 水平移流（B），そして (3) 鉛直移流（断熱的な温度変化）（C）の3つの物理過程であることがわかる．気柱内で非断熱加熱のみが起きているならば $\partial \phi'/\partial t > 0$ なので，$-\nabla^2(\partial \phi'/\partial t) > 0$ となり，式 (6.18) によれば（訳注：上層の発散の方が下層の発散よりも大きいため），上向きの鉛直運動が生じると考えられる．逆に，非断熱冷却は，下向きの鉛直運動を生じる．断熱効果は，ここで診断しようとしている鉛直運動の結果として起きるため，鉛直移流項を，この単純化した理論では解釈することが困難である．このため，渦度方程式 (6.17a) と同様に，鉛直移流項を無視する．

局所的な層厚の時間的変化を計算する方法として，水平移流を考察する．水平移流のみを考慮した場合，式 (6.18) の右辺の最後の項は次のようになる．

$$-\frac{1}{f}\nabla^2 \frac{\partial \phi'}{\partial t} = \frac{1}{f}\nabla^2 \left(\bar{u}_g \frac{\partial \phi'}{\partial x} + \bar{v}_g \frac{\partial \phi'}{\partial y} \right) \tag{6.19}$$

ここで，文字の上のバーは，気柱平均した地衡風を示す．温度風の式（$fv'_g = \partial \phi'/\partial x$ および $-fu'_g = \partial \phi'/\partial y$）を代入すると，次式を得る．

$$-\frac{1}{f}\nabla^2 \frac{\partial \phi'}{\partial t} = \nabla^2 \left(\bar{u}_g v'_g - \bar{v}_g u'_g \right) \tag{6.20a}$$

$$\frac{\partial \bar{u}_g}{\partial x}\frac{\partial v'_g}{\partial x}$$

のような微分の積からなる項は**変形項（deformation terms）**と呼ばれ，これらの項を無視した場合[4]，この式を並べ替えることができ，次式を得る．

---

[4]たとえば，$\nabla^2(\bar{u}_g v'_g)$ の完全な展開には $\partial^2(\bar{u}_g v'_g)/\partial x^2$ が含まれている．これは次式に等しい．

$$\frac{\partial}{\partial x}\left[\frac{\partial}{\partial x}(\bar{u}_g v'_g)\right] = \frac{\partial}{\partial x}\left[\bar{u}_g \frac{\partial v'_g}{\partial x} + v'_g \frac{\partial \bar{u}_g}{\partial x}\right] = \bar{u}_g \frac{\partial^2 v'_g}{\partial x^2} + 2\frac{\partial \bar{u}_g}{\partial x}\frac{\partial v'_g}{\partial x} + v'_g \frac{\partial^2 \bar{u}_g}{\partial x^2}$$

この式の右辺の第1項と第3項は，式 (6.20b) に現れるが，第2項は現れない．

$$-\frac{1}{f}\nabla^2\frac{\partial\phi'}{\partial t}$$
$$=\left(\bar{u}_g\frac{\partial}{\partial x}+\bar{v}_g\frac{\partial}{\partial y}\right)\left(\frac{\partial v'_g}{\partial x}-\frac{\partial u'_g}{\partial y}\right)+\left(\bar{u}_g\frac{\partial}{\partial y}-\bar{v}_g\frac{\partial}{\partial x}\right)\left(\frac{\partial u'_g}{\partial x}+\frac{\partial v'_g}{\partial y}\right)$$
$$-\left(u'_g\frac{\partial}{\partial x}+v'_g\frac{\partial}{\partial y}\right)\left(\frac{\partial\bar{v}_g}{\partial x}-\frac{\partial\bar{u}_g}{\partial y}\right)-\left(u'_g\frac{\partial}{\partial y}-v'_g\frac{\partial}{\partial x}\right)\left(\frac{\partial\bar{u}_g}{\partial x}+\frac{\partial\bar{v}_g}{\partial y}\right)$$
$$(6.20\mathrm{b})$$

変形項を無視することで生じる結果を，この章で後ほど考察する．式 (6.20b) の右辺の第 2 項と第 4 項は，温度風の発散（第 2 項）と層平均した地衡風の発散（第 4 項）の微分の組み合わせである．これらの量は両方ともゼロであり，式 (6.20b) は次式となる．

$$-\frac{1}{f}\nabla^2\left(\frac{\partial\phi'}{\partial t}\right)=\vec{V}_g\cdot\nabla\zeta'_g-\vec{V}'_g\cdot\nabla\bar{\zeta}_g \tag{6.21}$$

その層の平均地衡風 ($\vec{\bar{V}}_g=(\vec{V}_g+\vec{V}_{g_0})/2$) を定義し，その層の温度風 ($\vec{V}'_g=\vec{V}_g-\vec{V}_{g_0}$)，気柱の上端と下端での地衡風渦度の平均 ($\bar{\zeta}_g=(\zeta_g+\zeta_{g_0})/2$)，上端と下端でのその値の差 ($\zeta'_g=\zeta_g-\zeta_{g_0}$)（訳注：これは温度風渦度と呼ばれる．付録 5 参照）を用いることにより，式 (6.21) は次式となる．

$$-\frac{1}{f}\nabla^2\left(\frac{\partial\phi'}{\partial t}\right)=\vec{V}_{g_0}\cdot\nabla\zeta_g-\vec{V}_g\cdot\nabla\zeta_{g_0} \tag{6.22}$$

式 (6.22) は，渦度の水平移流が発散 $f_0(\nabla\cdot\vec{V}-\nabla\cdot\vec{V}_0)$ に及ぼす効果（層厚の時間変化を通じて）を表す．次に，式 (6.22) を式 (6.18) に代入し，次式を得る．

$$f_0(\nabla\cdot\vec{V}-\nabla\cdot\vec{V}_0)=-\vec{V}_g\cdot\nabla(\zeta_g+f)+\vec{V}_{g_0}\cdot\nabla(\zeta_{g_0}+f)$$
$$+\vec{V}_{g_0}\cdot\nabla\zeta_g-\vec{V}_g\cdot\nabla\zeta_{g_0}$$

この式を次のように変形する．

$$f_0(\nabla\cdot\vec{V}-\nabla\cdot\vec{V}_0)=-(\vec{V}_g-\vec{V}_{g_0})\cdot\nabla(\zeta_{g_0}+\zeta_g+f)$$

最終的に，次式を得る．

$$f_0(\nabla\cdot\vec{V}-\nabla\cdot\vec{V}_0)=-\vec{V}'\cdot\nabla(\zeta_{g_0}+\zeta_g+f) \tag{6.23}$$

6.2 サトクリフの発達定理（The Sutcliffe Development Theorem）

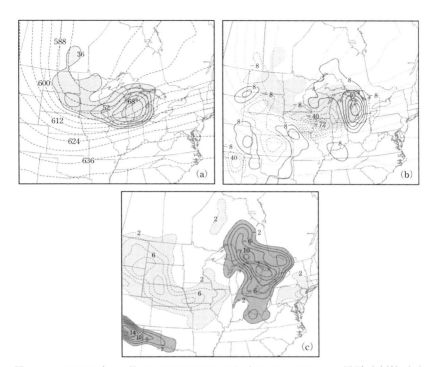

図 6.6 (a) 2003年11月13日 0000 UTC における 300-700 hPa の層厚（破線）と和 $\zeta_{g_{300}} + \zeta_{g_{700}} + f$（影の部分）．層厚は 6 デカメートル（dam）ごとに等値線を描いている．渦度は $36 \times 10^{-5}\,\mathrm{s}^{-1}$ から $8 \times 10^{-5}\,\mathrm{s}^{-1}$ ごとに等値線を描いている．(b) 300-700 hPa の温度風による $\zeta_{g_{300}} + \zeta_{g_{700}} + f$ の移流．$8 \times 10^{-9}\,\mathrm{m\,kg^{-1}}$ から $16 \times 10^{-9}\,\mathrm{m\,kg^{-1}}$ ごとに等値線を描いている．(a) で示した渦度と層厚を背景に薄く示した．(c) 2003年11月13日 0000 UTC における 500 hPa での鉛直運動．鉛直運動は，$\mathrm{dPa\,s^{-1}}$ で表示され，$2\,\mathrm{dPa\,s^{-1}}$ ごとに等値線を描いている．濃い影（薄い影）は上向き（下向き）への鉛直運動を表している．

この式は，総観規模の上向き（下向き）鉛直運動（$f_0(\nabla \cdot \vec{V} - \nabla \cdot \vec{V_0})$ で表現される）が，温度風による低気圧性（高気圧性）の渦度移流により強制され起きることを示している！　これは，注目すべき結果であり，総観気象力学の歴史において初めて得られた，実際の計算に応用できる理論的成果である．2つの等圧面，たとえば 1000 hPa と 500 hPa におけるジオポテンシャル高度が与えられているとする．温度風 $\vec{V'}$ は，層厚の等値線に平行に吹くので（訳注：付録 5 参照），等値線の分布の図式を用いて容易に計算できる．$\zeta_g = (1/f)\nabla^2 \phi$

であるから，2つの等圧面で地衡風相対渦度（geostrophic vorticity）を容易に求めることができる．式 (6.23) を用いれば，2つの等圧面でのジオポテンシャル高度から，総観規模の鉛直運動を推定することができる（訳注：与えられたジオポテンシャル高度の分布から式 (6.23) の右辺が推定できるため，左辺の上層と下層の発散の差が求まり，式 (4.8c) より鉛直風が推定できる．また式 (6.23) によれば，渦度移流による鉛直運動への効果は温度風（風の鉛直シアー）に依存し，それがなければゼロになることに留意されたい．言い換えれば，この効果は傾圧性が強い気象場で，大きくなるのである）．図 6.6 は，サトクリフの発達定理を適用した結果，得られたものである．もちろん，現実の嵐の鉛直運動の分布（図 6.6(c)）は，サトクリフの発達項（式 (6.23)）から予測されるもの（図 6.6(b)）より，かなり複雑であるが，大まかな特徴は式 (6.23) の簡単な近似式により，よく捉えられている．

6.3　準地衡オメガ方程式

準地衡近似の渦度方程式と熱力学の方程式を考察することによっても，総観規模の鉛直運動の診断方程式を導くことができる．既に述べたように，これらは，式 (6.24a)，式 (6.25a) で与えられる（訳注：式 (6.24a) は式 (5.45)，式 (6.25a) は式 (5.48) と同じものである）．

$$\frac{\partial \zeta_g}{\partial t} = -\vec{V}_g \cdot \nabla(\zeta_g + f) + f_0 \frac{\partial \omega}{\partial p} \tag{6.24a}$$

および

$$\frac{\partial}{\partial t}\left(-\frac{\partial \phi}{\partial p}\right) = -\vec{V}_g \cdot \nabla\left(-\frac{\partial \phi}{\partial p}\right) + \sigma\omega \tag{6.25a}$$

地衡風の相対渦度は，ジオポテンシャルのラプラシアンとして表されるので，この一組の方程式は，次のように書き直すことができる．

$$\frac{1}{f_0}\nabla^2\left(\frac{\partial \phi}{\partial t}\right) = -\vec{V}_g \cdot \nabla(\zeta_g + f) + f_0 \frac{\partial \omega}{\partial p} \tag{6.24b}$$

$$-\frac{\partial}{\partial p}\left(\frac{\partial \phi}{\partial t}\right) = -\vec{V}_g \cdot \nabla\left(-\frac{\partial \phi}{\partial p}\right) + \sigma\omega \tag{6.25b}$$

両方の式における時間微分を消去するために，式 (6.24b) に $f_0 \partial/\partial p$ を，式 (6.25b) に ∇^2 を作用させると次式を得る．

$$\frac{\partial}{\partial p}\nabla^2\left(\frac{\partial\phi}{\partial t}\right) = f_0 \frac{\partial}{\partial p}[-\vec{V}_g \cdot \nabla(\zeta_g + f)] + f_0^2 \frac{\partial^2 \omega}{\partial p^2} \quad (6.24c)$$

$$-\frac{\partial}{\partial p}\nabla^2\left(\frac{\partial\phi}{\partial t}\right) = \nabla^2\left[-\vec{V}_g \cdot \nabla\left(-\frac{\partial\phi}{\partial p}\right)\right] + \sigma\nabla^2\omega \quad (6.25c)$$

これらの 2 つの式の和を取ると次式を得る．

$$0 = f_0 \frac{\partial}{\partial p}[-\vec{V}_g \cdot \nabla(\zeta_g + f)] + f_0^2 \frac{\partial^2 \omega}{\partial p^2} + \nabla^2\left[-\vec{V}_g \cdot \nabla\left(-\frac{\partial\phi}{\partial p}\right)\right] + \sigma\nabla^2\omega$$

この式は次のように書き直すことができる．

$$\sigma\left(\nabla^2 + \frac{f_0^2}{\sigma}\frac{\partial^2}{\partial p^2}\right)\omega = f_0 \frac{\partial}{\partial p}[\vec{V}_g \cdot \nabla(\zeta_g + f)] + \nabla^2\left[\vec{V}_g \cdot \nabla\left(-\frac{\partial\phi}{\partial p}\right)\right] \quad (6.26)$$

この式は**準地衡オメガ方程式（quasi-geostrophic omega equation）**と呼ばれる．この式の意味を考えてみる．第 1 に，式 (6.26) では空間微分だけが存在しており，それは各瞬間のジオポテンシャル高度の場を用いた ω に対する診断方程式になっている．このため，風の正確な観測によらずに ω を推定することができる．この式はかなり複雑であるので，数式に含まれる物理的な意味を考察する．

式 (6.26) の左辺の項は複雑に見えるが，本質的には 3 次元のラプラシアンの項である．もし鉛直運動の場が正弦波的な鉛直分布をしていると仮定すれば（これは，よく成り立つ仮定であることが後に示される），$\partial^2\omega/\partial p^2 \propto -\omega$ である．即ち，ラプラシアンは 2 次微分演算子なので，$\nabla^2\omega$ が局所的に最大（最小）になるところでは，ω 自体は局所的に最小（最大）になる（訳注：付録 1 参照）．したがって，式 (6.26) の右辺が正（負）のときはいつでも $\nabla^2\omega$ は正（負）であり，したがって ω が負（正）となり，上向き（下向き）鉛直運動に対応する．

式 (6.26) の右辺の第 1 項は物理的には，渦度（地衡風渦度と惑星渦度）移流 $(-\vec{V}_g \cdot \nabla(\zeta_g + f))$ の鉛直微分 $(-\partial/\partial p)$ を意味する．したがって，地衡風の低気圧性渦度の移流が高さとともに増加（減少）する場合はこの項は正（負）となって，この場が上向き（下向き）運動で特徴づけられることが示唆される．この項と式 (6.18) のサトクリフの発達定理における渦度移流の差分とは物理的に似た役割をしている．

図 6.7 を考察する．地表の高気圧および低気圧に伴う地衡風渦度は，それらの近傍に集中しており，地表付近ではほぼ閉じた循環となっているので，地衡風渦度の移流は小さい．しかし，地上低気圧の上空では地衡風渦度の移流は大

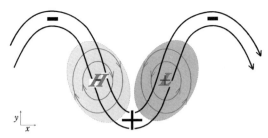

図 6.7 北半球での地表低気圧と地表高気圧の上層 500 hPa における波動. 細い灰色の線は海面高度の等圧線で，矢印は地表近くの地衡風の方向を示す. 太線は 500 hPa のジオポテンシャル高度で，矢印は 500 hPa での地衡風の方向を示す. '+' と '−' は，それぞれ正と負の相対渦度の位置を示し，その記号の大きさは渦度の相対的な大きさを示している（上層で ＋ と − の記号を地表に比べ大きく描いてある）. 濃い灰色（薄い灰色）の影のついた楕円は上向き（下向き）鉛直運動の領域を示す.

きくかつ正であるので，その気柱内では低気圧性の渦度移流は高度とともに増加するため，鉛直運動は上向きである．一方，地上高気圧の上空では地衡風渦度移流は大きくかつ負であるので，その気柱内では，低気圧性の渦度移流は高度とともに減少するため，鉛直運動は下向きである．地衡風渦度は $\nabla^2 \phi$ に比例するので，地表低気圧の上にある気柱内において下層に比べ上層で地衡風渦度の増加が大きいとき，次式が成り立つ.

$$\frac{\partial}{\partial t}(\nabla^2 \phi - \nabla^2 \phi_0) > 0$$

あるいは，

$$\nabla^2 \frac{\partial \phi'}{\partial t} > 0$$

これから

$$\frac{\partial \phi'}{\partial t} < 0$$

層厚が減少するためには，気柱が冷却される必要がある．この冷却は上昇する空気の断熱膨張により生じる(訳注：式 (3.6) 参照). このことから上層の正の渦度移流，上昇運動，断熱冷却，層厚の減少ということが物理的に結びついていることがわかる.

式 (6.26) の右辺の第 2 項は，次のように書き直すことができる.

$$\nabla^2 \left[\vec{V}_g \cdot \nabla \left(-\frac{\partial \phi}{\partial p} \right) \right] = -\nabla^2 \left[-\vec{V}_g \cdot \nabla \left(-\frac{\partial \phi}{\partial p} \right) \right]$$

この式から明らかなように，鍵括弧の中の項は物理的には水平温度移流を表す．したがって，この式全体は水平温度移流のラプラシアンを表している．暖気（寒気）移流が局所的に最大になるような状況においては，この項は，正（負）となり上向き（下向き）の鉛直運動が生じていることになる．準地衡オメガ方程式によれば，暖気（寒気）の移流だけでは鉛直運動の方向を診断するには十分ではなく，温度移流のラプラシアンが重要なのである．これは，温度移流の場の不均一性のみが ω に関係することを意味している．このことは，この項の別の形式:

$$-\nabla \cdot \nabla \left[-\vec{V}_g \cdot \nabla \left(-\frac{\partial \phi}{\partial p} \right) \right]$$

を考察することで容易に示される．水平温度移流の勾配がゼロ（水平温度移流が一様）ならば，この項すべてがゼロになり，鉛直運動は起きない（訳注：本節では鉛直風の生成が渦度移流と温度移流で説明されることを示した．また式 (6.26) を温度で表した式を

$$\sigma \left(\nabla^2 + \frac{f_0^2}{\sigma} \frac{\partial^2}{\partial p^2} \right) \omega = -f_0 \frac{\partial}{\partial p} [-\vec{V}_g \cdot \nabla (\zeta_g + f)] - \frac{R}{p} \nabla^2 (-\vec{V}_g \cdot \nabla T) \qquad (6.26b)$$

として示した）．

準地衡オメガ方程式で記述される鉛直運動は，温度および質量の分布を静水圧平衡と地衡風平衡に保つために必要なものなのである．中緯度大気において観測される大規模な鉛直運動は，準地衡オメガ方程式によって，かなり正確に表現される．鉛直運動が温度風平衡を維持するために必要な理由をここで調べてみる．まず，サトクリフの発達定理と同様な結果を与える式 (6.26) を簡略化した式を調べることにする．

トレンバースは式 (6.26) の右辺のすべての微分を実行することで，準地衡オメガ方程式の強制関数（forcing function）を簡略化できることを見出した (Trenberth, 1978)．式 (6.26) の右辺の鍵括弧の中の項を展開すると，次式を得る．

$$\sigma \left(\nabla^2 + \frac{f_0^2}{\sigma} \frac{\partial^2}{\partial p^2} \right) \omega = f_0 \frac{\partial}{\partial p} \left[u_g \frac{\partial (\zeta_g + f)}{\partial x} + v_g \frac{\partial (\zeta_g + f)}{\partial y} \right]$$
$$+ \nabla^2 \left[-u_g \frac{\partial^2 \phi}{\partial x \partial p} - v_g \frac{\partial^2 \phi}{\partial y \partial p} \right] \qquad (6.27)$$

地衡風の関係

$$u_g = -\frac{1}{f_0}\frac{\partial \phi}{\partial y} \quad \text{および} \quad v_g = \frac{1}{f_0}\frac{\partial \phi}{\partial x}$$

と,地衡風の相対渦度 ($\zeta_g = (1/f_0)\nabla^2\phi$) の定義を用いると次式を得る.

$$\sigma\left(\nabla^2 + \frac{f_0^2}{\sigma}\frac{\partial^2}{\partial p^2}\right)\omega$$
$$= f_0\frac{\partial}{\partial p}\left[-\frac{1}{f_0}\frac{\partial \phi}{\partial y}\frac{\partial}{\partial x}\left(\frac{1}{f_0}\nabla^2\phi + f\right) + \frac{1}{f_0}\frac{\partial \phi}{\partial x}\frac{\partial}{\partial y}\left(\frac{1}{f_0}\nabla^2\phi + f\right)\right]$$
$$- \frac{1}{f_0}\nabla^2\left[-\frac{\partial \phi}{\partial y}\frac{\partial^2 \phi}{\partial x\partial p} + \frac{\partial \phi}{\partial x}\frac{\partial^2 \phi}{\partial y\partial p}\right] \tag{6.28}$$

ヤコビアン $J(A,B)$

$$J(A,B) = \left(\frac{\partial A}{\partial x}\frac{\partial B}{\partial y} - \frac{\partial A}{\partial y}\frac{\partial B}{\partial x}\right)$$

を使うと,式 (6.28) は,次のように書き直すことができる.

$$\sigma\left(\nabla^2 + \frac{f_0^2}{\sigma}\frac{\partial^2}{\partial p^2}\right)\omega = \frac{1}{f_0}[F_1 + F_2]$$

ここで F_1 と F_2 は,次式で与えられる.

$$F_1 = -J\left(\nabla^2\phi, \frac{\partial \phi}{\partial p}\right) - J\left(\phi, \nabla^2\frac{\partial \phi}{\partial p}\right)$$
$$- 2\left[J\left(\frac{\partial \phi}{\partial x}, \frac{\partial^2 \phi}{\partial x\partial p}\right) + J\left(\frac{\partial \phi}{\partial y}, \frac{\partial^2 \phi}{\partial y\partial p}\right)\right] \tag{6.29}$$

$$F_2 = J\left(\frac{\partial \phi}{\partial p}, \nabla^2\phi\right) + J\left(\frac{\partial \phi}{\partial p}, ff_0\right) + J\left(\phi, \nabla^2\frac{\partial \phi}{\partial p}\right) \tag{6.30}$$

式 (6.29) の右辺の第 2 項は,式 (6.30) の右辺の第 3 項の正負を逆にしたものである.また, F_1 は,サトクリフの発達定理で無視された変形項(式 (6.29) の右辺の鍵括弧の項)を含んでいる.再度これらを無視すると,式 (6.28) の右辺は,次のように近似できる.

$$\frac{1}{f_0}[F_1 + F_2] \approx \frac{1}{f_0}\left[2J\left(\frac{\partial \phi}{\partial p}, \nabla^2\phi\right) + J\left(\frac{\partial \phi}{\partial p}, ff_0\right)\right] \tag{6.31a}$$

これを更に次のように近似する.

$$\frac{1}{f_0}[F_1 + F_2] \approx \frac{2}{f_0}\left[J\left(\frac{\partial \phi}{\partial p}, \nabla^2\phi\right) + J\left(\frac{\partial \phi}{\partial p}, ff_0\right)\right] \tag{6.31b}$$

式 (6.31b) を展開すると,準地衡オメガ方程式である式 (6.26) の右辺の近似的な形が得られる.

$$\sigma\left(\nabla^2 + \frac{f_0^2}{\sigma}\frac{\partial^2}{\partial p^2}\right)\omega \approx 2\left[f_0 \frac{\partial \vec{V_g}}{\partial p} \cdot \nabla(\zeta_g + f)\right] \quad (6.32)$$

したがって，古典的な準地衡オメガ方程式から出発しても，サトクリフによって見出された物理的洞察が得られる．即ち，大規模な中緯度の鉛直運動は，地衡風の絶対渦度の温度風移流により生じるということである（訳注：式(6.23)と式(6.32)から同じ洞察が得られる）．

この結果は，複雑な式(6.26)の右辺が1つの強制項にまとめられ，それを観測値から定性的に評価できるという点で理解しやすく便利なものである．しかし，これまでの議論において読者には，大きな疑問が残るかもしれない．主たる疑問は，大規模な，中緯度の鉛直運動に対する診断式を導くときに，変形項を無視することは妥当なのか？　また次の大きな疑問もある．これらの準地衡鉛直運動が，温度風平衡を維持するために，如何に役立っているのか？　第2の疑問を考察する前に，無視された変形項の性質を，検討する．変形項は，式(6.29)の中で次のように現れる．

$$DEF = -\frac{2}{f_0}\left[J\left(\frac{\partial \phi}{\partial x}, \frac{\partial^2 \phi}{\partial x \partial p}\right) + J\left(\frac{\partial \phi}{\partial y}, \frac{\partial^2 \phi}{\partial y \partial p}\right)\right] \quad (6.33a)$$

地衡風の関係（$f_0 v_g = \partial \phi/\partial x$ および $-f_0 u_g = \partial \phi/\partial y$）と静水圧平衡の関係（$\partial \phi/\partial p = -RT/p$）を用いると，これは次のように表すことができる．

$$DEF = -\frac{2}{f_0}\left[J\left(f_0 v_g, -\frac{R}{p}\frac{\partial T}{\partial x}\right) + J\left(-f_0 u_g, -\frac{R}{p}\frac{\partial T}{\partial y}\right)\right]$$

または

$$DEF = \frac{2R}{p}\left[J\left(v_g, \frac{\partial T}{\partial x}\right) - J\left(u_g, \frac{\partial T}{\partial y}\right)\right] \quad (6.33b)$$

この微分演算を実行し，同類項をまとめると次式が得られる．

$$DEF = \frac{2R}{p}\left[\left(\frac{\partial v_g}{\partial x} + \frac{\partial u_g}{\partial y}\right)\frac{\partial^2 T}{\partial x \partial y} - \frac{\partial v_g}{\partial y}\frac{\partial^2 T}{\partial x^2} - \frac{\partial u_g}{\partial x}\frac{\partial^2 T}{\partial y^2}\right] \quad (6.33c)$$

地衡風のシアー変形（shearing deformation）$\partial v_g/\partial x + \partial u_g/\partial y$ を SH と表示し，地衡風の伸長変形（stretching deformation）$\partial u_g/\partial x - \partial v_g/\partial y$ を ST と表示し，地衡風の非発散性を用いると，式(6.33c)は，次のように書き直すことができる．

$$DEF = \frac{2R}{p}\left[(SH)\frac{\partial^2 T}{\partial x \partial y} + \frac{(ST)}{2}\left(\frac{\partial^2 T}{\partial x^2} - \frac{\partial^2 T}{\partial y^2}\right)\right] \quad (6.33d)$$

この式は地衡風の場において，温度の2次微分が変形（速度の1次微分）と同じ場所で生じるときに変形項が大きくなることを示している．後述するように，そのような条件により中緯度の前線域が定義される．この事実から従来，変形項は前線領域でのみ大きいと仮定されてきた．結局は，温帯低気圧で多く見られる他の非前線的な温度構造にも，これらの条件が当てはまることがわかる．最も顕著な例は，閉塞した低気圧にしばしば伴う大規模な温度の峰（thermal ridge; 高温域（暖域）とも呼ばれる．以後，「温度の峰」と呼ぶ）である．この観点から，変形項を無視してしまうと，多くの通常の中緯度低気圧大気場において誤った診断をしがちである（後述）．次節で，これらの項を含んだ，準地衡の鉛直運動に対する強制の別の定式化を行う．これにより，中緯度大気の性質の理解が深まり，簡単な図式により鉛直運動の推定ができることを示す．

6.4 Q ベクトル

ここでは，Hoskins ら (1978) により導入された，Q ベクトル形式の準地衡オメガ方程式を議論する．Q ベクトルを考察することにより，温度風平衡の興味深い特徴がわかる．これは準地衡鉛直運動の性質を，概念的に深く理解するための基礎として役立つ．地衡風のパラドックスから始める．

6.4.1 地衡風のパラドックスとその解

図 6.8 に描かれたジェットの入口領域を考える．そこに描かれている合流する地衡風の場は，C における水平温度傾度を増加させるように作用する．このような温度傾度の増加により，温度風の関係を通して，地衡風の鉛直シアーが強化されることになる．同時に，地衡風により，より小さな運動量を持つ空気塊がジェット軸へと移流してくる（地衡風の y 成分である $v_g(x)$ の分布により示される）．この運動量の移流は C における風速を減少させる傾向があるため，その気柱内で地衡風の鉛直シアーを減少させる．したがって，地衡風が C での水平の気温傾度の大きさを増大させる一方で，同時に，より小さい運動量を持つ地衡風が C に移流されてくることにより，C での地衡風の鉛直シアーを減少させる働きをすることになる．この状況はパラドックス的である．即ち，地衡風の温度移流は，C における温度風を強めるはずであるが，その一方で，地衡風による運動量移流は，C で温度風を弱めるはずである．そう

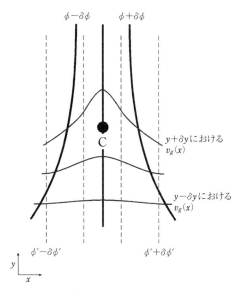

図 6.8 北半球のジェットの入口領域.太い実線は,500 hPa のジオポテンシャル高度,破線は 1000-500 hPa の層厚,細い実線は,y 方向の地衡風の風速分布である.点 C の説明は本文参照.

すると,地衡風は,実際,温度風平衡を崩すことになる.これは地衡風が温度風平衡の 2 つの要素に正負の異なった変化を与えるからである.温度風平衡は地衡風平衡の 1 つの形であるから,地衡風がそれ自体を崩すということになってしまう！ 地衡風のこの特性を地衡風のパラドックスと呼ぶ.

しかし,興味深いことに,観測によれば中緯度における総観規模の流れは常に,ほぼ地衡風平衡にある.このことは,上に述べたことと矛盾しているように見える.地衡風は,自己破壊的であるので,そのつり合いを維持するためには,流れの別の働きがなければならない.流れのその別の働きとは,強制された非地衡風的 2 次循環なのである[5].地衡風は,温度風平衡を崩す傾向があるので,強制された 2 次循環には,地衡風平衡の状態に向けて流れを引き戻す作用がなければならない.地衡風によって引き起こされる傾向を打ち消す作用が 2 次循環にあるならば,これは可能でなる.したがって,図 6.8 に描かれた

---

[5] 1 次的な(つまり最も卓越する)地衡風成分から区別するために,この流れを「2 次循環」と呼ぶ.

ジェットの入口領域の付近で作用する非地衡風的 2 次循環は (1) 気温の水平傾度の大きさを減少させ，同時に，(2) 鉛直のシアーを強めなければならない．地衡風のパラドックスを定量的に調べることが可能な定式化を行い，それにより強制された 2 次循環を求め，パラドックスを解決することとする．

準地衡理論に基づく，y 方向の運動方程式と熱力学の方程式の両方を考察することから始める．このために次式を用いる．

$$\left(\frac{\partial}{\partial t} + \vec{V}_g \cdot \nabla\right) v_g + f_0 u_{ag} = 0 \quad \text{および} \quad \left(\frac{\partial}{\partial t} + \vec{V}_g \cdot \nabla\right)\left(-\frac{\partial \phi}{\partial p}\right) - \sigma\omega = 0$$

(訳注：右式は式 (5.48) である．左式の簡易的な導出は付録 13 に示した．これら両式および本書で現れる他の多くの準地衡方程式の系統的な導出は，付録 8 に記述されている). 当面，非地衡風からの寄与を無視すると，これらの式を次のように書き直すことができる．

$$\left(\frac{\partial}{\partial t} + \vec{V}_g \cdot \nabla\right) v_g = 0 \tag{6.34a}$$

および

$$\left(\frac{\partial}{\partial t} + \vec{V}_g \cdot \nabla\right)\left(-\frac{\partial \phi}{\partial p}\right) = 0 \tag{6.35a}$$

図 6.8 に示した状態に対する温度風は，既に述べたように次式により与えられる．

$$f_0 \frac{\partial v_g}{\partial p} = \frac{\partial^2 \phi}{\partial x \partial p}$$

式 (6.34a) に $f_0 \partial/\partial p$ の演算を行うと，次式となる．

$$f_0 \frac{\partial}{\partial p}\left[\left(\frac{\partial}{\partial t} + \vec{V}_g \cdot \nabla\right) v_g\right] = f_0 \frac{\partial}{\partial p}\left[\frac{\partial v_g}{\partial t} + u_g \frac{\partial v_g}{\partial x} + v_g \frac{\partial v_g}{\partial y}\right]$$

$$= \left(\frac{\partial}{\partial t} + \vec{V}_g \cdot \nabla\right)\left(f_0 \frac{\partial v_g}{\partial p}\right)$$

$$+ f_0 \left[\frac{\partial u_g}{\partial p}\frac{\partial v_g}{\partial x} + \frac{\partial v_g}{\partial p}\frac{\partial v_g}{\partial y}\right]$$

温度風の関係と地衡風の非発散性を用いると，これは次のように書き直すことができる．

$$f_0 \frac{\partial}{\partial p}\left[\left(\frac{\partial}{\partial t}+\vec{V}_g\cdot\nabla\right)v_g\right] = \left(\frac{\partial}{\partial t}+\vec{V}_g\cdot\nabla\right)\left(f_0\frac{\partial v_g}{\partial p}\right) + \left[\frac{\partial\vec{V}_g}{\partial x}\cdot\nabla\left(-\frac{\partial\phi}{\partial p}\right)\right]$$
(6.34b)

興味深いことに，式 (6.35a) に $-\partial/\partial x$ の演算子を施すと次式になる．

$$-\frac{\partial}{\partial x}\left[\left(\frac{\partial}{\partial t}+\vec{V}_g\cdot\nabla\right)\left(-\frac{\partial\phi}{\partial p}\right)\right]$$
$$= -\frac{\partial}{\partial x}\left[\frac{\partial}{\partial t}\left(-\frac{\partial\phi}{\partial p}\right) + u_g\frac{\partial}{\partial x}\left(-\frac{\partial\phi}{\partial p}\right) + v_g\frac{\partial}{\partial y}\left(-\frac{\partial\phi}{\partial p}\right)\right]$$
$$= \left(\frac{\partial}{\partial t}+\vec{V}_g\cdot\nabla\right)\left(\frac{\partial^2\phi}{\partial x\partial p}\right) - \left[\frac{\partial\vec{V}_g}{\partial x}\cdot\nabla\left(-\frac{\partial\phi}{\partial p}\right)\right] \quad (6.35b)$$

式 (6.34b) と式 (6.35b) の最後の行を比べると，$f_0\partial v_g/\partial p$ および $\partial^2\phi/\partial x\partial p$（すなわち温度風平衡にある 2 つの成分）の地衡風に伴う時間変化傾向は，互いに等しい大きさで，しかし反対の符号を持っていることがわかる！（訳注：式 (6.34b) および (6.35b) は，式 (6.34a)（＝0）および式 (6.35a)（＝0）を偏微分したものであり，0 となる．したがって，

$$\left(\frac{\partial}{\partial t}+\vec{V}_g\cdot\nabla\right)\left(f_0\frac{\partial v_g}{\partial p}\right) = -\left[\frac{\partial\vec{V}_g}{\partial x}\cdot\nabla\left(-\frac{\partial\phi}{\partial p}\right)\right] \quad (6.35c)$$

および

$$\left(\frac{\partial}{\partial t}+\vec{V}_g\cdot\nabla\right)\left(\frac{\partial^2\phi}{\partial x\partial p}\right) = \left[\frac{\partial\vec{V}_g}{\partial x}\cdot\nabla\left(-\frac{\partial\phi}{\partial p}\right)\right] \quad (6.35d)$$

となる）．

したがって，地衡風は，温度風平衡の 2 つの要素を，等しい大きさで逆センスに変化させようとすることにより，それ自体を壊そうとしている．地衡風のこの変化傾向を Q_1 と表すと，次式を得る．

$$Q_1 = -\frac{\partial\vec{V}_g}{\partial x}\cdot\nabla\left(-\frac{\partial\phi}{\partial p}\right)$$

（訳注：訳注の式 (6.35c) は地衡風の鉛直シアーを変化させる強制（式 (6.35c) の右辺）が Q_1 であり，式 (6.35d) は温度の水平傾度を変化させる強制が $-Q_1$ であることを意味している）．

式 (6.34a) と式 (6.35a) を求める際に無視した非地衡風の項を再度入れると次式を得る．

$$f_0 \frac{\partial}{\partial p}\left[\left(\frac{\partial}{\partial t}+\vec{V}_g \cdot \nabla\right) v_g + f_0 u_{ag}\right]$$
$$= \left(\frac{\partial}{\partial t}+\vec{V}_g \cdot \nabla\right)\left(f_0 \frac{\partial v_g}{\partial p}\right) - Q_1 + f_0^2 \frac{\partial u_{ag}}{\partial p} \qquad (6.36)$$

および

$$-\frac{\partial}{\partial x}\left[\left(\frac{\partial}{\partial t}+\vec{V}_g \cdot \nabla\right)\left(-\frac{\partial \phi}{\partial p}\right) - \sigma\omega\right]$$
$$= \left(\frac{\partial}{\partial t}+\vec{V}_g \cdot \nabla\right)\left(\frac{\partial^2 \phi}{\partial x \partial p}\right) + Q_1 + \sigma \frac{\partial \omega}{\partial x} \qquad (6.37)$$

式 (6.37) に -1 を掛け，それを式 (6.36) に加えると，時間微分が消え（温度風の関係 $f_0 \partial v_g / \partial p = \partial^2 \phi / \partial x \partial p$ を用いた）次式を得る．

$$-2Q_1 = \sigma \frac{\partial \omega}{\partial x} - f_0^2 \frac{\partial u_{ag}}{\partial p} \qquad (6.38)$$

x 方向の運動方程式や熱力学の方程式について同じ操作をすると次の結果が得られる．

$$-2Q_2 = \sigma \frac{\partial \omega}{\partial y} - f_0^2 \frac{\partial v_{ag}}{\partial p} \qquad (6.39)$$

ここで，

$$Q_2 = -\frac{\partial \vec{V}_g}{\partial y} \cdot \nabla \left(-\frac{\partial \phi}{\partial p}\right)$$

とする．最後に，式 (6.38) に $\partial/\partial x$ の演算を行い，それを式 (6.39) に $\partial/\partial y$ の演算をしたものに加えると，次式が得られる．

$$-2\left(\frac{\partial Q_1}{\partial x} + \frac{\partial Q_2}{\partial y}\right) = \sigma\left(\frac{\partial^2 \omega}{\partial x^2} + \frac{\partial^2 \omega}{\partial y^2}\right) - f_0^2 \frac{\partial}{\partial p}\left(\frac{\partial u_{ag}}{\partial x} + \frac{\partial v_{ag}}{\partial y}\right)$$

この式に，連続の式の結果を代入すると次式になる（訳注：式 (4.9b) 参照）．

$$-2\left(\frac{\partial Q_1}{\partial x} + \frac{\partial Q_2}{\partial y}\right) = \sigma\left(\frac{\partial^2 \omega}{\partial x^2} + \frac{\partial^2 \omega}{\partial y^2}\right) + f_0^2 \frac{\partial^2 \omega}{\partial p^2} = \sigma\left(\nabla^2 + \frac{f_0^2}{\sigma}\frac{\partial^2}{\partial p^2}\right)\omega \qquad (6.40)$$

式 (6.40) の右辺は，古典的な準地衡オメガ方程式 (6.26) の左辺で見られる 3

次元のラプラシアンである．この形式の準地衡オメガ方程式における強制関数は，2次元の水平ベクトル量，$\vec{Q} = (Q_1, Q_2)$ あるいは

$$\vec{Q} = \left[\left(-\frac{\partial \vec{V}_g}{\partial x} \cdot \nabla\left(-\frac{\partial \phi}{\partial p}\right)\right)\hat{i}, \left(-\frac{\partial \vec{V}_g}{\partial y} \cdot \nabla\left(-\frac{\partial \phi}{\partial p}\right)\right)\hat{j}\right] \quad (6.41)$$

で定義される Q ベクトルの収束を2倍したもので与えられる．静水圧平衡の式（$\partial \phi/\partial p = -RT/p$）を使うと，より便利な形式に書き直すことができる．

$$\vec{Q} = -\frac{R}{p}\left[\left(\frac{\partial \vec{V}_g}{\partial x} \cdot \nabla T\right)\hat{i}, \left(\frac{\partial \vec{V}_g}{\partial y} \cdot \nabla T\right)\hat{j}\right]$$

実際の天気図において容易にこの式を用いることができる．式 (6.40) から，$\vec{Q}$ が収束（発散）しているところで上向き（下向き）の運動が生じることがわかる．また，前述のオメガ方程式（訳注：式 (6.32)）を導出する際に変形項を無視したが，式 (6.40) を導くときには，そのような無視はしていないことに注意したい．

ここで，当初の図 6.8 に示された温度傾度がある場合での合流性の流れを再度調べてみる．この気象場で渦度移流を決めるのはかなり困難であるので，準地衡オメガ方程式を伝統的なやり方で近似する方法（訳注：式 (6.26) 参照）は，鉛直速度（オメガ）を診断するためにはあまり有効ではない．一方，Q ベクトルは複雑ではあるが，より完全であり，この診断には有効である．したがって，図 6.8 に示された例において，Q ベクトルの完全な式を簡略化してみる．$\vec{Q}$ の完全な式は次式で与えられる．

$$\vec{Q} = -\frac{R}{p}\left[\left(\frac{\partial u_g}{\partial x}\frac{\partial T}{\partial x} + \frac{\partial v_g}{\partial x}\frac{\partial T}{\partial y}\right)\hat{i} + \left(\frac{\partial u_g}{\partial y}\frac{\partial T}{\partial x} + \frac{\partial v_g}{\partial y}\frac{\partial T}{\partial y}\right)\hat{j}\right] \quad (6.42)$$

しかし，図 6.8 において $\partial T/\partial y$ はゼロであるので，地衡風の非発散性を再度用いると，$\vec{Q}$ は次のように簡略化される．

$$\vec{Q} = -\frac{R}{p}\left[\left(\frac{\partial u_g}{\partial x}\frac{\partial T}{\partial x}\right)\hat{i} + \left(\frac{\partial u_g}{\partial y}\frac{\partial T}{\partial x}\right)\hat{j}\right] = -\frac{R}{p}\left(\frac{\partial T}{\partial x}\right)\left(\frac{-\partial v_g}{\partial y}\hat{i} + \frac{\partial u_g}{\partial y}\hat{j}\right)$$

$$= -\frac{R}{p}\left(\frac{\partial T}{\partial x}\right)\left[\hat{k} \times \frac{\partial \vec{V}_g}{\partial y}\right] \quad (6.43a)$$

そこで，等温線に沿った（y 軸に沿って）地衡風ベクトルの変化を求めると，その結果得られる Q ベクトルの向きは上向き単位ベクトルと地衡風ベクトル

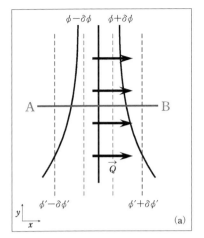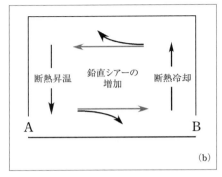

図 6.9　(a) 図 6.8 で示された合流するジェットの入口領域での Q ベクトル．線分 A-B に沿う鉛直断面図が (b) に示される．(b) (a) における線分 A-B に沿う鉛直の断面図．黒い矢印は (a) における Q ベクトルの分布に伴い生じる 2 次的な非地衡風の循環における鉛直と水平の成分．灰色の矢印は，強制された循環の水平流を表す．コリオリ力がそれを右方向に向ける．

の変化との外積で決まり，その大きさは x 方向の気温傾度の強さに依存する（訳注：地衡風は，等ジオポテンシャル線に沿って吹く．地衡風は大まかには y 方向に変化している．したがって，上向き単位ベクトルと地衡風ベクトルの変化の外積の負のベクトルは，大まかには x 方向の正の向きとなる）．

　図 6.9(a) は，図 6.8 の合流するジェットの入口領域での Q ベクトルを示す．このような Q ベクトルの向きから，Q ベクトルは暖気中で収束し，寒気中で発散することがわかる．よって，暖気が上昇し寒気が下降するという熱的に直接的な 2 次循環が起きると診断される（図 6.9(b)）．そのような非地衡風的な 2 次循環は，気象場に 2 つの重要な変更を加える．第 1 には，上昇する暖気の断熱冷却と下降する寒気の断熱昇温は，∇T の大きさを減少させる．これは，合流する地衡風による温度移流が温度傾度を強める傾向をちょうど打ち消すように働く！　第 2 に，この 2 次循環に伴う非地衡水平流は，それに働くコリオリ力の効果により地衡風の鉛直シアー（訳注：温度風）を強めようとし，合流する地衡風により運動量移流が風速を弱める作用をまさに打ち消すように働く！　したがって，Q ベクトルで診断された非地衡風 2 次循環は，まさに地衡風が壊そうとする温度風平衡を回復させるのに不可欠な働きをする

(訳注：暖気中で Q ベクトルの収束が生じると，式 (6.40) の右辺が正となり，ω が負となる．この非地衡風2次循環に伴う鉛直運動より，パラドックスで述べられた第1の点（温度傾度が強化されること）が，緩和されることになる．同時に，2次循環に働くコリオリ力が上空では北向きの地衡風の加速をもたらし，第2の点（図6.8の点Cにおける風速の減少傾向）も緩和される）．

6.4.2 自然座標で表示した Q ベクトル

これまで見てきたように，Q ベクトルは，かなり複雑な式であるが，$-2\nabla \cdot \vec{Q}$ により，準地衡オメガ方程式における強制を完全に表現できる．ここに，天気図を用いた解析に利用しやすいように自然座標で表した Q ベクトルの式を考察する[6]．式 (6.42)

$$\vec{Q} = -\frac{R}{p}\left[\left(\frac{\partial u_g}{\partial x}\frac{\partial T}{\partial x} + \frac{\partial v_g}{\partial x}\frac{\partial T}{\partial y}\right)\hat{i} + \left(\frac{\partial u_g}{\partial y}\frac{\partial T}{\partial x} + \frac{\partial v_g}{\partial y}\frac{\partial T}{\partial y}\right)\hat{j}\right]$$

から始め，$\partial T/\partial x = 0$ および $\partial T/\partial y = 0$ の2つの特別な例を別々に考察する．$\partial T/\partial x = 0$ の場合については，図6.10におけるように，東西に延びたジェット気流が合流する入口領域を考察する．そのような気象場では，上の式は次式のようになる．

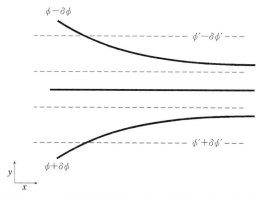

図 6.10 北半球において東西に延びたジェットが合流する入口領域．太い実線は500 hPaのジオポテンシャル高度で，破線は1000-500 hPaの層厚である．この流れの配置では $\partial T/\partial x = 0$ となることに留意すること．

---

[6] この議論は，Sanders and Hoskins (1990) に基づく．

$$\vec{Q} = -\frac{R}{p}\left(\frac{\partial T}{\partial y}\right)\left[\frac{\partial v_g}{\partial x}\hat{i} + \frac{\partial v_g}{\partial y}\hat{j}\right] = -\frac{R}{p}\left(\frac{\partial T}{\partial y}\right)\left[\frac{\partial v_g}{\partial x}\hat{i} - \frac{\partial u_g}{\partial x}\hat{j}\right]$$

$$= \frac{R}{p}\left(\frac{\partial T}{\partial y}\right)\left[\hat{k} \times \frac{\partial \vec{V}_g}{\partial x}\right] \tag{6.43b}$$

ここで，地衡風は非発散であり，次式が成り立つことを利用した．

$$\frac{\partial v_g}{\partial x}\hat{i} - \frac{\partial u_g}{\partial x}\hat{j} = -\hat{k} \times \frac{\partial \vec{V}_g}{\partial x}$$

この例では，x軸を流れに沿った方向に，y軸を流れを横切る方向に，しかも寒気側を正の向きにとる．

$\partial T/\partial y = 0$の場合の例として，合流するジェットの入口を描いた図6.8を用いる．これはQベクトルの有用性を説明するために使われたものである．その例では，$\vec{Q}$は次式で表された．

$$\vec{Q} = -\frac{R}{p}\left(\frac{\partial T}{\partial x}\right)\left[\hat{k} \times \frac{\partial \vec{V}_g}{\partial y}\right]$$

y軸は流れに沿った方向であり，x軸は流れを横切る方向で，暖気の方を正の向きに選んでいる．

ここで，$\hat{s}$を等温線に沿った向き，$\hat{n}$を等温線に直交し暖気に向けてとった自然座標$(\hat{s}, \hat{n})$を採用する．$\partial T/\partial x = 0$（図6.10）の場合には，$\partial T/\partial y = -|\partial T/\partial n|$（$\partial T/\partial y < 0$であるから）となる．同様に，$\partial \vec{V}_g/\partial x = \partial \vec{V}_g/\partial s$となるので，自然座標における$\vec{Q}$の式は次のようになる．

$$\vec{Q} = -\frac{R}{p}\left|\frac{\partial T}{\partial n}\right|\left[\hat{k} \times \frac{\partial \vec{V}_g}{\partial s}\right]$$

$\partial T/\partial y = 0$（図6.8）の場合については，$\partial T/\partial x = |\partial T/\partial n|$（$\partial T/\partial x > 0$なので）となる．また，$\partial \vec{V}_g/\partial y = \partial \vec{V}_g/\partial s$となるので，自然座標の$\vec{Q}$の式は，$\partial T/\partial x = 0$の場合と同じようになる．

$$\vec{Q} = -\frac{R}{p}\left|\frac{\partial T}{\partial n}\right|\left[\hat{k} \times \frac{\partial \vec{V}_g}{\partial s}\right] \tag{6.44}$$

このことにより，この式が自然座標の$\vec{Q}$の一般的な表現であることがわかる．この式を適用するためには，等温線に沿った地衡風ベクトルの変化を求め，鉛

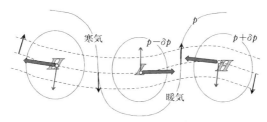

図 6.11 北半球におけるひと続きの低気圧と高気圧の模式図．細い実線は，海面高度の等圧線，破線は 1000-500 hPa の層厚，黒い矢印は地表の地衡風，薄い灰色の矢印は $\partial \vec{V}_g/\partial s$，太い矢印は Q ベクトルである．

直方向ベクトルとそのベクトルの外積を求め，その結果得られるベクトルの方向を逆向きにすれば（−1 が掛けられているので）$\vec{Q}$ の方向が求まる．その大きさは $|\partial T/\partial n|$ に比例する．

　ここで，その答えがわかっているいくつかの例を調べる．最初に，理想化された低気圧と高気圧が交互に並んだときの，地上の等圧線と等温線のパターンを考える（図 6.11）．真ん中の等温線を $\hat{s}$ 軸として選ぶと，その等温線に沿った地衡風ベクトルの変化を考えるだけでよい．Q ベクトルは地上低気圧の中心の東側で収束し，その西側で発散することがわかる．こうして低気圧の東側で上昇流があり，高気圧の東側で下降流があると診断される．このようにして，ひと続きの低気圧と高気圧は，温度風の向き，即ち東向きに伝搬する（訳注：低気圧の東側で上昇流があるということは，そこで気圧が低下する傾向にあることを意味している．これは，サトクリフの発達定理に基づく解析結果（図 6.3 参照）と定性的には一致している）．

　次に，図 6.12 に示されたような，地衡風の純粋な変形領域に位置する，東西に延びて密集した等温位線を考察する．準地衡オメガ方程式の伝統的な形式や，これまでそれ議論してきたそれへの近似では，この気象場を容易に診断することができないことは明らかである．真ん中の等温線を $\hat{s}$ 軸として選べば，その等温線に沿った地衡風の変化だけを考慮すればよい．推定される Q ベクトルは一様にこの傾圧帯の暖気側を向いており，暖気が上昇し寒気が下降する熱的な直接循環が起きることを示している．この変形領域で起きている差分熱移流（differential thermal advection）は，等温線を水平方向に密になるよう引きよせ，温度風（地衡風シアー）を強める．これと同じ力学的原理は，図 6.4(b) に関連して議論されている（訳注：図 6.4 では，合流する風により温度傾度が強まることで，温度風が強化され，非地衡風が生じ，そのことにより，収束・発散の

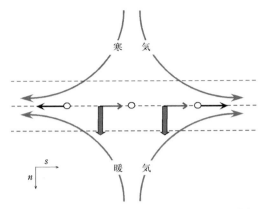

図 6.12 地衡風の変形領域での等温線．曲がった灰色の矢印は地衡風の流線，破線は等温線あるいは層厚の等値線，黒い矢印は白丸の場所での地衡風である．真っ直ぐな灰色の矢印は $\partial \vec{V}_g / \partial s$ を示しており，太い灰色の矢印は Q ベクトルである．

領域が発生するという議論であった．ここでは，風の変形作用により東西方向の地衡風が変化し，Q ベクトルを生じると考え，その収束・発散から，大気の鉛直運動を求めている．異なった表現形式を用いて同じ過程を解析しているのである）．次の章で前線生成を議論する際に，温度傾度の変化とこれに伴う鉛直運動の変化の関係を詳しく議論する．最後に，図 6.13 に描かれたような，一様な地衡風温度移流からなる仮想的な場を考察する．この場合は容易にわかるように，等温線に沿って地衡風が変化していないことから，Q ベクトルも準地衡的鉛直運動を生じない．

これまで述べてきたように準地衡オメガ方程式の Q ベクトル形式を用いると，強制項を完全な形で表現することができる．これこそが変形項を無視したサトクリフやトレンバースの近似との違いである．この時点での議論において，2 つの疑問が生じる．(1) Q ベクトルによる強制において変形項はどこに含まれているのか．(2) 変形項は本当に無視できるのか．最初の問いはかなり理論的なものであるが，2 番目の問いは実際の天気予報にとって重要な事柄である．既に述べたように，準地衡オメガ方程式の Q ベクトル形式における ω に対する強制は，次式で与えられる．

$$\text{強制} = -2\nabla \cdot \vec{Q} = -2\left(\frac{\partial Q_1}{\partial x} + \frac{\partial Q_2}{\partial y}\right) \tag{6.45}$$

式 (6.42) を用いると，これは次のように書くことができる．

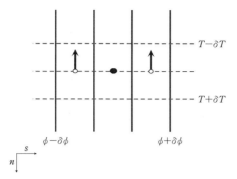

図 6.13 一様な地衡風暖気移流の場におけるジオポテンシャル高度（太い黒線）と等温線（破線）．矢印は白丸の場所における地衡風．地衡風が一様であることから $\partial \vec{V}_g/\partial s$ は黒点の場所でゼロであり，Q ベクトルもゼロで，Q ベクトルの発散もゼロとなる．

$$\text{強制} = -2\frac{R}{p}\left[\frac{\partial}{\partial x}\left(-\frac{\partial \vec{V}_g}{\partial x}\cdot\nabla T\right) + \frac{\partial}{\partial y}\left(-\frac{\partial \vec{V}_g}{\partial y}\cdot\nabla T\right)\right]$$

この式は，連鎖律により4つの項に展開できる．

$$\text{強制} = -2\frac{R}{p}\left\{\left[\frac{\partial}{\partial x}\left(-\frac{\partial \vec{V}_g}{\partial x}\right)\cdot\nabla T + \frac{\partial}{\partial y}\left(-\frac{\partial \vec{V}_g}{\partial y}\right)\cdot\nabla T\right] \right. $$
$$\left. + \left[-\frac{\partial \vec{V}_g}{\partial x}\cdot\nabla\frac{\partial T}{\partial x} - \frac{\partial \vec{V}_g}{\partial y}\cdot\nabla\frac{\partial T}{\partial y}\right]\right\} \tag{6.46}$$

式 (6.46) の右辺最初の鍵括弧の項は，準地衡オメガ方程式の強制関数に対するサトクリフ/トレンバースの近似に等しい．このことを示すのは読者の練習問題とする．ということは当然，式 (6.46) の右辺2番目の鍵括弧の項が無視されがちな変形項ということになる．前に指摘した通り，気温の2次微分と地衡風の1次微分が同じ場所で生じるとき，この項が重要になる．前線帯ではこの条件が当てはまるが，中緯度の低気圧で観測される多くの他の特徴的な温度構造においても当てはまる．図 6.14 に，中程度に閉塞した低気圧に対するサトクリフ/トレンバースの強制項（図 6.14(a)）と変形項（図 6.14(b)）から得られる準地衡（QG）鉛直気圧速度を示す．非前線的な熱構造である閉塞した低気圧近傍の温度の峰（暖気域）では，変形項により準地衡的な鉛直運動が大きくなる．この上昇流は，準地衡オメガ方程式に対するサトクリフ/ト

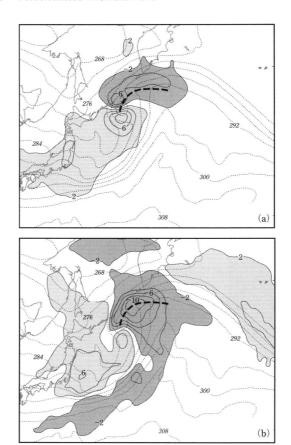

図 6.14 2003 年 2 月 23 日 1200 UTC における 700 hPa 面での温位と準地衡鉛直運動．濃い影（薄い影）を付した領域は，上向き（下向き）の鉛直運動が起きていることを示す．鉛直運動は，$-2(2)\,\mathrm{dPa\,s^{-1}}$ から $-2(2)\,\mathrm{dPa\,s^{-1}}$ ごとに等速線が描かれている．(a) サトクリフ/トレンバースの近似による準地衡鉛直運動．(b) 準地衡鉛直運動に対する変形項の寄与．両方の図において，太い破線は，閉塞した温度の峰の軸を示す（訳注：温度の峰においては，温度の 2 次微分が大きくなるので，この付近で変形項が大きくなる）．

レンバースの近似からは説明することができない（訳注：閉塞した低気圧への Q ベクトルの適用と鉛直運動の解析は，8.6，8.7 節で詳しく述べられている）．

6.4.3 等温位線に沿った方向と等温位線を横切る方向の $\vec{Q}$ の成分

第 7 章で前線形成（frontogenesis）の議論を始める前に，Q ベクトルの物

理的意味を述べておく．まず，$-\partial\phi/\partial p = f\gamma\theta$ の形の静水圧平衡の式を書き直すことから始める．ここで，θ は温位であり，γ は等圧面上での定数，即ち，

$$\gamma = \frac{R}{fp_0}\left(\frac{p_0}{p}\right)^{c_v/c_p}$$

とする（訳注：γ は，温度風定数（thermal wind constant）と呼ばれる）．p_0 は通常，1000 hPa とする．この形式の静水圧平衡の式を用いると，式 (6.41) は，次のように書き直すことができる．

$$\vec{Q} = f\gamma\left[\left(-\frac{\partial \vec{V}_g}{\partial x}\cdot\nabla\theta\right)\hat{i}, \left(-\frac{\partial \vec{V}_g}{\partial y}\cdot\nabla\theta\right)\hat{j}\right] \tag{6.47}$$

ここで地衡風に沿っての $\nabla\theta$ のラグランジュ的な時間変化率を考察する．数式で表せば

$$\frac{d_g}{dt}\nabla\theta = \left(\frac{\partial}{\partial t} + \vec{V}_g\cdot\nabla\right)\nabla\theta = \left(\frac{\partial}{\partial t} + \vec{V}_g\cdot\nabla\right)\left(\frac{\partial\theta}{\partial x}\hat{i} + \frac{\partial\theta}{\partial y}\hat{j}\right) \tag{6.48a}$$

となるが，断熱条件では次式が成り立つ．読者自ら，章末の問 6.12 として確かめよ（訳注：詳細解答参照）．

$$f\gamma\frac{d_g}{dt}\nabla\theta = \vec{Q} \tag{6.48b}$$

これにより，物理的な深い意味が Q ベクトルに与えられる．すなわち，$\dot{Q}$ ベクトルは地衡風の流れに沿った $\nabla\theta$ の時間変化率を与えるのである．前線形成と低気圧発生（cyclogenesis）の議論では Q ベクトルのこの特性を利用することになる．Q ベクトルを用いてさらに考察を深めるためには，当面この物理的な事実を利用することで十分である．

次の式

$$\vec{Q} = f\gamma\frac{d_g}{dt}\nabla\theta$$

が与えられているとき，図 6.15 に模式的に示されているように，$\vec{Q}$ を等温位線に沿った成分 $\vec{Q}_s$ と等温位線に直交する成分 $\vec{Q}_n$ とに分解して考えると便利である（$\vec{Q} = \vec{Q}_s + \vec{Q}_n$）．$\vec{Q}_s$ と $\vec{Q}_n$ に相当する数学的な表式を導出する前に，それぞれが持つ物理的な意味を考える．すべてのベクトルと同様，ベクトル $\nabla\theta$ は大きさと向きを持っている．$\vec{Q}_n$ は $\nabla\theta$ に沿った向きであり，$\nabla\theta$ の大き

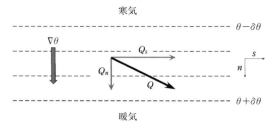

図 6.15 自然座標系で Q ベクトルを等温位線に沿った成分 $\vec{Q}_s$ と等温位線に直交する成分 $\vec{Q}_n$ に分解した図.

さの変化だけに影響する. $\vec{Q}_s$ は $\nabla\theta$ に直交しているので, それは $\nabla\theta$ の向きの変化にのみ影響する. $\vec{Q}_n$ はベクトル $\nabla\theta$ に沿った $\vec{Q}$ の成分なので, 簡単なベクトル計算により $\vec{Q}_n$ は次式で表される.

$$\vec{Q}_n = \left(\frac{\vec{Q}\cdot\nabla\theta}{|\nabla\theta|}\right)\frac{\nabla\theta}{|\nabla\theta|} \tag{6.49}$$

$\nabla\theta$ 方向の単位ベクトル ($\nabla\theta/|\nabla\theta|$) を $\hat{n}$ と書き, $\vec{Q}_n$ の大きさ ($\vec{Q}\cdot\nabla\theta/|\nabla\theta|$) を Q_n と書くと, 式 (6.49) は $\vec{Q}_n = Q_n\hat{n}$ と書くことができる. 同じように $\vec{Q}_s$ は, ベクトル $\hat{k}\times\nabla\theta$ に沿った $\vec{Q}$ の成分であり, 次のように表すことができる.

$$\vec{Q}_s = \left[\frac{\vec{Q}\cdot(\hat{k}\times\nabla\theta)}{|\nabla\theta|}\right]\frac{\hat{k}\times\nabla\theta}{|\nabla\theta|} \tag{6.50}$$

ここで, $|\hat{k}\times\nabla\theta| = |\nabla\theta|$ であることを利用した. $\hat{k}\times\nabla\theta$ 方向の単位ベクトルを $\hat{s}$ と表示し, $\vec{Q}_s$ の大きさ ($\vec{Q}\cdot(\hat{k}\times\nabla\theta)/|\nabla\theta|$) を Q_s で表示すると, 式 (6.50) は $\vec{Q}_s = Q_s\hat{s}$ と書ける. $\vec{Q}_n$ と $\vec{Q}_s$ に対する 2 つの式を代入し次式を得る.

$$\vec{Q} = Q_n\hat{n} + Q_s\hat{s} \tag{6.51}$$

準地衡鉛直運動は, $-2\nabla\cdot\vec{Q}$ に結びついているので, $\vec{Q}$ を 2 つの成分に分解したことと合わせて考えれば, $-2\nabla\cdot\vec{Q}$ を $-2\nabla\cdot\vec{Q}_n$ と $-2\nabla\cdot\vec{Q}_s$ という 2 つの和と見なすことができる. $\vec{Q}_n$ と $\vec{Q}_s$ の向きから, これらに対応する鉛直運動の分布は, 温度風を横切る (transverse) 一対と, 温度風に沿う (shearwise) 一対から構成される (訳注: 図 6.15 においては, $\vec{Q}_n$ の収束と発散が $\vec{Q}_n$ の南と北で

生じ,その収束と発散の場所で上昇と下降運動が生じる.また,$\vec{Q}_s$ の収束と発散が東と西で生じ,その場所で上昇と下降運動が生じる).

次章では,準地衡鉛直運動場で温度風を横切って分布する成分(訳注:上記の $\vec{Q}_n$ に対応する成分)が,温帯低気圧を特徴づける前線帯の力学に直接関係していることが示される.一方,温度風による絶対渦度の移流が鉛直運動を引き起こす主なメカニズムであるトレンバース近似を考察することで,$\vec{Q}_s$ 成分の性質に対する深い理解が得られることを示す.この形式においては,式 (6.32)

$$\sigma\left(\nabla^2 + \frac{f_0^2}{\sigma}\frac{\partial^2}{\partial p^2}\right)\omega \approx 2\left[f_0\frac{\partial \vec{V}_g}{\partial p}\cdot\nabla(\zeta_g + f)\right]$$

において,絶対渦度の勾配のうち惑星渦度による寄与を無視し(訳注:多くの場合 $\nabla\zeta_g$ に対し ∇f が小さいので),地衡風の非発散性を利用すると,右辺は次のようにフラックスの発散の形式で書くことができる.

$$\sigma\left(\nabla^2 + \frac{f_0^2}{\sigma}\frac{\partial^2}{\partial p^2}\right)\omega \approx 2\nabla\cdot\left[f_0\frac{\partial \vec{V}_g}{\partial p}\zeta_g\right] \quad (6.52a)$$

次式

$$\frac{\partial \vec{V}_g}{\partial p} = \frac{\hat{k}}{f}\times\nabla\frac{\partial \phi}{\partial p} = -\gamma(\hat{k}\times\nabla\theta)$$

を用いると,式 (6.52a) は次式となる.

$$\sigma\left(\nabla^2 + \frac{f_0^2}{\sigma}\frac{\partial^2}{\partial p^2}\right)\omega \approx -2\nabla\cdot\vec{Q}_{TR} \quad (6.52b)$$

ここで,$\vec{Q}_{TR} = f_0\gamma\zeta_g(\hat{k}\times\nabla\theta)$ である.したがって,準地衡オメガ方程式のトレンバースの近似形式は,Q ベクトル形式による完全なオメガ方程式と同一の形式で書くことができる[7].$\vec{Q}_{TR}$ はどこでも等温位線に平行であるので,$\vec{Q}_{TR}$ は $\vec{Q}_s$ の少なくとも一部分を表すことがわかる(訳注:$\vec{Q}_{TR}$ は $\vec{Q}_s$ と同じ向きである.このことから,トレンバース形式の強制項には,$\vec{Q}_n$ に相当する成分が欠けていると解釈される).発達中の低気圧における $\vec{Q}_{TR}$ とそれに伴う準地衡鉛直運動の分布を図 6.16 に示す(これは既に図 6.6 で議論したものである).第 8 章で温帯低気圧生成を議論する際に示されるように,Q ベクトルに対応して,

---

[7] Q ベクトルの $\vec{Q}_n$ と $\vec{Q}_s$ 成分の両方を求めることと,温帯低気圧の閉塞象限 (quadrant) における鉛直運動の診断への利用については,Martin (1999) に述べられている.

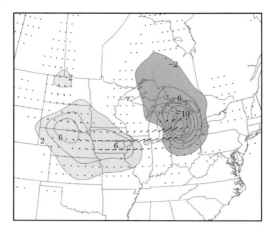

図 6.16 2003 年 11 月 13 日 0000 UTC における 700 hPa 面での $\vec{Q}_{TR}$ とそれに伴う準地衡の鉛直運動．鉛直運動は，2 dPa s^{-1} ごとに等速線が描かれている．濃い影は上向きの鉛直運動の領域を，薄い影は下向きの鉛直運動の領域を示している（訳注：$\vec{Q}_{TR}$ の方向が，ほぼ東を向いており，等温位線に平行である．また，濃い影の領域では $\vec{Q}_{TR}$ が減少しており，$\vec{Q}_{TR}$ の収束があり，上昇流が起きている．逆に，薄い影の領域では $\vec{Q}_{TR}$ は増加しており，その発散域となり，下降流が生じている）．

鉛直運動を温度風に沿う方向の成分と横切る成分とに分けることは大変有効である（訳注：Q ベクトルの理解のために説明を付録 7 に加えたので，それを参照されたい）．

参考文献

Sutcliffe (1939) では，非地衡風と，それが鉛直運動の生成に果たす役割が議論されている．

Sutcliffe (1947) では，彼の有名な発達定理が述べられている．

Trenberth (1978) では，伝統的な準地衡オメガ方程式において，いくつかの項が相殺されることが述べられている．

Hoskins *et al.* (1978) では，Q ベクトルが導出され，その議論がなされている．

Martin (1998) では，Q ベクトルの視点から，準地衡オメガ方程式における変形項を無視することの妥当性が論じられている．

問題

6.1. (a) 図 6.1A に示される中緯度上部対流圏の波列において，上昇流と下降流の領域が，どこにあるかを示し，その理由を説明せよ．

(b) 図 6.1A に示された伝播する波列は，それに伴って図 6.1B に示されるジオポテ

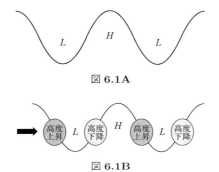

図 6.1A

図 6.1B

ンシャル高度の上昇や下降の分布を生じる．そのジオポテンシャル高度における非地衡風の変圧風成分と慣性移流風成分は，相対的にどちらが大きいかを答え，その理由を説明せよ．

6.2. 準地衡近似に対応する非地衡風の表現は次式になる．

$$\frac{\hat{k}}{f} \times \frac{d\vec{V}_g}{dt} = \frac{\hat{k}}{f} \times \left(\frac{\partial \vec{V}_g}{\partial t} + \vec{V}_g \cdot \nabla \vec{V}_g\right) = \vec{V}_{ag}$$

(a) 準地衡近似において，非地衡風の慣性移流成分の式は，次式により与えられることを示せ．

$$\vec{V}_{IA} = -\frac{\vec{V}_g \zeta_g}{f}$$

模式図を描き，次のことがらを，$\vec{V}_{IA}$ の分布により示せ．

(b) ジェット・ストリークの場を 4 象限に分割した場合の，各象限における鉛直運動の分布．

(c) ジオポテンシャル高度の場で表される上部対流圏の東西に連なった波列（図 6.1A）に伴う鉛直運動の分布．

6.3. この問題は，Sutcliffe (1939) の発達定理による診断に関連している．シアーベクトルのラグランジュ的な変化率 ($d\vec{V}_s/dt$) に伴う（気柱における正味の）非地衡風は，シアーベクトルに常に垂直である．このことから，シアーを変化させるどのような過程も，シアーを横断する鉛直な循環を引き起こす強制として作用することがわかる．地上風の上のシアー ($\vec{V}_s \cdot \nabla V_0$) に伴う（気柱における正味の）非地衡風は，必ずしも，シアーベクトルと平行でないことを示せ．

6.4. 図 6.2A に，1000-500 hPa の層厚の等値線（破線）と任意の変数 Q の等値線（500 hPa と 1000 hPa において同じ値を持つ）を示す．観測所 A において，Q の地衡風による移流は 1000 hPa または 500 hPa のどちらの高度で大きいか，観測所 A は北半球にあるとして説明せよ．（ヒント：その答えを証明するのに，温度風の最

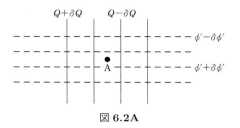

図 6.2A

も基礎的な定義を用いよ.)

6.5. 準地衡オメガ方程式において，2 つの異なった強制項は部分的に相殺する．相殺する項は，どのような過程を表しているか述べよ．

6.6. 次式が成り立つことを示せ．
$$-\frac{\partial \phi}{\partial p} = f\gamma\theta$$
ここで $\gamma = \frac{R}{fp_0}\left(\frac{p_0}{p}\right)^{c_v/c_p}$, $R + c_v = c_p$ および $\theta = T\left(\frac{p_0}{p}\right)^{R/c_p}$ である．

6.7. 南半球中緯度の真っ直ぐなジェット・ストリークに伴う入口／出口領域での循環は，北半球のジェット・ストリークに伴う循環と同じ特徴を持っているか，説明せよ．

6.8. 図 6.3A は，2004 年 10 月におけるカムチャッカ半島の東方に発達した温帯低気圧に対する 700 hPa ジオポテンシャル高度と気温の解析データを図示している．

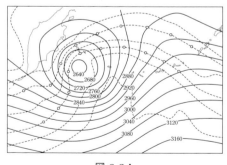

図 6.3A

(a) Q ベクトルの自然座標表示を使って，示された点での Q ベクトルを描け．
(b) (a) で描かれた Q ベクトルの収束と発散の領域を模式的に描け．
(c) 収束と発散の領域は，嵐における空気の上昇および下降域に対応するか述べよ．

6.9. 図 6.4A は，北海の「逆シアー」のポーラーロー (polar low) における 850 hPa のジオポテンシャル高度（実線）と 1000-850 hPa の層厚（破線）を示す（単位はデカメートル (dam)）．

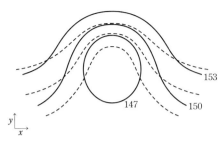

図 6.4A

(a) 850 hPa での渦度が最大になる場所を × 印で表示せよ．
(b) 1000-850 hPa での温度風の方向を表示せよ．
(c) 総観規模での上向きと下向きの鉛直運動の領域を，+ と − で表示せよ．サトクリフの発達定理により，その理由を説明せよ．

6.10. 次式を導出せよ．
$$\frac{2}{f}\left[J\left(\frac{\partial \phi}{\partial p}, \nabla^2 \phi\right) + J\left(\frac{\partial \phi}{\partial p}, ff_0\right)\right] = 2f_0 \frac{\partial \vec{V}_g}{\partial p} \cdot \nabla(\zeta_g + f)$$

6.11. 準地衡オメガ方程式における静的安定度 σ は次式で表される．
$$\sigma = -\frac{1}{\rho\theta}\frac{\partial \theta}{\partial p}$$
ジオポテンシャル ϕ を用いて，σ が次のように書けることを示せ．
$$\sigma = \frac{\partial^2 \phi}{\partial p^2} + \frac{c_v}{pc_p}\frac{\partial \phi}{\partial p}$$

6.12. 断熱の流れに対して，次式が成り立つことを示せ．
$$\vec{Q} = f\gamma \frac{d_g}{dt}\nabla\theta$$
ここで，$\frac{d_g}{dt} = \frac{\partial}{\partial t} + \vec{V}_g \cdot \nabla$ である．

6.13. $\vec{Q} = Q_n\hat{n} + Q_s\hat{s}$ が与えられているとき，ある領域での上昇流を起こす準地衡的な強制の成分は，等温線における曲率だけから生じると考えられるか．

6.14. $\vec{Q}$ が温度風の非平衡の程度を表しているということは，Q ベクトルに与えられる多くの物理的解釈の 1 つである．これは，適切であるか答えよ．

解答

6.4. 500 hPa 高度の方が移流は大きい．

第7章 前線における鉛直循環

目的

温帯低気圧の特徴の1つは,付随する前線に伴って最も顕著に現れる非対称な温度(熱的)構造である.前線を横切ると気象条件が大きく変化し,典型的な温帯低気圧に伴う降水が前線付近で集中する.このため,前線は顕著な大気現象と深く関係している.図7.1(a)はある典型的な温帯低気圧に伴う海面気圧と地表付近の温位分布を示している.この嵐において特徴的なコンマ形の雲分布(図7.1(b))が,図7.1(a)で示された前線の構造と重なっている様子が見える.大気の観測データ(地表・上層大気および衛星からの)を日々詳しく眺めれば,図7.1に示した構造的な関係が中緯度で普遍的に見られることがわかるであろう.

図7.1(a)の寒冷前線において,前線を横切る方向の距離(across-front di-

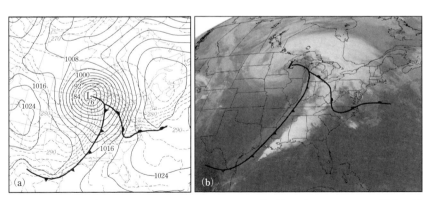

図 7.1 (a) 1998年11月10日1800 UTCにおける海面気圧と950 hPaでの温位の解析データ.実線は,等圧線であり,4 hPaごとに描かれている.破線は,950 hPaでの等温位線であり,2.5 Kごとに描かれている.寒冷前線と温暖前線が記号付きの太い黒線で,閉塞前線が記号のない黒線で示されている.(b) 1998年11月10日1815 UTCにおける同じ嵐の赤外画像(NOAA).前線の記号は(a)におけるものと同じ.

mension)（100 km のオーダーである）は，前線に沿った方向の距離（along-front dimension）（1000 km のオーダーである）より，ずっと小さいことがわかる．そのような長さのスケールに対応する特徴的な速度を考慮すれば，前線に沿った方向では，ロスビー数（R_o）は $R_o = 10\,\mathrm{m\,s^{-1}}/(10^{-4}\,\mathrm{s^{-1}})(10^6\,\mathrm{m}) = 0.1$ となるので，地衡風平衡が成り立っていると推定できる．しかし，前線を横切る方向では，$R_o = 10\,\mathrm{m\,s^{-1}}/(10^{-4}\,\mathrm{s^{-1}})(10^5\,\mathrm{m}) = 1.0$ である！　このことから前線に沿った方向では地衡風平衡が成り立ち，前線を横切る方向では非地衡風成分が大きいということが中緯度の前線の特徴であるといえる（訳注：より詳細な議論は付録 9 を参照）．このように異なったスケールが混じっているので，前線は中緯度の低気圧における重要なスケール相互作用が起きる領域となる．このように，これまで展開してきた純粋に準地衡風的な診断は，前線を調べる手段としては不十分であるため，その診断法を拡張し前線の状況に関係する基本的な物理過程を更に取り入れる必要がある．

中緯度における前線・雲・降水の分布の間の関係が図 7.1 から示唆されるが，それでは「そのような関係は，なぜ，普遍的に成り立つのか？」という疑問が生じるであろう．この疑問に定量的に答えるためには，まず前線構造の本質的な要素を理解する必要がある．次に**前線形成（frontogenesis）**（前線を作りだす過程）が，どのように前線を特徴づける鉛直運動を引き起こすのかを考察する．ソーヤー–エリアッセン（Sawyer-Eliassen）前線循環方程式におけるセミ地衡的（semi-geostrophic）視点には，前線を特徴づける地衡風と非地衡風の間の相互作用が含まれている．次に対流圏界面において形成される前線（上層の前線と呼ばれる）を調べることにする．最後に前線に伴う降水の強度変化を起こすのに必要な大気場の条件を考察する．前線の本質的な特徴を明らかにすることから始める．

7.1　中緯度前線の構造的および力学的特性

図 7.1(a) で示されたように，前線は大きな温度（または密度）の勾配を持つ境界である．前線の基本的な特徴を調べるために，**ゼロ・オーダーの前線（zero-order front）**という，いくぶん非物理的なモデルを考察する．ゼロ・オーダーの前線は，前線境界を横切る方向での温度と密度の不連続により特徴づけられる．それはベルゲン学派により描かれたナイフ状の極前線の考え方（ノルウェー低気圧モデル）とよく似たものである．しかし，現実の前線は，

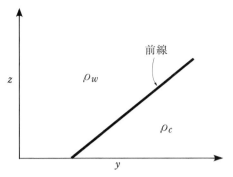

図 **7.2** ゼロ・オーダーの前線の鉛直断面図.

温度と密度は不連続ではなく，それらの傾度こそが前線において不連続である 1 次オーダーの前線（firstorder front）に最も近い．前線は 2 つの異なる気団の境界であり，各気団は特徴的な密度を持つので，ゼロ・オーダーの前線において，密度は前線を横切って不連続である（図 7.2）．しかしここで，気圧はゼロ・オーダーの前線において連続であることを条件とする．（地衡風が前線に沿って無限大にはならないように！（訳注：気圧が不連続になると気圧傾度が無限大になるため））．そのとき，理想気体の法則に従って，温度（T）も前線を横切って不連続となる．このため，温度風が無限大になってしまうが，解析を簡単化するために，このまま議論を進める．前線に沿った方向に x 軸をとり，さらに，(1) 前線に沿ってはいかなる変数も変化しない，(2) 気圧が定常状態（$\partial p/\partial t = 0$）であるという 2 つの仮定をすると，気圧の微分は前線面の両側で次式により与えられる．

$$dp = \left(\frac{\partial p}{\partial y}\right)dy + \left(\frac{\partial p}{\partial z}\right)dz \tag{7.1}$$

この式は前線の暖気側および寒気側において，それぞれ次のように書くことができる．

$$dp_w = \left(\frac{\partial p}{\partial y}\right)_w dy + \left(\frac{\partial p}{\partial z}\right)_w dz \quad \text{および} \quad dp_c = \left(\frac{\partial p}{\partial y}\right)_c dy + \left(\frac{\partial p}{\partial z}\right)_c dz$$

両式において，$\partial p/\partial z$ に対し静水圧平衡の式を代入したうえで，dp に対する表式を前線面の両側で等しいと置いて，並べ替えを行うと次式を得る．

$$0 = \left[\left(\frac{\partial p}{\partial y}\right)_c - \left(\frac{\partial p}{\partial y}\right)_w\right]dy - (\rho_c - \rho_w)g\,dz \tag{7.2}$$

これは dz/dy について解くことができ，ゼロ・オーダーの前線の傾斜は次式となる．

$$\frac{dz}{dy} = \frac{(\partial p/\partial y)_c - (\partial p/\partial y)_w}{g(\rho_c - \rho_w)} \tag{7.3}$$

前線の構造が静的に安定で持続可能であるためには，図 7.2 に描かれたように，より密度の大きい流体はより密度の小さい流体の下に位置するので $dz/dy > 0$ となる．式 (7.3) から，前線の暖気側に比べ寒気側の方が，気圧傾度（前線を横切る方向での）は大きくなることがわかる．このことにより，前線付近における海面高度の気圧の物理的な解析が可能になる．前線を横切る方向の気圧傾度に関係する，前線に沿った方向の地衡風を調べることにする．前に述べたように，高度座標では次式が成り立つ．

$$u_g = -\frac{1}{\rho f}\frac{\partial p}{\partial y} \quad \text{または} \quad \frac{\partial p}{\partial y} = -f\rho u_g$$

この式を用いると式 (7.3) は次のように変形される．

$$\frac{dz}{dy} = \frac{f(\rho_w u_{g_w} - \rho_c u_{g_c})}{g(\rho_c - \rho_w)} \tag{7.4}$$

$dz/dy > 0$ となるためには $u_{g_w} > u_{g_c}$ となる必要があり，前線では地衡風の相対渦度が正であるという特徴がある（$\partial u_g/\partial y < 0$）！ このように，地衡風の相対渦度が正になるという中緯度の前線の基本的な力学的特徴を見出すことができた．式 (7.4) をよく見ると，前線を横切る密度差が大きいほど，前線での渦度はより強くなることがわかる（訳注：前線面の傾きがほぼ一定と仮定した場合に正しい）．

現実には前線で気温自体は不連続とはなりえないが，気温傾度は不連続になりうる．この，より現実的な場合では不連続性は 1 次のオーダーであり，1 次オーダーの前線においては等温位線の形状が図 7.3 のようになる（訳注：図 7.2 のゼロ・オーダーの前線では気温が前線面を挟んで不連続に変化するのに対して，図 7.3 の 1 次オーダーの前線では気温が連続的に変化する遷移層（前線帯）が存在する）．前線帯での温位を吟味すると，前線帯での静的安定度（$-\partial\theta/\partial p$）は前線境界から見て寒気側および暖気側のいずれの領域より高いという特徴がある．前線帯では背景の大気場に比べ，(1) 水平の気温（密度）勾配が強いこと，(2) 相対渦度が大きいこと，(3) 静的安定度が高いことが特徴である．現実の観測事実を調査した後に，これらの特徴を前線を定義するのに用いることにする．

図 7.4(a) にウィスコンシン州マディソンにおける気象観測データの時系列

7.1 中緯度前線の構造的および力学的特性　197

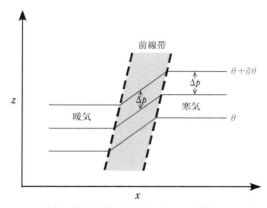

図 7.3 1 次オーダーの前線に伴う温位．静的安定度は前線帯で最も大きいことに注目せよ．

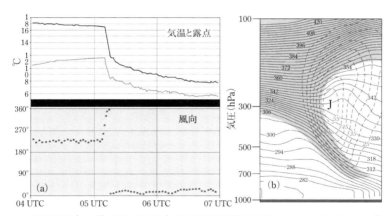

図 7.4 (a) 2003 年 4 月 30 日 0400 と 0700 UTC 間における，ウィスコンシン州マディソンにおける地表の寒冷前線通過の気象記録．黒い線は気温，灰色の線は露点，星印は風向の時系列である．気温と露点の低下が風向の変化と一致することに留意せよ．(b) 2003 年 11 月 12 日 1200 UTC における上層の前線帯の鉛直断面図．実線は等温位線で，3 K ごとに記されている．破線は等風速線で 25 m s^{-1} から 10 m s^{-1} ごとに記されている．灰色の部分は静的安定度の大きい領域を表しており，上層の前線帯もその中に含まれる．

を示す．0510 UTC から 0515 UTC の間にかけて気温が ～ 5°C 低下し，それに対応して露点が 3°C 低下している．同時に，ずっと南西寄りだった風は持続的な北風に変わっている．この時系列から，地上の前線通過（この場合，寒冷前線の通過）に伴って気温と湿度が急速に変化したことがわかる．中緯度の

前線帯に伴って強い低気圧性の渦度が存在することも示唆される．上層の前線の鉛直断面図 7.4(b) から，前線帯では静的安定度が強まることがわかる．静的安定度は予想通り成層圏で特に高くなるが，それに加えジェット気流の軸域からほぼ 700 hPa まで続く等温位線が密集した領域でも安定度が高い．上層の前線を構成するこの領域では，低気圧性の渦度（等風速線間隔が狭い水平のシアーからわかる）と大きな水平気温勾配が特徴的である．このような中緯度前線帯の本質的特徴から，前線を実際的に定義することができる．「寒冷（温暖）前線」という用語は，次のことを意味している．

> 進行する寒（暖）気と暖（寒）気の境界をなす遷移帯の先端部のことであり，その長さは，その幅に比べずっと大きい．背景場に比べると，前線帯では気温と相対渦度の傾度が大きく，また静的安定度が高いことが特徴である．

自然界においては，このように定義された前線の強度は変わるが，物理的・力学的な特徴はすべての前線に共通している．したがって前線の定義に数値が含まれないのは見落としではなく，前線と呼ばれるべき中緯度大気におけるこれらの特徴を，そうでないものから区別することが，まだ研究途上にあるためである．もちろん日常生活や科学的興味の観点から，前線の強度によって前線とそうでないものとを区別することは意味がある．前線の強度の 1 つの目安は，前線の水平気温傾度の大きさである．この後すぐに，この重要な診断を議論する．最初に，中緯度大気における前線とジェット気流の間の密接な関係を考察する．

7.2 前線形成と鉛直運動

温度風の関係により，前線（大きな ∇T の領域）には，地衡風の強い鉛直シアーが必然的に存在する．図 7.5 に，理想化された前線の鉛直断面を示した．∇T の大きさは地表近くで最も大きく，前線帯では風の鉛直シアーが最大になるという特徴に注意せよ．また前線帯の先端（前線そのもの）では，前に議論したように，地衡風の相対渦度が最大となっていることにも注意せよ．前述の摩擦のない渦度方程式からわかるように，収束発散がある場合のみ，渦度は変化する（$d\eta/dt = -f(\nabla \cdot \vec{V})$）．連続の式から，発散には鉛直運動（$\nabla \cdot \vec{V} = -\partial \omega/\partial p$）が伴うことがわかる．これらの 2 つの関係を用いて，論

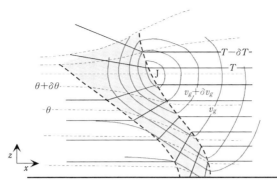

図 7.5 理想化された前線帯の鉛直断面．灰色の実線は，地衡風の等風速線であり，風速最大の位置を「J」で示してある．黒の実線は等温線であり，細い破線は等温位線である．細い破線の境界を持つ灰色の領域は，理想化された前線帯を表す．

理的に議論を展開することができる．たとえば水平移流に関わる過程により，∇T の強さが増大するならば，それに伴って風の鉛直シアーおよびジェットの最大風速も増大する．ジェットの最大風速が強いほど渦度も大きくなる．渦度が増加するということは，流体中で収束発散が生じていることを意味する．もし収束発散が生じているならば，鉛直流も生じることになる．したがって，∇T が強化するならば，近似的に温度風平衡にある大気中で鉛直循環が生じなくてはならないのである．この章ではこれ以降，この重要な物理的関係を定量化するために，物理学的/数学的な定式化を行う．この定式化の最初の段階として，∇T の強化を引き起こす過程を考察する．

　∇T を強化させるよう作用するすべての過程を広く「前線形成的 (frontogenetic)」と定義する．そのような過程は**前線形成**と呼ばれる．∇T を強化させるよう作用する水平移流の過程を，**水平な前線形成**と呼ぶことにする（後で物理的な解釈を容易にするために）．水平な前線形成の簡単な例を図 7.6 に示す．前線形成という言葉の定義に対応して，数学的な定義を次式（**前線形成関数（frontogenesis function）**と名づける）で与える．

$$\Im = \frac{d|\nabla_p \theta|}{dt} \tag{7.5}$$

これは $\nabla_p \theta$（等圧面上で測られる温位傾度）の大きさのラグランジュ的な時間変化率を定義する．式 (7.5) は簡単に見えるが，かなり扱いにくい式である．物理的な一般性を失うことなく，式 (7.5) を 1 次元化し，前線形成の性質を理解することができる．したがって x 方向の気温勾配の大きさを変える過

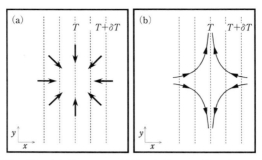

図 7.6 (a) 等温線の場に重ね合わされた純粋な収束．(b) 等温線の場に重ね合わされた水平的な変形．両方の場合ともに，水平風は $|\nabla T|$ を強める傾向にある．

程を次式に基づき考察する．

$$\Im_x = \frac{d}{dt}\left(\frac{\partial \theta}{\partial x}\right)$$

次式を示すことは課題とする（訳注：章末問題 7.1(a) とその解答参照）．

$$\Im_x = \frac{d}{dt}\left(\frac{\partial \theta}{\partial x}\right) = \frac{\partial}{\partial x}\left(\frac{d\theta}{dt}\right) - \frac{\partial u}{\partial x}\frac{\partial \theta}{\partial x} - \frac{\partial v}{\partial x}\frac{\partial \theta}{\partial y} - \frac{\partial \omega}{\partial x}\frac{\partial \theta}{\partial p} \quad (7.6)$$

ここで，

$$\frac{d}{dt} = \frac{\partial}{\partial t} + u\frac{\partial}{\partial x} + v\frac{\partial}{\partial y} + \omega\frac{\partial}{\partial p}$$

である．この式から，$\partial\theta/\partial x$ の増加には，式 (7.6) の右辺の 4 つの項に対応する 4 つの過程が寄与することがわかる．これらの過程の第 1（右辺第 1 項）は，前線を挟んだ非断熱加熱の傾度による効果で，$\partial/\partial x(d\theta/dt)$ と表される．図 7.7 に示される，南北方向の等温位線を考察しよう．温位が高い側で上昇する気塊に伴って潜熱が放出されるならば，$\partial/\partial x(d\theta/dt) > 0$ である．したがって，そのような潜熱放出分布は前線形成的である．同じ式を使用すると，雲量の違いの $\Im_x$ に対する効果も考察することができる．図 7.7 の暖気側が曇天で，寒気側が晴天ならば，日中の日射に差が生じ $\partial/\partial x(d\theta/dt) < 0$ となり，昼間の加熱は，そのような状態の下では，前線を衰弱させるよう作用する（frontolytic）．同じ雲の分布の下では，夜間には寒気側は暖気側より急速に冷えるので $\partial/\partial x(d\theta/dt) > 0$ となり雲は前線形成を促進する．

気温傾度に与える合流の効果は式 (7.6) の右辺の第 2 項，

$$-\frac{\partial u}{\partial x}\frac{\partial \theta}{\partial x}$$

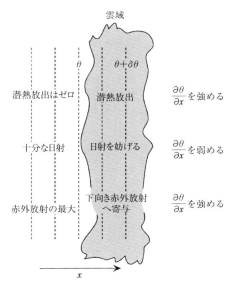

図 7.7 $\partial\theta/\partial x$ に対する雲量の非断熱効果．空間的な不均一な潜熱放出の効果は，時刻に関わりなく生じる．空間的に不均一な日射や赤外放射の効果は，昼と夜で大きく異なる．

で表される．図 7.8 に示される合流を考察すると，$\partial\theta/\partial x > 0$ であることがわかる．

風の分布から，$\partial u/\partial x < 0$ であることがわかる．そのとき，全体として，図 7.8 に描かれた合流する風の場は前線形成を促進するように作用する．この風の場の作用により，水平面において等温位線の間隔が狭まり，その結果 $|\partial\theta/\partial x|$ が強化されるからである．

$\partial\theta/\partial x$ に対する水平シアーの効果は式 (7.6) の右辺第 3 項

$$-\frac{\partial v}{\partial x}\frac{\partial \theta}{\partial y}$$

で表され，図 7.9 に示されている．この例では等温位線は x 軸と y 軸双方に対して傾いており，$\partial\theta/\partial y < 0$ である．図示された風の場においては $\partial v/\partial x > 0$ であり，シアー項全体が正である．したがって，そのようなシアーは等温位線がより南北方向に走るように回転させることによって $\partial\theta/\partial x$ を強化させるように作用する．しかし先ほどの 2 つの流れの例とは異なり，等温位線間の絶対距離は縮まらず，$|\partial\theta/\partial x|$ の強化は絶対距離の変化によるものではな

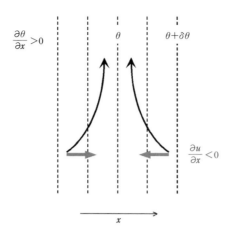

図 7.8 南北の向きの等温位線に作用する合流水平流．灰色の矢印は，x 方向の風を表す．

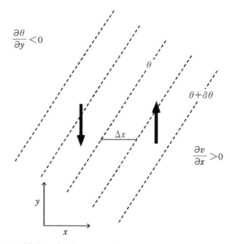

図 7.9 $\partial\theta/\partial x$ に対する水平シアーの効果．黒い矢印は y 軸方向の風を表す．

い．θ の 2 次元の傾度を考慮することで，水平シアー（より正確には，渦度）は $\nabla\theta$ の強さを変えず，その方向のみを変えるのである（これは後ほど示す）．

最後に，式 (7.6) の右辺の第 4 項

$$-\frac{\partial\omega}{\partial x}\frac{\partial\theta}{\partial p}$$

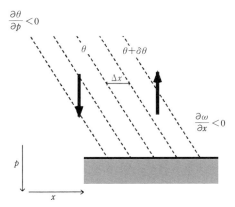

図 7.10 $\partial\theta/\partial x$ に対する傾斜の効果．黒い矢印は，上向きおよび下向きの鉛直運動を表す．

は，鉛直方向の傾斜（tilting）の効果を表す．熱的な直接循環と，前線近傍で密集した等温位線の束を，図 7.10 の鉛直断面図に示した．静的に安定な大気では $\partial\theta/\partial p$ は負となる．図 7.10 に描かれた状況では，上向き（下向き）運動では ω が負（正）であり $\partial\omega/\partial x < 0$ である．したがって，傾斜項は負であり，熱的な直接循環は等温位線をより水平になるよう回転させ，$\partial\theta/\partial x$ を弱化させるように作用する．これは温位ではなく気温に基づいた循環の結果を考える方が理解しやすい．上昇する暖気は膨張により冷却し，下降する寒気は収縮により暖まる．したがって，熱的な直接循環の影響で，暖気は冷やされ，寒気は暖められる．

式 (7.5) で与えられる，より複雑な 3 次元の前線形成関数を用いて，同様な物理的議論を展開することができる．式 (7.6) の導出に使われたような演算により次式を得る．

$$\begin{aligned}
\Im_{3D} &= \frac{d}{dt}|\nabla\theta| = \frac{d}{dt}\left[\left(\frac{\partial\theta}{\partial x}\right)^2 + \left(\frac{\partial\theta}{\partial y}\right)^2\right]^{1/2} \\
&= \frac{1}{|\nabla\theta|}\left[\left(-\frac{\partial\theta}{\partial x}\right)\left(\frac{\partial u}{\partial x}\frac{\partial\theta}{\partial x} + \frac{\partial v}{\partial x}\frac{\partial\theta}{\partial y}\right) - \left(\frac{\partial\theta}{\partial y}\right)\left(\frac{\partial u}{\partial y}\frac{\partial\theta}{\partial x} + \frac{\partial v}{\partial y}\frac{\partial\theta}{\partial y}\right)\right. \\
&\quad \left. - \left(\frac{\partial\theta}{\partial p}\right)\left(\frac{\partial\omega}{\partial x}\frac{\partial\theta}{\partial x} + \frac{\partial\omega}{\partial y}\frac{\partial\theta}{\partial y}\right)\right]
\end{aligned} \tag{7.7}$$

（訳注：章末問題 7.1(b) で述べられているように，この式では，断熱過程（$d\theta/dt = 0$）

を仮定している）．より完全なこの3次元の式において，$\partial u/\partial x$ や $\partial v/\partial y$ を含むすべての項は合流項であり，$\partial v/\partial x$ や $\partial u/\partial y$ を含むすべての項はシアー項であり，ω の微分を含むすべての項は傾斜項である．各種類の項の物理的意味は，より簡単な式 (7.6) のものと同じである．すべてではないものの多くの例で前線発達の様相を考える場合，傾斜項を無視した式 (7.7) を2次元化したものを考慮することで十分である．そのようにして得られる次式

$$\Im_{2D} = \frac{1}{|\nabla\theta|}\left[\left(-\frac{\partial\theta}{\partial x}\right)\left(\frac{\partial u}{\partial x}\frac{\partial\theta}{\partial x} + \frac{\partial v}{\partial x}\frac{\partial\theta}{\partial y}\right) - \left(\frac{\partial\theta}{\partial y}\right)\left(\frac{\partial u}{\partial y}\frac{\partial\theta}{\partial x} + \frac{\partial v}{\partial y}\frac{\partial\theta}{\partial y}\right)\right] \tag{7.8}$$

は，第1章で述べた4つの運動学的な成分の式を使い，わかりやすく書き直すことができる．発散，渦度，伸長変形，シアー変形は各々

$$D = \frac{\partial u}{\partial x} + \frac{\partial v}{\partial y}, \quad \zeta = \frac{\partial v}{\partial x} - \frac{\partial u}{\partial y}, \quad F_1 = \frac{\partial u}{\partial x} - \frac{\partial v}{\partial y}, \quad F_2 = \frac{\partial v}{\partial x} + \frac{\partial u}{\partial y}$$

と前に定義されたので，式 (7.8) に現れる風の場の水平微分は，次のように表される．

$$\frac{\partial u}{\partial x} = \frac{D+F_1}{2}, \quad \frac{\partial v}{\partial y} = \frac{D-F_1}{2}, \quad \frac{\partial v}{\partial x} = \frac{\zeta+F_2}{2}, \quad \frac{\partial u}{\partial y} = \frac{F_2-\zeta}{2}$$

式 (7.8) にこれらの式を代入すると次式が得られる．

$$\Im_{2D} = \frac{1}{|\nabla\theta|}\left\{-\left(\frac{\partial\theta}{\partial x}\right)\left[\left(\frac{D+F_1}{2}\right)\frac{\partial\theta}{\partial x} + \left(\frac{\zeta+F_2}{2}\right)\frac{\partial\theta}{\partial y}\right]\right.$$
$$\left. -\left(\frac{\partial\theta}{\partial y}\right)\left[\left(\frac{F_2-\zeta}{2}\right)\frac{\partial\theta}{\partial x} + \left(\frac{D-F_1}{2}\right)\frac{\partial\theta}{\partial y}\right]\right\} \tag{7.9a}$$

式 (7.9a) の右辺をすべて展開し，同類項をまとめると次式を得る．

$$\Im_{2D} = \frac{-1}{2|\nabla\theta|}\left\{D\left[\left(\frac{\partial\theta}{\partial x}\right)^2 + \left(\frac{\partial\theta}{\partial y}\right)^2\right] + F_1\left[\left(\frac{\partial\theta}{\partial x}\right)^2 - \left(\frac{\partial\theta}{\partial y}\right)^2\right]\right.$$
$$\left. + 2F_2\left(\frac{\partial\theta}{\partial x}\frac{\partial\theta}{\partial y}\right)\right\} \tag{7.9b}$$

この式は発散と変形だけが $|\nabla\theta|$ を変えうることを示している．1次元化された前線形成関数 (7.5) の物理的な解析から得られた，「渦度は前線形成に寄与しない（つまり $|\nabla\theta|$ に影響しない）」という推論が正しかったことがわかる．

前に述べたように（訳注：座標軸の回転に対して），変形は不変量ではない（伸

長変形とシアー変形は，互いに同じように見える）ので，総変形場（total deformation field）は，座標軸を適当な角度で回転することにより，どちらか1つだけで表すことができる．x 軸と y 軸を角度 ψ （$\psi = \frac{1}{2}\tan^{-1}(F_2/F_1)$）だけ反時計回りに回転させることにより，式 (7.9b) を次のように書き直すことができる．

$$\Im_{2D} = -\frac{1}{2|\nabla\theta|}\left\{D(|\nabla\theta|^2) + F_1'\left[\left(\frac{\partial\theta}{\partial x'}\right)^2 - \left(\frac{\partial\theta}{\partial y'}\right)^2\right]\right\} \quad (7.10\text{a})$$

あるいは次式ともなる．

$$\Im_{2D} = -\frac{|\nabla\theta|}{2}\left\{D + \frac{F_1'[(\partial\theta/\partial x')^2 - (\partial\theta/\partial y')^2]}{|\nabla\theta|^2}\right\} \quad (7.10\text{b})$$

（訳注：ここで F_1' は，回転した座標系での総変形（total deformation）であり，次式により表される．

$$F_1' = \frac{\partial u'}{\partial x'} - \frac{\partial v'}{\partial y'}$$

ここで，u' および v' は，回転した座標系 x' および y' における風速成分を示す）．
図 7.11 に軸の回転の幾何学的配置を示した．角度 β は等温位線が x' 軸（総変形場の伸長軸）となす角度である．角度 α は x' 軸とベクトル $\nabla\theta$ の間の角度である．$\partial\theta/\partial x'$ と $\partial\theta/\partial y'$ は $\nabla\theta$ の x' 成分，y' 成分であることに留意せよ．図 7.11 から次のことがわかる．

$$\cos\alpha = \frac{\partial\theta/\partial x'}{|\nabla\theta|} \quad \text{および} \quad \sin\alpha = \frac{\partial\theta/\partial y'}{|\nabla\theta|}$$

その結果

$$\left(\frac{\partial\theta}{\partial x'}\right)^2 - \left(\frac{\partial\theta}{\partial y'}\right)^2 = |\nabla\theta|^2[\cos^2\alpha - \sin^2\alpha] = |\nabla\theta|^2\cos 2\alpha$$

となり，式 (7.10b) は次のように書き直すことができる．

$$\Im_{2D} = -\frac{|\nabla\theta|}{2}(D + F_1'\cos 2\alpha) \quad (7.10\text{c})$$

$\alpha = 90° - \beta$ であり，三角関数の恒等式により $\cos(\delta - \varepsilon) = \cos\delta\cos\varepsilon + \sin\delta\sin\varepsilon$ であるから，$\cos 2\alpha = -\cos 2\beta$ である．したがって式 (7.10c) は最終的に，次のように表される．

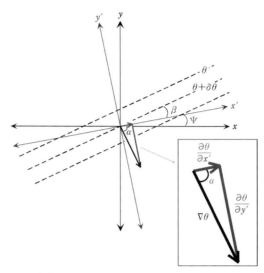

図 7.11 式 (7.11) の前線形成関数の運動学的形式に関する幾何学的配置．灰色の軸は総変形場を回転することによって得られる主軸であり，x' は伸長軸であり，y' は収縮軸である．角度 ψ は回転角であり，β は等温位線と総変形場の伸長軸の間の角度である．挿入図は x' 軸とベクトル $\nabla\theta$ の間の角度 α を示す．詳細は本文を参照のこと．

$$\Im_{2D} = \frac{|\nabla\theta|}{2}(F\cos 2\beta - D) \tag{7.11}$$

ここで F は流れの総変形（$F = (F_1^2 + F_2^2)^{1/2}$）である（訳注：ここで F_1' を F と書き直してある）．式 (7.11) より 2 種類の運動学的な場が，前線形成を促進することが明確にわかる．$|\nabla\theta|$ がゼロでなく，そこで収束（$D < 0$）があれば前線形成が起きる．また総変形場の伸長軸が等温位線となす角（β）が，0°と 45°の間にあれば，総変形場の等温位線への作用により，前線形成が起きる．β が 45°と 90°の間にあるときは，変形は前線を衰弱させる．等温位線の上に流れ場を重ね合わせた一組の例を図 7.12 に示した．

2 次元の前線形成関数の幾何学的形式は，前線形成の物理的な本質を取り出し，それを実際の天気図に容易に適用することができる点で大変有用である．このような形式においては，等温位線と総変形場の伸長軸の間の角度がすぐに求まるため，前線形成領域を容易に見出すことができるが，この方法では前線形成速度を迅速に計算することはできない．しかしながら，現代のようなコンピュータ時代では，格子点化された観測や予報のデータセットにより，式

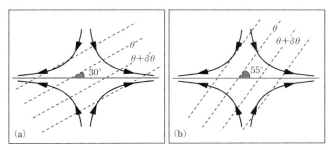

図 7.12 (a) 変形場における等温位線の束. 等温位線と 30° の角度をなす変形場の伸長軸を太い灰色の線で示した. この場では前線形成が起きる. (b) 等温位線が変形場の伸長軸と 55° の角をなす場合. この場では, 前線は衰弱する.

(7.7) や式 (7.8) を用いて前線形成を数値計算することは, この形式による方法と同等に簡単でかつ正確である (もっとも若手科学者にとって物理的な洞察を得るには不向きかもしれないが).

すでに議論してきたように, 中緯度において $|\nabla \theta|$ の変化と鉛直循環の形成の間には物理的関連性がある (訳注:この節の最初に定性的に議論されている). そのことを, 数学的に厳密に議論するために, サトクリフの考えを用いる. 前に述べたように, 中緯度における鉛直運動の診断の議論は次式から始まった (訳注:式 (6.6)).

$$\frac{d\vec{V}}{dt} - \left(\frac{d\vec{V}}{dt}\right)_0 = \vec{V}_s \cdot \nabla \vec{V}_0 + \frac{d\vec{V}_s}{dt} \tag{7.12}$$

鉛直シアーベクトル $\vec{V}_s$ の変化率を与える式 (7.12) の右辺の第 2 項の物理的意味を考える. 鉛直シアーが地衡風平衡にあるならば, $\vec{V}_s$ は温度風の関係によって $\nabla \theta$ と直接結びつけられる. その場合 $\vec{V}_s$ の増加 ($d\vec{V}_s/dt > 0$) には $|\nabla \theta|$ の強化 (正の水平的な前線形成) が伴っている. 第 6 章で議論したように $d\vec{V}_s/dt > 0$ の場合, 熱的な直接循環が生じる. したがって, 正 (負) の水平的な前線形成に伴って, 熱的に直接 (間接) 的な循環が生じると結論することができる (訳注:図 6.4(b) で言えば, 前線弱化に伴って $d\vec{V}_s/dt < 0$ となり, x 軸の正の方向の非地衡風が上空で生じ, 暖気側で収束が起きて下降気流が発生し, 間接循環となる). この関係により, 中緯度前線帯付近で雲と降水が広く見られることが基本的に説明される！ 前線帯での循環により雲・降水が生じるためには, もちろん, 正の水平的な前線形成が生じている必要がある (観測から実証され

ているように).

最後に，式 (7.8) ですべての風成分を地衡風として置き換えた次式を考察する.

$$\Im_{2D_g} = \frac{1}{|\nabla\theta|} \left[\frac{\partial \theta}{\partial x} \left(-\frac{\partial u_g}{\partial x}\frac{\partial \theta}{\partial x} - \frac{\partial v_g}{\partial x}\frac{\partial \theta}{\partial y} \right) + \frac{\partial \theta}{\partial y} \left(-\frac{\partial u_g}{\partial y}\frac{\partial \theta}{\partial x} - \frac{\partial v_g}{\partial y}\frac{\partial \theta}{\partial y} \right) \right] \quad (7.13a)$$

式 (7.13a) の右辺の 2 つの小括弧の中の項は，それぞれ次の項に等しい．

$$\frac{1}{f\gamma}Q_1 \quad および \quad \frac{1}{f\gamma}Q_2$$

ここで，Q_1 と Q_2 は Q ベクトルの各成分である．したがって，第 6 章で示したように（訳注：式 (6.49)），式 (7.13a) は Q ベクトルの等温位線を横切る成分の大きさのスカラー倍として，次のように表される．

$$\Im_{2D_g} = \left(\frac{1}{f\gamma} \right) \frac{\vec{Q} \cdot \nabla \theta}{|\nabla \theta|} \quad (7.13b)$$

図 7.13 に 700 hPa における Q ベクトルと等温位線を示した．式 (7.13b) から，Q ベクトルが等温位線を横切って寒気側から暖気側へ向かっている場所では，水平的な前線形成（$\Im_{2D_g} > 0$）が起きることになる．そのような場所では，地衡風により θ の移流が生じて $|\nabla\theta|$ が強化され，その応答として熱的な直接循環が生ずると予測される．そのような状況では Q ベクトルの収束域がどこかに生じるが，それが特に傾圧帯の暖気側で起こる様子が見える（図 7.13）．こうした状況では暖気側では空気が上昇し，寒気側では Q ベクトルが発散し，空気が下降している（予想通りに）．

地衡風近似の前線形成関数は，2 次循環を引き起こす強制として地衡風による移流の影響のみを表現するものである．しかし，地衡風近似の前線形成関数が正確に自然現象を表現できるかという疑問は残る．前に述べたように，地衡風平衡は前線に沿った方向ではかなりよく成り立っているが，メソスケールの前線を横切る方向ではそれほどよく成り立っていない．自然界では，前線を横切る温度移流と地衡風運動量移流により，前線が強化され，前線を横切る風の大部分は地衡風平衡にはない．非地衡風発散（D）が前線形成への強制の重要な部分を占めることは，式 (7.11) から明確に理解できる．地衡風近似の前線形成関数が，前線近傍で現実に起こる過程を適切に診断できるかどうか調べる

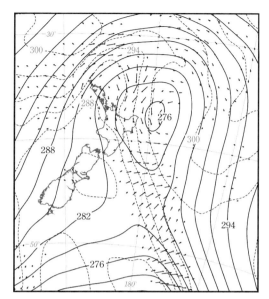

図 7.13 2004 年 8 月 16 日 0600 UTC におけるニュージーランド近くの 700 hPa のジオポテンシャル高度（実線），等温位線（破線），Q ベクトル．ジオポテンシャル高度の単位はデカメートル（dam）で，3 dam ごとに等値線が記されている．等温位線は 3 K ごとに記されている．見やすくするため 2×10^{-10} m² kg⁻¹ s⁻¹ より大きな Q ベクトルのみが描かれている．

ことにする．

この評価をするために，図 7.14 に示された温度勾配の時間変化に与える，地衡風の合流の効果を次式のように仮定する．

$$\frac{d}{dt}\left(\frac{\partial \theta}{\partial x}\right) = -\frac{\partial u_g}{\partial x}\frac{\partial \theta}{\partial x} = k\frac{\partial \theta}{\partial x} \tag{7.14a}$$

ここで k は定数であり，地衡風の合流の特徴的な値（$k = -\partial u_g/\partial x = 10^{-5}$ s⁻¹）を表す．これらの仮定のもとでは，式 (7.14a) を解くことができる．即ち，$d\ln(\partial\theta/\partial x)/dt = k$ は，$d\ln(\partial\theta/\partial x) = kdt$ と書き換えることができる．これを積分すると次式を得る．

$$\left(\frac{\partial \theta}{\partial x}\right)_t = \left(\frac{\partial \theta}{\partial x}\right)_0 e^{kt} \tag{7.14b}$$

したがって，中緯度の典型的な条件に対して，純粋な地衡風の合流により前線を横切る気温勾配の大きさが e 倍になるためには約 10^5 秒（～1 日）を要す

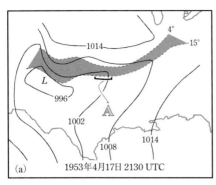
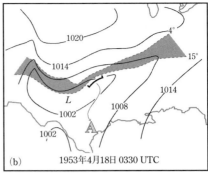

図 7.14 (a) 1953 年 4 月 17 日 2130 UTC における海面気圧（実線）と気温（破線）の解析データ．等圧線は 6 hPa ごとに描かれている．4°C と 15°C の間の温度帯に影がつけられている．(b) 1953 年 4 月 18 日 0330 UTC のもので，他は(a) と同じ．「A」と記された領域では気温傾度が，6 時間で 2 倍以上強まった．Sanders (1955) をもとに作成．

る．そのような変化率は，実際の観測値（図 7.14 で示したような）よりもかなり小さい．以下では，観測された変化率が地衡風の合流モデルの計算値よりはるかに大きい理由を考察する．ここまでの地衡風の合流に関する議論では，地衡風による前線形成に伴って強制される 2 次循環は，前線を横切る温度移流（または運動量移流）にはフィードバックしないとされてきた．実際は，前線を横切る非地衡風の温度移流が，ある程度の非地衡的な前線形成を引き起こすのであるが，フィードバックを無視してきたことを考えると，これまでの議論は，真に力学的な方法ではなかったと言える．その効果を地衡風的な前線形成に加味すると，前線形成が強化されることになる．自然界には，前線強化速度を変えるような非地衡的フィードバック効果が存在する．したがって，自然現象をより正確に表現するためには，前線形成の診断方程式において，前線を横切る非地衡風による温度移流と運動量移流を考慮する必要がある．これから導入する，いわゆる**セミ地衡方程式**（**semi-geostrophic equations**）を用いることにより，これまで無視していた重要な過程を考慮し，より包括的で物理的に正確な前線形成の描像を描くことができる．

7.3 セミ地衡方程式

ソーヤー（J. S. Sawyer）[1]は1950年代初期に英国で多数の前線を調べ，活動的な前線（雲や降水を伴う前線）は前線形成を常に伴っているとの結論を得た．非発散（地衡風）の変形場における不均一な水平移流により，温度傾度が強化されることを既に見てきた．しかし，そのような非発散の流れでは，前線に特徴的な風の水平シアーやジェット気流が生じることを説明できない．それらは，発散によって生みだされる渦度のみにより特徴づけられるからである．図7.15に描かれているように，x軸が前線に沿っており，y軸が寒気側に向いているような前線を考察する（訳注：図7.15では等温位線が前線（温位傾度の大きい帯状領域に）に沿っているが，以下では$\partial\theta/\partial x \neq 0$の場合も含めて一般的な議論をするので，$x$軸が等温位線に沿う条件は必要ではない）．地衡風は次式で表される．

$$U_g = -\frac{1}{f}\frac{\partial \phi}{\partial y} \quad \text{および} \quad V_g = \frac{1}{f}\frac{\partial \phi}{\partial x}$$

第6章の最後で見たように，静水圧平衡の式は次のように書ける．

$$\frac{1}{f}\frac{\partial \phi}{\partial p} = -\gamma \theta$$

ここで

$$\gamma = \frac{R}{fp_0}\left(\frac{p_0}{p}\right)^{c_v/c_p}$$

$p_0 = 1000\,\text{hPa}$であり，γは気圧のみの関数である．この静水圧平衡の式から温度風成分に対する次式が得られる．

$$\frac{\partial U_g}{\partial p} = \gamma \frac{\partial \theta}{\partial y} \quad \text{および} \quad \frac{\partial V_g}{\partial p} = -\gamma \frac{\partial \theta}{\partial x} \tag{7.15}$$

---

[1] John S. Sawyer (1916-2000) は，1916年6月19日に，英国のウェンブリに生まれた．彼は1938年に英国気象局に入り，第2次世界大戦中，1942年から1943年に西ヨーロッパで，1943年から1945年に中東で予報官であった．戦後，英国気象局の新しい予報研究部で，サトクリフの下で働き，鉛直運動の計算や数値天気予報の分野で広範な仕事を行った．前線の循環理論への彼の有名な貢献は1956年に発表された．その中で，1次元のいわゆるソーヤー–エリアッセン方程式が最初に導出された．気象力学への彼の生涯にわたる貢献に対し，王立気象学会と世界気象機関の両方から栄誉が与えられた．彼は，2000年9月19日に亡くなった．

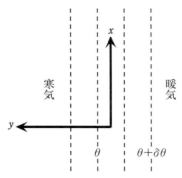

図 7.15 ソーヤー-エリアッセン方程式の解析に用いられた等温位線に対する座標系の方向.

x 方向での運動方程式は次式で与えられる.

$$\frac{dU_g}{dt} + \frac{du}{dt} = fv \tag{7.16a}$$

ここで u と v (U_g と V_g) はそれぞれ x 方向と y 方向の非地衡(地衡)風である(訳注:(7.16a) は式 (5.38) と $V_g = (1/f)\partial\phi/\partial x$ の式とを組み合わせて容易に導出される.付録 15 参照).前線に沿った流れが,ほとんど地衡風(u は U_g に比べ小さい)と仮定するならば,**地衡運動量近似 (geostrophic momentum approximation)** を用いることができる.この近似は前線に沿った非地衡風の加速度は小さい ($|dU_g/dt| \gg |du/dt|$) ことを意味する.地衡風運動量近似を使うと,式 (7.16a) は次のように簡単化される.

$$\frac{dU_g}{dt} = fv \tag{7.16b}$$

これを展開すると次式を得る.

$$\frac{dU_g}{dt} = \frac{\partial U_g}{\partial t} + U_g \frac{\partial U_g}{\partial x} + u \frac{\partial U_g}{\partial x} + V_g \frac{\partial U_g}{\partial y} + v \frac{\partial U_g}{\partial y} + \omega \frac{\partial U_g}{\partial p} = fv \tag{7.17}$$

同様に,熱力学の方程式は次式になる.

$$\frac{d\theta}{dt} = \frac{\partial \theta}{\partial t} + U_g \frac{\partial \theta}{\partial x} + u \frac{\partial \theta}{\partial x} + V_g \frac{\partial \theta}{\partial y} + v \frac{\partial \theta}{\partial y} + \omega \frac{\partial \theta}{\partial p} = \frac{\theta}{c_p T} \dot{Q} \tag{7.18}$$

(訳注:付録 2 で示したように,この式は式 (4.10a) と式 (3.56) より導出される.また以下の議論では断熱過程を考える).

前線に沿った流れは,主として地衡風平衡にあると推測されるので,これ以降,前線に沿った非地衡風による移流項 ($u\partial/\partial x$ 項) を無視する(訳注:地衡

風運動量近似が準地衡風近似と違うのは，非地衡風による移流が含まれている点だけである．付録 15 参照）．次のように定義される新しい変数，**絶対地衡風運動量 (absolute geostrophic momentum)**（M）を導入する．

$$M = U_g - fy \tag{7.19}$$

式 (7.16b) によれば，与えられた仮定の下で M が保存されることに留意せよ．式 (7.19) を使うと，式 (7.17) は次のように書き直すことができる．

$$\frac{\partial U_g}{\partial t} + U_g \frac{\partial U_g}{\partial x} + V_g \frac{\partial U_g}{\partial y} + v \frac{\partial M}{\partial y} + \omega \frac{\partial M}{\partial p} = 0 \tag{7.20}$$

式 (7.20) の $\partial/\partial p$ をとり，式 (7.18) の $-\gamma\partial/\partial y$ をとったものにそれを加え，温度風の関係と地衡風の非発散性を使うと次式を得る．

$$-\frac{\partial}{\partial y}\left(\gamma v \frac{\partial \theta}{\partial y} + \gamma \omega \frac{\partial \theta}{\partial p}\right) + \frac{\partial}{\partial p}\left(v \frac{\partial M}{\partial y} + \omega \frac{\partial M}{\partial p}\right)$$
$$= -2\left(\frac{\partial U_g}{\partial p}\frac{\partial U_g}{\partial x} + \frac{\partial V_g}{\partial p}\frac{\partial U_g}{\partial y}\right) - \gamma \frac{\partial}{\partial y}\left(\frac{d\theta}{dt}\right) \tag{7.21a}$$

前線に沿った（x 方向）非地衡風成分の x 微分（$\partial u/\partial x$）が無視できるとすると，気圧座標での連続の式（$\nabla \cdot \vec{V} = 0$）は次のように簡単化できる．

$$\frac{\partial v}{\partial y} + \frac{\partial \omega}{\partial p} \approx 0$$

ここで，$v = -\partial\psi/\partial p$ および $\omega = \partial\psi/\partial y$ とおくと，前線を横切る y-p 断面での非地衡風運動に対し，流線関数 ψ を用いて式 (7.21a) を次のように書き直すことができる．

$$\left(-\gamma\frac{\partial\theta}{\partial p}\right)\frac{\partial^2\psi}{\partial y^2} + \left(2\frac{\partial M}{\partial p}\right)\frac{\partial^2\psi}{\partial p \partial y} + \left(-\frac{\partial M}{\partial y}\right)\frac{\partial^2\psi}{\partial p^2} = Q_g - \gamma\frac{\partial}{\partial y}\left(\frac{d\theta}{dt}\right) \tag{7.21b}$$

ここで，

$$Q_g = -2\left(\frac{\partial U_g}{\partial y}\frac{\partial V_g}{\partial p} - \frac{\partial V_g}{\partial y}\frac{\partial U_g}{\partial p}\right) \tag{7.22}$$

は，地衡風による強制関数（geostrophic forcing function）である（訳注：付録 7 および付録 10 を参照．U_g, V_g は地衡風成分であることに注意．また，非地衡風は前線に双方向でほぼ一様と仮定し，ψ は前線を横切る断面における非地衡の 2 次元運

動を表すことに注意).方程式 (7.21b) は,ソーヤーとエリアッセン[2]による先駆的な仕事に基づいているので,**ソーヤー–エリアッセン循環方程式（Sawyer-Eliassen circulation equation**）と呼ばれる.ソーヤー–エリアッセン方程式は,2 次元の前線を横切る非地衡風流線関数 ψ に関する 2 階の線形偏微分方程式である.そのような方程式の一般形は

$$A\frac{\partial^2 u}{\partial x^2} + B\frac{\partial^2 u}{\partial x \partial y} + C\frac{\partial^2 u}{\partial y^2} + D\frac{\partial u}{\partial x} + E\frac{\partial u}{\partial y} + Fu = G$$

で,その解の特徴は判別式 $B^2 - 4AC$ から求まる.次の条件が判別式から決まる.

$$B^2 - 4AC \begin{matrix} < 0 & 楕円型 \\ = 0 & 放物型 \\ > 0 & 双曲型 \end{matrix}$$

一般的には,上記楕円型方程式の解 u は与えられた強制関数 G に対して一意的に決まる.今の問題に特化していえば,ソーヤー–エリアッセン方程式に対して,

$$\gamma\left(\frac{\partial\theta}{\partial p}\frac{\partial M}{\partial y} - \frac{\partial\theta}{\partial y}\frac{\partial M}{\partial p}\right) > 0$$

であれば,方程式は楕円型となり,前線形成の強制に対して ψ（前線を横断する非地衡風の流線関数）の解が求まる（訳注：一般形の線形楕円型偏微分方程式の境界値問題において解の一意性が成り立つためには,追加条件が必要である.一意性が成り立つための十分条件としては,領域内の任意の点 (x, y) において,ξ, η に関す

---

[2]Arnt Eliassen (1915-2000) は,1915 年 9 月 9 日にノルウェーのオスロで生まれた.ペターセン（Sverre Petterssen）による講義を受けたことがきっかけで,1938 年の秋,気象学の道に入った.ソルベルグの下で助手として働いた後に,1950 年代にシカゴでロスビーの下で助手として働いた.彼は準地衡方程式系の開発,渦位の大気の流れへの応用,数値天気予報,熱帯低気圧の発達,中緯度前線循環などの多岐にわたる先駆的な仕事に関与した現代の気象力学の巨人の 1 人であった.1962 年に非常に明解な科学論文を発表し,2 次元のソーヤー–エリアッセン方程式を提出し,前線に関する初期の仕事を一般化した.この論文は私が過去に読んだ論文の中で最も明快に書かれたものである.私は 1994 年に,ベルゲンでエリアッセン教授に出会う機会があり,この論文に対する思いの丈を彼に伝えた.彼特有の謙遜さで「私は,英語がそんなに達者ではなかったので,明確に注意深く書かなければならなかった」と答えた.彼は 2000 年 4 月 22 日に亡くなった.

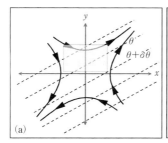 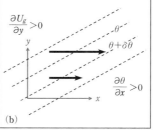

図 **7.16** (a) 前線形成を生じさせる変形場における等温位線. (b) 地衡風のシアー変形の効果を示す, 灰色の箱の区域 ((a) 参照) の拡大図.

る 2 次形式 $A\xi^2 + B\xi\eta + C\eta^2$ が正定値かつ $F \leq 0$ が知られている. ソーヤー–エリアッセン方程式では $F = 0$ なので, 楕円型であれば解の一意性が成り立つ). これは物理的には, 解の領域にて準地衡渦位が正であるという条件である (訳注：第 1 項が絶対渦度と成層度の積で表されていることを考えると, エルテルの渦位とする方がより適切である). この条件が満たされない場合は, 慣性不安定または静的不安定のいずれかの不安定性が領域内に存在することになる (訳注：上記を満たさない $\gamma[(\partial\theta/\partial p)(\partial M/\partial y) - (\partial\theta/\partial y)(\partial M/\partial p)] < 0$ という条件は, 対称不安定が生じる条件と数学的に同一であることを示すことができる. Bluestein (1993) 参照). 解の領域でいずれかの不安定性が存在すれば, 不安定性の解消に伴い, 一意的でない解が可能となる. その場合は, 前線形成の過程と, それにより生じる非地衡運動との関係が明確化できなくなる.

ソーヤー–エリアッセン方程式は扱いにくい式であるが, それを用いた概念的な解釈は容易に行うことができる. Q_g だけ考えることにより, 循環の向きを決めることができるので, 地衡風の強制項 Q_g に注目することにする (訳注：循環の向きとは, 熱的に直接循環か間接循環かということを意味する. 付録 6 および付録 10 を参照). 温度風の関係を使い, 式 (7.22) を次のように書き直すことができる.

$$Q_g = 2\gamma \left(\frac{\partial U_g}{\partial y} \frac{\partial \theta}{\partial x} + \frac{\partial V_g}{\partial y} \frac{\partial \theta}{\partial y} \right) \tag{7.23}$$

ここで, 式 (7.23) の右辺第 1 項は地衡風シアー変形, 第 2 項は地衡風伸長変形とそれぞれ呼ばれる. 次に, これら各項を調べる. まず地衡風シアー変形について考える. 図 7.16 に地衡風のシアー変形の例を示す. この問題の数学的な詳細に入る前に, 図 7.16 に描かれた物理的状況を考察する. 図 7.16(b) の

第 7 章　前線における鉛直循環

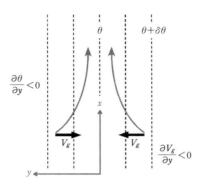

図 7.17　ソーヤー–エリアッセン方程式の伸長変形項の模式図.

シアーの区域は，図 7.16(a) に示された変形領域の一部分である．時間とともに，その変形場は x 軸方向に等温位線を回転させる．同時に等温位線の間隔が縮まり，正の水平的な前線形成が生じる（訳注：U_g の等温位線に対する垂直成分が y とともに増加するため）．この章で既に述べたように，正の水平的な前線形成により，熱的直接循環が生じる．地衡風シアー変形は，次式で表される．

$$Q_{g_{SH}} = 2\gamma \frac{\partial U_g}{\partial y}\frac{\partial \theta}{\partial x}$$

図 7.16(b) で描かれた状況では，$\partial U_g/\partial y$ と $\partial \theta/\partial x$ は正であり，したがって，$Q_{g_{SH}} > 0$ である．

　合流場であるジェット・ストリークの入口領域が描かれている図 7.17 を使って，地衡風の伸長変形を調べることにする（訳注：図 7.17 では，x 軸が東向きで，y 軸は北向きと考えれば北半球に相当する座標系となる）．合流性の地衡風は，その領域の傾圧性（温度傾度）を増加させる傾向があることは明らかである．その結果，そこでは正の水平的な前線形成が起きており，熱的直接循環が生じる．地衡風伸長変形項は次式で表される．

$$Q_{g_{ST}} = 2\gamma \frac{\partial V_g}{\partial y}\frac{\partial \theta}{\partial y}$$

合流するジェットの入口領域では $\partial V_g/\partial y$ および $\partial \theta/\partial y$ は負であり，$Q_{g_{ST}} > 0$ となる．ソーヤー–エリアッセン方程式 (7.21b) によって表される，2 次元非地衡循環の向きは，その式の右辺の符号によって決まることを後で述べる．この事例で言えば，右辺は地衡風強制関数 Q_g である．Q_g が正（負）の場合は熱的な直接（間接）循環が生じる．

7.3 セミ地衡方程式

> **コラム**
>
> 式 (7.21b) は，流線関数に関する 2 階の偏微分方程式であるので，強制項が正（負）のとき，解となる流線関数は局所的に負（正）の値となる．このため，図 7.17 におけるジェット入口領域での合流で生じるような正の強制により，流線関数 ψ は局所的に最小となる．ψ を y および p で偏微分すると前線面を横切る非地衡的な ω と v が得られる．図 A に示されるように，合流に対する応答の結果として熱的な直接循環が形成されることがわかる．この循環により，前線が強化され，前線に特徴的な温度構造が形成される（循環の具体的な効果の詳細については以下の本文参照）．
>
>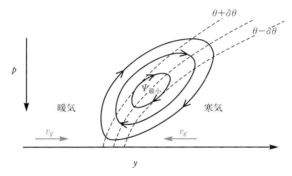
>
> **図 A**　図 7.17 で描かれたジェットの入り口領域などで起きる合流と，それにより生じる循環の鉛直断面図．破線は模式的な等温位線である．灰色の矢印は合流する y 方向の地衡風であり，太い黒い線はソーヤー–エリアッセンの方程式から得られる流線関数 ψ の等値線で，矢印は循環の向きを示す．

Q_g は Q ベクトルの一部分のように書くこともできることに留意せよ．なぜなら

$$Q_g = 2\gamma \left(\frac{\partial U_g}{\partial y} \frac{\partial \theta}{\partial x} + \frac{\partial V_g}{\partial y} \frac{\partial \theta}{\partial y} \right) = 2\gamma \left(\frac{\partial \vec{V}_g}{\partial y} \cdot \nabla \theta \right)$$

であり，$\vec{Q}$ の $\hat{j}$ 成分は

$$Q_2 = -f\gamma \left(\frac{\partial \vec{V}_g}{\partial y} \cdot \nabla \theta \right)$$

に等しいからである（訳注：式 (6.47) 参照）．したがって，ソーヤー–エリアッ

セン方程式の地衡風強制 Q_g は $\vec{Q}$ の $\hat{j}$ 成分の定数倍であり,$Q_2 = -(f/2)Q_g$ となる.

ソーヤー–エリアッセン方程式 (7.21b) の左辺はかなり複雑に見えるが,各項を詳細に考察すれば,前線形成過程を深く理解することができる.式 (7.21b) は ψ に対する式であるから,ψ の微分とそれらの係数の両方を物理的に解釈することにする.式 (7.21b) の左辺第 1 項は $(-\gamma\partial\theta/\partial p)\partial^2\psi/y^2$ である.この項は,静的安定度 $(-\gamma\partial\theta/\partial p)$ と前線を横切る方向の ω の傾度 ($\omega = \partial\psi/\partial y$ なので $\partial^2\psi/\partial y^2 = \partial\omega/\partial y$) との積である.$\omega$ の傾度と静的安定度の積である傾斜項は $|\nabla\theta|$ を変化させる(訳注:この傾斜項は前線生成関数の式 (7.6) の第 4 項を γ 倍したものである.ただし図 7.6 は x を前線を横切る方向,y を前線に沿う方向に取ってあるので,ここでは式 (7.6) の x と y を入れ替えて考える).式 (7.21b) の左辺の第 2 項は前線を横切る傾圧度 ($2\partial M/\partial p = 2\partial U_g/\partial p = 2\gamma\partial\theta/\partial y$) と前線を横切る非地衡風 v の発散 ($v = \partial\psi/\partial p$ なので $\partial^2\psi/\partial p\partial y = -\partial v/\partial y$) の積を表す(訳注:これは式 (7.6) の第 2 項を 2γ 倍したものであり,ここでも x と y,u と v を入れ替えて考える).この項は,傾圧性が存在する場において,非地衡風の水平収束があれば,前線の強度は増加するという効果を表している.式 (7.21b) の左辺の第 3 項は,絶対渦度 ($-\partial M/\partial y = -\partial U_g/\partial y + f = \zeta_g + f$) と v の鉛直シアー ($v = -\partial\psi/\partial p$ なので $\partial^2\psi/\partial p^2 = -\partial v/\partial p$) の積である.$v$ の鉛直シアーにより,渦管が傾くことで,前線帯の傾きが変化する(これは実際観測される前線の特徴である).これらの 3 つの項の係数は,前線の 3 つの本質的な力学的特徴(訳注:第 1 項の係数は,大気の静的安定度,第 2 項の係数は前線を横切る傾圧度,第 3 項の係数は絶対渦度)を表す.また,この 3 つのそれぞれの項は,前線形成の強制に応答して生成される非地衡の 2 次循環の様相を表現している.

ψ に対する式 (7.21b) を,逐次過緩和法 (SOR;successive overrelaxation procedure) で解く場合には,次の手順で実行する.(1) 式 (7.21b) における右辺の強制項を評価する.(2) ψ に対して第 1 次近似の推定をする.(3) ψ を用いて第 1 次近似の非地衡風の循環を計算する.(4) 非地衡風循環による温度移流と運動量移流の効果を求める(式 (7.21b) の各項に対する上記の議論のように).(5) 右辺と左辺がつり合うまで,上記の計算を繰り返す.このように,複雑なソーヤー–エリアッセン方程式を導入することにより,非地衡 2 次循環を前線形成過程にフィードバックできるようになる.したがって,ソーヤー–エリアッセン方程式のこの解は実際に起きうる過程を表現するものであり,

前線形成が以下の2つの過程からなることを示している．まず，非発散の地衡風変形場により気温傾度が強まり，前線を横切る非地衡2次循環が生じる．次にその非地衡循環により前線帯で温度・運動量移流が生じて，特徴的な渦度が生じ，気温勾配がさらに強まって，鋭い前線境界が（中緯度大気において観測されるように）急速に形成される．

前線形成のここまでの議論においては，地表面付近での前線の発達にのみ注目してきた．地表面は物理的な境界である．しかし，前線は物理的境界においてのみ形成されるわけではない．それらは熱力学的境界（それを通した混合がほとんどない）で形成されることも可能である．地球大気においては，対流圏界面がそのような境界に相当する．次に，これらの前線が形成される過程や，それらの発達が中緯度気象システムに及ぼす影響を調べることにより，対流圏界面における前線の発達を議論する．

7.4 上層における前線形成

かなり強いジェット気流に伴う局所的な風速極大（「J」により表示）を横切る上部対流圏や下部成層圏の鉛直断面図を図7.18に示した．対流圏界面は温位の鉛直傾度が急速に増加する（静的安定度が増大する）領域として容易に認識できる．温度風の関係により，水平の気温勾配が存在する気柱の上端で（特に上部対流圏において），風速が局所的に極大となる（訳注：ジェットのコア領域）．局所的な風速の極大に伴う鉛直風シアーにより，図示されたようなスピンを持つ水平な渦管が風速最大域の下に存在することになる（図7.18）．この物理的な状況において，もし風速の極大域をまたぐ熱的な間接循環（図の矢印で示した）が生成された場合，どのようなことが起きていくのかを考察する．

下部成層圏では静的安定度が高いので，熱的な間接循環が起きると，密集した水平の等温位面の束はより鉛直に傾くことになる．こうして傾いた等温位線間の絶対的な距離は変化しない（前に述べたように）ものの，水平の温位傾度（$|\nabla\theta|_H$）は増大する．仮想的な熱的間接循環は水平な渦管にも作用して，その渦度ベクトルは次第に鉛直に傾いていくことになる．こうして，低気圧性の渦度の増大が$|\nabla\theta|_H$の増大と同じ場所で起こり，そこでは発達する傾圧帯で静的安定度が高い（下部成層圏起源のゆえに）ことからも，これらが前線の力学的特徴を表すことがわかる（訳注：7.1節の前線を定義づける特徴と参照

220　第7章　前線における鉛直循環

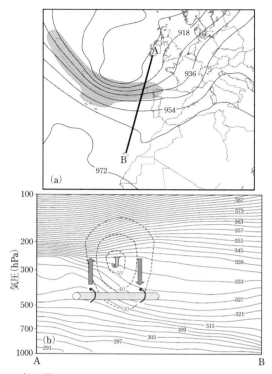

図 7.18　(a) 2004 年 8 月 17 日 1800 UTC での NCEP AVN モデルから求めた 300 hPa ジオポテンシャル高度と等風速線．ジオポテンシャル高度は 9 デカメートル (dam) ごとに等高線が描かれている．等風速線は $10\,\mathrm{m\,s^{-1}}$ ごとに，$30\,\mathrm{m\,s^{-1}}$ から描かれている．(b) (a) における線 A-B に沿った鉛直断面図．実線は 3 K ごとの等温位線である．破線は $30\,\mathrm{m\,s^{-1}}$ から始まり，$10\,\mathrm{m\,s^{-1}}$ で表示された等風速線である．「J」はジェットのコアの位置を表示している．矢印が付された，明るい灰色の管は，ジェットの鉛直風シアーに伴う水平渦度を示している．灰色の矢印は，仮想的な熱的間接循環を構成する上向きおよび下向きの運動である．この気象場で起きる間接循環の結果は本文中で議論される（訳注：渦管は北のA方向を向いている．渦管の上部は西風がより強いため，シアーによる渦が生じている）．

し合致することを確認せよ）．したがって，図7.18に示された大気場において熱的な間接循環が生じると，対流圏界面境界に沿って前線帯が発達する（訳注：間接循環が生じることは，この後で説明される）．このような前線は，**上層の前線 (upper-level fronts)** と呼ばれる．それらが強まりつつある最大風速に伴う特徴であることから，それらは，しばしば**上層のジェット／前線系 (upper-level jet/front systems)** とよばれる．

7.4 上層における前線形成

　上層の前線は地表の前線と異なり，異なった起源の気団を水平方向に分けているのではないことに留意したい．その代わり，上層の前線は（それらの下の）対流圏の空気と（それらの上の）成層圏の空気を分けている．事実，上層の前線付近ではしばしば対流圏界面の「折り込み」が起こっている．対流圏と成層圏の空気を明確に区別するために，多くの大気成分の観測結果を利用することができる．1940年代後半および1950年代には，核爆発により生成される危険な放射性物質は強い成層構造の成層圏中で降水除去されず，対流圏には容易には混入しないという考えから，高高度の成層圏中での核爆発実験がよく行われていた．放射性物質の分析によって，上層の前線を同定し診断する先駆的な仕事がなされた．その放射性物質は上層の前線中に成層圏の空気が存在することを確かめるための重要な指標となった．上層の前線ではオゾン混合比が高いことからも，上層の前線帯で成層圏起源の空気が存在していることが示された．また，下部成層圏は上部対流圏に比べ渦位（PV）が高いので，上層の前線帯で渦位が高いという特徴からも，上層の前線帯が成層圏と対流圏の空気を分けていることが明確に理解できる．上層の前線の鉛直断面図である図7.19に，これらの観測結果を示した．上部対流圏の風速極大付近の熱的な間接循環が，上層の前線帯の発達にとって極めて重要であることは，図7.18から明らかである．これらのことを考えると，熱的な間接循環を生み出す総観規模の条件を調べる必要があることは明らかである．この問題に答えることで，上層の前線に関する理解を深めることができる．

　ソーヤー–エリアッセン方程式の視点から，この問題を考察する．そのために図7.20に示されたような，上部対流圏のジェット・ストリークの入口および出口領域に伴う鉛直循環を考察する．地衡風は非発散であるので，地衡風の伸長変形項は次式で表される．

$$Q_{g_{ST}} = 2\gamma \frac{\partial V_g}{\partial y}\frac{\partial \theta}{\partial y} = -2\gamma \frac{\partial U_g}{\partial x}\frac{\partial \theta}{\partial y}$$

（訳注：図7.17とそれに付随した式参照）．

　先に述べたように，ジェットの入口領域では $\partial U_g/\partial x > 0$ で $Q_{g_{ST}} > 0$ になることから，熱的な直接循環が生じている（訳注：$Q_{g_{ST}} > 0$ の場合は直接循環になることは，図7.17に関連して既に述べられている）ことがわかる．逆に，ジェットの出口領域では，$\partial U_g/\partial x < 0$ および $Q_{g_{ST}} < 0$ であり，熱的な間接循環が生じている（訳注：図6.1に関連して，$d\vec{V}/dt$ を用いた議論により，直接循環および間接循環に関し上記と同じ結果を得ている）．したがって，ジェット・ス

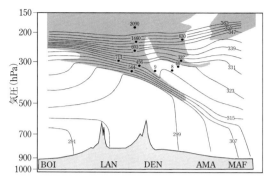

図 7.19 1963 年 4 月 22 日 0000 UTC でのインディアナ州ボアゼ (BOI) からワイオミング州ランダー (LAN), コロラド州デンバー (DEN), テキサス州アマリロ (AMA), テキサス州ミッドランド (MAF) にかけての鉛直断面図. 実線は 4 K ごとの等温位線である. 灰色の部分は渦位 (PV) が 2.5 PVU (1 PVU = 10^{-6} K m^2 kg^{-1} s^{-1}) 以上であり, 成層圏大気であることを示す. 黒い点はストロンチウム (^{90}Sr) の放射性崩壊の測定値 (単位は空気 1000 立方フィート当り, 1 分当りの崩壊数) である. 上層の前線帯と同様に高渦位の成層圏大気中で放射能が高いことに留意せよ. Danielsen (1964) を基に作成.

トリークの出口領域は, 上層の前線の発達しやすい場所である (訳注：ここで図 7.18 の間接循環が生じる過程が示されたことになる). 出口領域で等温位面に重ねて描かれた分流していく風の場は, 熱的な間接循環を伴う**水平の前線衰弱** ($d_g|\nabla\theta|_H/dt < 0$) となることに留意せよ. 熱的な間接循環が上部対流圏で起これば, 高い静的安定度 (訳注：等温位面の間隔が狭まっていることと同義) を持つ下部成層圏大気が引き込まれ, 等温位面の水平勾配 $|\nabla\theta|_H$ が増加し, その効果が水平風による前線衰弱効果を上回るのである.

ここで, 上層の前線形成に対する, 地衡風のシアー変形効果を考察する. 前に述べたように, ソーヤー–エリアッセン方程式から, 地衡風のシアー変形項は次式で与えられる.

$$Q_{g_{SH}} = 2\gamma \frac{\partial U_g}{\partial y}\frac{\partial \theta}{\partial x}$$

図 7.21 は低気圧性の風の水平シアーが存在するときの寒気移流の例を示している. このような場合, 水平風は等温位面の水平的な間隔を広げることにより, $|\nabla\theta|_H$ を減少させる傾向がある (訳注：この図からわかるように, 等温位面に直交する風成分は温位の高い方で大きくなっている). このことと整合的に $Q_{g_{SH}} < 0$ となり, 熱的な間接循環が生じることになる. したがって, そのような大気場は, 上層の前線の発達を促す. また, 高気圧性のシアーが存在する場で暖気

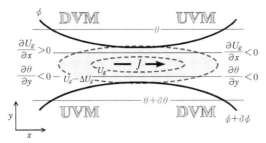

図 7.20 ソーヤー-エリアッセン方程式の伸長変形項により診断された，真っ直ぐなジェット・ストリークの入口および出口領域における鉛直循環．「DVM」と「UVM」は，各々下向きおよび上向きの鉛直運動に対応する．

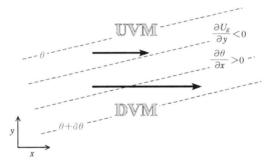

図 7.21 熱的に間接的な循環を生み出す低気圧シアーのときの寒気の移流．矢印は，地衡風である．「DVM」および「UVM」は，各々，下向きおよび上向きの鉛直の運動に対応する．

移流が生じる状況下でも $Q_{g_{SH}} < 0$ となり，上層の前線の生成が促進される（訳注：これは図示していないが，高気圧性の流れなので $\partial U_g/\partial y > 0$．暖気移流なので $\partial\theta/\partial x < 0$）．逆に，高（低）気圧性シアーの存在下で，寒気（暖気）移流があれば，$Q_{g_{SH}} > 0$ となり，熱的な直接循環が生じ，上層の前線が衰弱することになる．

（訳注：等温位線または地衡風の方向に s 軸，それと垂直な方向に n 軸をとる自然座標系では，一般に式 (7.23) は

$$Q_g = 2\gamma\left(\frac{\partial U_g}{\partial n}\frac{\partial \theta}{\partial s} + \frac{\partial V_g}{\partial n}\frac{\partial \theta}{\partial n}\right) = 2\gamma\frac{\partial U_g}{\partial n}\frac{\partial \theta}{\partial s} - 2\gamma\frac{\partial U_g}{\partial s}\frac{\partial \theta}{\partial n} \tag{7.23b}$$

となる．ここで，地衡風が非発散であることを用いた．式 (7.23) と同様，右辺第 1 項はシアー効果，第 2 項は伸長効果を表す）．

上で述べたような水平温度移流とシアーの各組み合わせの 4 つの場合をわ

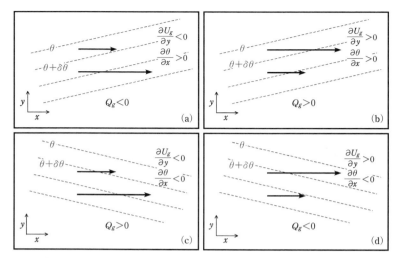

図 7.22 水平シアーと温度移流の組み合わせとそれにより生じる効果. (a) 低気圧性のシアーがある中での寒気移流. これは熱的な間接循環となる. (b) 高気圧性のシアー中での寒気移流. これは熱的な直接循環となる. (c) 低気圧性のシアー中での暖気移流. これは熱的な直接循環となる. (d) 高気圧性のシアー中での暖気移流. これは熱的な間接循環となる.

かりやすく診断するために,地衡風のシアー変形強制項を自然座標で表現することにする.ここで,$\hat{s}$ を等温位線に沿った(寒気を左手にみるような)方向にとり,U_g を $\hat{s}$ 方向の流れとして定義する.さらに $\hat{n}$ を等温位線に直交し寒気側に向くように,自然座標系を定義する.

図 7.22 にデカルト座標で表現した気温傾度や水平シアーおよび Q_g の正負の符号の組み合わせで 4 つの場合を示した.$\hat{s}$ を等温線に沿った方向にとった自然座標系の場合には $\partial \theta / \partial s = 0$ なので,伸長変形項のみが強制項となり,それは次式で表される(訳注:式 (7.23b) 参照).

$$Q_{g_{ST}} = 2\gamma \left| \frac{\partial \theta}{\partial n} \right| \frac{\partial U_g}{\partial s} \tag{7.24}$$

したがって,ある等温位面に沿って(寒気を左手に見る向きに)U_g が増大(減少)する場なら,熱的な直接(間接)循環が生じることになる(訳注:(a) の場合,北に傾いた等温位面に沿って U_g は減少する.一方,(c) の場合は,南に傾いた等温位面に沿って U_g は増大する).この簡単な式を用いて,真っ直ぐなジェット・ストリークの流れに沿った温度移流の影響を調べることができる(訳注:定性的な理解については,付録 11 参照).

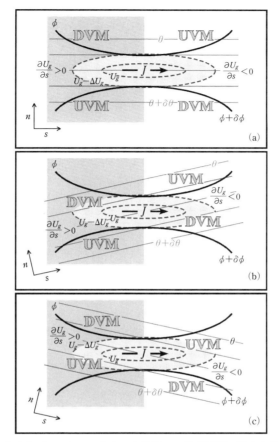

図 7.23 真っ直ぐなジェット・ストリーク付近での鉛直循環に対する温度移流の効果. (a) その軸に沿って温度移流のない真っ直ぐなジェット. (b) その軸に沿って寒気移流のある真っ直ぐなジェット. (c) その軸に沿って暖気移流のある真っ直ぐなジェット. 左の灰色の部分はジェット入口領域を示している. 右側はジェットの出口領域である.

まず，図 7.23(a) に示されたように，真っ直ぐに吹くジェットに沿って近傍で温度移流がない状況を考える（訳注：当面はジェットの矢印部分のみに着目する）．この場合も $\partial \theta/\partial s = 0$ なので，式 (7.24) で表される伸長変形項のみが強制項となる．ジェットの近傍に密集している等温位線のうちジェットの軸に沿ったものに注目すると，ジェットの入口領域からジェットのコア領域までは $\partial U_g/\partial s > 0$ であることがわかる．式 (7.24) より $Q_{g_{ST}} > 0$ であり（訳注：

$\hat{s}$ に沿って U_g が増加すれば,$Q_{g_{ST}} > 0$ であることは,図 7.22 で示した通りである),ジェット／前線系の入口領域においては熱的な直接循環が生じることがわかる.反対にジェットのコア領域の東方では $\partial U_g/\partial s < 0$ であり,式 (7.24) により $Q_{g_{ST}} < 0$ であり,ジェット／前線系の出口領域においては熱的な間接循環が生じることになる.これらの診断を組み合せると,ジェット・ストリーク付近での鉛直運動に関する 4 象限モデルが得られる(訳注:図 7.23 に示された 4 象限).

ジェットの流れと等温線とが小さな角をなす場合,流れに沿って温度移流が生じる.図 7.23(b) においてはジェット軸に沿って寒気移流が生じる.ここで式 (7.24) を用いて,等温位線の中央付近での鉛直運動の分布を診断する.図 7.23(b) に描かれたジェットの入口領域では $\partial U_g/\partial s > 0$ であり,$Q_{g_{ST}} > 0$ である.しかし,これに伴う熱的な直接循環は真ん中にある等温位線を中心にまたがなければならず,したがって,ジェット入口領域では高気圧側(南側)にずれる(訳注:入口領域では,ジェットのコア領域を通るような等温位線の上で $\partial U_g/\partial s > 0$ が最大となる.$Q_{g_{ST}} = 2\gamma |\partial \theta/\partial n| \partial U_g/\partial s$ において,$|\partial \theta/\partial n|$ はどの等温位線上でも一定であるので,ジェットのコア領域を通るような等温位線上で $Q_{g_{ST}}$ が最大となる.したがって,この等温位線上をまたぐような領域で上昇・下降流が生じることになると理解することができる.あるいは,次のように理解することもできる.入口領域でジェット軸の北側では図 7.22(a) の配置になり,間接循環が生じる.その結果,ジェット軸付近では下降流,その北側では上昇流が生じる.それを図 7.23(a) の純粋な合流効果と重ね合わせると,純粋な合流の場合に比べ,ジェット軸付近で下降流となり,北側の下降流が弱まる.逆に,ジェット軸の南側では図 7.22(b) の配置になり,直接循環が生じる.ジェット軸付近で下降流となり,その南側で上昇流となる.図 7.23(a) と比べると,ジェット軸付近で下降流が強まり,南側で上昇流が強まる結果,図 7.23(b) のような上昇下降域の配置となると解釈できる).

出口領域では,同様の解析により $\partial U_g/\partial s < 0$ および $Q_{g_{ST}} < 0$ を得る.しかし,生起する熱的間接循環は,やはり真ん中の等温位線を中心にまたがなければならず,結果としてジェット軸の低気圧性のシアー側(北側)にシフトする.これらの 2 つの診断(訳注:シアーがある場合,ジェットの入り口(出口)領域で直接(間接)循環が生じることと,等温位線がジェットの軸に対して傾いている場合,循環が南(北)にシフトすること)を組み合わせると,ジェットの軸に沿って寒気移流がある場合,下降運動はジェット軸上で最大になることがわかる(訳注:$\hat{s}$ を地衡風の方向にとり,$\hat{n}$ を地衡風の方向に直交し寒気側に向いているように,自

然座標を定義することも考えられる．その場合でも，図 7.23(a) の強制項は，$\hat{s}$ を等温位線に沿った方向にとった場合と同じになる．図 7.23(b) では $\partial U_g/\partial s$ は図 7.23(a) と変わらないが，$|\partial \theta/\partial n|$ が最大になる位置が南にずれるので，強制項の最大値も南にずれると理解でき，この場合でも同じ結果になる．ただし，$\hat{s}$ を等温位線に沿った方向にとった場合，図 7.22 のようにシアーが作用すると，等温位線の方向が時間変化するので，この効果まで考慮すると，$\hat{s}$ を地衡風の方向にとった場合に比べ，強制項の解釈はより複雑になる）．

なお，絶対渦度（地衡風近似の）の温度風による移流が ω を決定するというサトクリフ/トレンバース形式のオメガ方程式を考察することによっても，この鉛直運動の分布を診断することができる．温度風が等温位線に平行に吹くことから，ジェットのコア領域で温度風による高気圧性の渦度移流が最大になる（図 7.23(b)）（訳注：式 (6.23) によれば，上層と下層での発散の差，即ち中層での鉛直速度 ω に密接に関連する量が，温度風による絶対渦度の移流に比例する．つまり，渦度移流が負（正）ならば上層で収束（発散）があり，下降（上昇）流が生ずることになる．温度風による渦度移流を強制項とした式 (6.32) の準地衡オメガ方程式の近似式によっても同じことがわかる．図 7.23(b) では，ジェットのコア領域を通る等温位線に沿った温度風は南西から北東に向かい，負の渦度の移流をもたらす．等温位線に沿った温度風とは，今，考えている高度での ϕ に沿った地衡風速度ベクトル $\vec{V_g}$ ではなく，この $\vec{V_g}$ と，より下層での地衡風速度ベクトル $\vec{V_{g_0}}$ の差（$\vec{V'} = \vec{V_g} - \vec{V_{g_0}}$），すなわち，温度風ベクトル $\vec{V'}$ で表されるものである．この $\vec{V'}$ は，2 層間の平均温位の等値線に平行である．地衡風と温度風の方向が異なることに注意）．一方，低気性および高気性の側のジェットの側面（UVM の領域）には低気圧性の渦度移流がある（訳注：ジェットの出口の北側の UVM 領域では，等温位線に沿った南西側のより小さい ϕ の（渦度が高い）領域からの温度風による正の渦度移流となっている．ジェットの入口の南側の UVM 領域でも，南西側のより小さい ϕ の（渦度が高い）領域からの正の渦度移流となっている）．鉛直運動のこの分布は，水平的な温度勾配を強め，また，傾斜（tilting）の増加を通じて渦度の鉛直成分を増加させ，上層のジェット／前線系を強める（訳注：図 7.18 から，ジェットの出口領域で鉛直運動により，元々ほぼ水平であった等温位面の傾きが急になることがわかる．また北の A 方向に向いている渦管が同じ鉛直運動により立ち上がり，渦度の鉛直成分が増加する）．

なお，図 7.23(c) に示されるように，ジェットの軸に沿って暖気移流があるときは，ちょうど，逆の状況になる（訳注：図 7.23(c) のように，ジェット軸に沿って上昇流が生じることにより，下層から成層度と渦位の低い空気を移流することで前

線帯の特徴が弱められる．その一方で，温位が低い空気が上向きに輸送されてくることから，ジェットによる水平暖気移流の効果を部分的に打ち消す）．サトクリフ/トレンバースの診断からも，ジェットに沿った暖気移流の場合に対しては，ジェットのコア上での上向きの鉛直運動が示唆され，上層の前線の衰弱が促進されることがわかる（訳注：式 6.26(b) で表現される総観場でも，暖気移流がある場合は右辺第 2 項は正となり，ω は負となる）．

　ジェット軸に沿った寒気移流の場合（訳注：図 7.23(b) 参照），ジェットのコア近くで下降運動が最大になり，それによって高い渦位が上部対流圏へ下向きに移流されることが特に重要な点である．前章において中部および上部対流圏における渦度の移流が，温帯低気圧の発達に及ぼす重要な効果を考察した．その議論の中では重要な中部対流圏の渦度の起源自体には触れなかった．これらの渦度のある部分が，上層のジェット／前線系の発達に伴う高い渦度の下向き移流から生じるということが，これまでの議論から考えられ，実際に多くの観測から示唆されている．例として，図 7.24 に示した場合を考える．

　2003 年 11 月 11 日 0000 UTC に，アラスカ州南東部の太平洋沿岸沖で，上部対流圏の気圧面において，中緯度の気圧の峰と高緯度の気圧の谷との間にそこそこの強さの西風合流が見られる（図 7.24(a)）．この合流により気温の水平勾配が強まり始め，その結果，ジェットも強まり始めた．ただし，500 hPa 面での絶対渦度の極大値は，この発達段階では通常見られる程度のものであった．12 時間後，この中程度の強さをもつ渦度極大は，ある程度の水平温度勾配とともに，南東にあるカナダのブリティッシュ・コロンビア州の沿岸域へ移動していた（図 7.24(b)）．11 月 12 日 0000 UTC までに，北西から真っ直ぐに吹く流れにジェット／前線系の形成が見られ，そのジェットの軸の先端部では地衡風による寒気移流も生じていた（図 7.24(c)）．これは，上層の前線の形成に適した流れの場である（訳注：図 7.23(b) の配置に相当し，ジェット軸の下で下降流があると予測される）．ただし，この上層の前線の発達過程において，この時点までの 500 hPa 面での絶対渦度の強まりは僅かなものにとどまっていた．しかし，11 月 12 日 1200 UTC には，絶対渦度がより顕著に増大するとともに，より強い傾圧帯も発達してきた（図 7.24(d)）．遂に 11 月 13 日 0000 UTC には，500 hPa 面における渦度の極大はさらに発達し，それとともに著しい水平温度勾配に特徴づけられる上層の強い前線が五大湖の南側上空で発達した（図 7.24(e)）．この時点までに，上層の前線が，それを伴う上層の短波擾乱の下流側に移ったので，強い地表低気圧が上層の前線の下流側で（鉛直シ

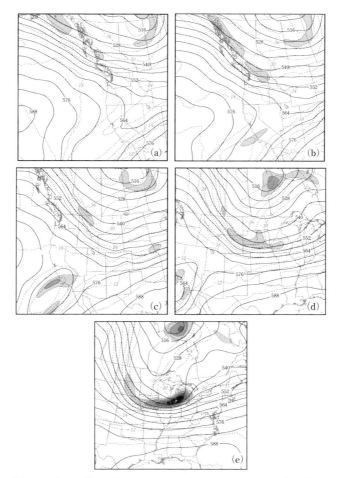

図 7.24 (a) 2003 年 11 月 11 日 0000 UTC における 500 hPa のジオポテンシャル高度（実線），気温（破線），絶対渦度（影部）．ジオポテンシャル高度の単位はデカメートル（dam）で，6 dam ごとに等高線が描かれている．気温は 3°C ごとに等温線が描かれている．絶対渦度は $10^{-5}\,\mathrm{s}^{-1}$ で記されており，$20 \times 10^{-5}\,\mathrm{s}^{-1}$ から $5 \times 10^{-5}\,\mathrm{s}^{-1}$ ごとに示されている．(b) 2003 年 11 月 11 日 1200 UTC であることを除き，他は (a) と同じ．(c) 2003 年 11 月 12 日 0000 UTC であることを除き (a) と同じ．(d) 2003 年 11 月 12 日 1200 UTC であることを除き (a) と同じ．(e) 2003 年 11 月 13 日 0000 UTC であることを除き (a) と同じ．

アーベクトル方向の下流；downshear）発達し始めた（図示していない）．

この場合とは逆に，他の例では，上層のジェット／前線系が，上層の短波のトラフ軸の下流に移るまでに，ジェットの軸に沿った暖気移流により，ジェットのコア（訳注：最大速度軸）の下で強い上昇流が起き，上層の前線の衰弱が始まることもありうる（訳注：図7.23(c)の配置に相当する）．

7.5 前線における降水過程

ここまで前線の鉛直循環と前線形成過程との関係を詳細に述べてきたが，前線付近でしばしば起きる降水にとって，鉛直運動は必要条件ではあるが十分条件ではない．このことは，水蒸気がまったくない中で起こる強い前線の循環を考えれば明らかで，そのような場合に降水が起きない．つまり，力学的な条件とともに熱力学的な条件が中緯度低気圧における降水の生成において極めて重要な構成要素であることがわかる．

伝統的なノルウェー学派の低気圧モデル（次章で述べる）では，前線は温帯低気圧において多くの降水が起きる源として正しく描かれている．しかし，当時の観測上の制約により，そのモデルでは，前線性の降水強度は前線領域で一様と考えられ，細胞状の構造は考慮されていなかった．1950年代終わり頃，気象レーダーが出現することにより，この推測は間違いであることがわかった．すなわち，前線性の降水分布に多くの細胞状の構造が存在することが見出されたのである．当然のことながら，前線帯付近におけるメソスケールの降水分布を支配している要因を解明することが，重要な研究領域となった．この節では，力学的強制を適切な熱力学的な条件の下に考慮することが，前線のメソスケールの降水分布の大まかな特徴をうまく説明することに役立つという平易な考え方に焦点を当てつつ，その問題を広く考察する．

まず，模式的に前線帯を横切って変化する静的安定度の効果を考察する（図7.25）．既に述べたように，準地衡オメガ方程式およびソーヤー–エリアッセン循環方程式においては，地衡風による強制（$-2\nabla \cdot \vec{Q}$ または Q_g）とその応答としての ω とが静的安定度の指標を介して関連づけられている（訳注：付録12参照）．その指標とは，準地衡オメガ方程式における σ，およびソーヤー–エリアッセン方程式における準地衡渦位（訳注：7.3節での楕円型の条件の議論を参照．より正確にはエルテルの渦位）のことである．本質的に，静的安定度は両方の式で ω の振幅を変える働きをする．より具体的には，安定度が弱い（強い）と

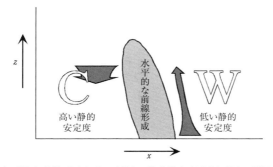

図 7.25 正の水平的な前線形成がある領域の模式的な鉛直断面図．領域の暖気側は，寒気側より静的安定度が低いという特徴がある．暗い矢印は熱的な直接循環（狭く強い上昇気流と，広くゆっくりした下降気流）を表す．

きは，空気塊の鉛直変位に対しほとんど抵抗がなく（強い抵抗があり），与えられた強制に対し，より大きな（小さな）鉛直変位が起こることになる．

ここで，図 7.25 に示した模式的な前線の断面図において，水平的な前線形成（$F_{2D} > 0$）から強制された上昇流が生じると仮定しよう．前述のように，強制に対する第 1 次近似の応答により，前線帯の暖気側で上昇し，寒気側で下降する熱的な直接循環が生じることになる．前線帯の暖（寒）気側で，鉛直変位に対する抵抗がより小さ（大き）ければ，前線形成の強制に対する応答としては上昇運動がより強く下降運動がより弱いものとなる（訳注：式 (6.26) の左辺は，$-\sigma\omega$ に比例する．右辺の強制項が同じならば，σ が大きくなれば ω の絶対値は小さくなる．式 (7.21b) も同様）．質量の連続性から，上昇する質量の総量と下降する質量の総量とは等しくなる．よって，暖気側では鉛直運動が相対的に強いことから，寒気側の下降域よりも暖気側の上昇域の面積はより限定される．このように，前線の暖気側で狭く強い上昇気流が生じる結果，降水は狭く帯状に分布する．他方，下降気流はより広い領域にわたり穏やかなものになる．活発な前線形成が起きている前線帯において狭い降水域がよく観測されるが，これは前線を横切って静的安定度が異なるために，前線形成の強制に対する鉛直運動の応答の強さが異なることによる．次に，**対流不安定（convective instability）** または**潜在不安定（potential instability）** と呼ばれる特定のタイプの静的不安定を生じる総観規模の条件を調べる．

対流不安定は，重力的不安定（gravitational instability）の中でも特に強力な現れ方をするものである．図 7.26 に示された仮想的な気温と露点温度の鉛直分布を考える．与えられた層 A–B の気温と湿度の条件下で，空気塊 A

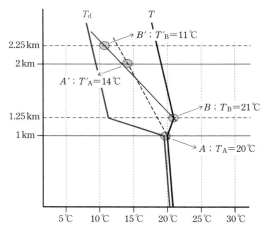

図7.26 対流不安定を示すための偽断熱ダイヤグラム．実線は乾燥断熱減率 $9.8°C\,km^{-1}$ を表すのに対し，破線は湿潤断熱減率 $6°C\,km^{-1}$ を表す．層 A-B (1-$2.5\,km$ に位置する) には，気温の逆転が見られる．空気塊 A は飽和しているのに対し，空気塊 B は非常に乾燥している．$1\,km$ 持ち上げられるとき，この層での気温減率は絶対的に不安定なものとなる．T および T_d は気温および露点温度である（訳注：偽断熱過程とは凝結または昇華した水分がただちに重力落下し，完全に空気塊から分離すると仮定した過程のことである．付録 2 参照）．

と B が持ち上げられるとき，A は〜 $6°C\,km^{-1}$（湿潤断熱減率），B は $9.8°C\,km^{-1}$（乾燥断熱減率）という異なった断熱冷却率を持つ（訳注：水蒸気を含む空気塊が上昇する際に飽和するまでは乾燥断熱減率で温度が低下するが，飽和すると水蒸気の凝結に伴い潜熱が放出され，気温減率が乾燥断熱減率に比べて小さくなる．これを湿潤断熱減率と呼ぶ．付録 2 参照）．よって，層 A-B が $1\,km$ 持ち上げられるとき，その層の鉛直気温減率は乾燥断熱減率よりも大きくなって絶対不安定となり，自由対流がただちに発生する．したがって，このような状況において，狭い上昇域を伴う急速で強い対流が生じる．図 7.26 に示されたような気温と露点温度の高度分布においては，層 A-B で $\partial\theta_e/\partial z < 0$ となる（訳注：ある高度にある空気塊が上昇し，水蒸気が飽和に達した後は，凝結に伴い，水蒸気の潜熱が放出され非断熱加熱が起きる．この結果，温位は一定ではなく増加する．仮想的に，この空気塊がさらに高高度に達し，空気塊に含まれるすべての水蒸気が凝縮したときの温位を**相当温位（equivalent potential temperature）**θ_e と定義する．$\theta_e - \theta$ は空気塊の水蒸気混合比に比例する．さらに詳しい説明は付録 2 を参照）．実際，対流不安定の必要条件は $\partial\theta_e/\partial z$ が負となることである．こうした成層構造は，低気圧発生において高度により異なった湿度移流の結果として発達する．それは米国南部

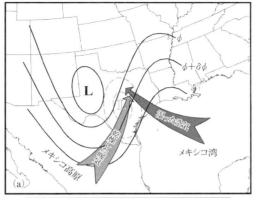

図 7.27 (a) 米国の中部平原での対流不安定の発達につながる総観場の模式図. 破線は海面高度における等圧線であり, 実線は 500 hPa におけるジオポテンシャル高度線である. (b) ドライスロットの北端の特徴である, 高度とともに増加する乾燥空気移流. 赤外線衛星画像 (NOAA) は 1998 年 11 月 10 日 1815 UTC のものである. 太い破線は水蒸気混合比 (q) の模式的な等値線であり, 白い矢印は対流圏の温度風ベクトルである.

の平原での低気圧発生において大変よく見られるものである. その状況では, 図 7.27(a) に模式的に示すように, メキシコ高原からの低 θ_e の南西寄りの気流の下でメキシコ湾からの高 θ_e の南東寄りの気流が存在している.

対流不安定が発達しやすい別のもう 1 つの領域は, 低気圧に伴う, いわゆる「ドライスロット (dry slot)」である. それは, 寒冷前線に沿って雲が並んだ領域西側の上部対流圏で生成した空気が, 多くの場合沈降を経て形成される乾燥した領域である. ドライスロットの北端において, 中部および上部対

流圏の深い層内で湿度が顕著な水平勾配を持つ．寒冷前線付近は傾圧的で（温度傾度が強い），ドライスロットの北端付近は風の強い鉛直シアーが存在する．したがって，図 7.27(b) に示したように，高さとともに増大する強い乾燥移流域の領域が生じ，大気中層で対流不安定な狭い領域が生じ，対流性の狭い降水帯が生成される．

対流不安定のような，背の高い重力的な不安定は前線性の降水の発達に重要であるが，対流不安定の条件が満たされない場合でも，**対称不安定（symmetric instability）**と呼ばれる別の不安定が起こることがあり，これもまた前線付近でしばしば観測される線状降水帯を生じる原因にもなりうる．この不安定が生じると，前線面に平行な幅の狭い循環が，傾斜運動への応答として発達する．この傾斜運動（水平および鉛直の速度成分を持つ運動）の安定性に関した理論を構築するために，(1) 鉛直シアーは地衡風的につり合っている，(2) 流れは，2 次元的である（曲率を持たない）（訳注：x 方向に一様）というかなり具体的な環境場の設定で考察する．そのような条件は，ソーヤー–エリアッセン方程式を求めるときに仮定したものとやや似ており，ここで設定した場は前線帯近傍の流れ場をかなりよく記述している．ここでは，図 7.28(a) に示された yz 平面における 2 次元の流れを考察する．そのような場合 x 方向の気圧傾度はなく，摩擦を無視した運動方程式は，地衡風運動量の近似の下，次のようになる．

$$\frac{dU_g}{dt} - fv = 0 \quad \text{または} \quad \frac{d}{dt}(U_g - fy) = 0 \qquad (7.25)$$

7.3 節のソーヤー–エリアッセンの議論で用いた絶対地衡風運動量 M_g を $M_g = U_g - fy$ と定義すると，式 (7.25) は M_g の保存を表すことになる．次に，大気中での何らかの擾乱が，図 7.28(a) で 1 および 2 と添字された 2 つの空気管を，θ_e 面に沿って入れ替えると想定し，その結果を考察する（訳注：この空気管は x 方向に無限に延びた空気塊を表していると考える．管の周囲の気圧は管の存在で影響されず，また管の気圧は周囲の気圧に等しい）．管 1 の当初の速度を U_{g_1} とすると，$M_{g_1} = U_{g_1} - fy$ である．管 1 を管 2 の当初の位置 $(y + \Delta y)$ に動かすとき，M_g は保存するので次式を得る．

$$M_{g_1} = U_{g_1} - fy = U'_{g_1} - f(y + \Delta y) = U'_{g_1} - fy - f\Delta y$$

これより，次式を得る．

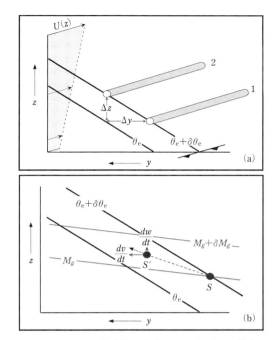

図 **7.28** y 軸に沿った真っ直ぐな前線帯に直交する鉛直断面の模式図．実線は θ_e の等値線である．本文中で記述されているように，管 1 および管 2 は x 方向に無限に延び，それぞれは水平および鉛直の方向に Δy および Δz の距離だけ離れている．(b) (a) に示されたような断面図における M_g および θ_e の等値線の分布．斜めの経路（破線）に沿って移動した空気塊 S は，図示されているように，鉛直および水平の加速度（実線の矢印）を受ける．これらの加速度は，θ_e および M_g の両方を保存するという拘束条件から生じる．破線の黒い矢印は，その結果生じる加速度を表す．

$$U'_{g_1} = U_{g_1} + f\Delta y \tag{7.26a}$$

同様にして，管 2 の当初の速度が U_{g_2} であるならば，$M_{g_2} = U_{g_2} - f(y + \Delta y)$ である．管 2 を管 1 の当初の位置 (y) に動かす際も M_g は保存するので，次式を得る．

$$M_{g_2} = U_{g_2} - f(y + \Delta y) = U'_{g_2} - f(y) = U'_{g_2} - fy$$

これより，次式を得る．

$$U'_{g_2} = U_{g_2} - f\Delta y \tag{7.26b}$$

この交換の後,当初の状態から擾乱により乱された状態に移ったとき(訳注:上記のように強制的に管 1 と 2 を入れ替えたとき)の,背景場の運動エネルギーの変化を計算する(訳注:ここでは,管は背景場(擾乱を含まない流れ場)を代表しているものと考えている).運動エネルギー(KE)の変化は,次式で与えられる.

$$\Delta KE = \frac{1}{2}m(U'^2_{g_1} + U'^2_{g_2}) - \frac{1}{2}m(U^2_{g_1} + U^2_{g_2}) \tag{7.27}$$

式 (7.26a) と式 (7.26b) を代入すると,式 (7.27) を次式に書き換えることができる.

$$\Delta KE = mf\Delta y(M_{g_1} - M_{g_2}) \tag{7.28}$$

$\Delta KE < 0$ であれば,管の入れ換えを起こした擾乱に対し,背景場からエネルギーが与えられることを意味し,背景場は擾乱に対し不安定である.したがって,$M_{g_2} > M_{g_1}$ のとき,あるいは,図 7.28(a) に関して言えば $(\partial M_g/\partial y)_{\theta_e} > 0$ のとき,大気場は,そのような斜めの変位に対し不安定であると結論できる.$(\partial M_g/\partial y)_{\theta_e} > 0$ の条件は,次のように書くこともできる.

$$(\zeta_g + f)_{\theta_e} < 0 \tag{7.29a}$$

(訳注:これは相当温位面上での絶対渦度が負となるような強いシアーの存在を意味する).つまり,(飽和した大気中で)M_g 面の傾きが θ_e 面の傾きより小さい(訳注:この条件は $(\partial M_g/\partial y)_{\theta_e} > 0$ と同等.逆に,安定な環境場であれば,θ_e 面はほぼ水平に,M_g 面はより鉛直に分布する)ならば,そのような擾乱に対し大気は不安定であり,この不安定性により,傾いている θ_e 面にほぼ沿うように熱と運動量の対流が起きることになる.図 7.28 の 2 次元流において水蒸気が飽和しているとする.点 S から等 M_g 面と等 $\theta_e + \delta\theta_e$ 面に挟まれた位置にある点 S' へ空気塊を仮想的に変位させた場合,空気塊は M_g と θ_e の両方を保存しているので,空気塊に水平および鉛直の力が働き,当初の M_g と θ_e 面に強制的に戻すように作用する.したがって,図 7.28(b) で表示されるように,変位した空気塊は斜めの経路に沿って加速され,当初の位置から離れていく.式 (7.29a) の安定性の基準(訳注:不安定となる基準)は,次式のように表される.

$$\left(\frac{\partial \theta_e}{\partial z}\right)_{M_g} < 0 \tag{7.29b}$$

したがって,図 7.28 で描かれた背景場が,慣性的に安定かつ対流的に安定で

あっても，空気塊は図 7.28(b) に表示された斜めの経路に沿って，(1) θ_e 面上で慣性的に不安定（inertially unstable）であり（式 (7.29a))，(2) M_g 面上で対流的に不安定（convectively unstable)（式 (7.29b)）である．そのような不安定のことを，**条件付対称不安定（conditional symmetric instability (CSI)**)[3]という（訳注：図 7.28(b) の点 S にある管が $\theta_e + \delta\theta_e$ 面に沿って変位することで起こりうる不安定を慣性不安定，M_g 面に沿って変位することで起こりうる不安定を対流不安定と呼ぶ．点 S から等 M_g 面と等 $\theta_e + \delta\theta_e$ 面に挟まれた領域に管が変位することで起こりうる不安定を対称不安定と呼ぶ．つまり，慣性不安定と対流不安定は対称不安定の両極限とみなすことができる．慣性不安定の詳細は付録 16 参照．またソーヤー–エリアッセン方程式に基づく議論では前線形成時に誘起される非地衡風循環を決定論的に求めたが，本節の議論では空気管の位置の入れ替えにより運動エネルギーが解放され，擾乱・循環が誘起される条件のみを導出したのである．ソーヤー–エリアッセン方程式を適用する領域で対称不安定が生じると方程式は楕円型ではなくなり，その解が一意的に決まらなくなる）．

この条件付対称不安定の必要条件を決定するもう 1 つの方法は，

$$PV_{e_g} = -(f\hat{k} + \nabla \times \vec{V}_g) \cdot \nabla \theta_e \tag{7.30a}$$

で定義される地衡湿潤渦位（PV_{e_g}）を用いることである（訳注：より正しくはエルテルの湿潤渦位．式 (7.30b) の導出は付録 16 を参照）．式 (7.30a) を展開すると，次式となる．

$$PV_{e_g} = \frac{\partial v_g}{\partial p}\frac{\partial \theta_e}{\partial x} - \frac{\partial u_g}{\partial p}\frac{\partial \theta_e}{\partial y} - \left(\frac{\partial v_g}{\partial x} - \frac{\partial u_g}{\partial y} + f\right)\frac{\partial \theta_e}{\partial p} \tag{7.30b}$$

条件付対称不安定の必要条件を定式化するのに用いた 2 次元の仮定により，x 方向の変化をゼロとすると，式 (7.30b) は次式となる．

$$PV_{e_g} = -\frac{\partial u_g}{\partial p}\frac{\partial \theta_e}{\partial y} - \left(f - \frac{\partial u_g}{\partial y}\right)\frac{\partial \theta_e}{\partial p}$$

$M_g = U_g - fy$ であるから，次のように書き替えられる．

---

[3]円状に対称な順圧流体の流れにおける角運動量の対流に関し，レイリーによって導かれた理論と等温位の条件で同等のものであるから，形容詞「対称的な（symmetric)」が用いられている．形容詞「条件付（conditional)」は，不安定が特定の必要条件下で実現されるためには，空気中の水蒸気が飽和していなければならないという条件を意味している．

$$PV_{e_g} = \frac{\partial M_g}{\partial y}\frac{\partial \theta_e}{\partial p} - \frac{\partial M_g}{\partial p}\frac{\partial \theta_e}{\partial y} \tag{7.31}$$

条件付対称不安定の必要条件が描かれた図 7.28(b) に戻ると，y-p 面での M_g の等値線が θ_e の等値線より緩やかな傾斜を持っているときは常に式 (7.31) は負になる（訳注：このことは，付録 16 に示した）．したがって，2 次元の PV_{e_g} が負のときは常に条件付対称不安定の必要条件が満たされる．PV_{e_g} が負になり，そのような空気が前線の背景場で飽和になるまで持ち上げられるとき，条件付対称不安定が発生すると考えられている．この傾斜した自由対流が起きると，前線を横切る面内でロール状の循環が生成され，それが温度風に沿って並ぶ．ロール状の循環が成長すると対流不安定の領域が生まれ，その対流により帯状の降水が生じる．

ソーヤー–エリアッセン方程式の楕円型の条件，すなわち，

$$\gamma\left(\frac{\partial \theta}{\partial p}\frac{\partial M}{\partial y} - \frac{\partial \theta}{\partial y}\frac{\partial M}{\partial p}\right) > 0$$

は式 (7.31) の乾燥断熱版とも言える式である．したがって厳密に言えば，ソーヤー–エリアッセン方程式は $PV_{e_g} < 0$ で水蒸気が飽和しているときは双曲型である．しかし，どこでも PV_{e_g} が正である中で，PV_{e_g} が前線を横切る方向に変化すれば，その結果生じる鉛直循環は PV_{e_g} に影響される．もし前線近傍での直接循環において前線暖気側で PV_{e_g} が相対的に小さいと，斜め方向の変位に対する復元力（PV_{e_g} の大きさに比例（訳注：詳しい説明は付録 16 参照））は寒気側よりも小さくなり，暖気側での上昇運動は強いものになる．質量の連続性を満たすためには，上昇気流は水平的に狭い領域に限定される．したがって，実際に不安定がない場合でも，前線形成の活発な前線帯付近での帯状の降水分布を筋道立てて議論することは可能である．

前線形成強制への応答の目安として PV_{e_g} を用いることの有効性を示したので，この変数を時間変化させる過程を調べる．式 (7.30b) で与えられる PV_{e_g} のラグランジュ的な時間変化率は次式で与えられる．

$$\frac{d}{dt}(PV_{e_g}) = -\vec{\eta}\cdot\nabla\dot{\theta}_e + f\frac{\partial \vec{V}_g}{\partial p}\cdot\nabla\theta_e \tag{7.32}$$

この式は PV_{e_g} の時間変化に寄与する 2 つの過程を示している（訳注：$\vec{\eta}$ は絶対渦度）．式 (7.32) の右辺の第 1 項は，PV_{e_g} に対する非断熱効果の影響を表現している．特に興味深いのは，次式で与えられる非断熱項の鉛直成分である．

7.5 前線における降水過程   239

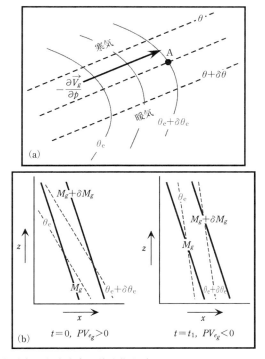

図 **7.29** (a) 乾燥空気の鉛直方向の差分移流 (differential dry air advection) と PV_{e_g} の減少が伴うような θ と θ_e の等値線の分布. (b) M_g と θ_e の等値線の傾きに対する, 乾燥空気の移流の鉛直方向の差分の効果を示す鉛直断面.

$$-\left(\frac{\partial v_g}{\partial x} - \frac{\partial u_g}{\partial y} + f\right)\frac{\partial \dot{\theta}_e}{\partial p}$$

ここで $-\partial \dot{\theta}_e/\partial p$ は,非断熱加熱の鉛直傾度である.非断熱過程は,鉛直方向に PV_{e_g} を再配分するが,最大加熱高度より上では PV_{e_g} を実質的に「破壊」し,それより下の高度では,それを「生成」する.一方,式 (7.32) の右辺第 2 項は θ_e の温度風による水平移流が PV_{e_g} を変化させる効果で,これは純粋に断熱的な過程である.図 7.29(a) に示した θ と θ_e の等値線の分布を考察する.その大気場では温度風による負の θ_e 移流がある.このことは,地点 A において θ_e は地表近くに比べ,上空でより急速に減少することを意味する.その結果,時間とともにどの θ_e 面も,より鉛直になるように傾きが変わっ

ていく(図 7.29(b)). 気温の場は温度風 $(-\partial \vec{V}_g/\partial p)$ で表されているので, $f(\partial \vec{V}_g/\partial p) \cdot \nabla \theta_e$ による θ_e の移流は, 実際には, 水蒸気移流だけを表す(訳注:温度風に沿って θ は一定なので). そのような水蒸気移流は, 相当温位の等値線の傾きに影響するが, 質量場にはほとんど影響を及ぼさない. その結果, M_g 等値線はこの過程にほとんど影響されない. したがって, M_g 面に対する θ_e 面の傾きの漸増 (PV_{e_g} の減少) は, $f(\partial \vec{V}_g/\partial p) \cdot \nabla \theta_e$ により表される過程により生じる. 図 7.29(a) に示された温位および相当温位の等値線の分布は, 前に議論された「ドライスロット」の北端と同じ特徴を持っていることに留意すべきである(訳注:このように θ_e 面の傾きが M_g 面の傾きより大きくなると, 図 7.28(b) の配置となり対称不安定の条件を満たし, 対流が発生し降水が生じうる).

この章で述べてきた前線過程は, 温帯低気圧として知られる多重スケール(訳注:メソスケールから総観規模にわたる)の循環系の 1 つの要素にすぎない. 科学的に魅力あるこれらの擾乱は, 普遍的に見られる中緯度循環の特徴であり, 3 日から 7 日間の典型的なライフサイクルの間に, 何百万 km² にわたる広範な領域内に同時に様々な影響を及ぼす. 次章では, これまでに開発してきた多様な診断の道具を用いることにより, 温帯低気圧の性質を調べていく.

参考文献

Margules (1906) では, ゼロ・オーダー前線の傾きが導出されている.

Bergeron (1928) は, 前線形成関数を議論した最初の論文である.

Bluestein, *Synoptic-Dynamic Meteorology in Midlatitudes, Volume* II では, 代数形式に基づき, 三角関数を用いて前線形成関数が明瞭に導出されている.

Hoskins and Pedder (1980) では, Q ベクトルと準地衡前線形成との間の関係が記述されている.

Hoskins and Bretherton (1972) では, 非常に小さな規模までの前線崩壊における非地衡風運動の役割が記述されている.

Sanders (1955) は, 地表の前線形成にかかわる観測の優れた論文である.

Eliassen (1962) では, いわゆるソーヤー–エリアッセン方程式の 2 次元形式が導入されている. 著者がかつて読んだ最良の科学論文である.

Keyser and Shapiro (1986) では, 上層での前線と前線形成に関する観測および力学的研究を包括的にレビューしている.

Sanders and Bosart (1985) では, 前線の降水帯の特徴に対する, 前線を横切る方向の安定度の傾度の影響が, 物理的に記述されている.

Emanuel (1979) および Bennets and Hoskins (1979) は, 条件付対称不安定(CSI)の理論に関する優れた論文である.

Schultz and Schumacher (1999) は, CSI 理論と応用の詳細なレビューである.

問題

7.1. (a) 次式を証明せよ．
$$\frac{d}{dt}\left(\frac{\partial\theta}{\partial x}\right) = \frac{\partial}{\partial x}\left(\frac{d\theta}{dt}\right) - \frac{\partial u}{\partial x}\frac{\partial\theta}{\partial x} - \frac{\partial v}{\partial x}\frac{\partial\theta}{\partial y} - \frac{\partial\omega}{\partial x}\frac{\partial\theta}{\partial p} \tag{7.33}$$
ここで，以下の定義を用いよ．
$$\frac{d}{dt} = \frac{\partial}{\partial t} + u\frac{\partial}{\partial x} + v\frac{\partial}{\partial y} + \omega\frac{\partial}{\partial p}$$
(b) 断熱的で摩擦のない流れに対し以下の式を証明せよ．

$$\Im_{3D} = \frac{d}{dt}|\nabla\theta|$$
$$= \frac{1}{|\nabla\theta|}\left[-\left(\frac{\partial\theta}{\partial x}\right)\left(\frac{\partial\vec{V}}{\partial x}\cdot\nabla\theta\right) - \left(\frac{\partial\theta}{\partial y}\right)\left(\frac{\partial\vec{V}}{\partial y}\cdot\nabla\theta\right) - \left(\frac{\partial\theta}{\partial p}\right)(\nabla\omega\cdot\nabla\theta)\right]$$

7.2. 図 7.1A は，東西に延びる等温位線に等圧面上の地衡風を重ね合わせたものである．

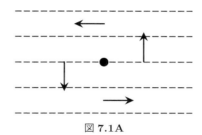

図 **7.1A**

(a) 自然座標形式の
$$\vec{Q} = -\frac{R}{f}\left|\frac{\partial T}{\partial n}\right|\left(\hat{k}\times\frac{\partial\vec{V}_g}{\partial s}\right)$$
を用いて，示された点における Q ベクトルを描け．
(b) この大気場では，地衡風による前線形成が起きているか．(a) の結果と準地衡前線形成関数 ($F_{geo} = \vec{Q}\cdot\nabla\theta/|\nabla\theta|$) の Q ベクトル形式を参照して説明せよ．
(c) 準地衡前線形成関数が，
$$\Im_{geo} = \frac{|\nabla\theta|}{2}(F\cos2\beta)$$
(ここで，F は総変形場である）で与えられることを考えたとき，(b) で得られた結果は，予想通りであったか．説明せよ．

7.3. 図 7.2A は，500 hPa でのジオポテンシャル ϕ と温位 θ の模式図である．
前に述べたように，ソーヤー–エリアッセン方程式の地衡風のシアー変形の強制項は

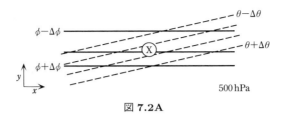

図 **7.2A**

次式により与えられる．

$$Q_{shear} = 2\gamma \frac{\partial U_g}{\partial y} \frac{\partial \theta}{\partial x}$$

図 7.2A に，この強制項を適用して，次の質問に答えよ．

(a) 地衡風の水平的な流れの $|\nabla\theta|$ に対する瞬時的な効果は，どのようなものか．

(b) (a) の解答を考慮し，その領域の等温線に対する Q ベクトルの向きを表示せよ．その答えを説明せよ（この答えに対する Q ベクトルを詳細に描く必要はない）．

(c) この状況では，どのような型の循環が起きるか．

(d) 強制された循環が $|\nabla\theta|$（同じ領域での）に及ぼす効果は何か．その答えを説明せよ．

(e) 図 7.2A での点 X では，500 hPa の絶対渦度が最大になる．時間とともに，その大きさは，どのように変わるか．その答えを説明せよ．

7.4. 図 7.3A に 700 hPa での等温位線と Q ベクトルが与えられている．その領域の Q_{SE}（ソーヤー–エリアッセン方程式における地衡風による強制関数）の符号は何か．その答えを説明せよ．

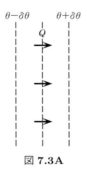

図 **7.3A**

7.5. (a) 地衡風の水平流のみがある大気中での前線は，現実の大気において観測されるものよりも強いか，弱いか．物理的な説明をせよ．

(b) 次の前線形成関数の力学形式を考察することにより，(a) の答えに対する数学的な根拠を述べよ．

$$\Im = \frac{|\nabla\theta|}{2}(F\cos 2\beta - D)$$

ここで，F は総変形であり，D は発散である．

(c) セミ地衡（SG）および準地衡（QG）近似の間の主な違いは何か．なぜ，現実の前線を調べるとき，セミ地衡近似の方が，より適切なのか．

7.6. ソーヤー-エリアッセン方程式の導出において $M = U_g - fy$（絶対地衡風運動量）を考察した．

(a) M の鉛直方向の傾度は，物理的には何を表しているか．

(b) 前線を横切る方向の M の傾度（$\partial/\partial y$）は，物理的には何を表しているか．

(c) なぜ，積 $(-\partial M/\partial y)(\partial M/\partial p)$ は，前線帯を同定する際に，有用なパラメーターとなるのか述べよ．

(d) 前線を横切る方向での静的安定度の相違は，M により定量化できるか．その答えを説明せよ．

7.7. x 軸に平行な，飽和した 2 次元地衡風の流れにおいて，y および z 方向の運動方程式は次式になる．

$$dv/dt = -f(M_{parcel} - M_{env})$$
$$dw/dt = \kappa(\theta_{e\ parcel} - \theta_{e\ env})$$

ここで，κ は正の定数であり，$M = U_g - fy$ である．

(a) 図 7.4A の断面図において，当初，点 P にある空気塊が 1 から 4 のいずれかに変位するとき，P から離れる方向に加速度が生じるものはどれか．その答えを説明せよ．

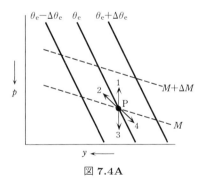

図 **7.4A**

(b) この断面図における地衡風の湿潤渦位（PV_{e_g}）の符号は何か．その答えを 1 文で説明せよ．

7.8. ある日の地表の水平風速と気温が次の関数で表されるとする．

$$U = -2 - (4 \times 10^{-5})x - (2 \times 10^{-5})y$$
$$V = 4 + (2 \times 10^{-5})x + (1 \times 10^{-5})y$$
$$T = 270 - (\sqrt{3} \times 10^{-5})x - (1 \times 10^{-5})y$$

(a) 渦度，発散，シアー変形，伸長変形の値はいくらか．
(b) 総変形の場の伸長軸の向きは，どちらか．
(c) 前線形成関数の値を，$\text{K}(100\,\text{km})^{-1}(10^5\,\text{s})^{-1}$ の単位で求めよ．

7.9. 第2次世界大戦後10年，核兵器を成層圏で爆発させる実験がよく行われていた．その当時，安定な成層圏は，核爆発に伴う放射性残留物に対する安全な貯蔵場所であると信じられていた．中緯度で上層のジェット／前線系が遍在していると考えたとき，この実験の適切さについて意見を述べよ．上層のジェット／前線系の発見は，1960年の核実験禁止条約の採択に，有効な役割を有したと思うか．その答えを説明せよ．

7.10. (a) 図7.28(a)における管1と管2の入れ替えの結果から生じる運動エネルギーの変化（ΔKE）が次式によって与えられることを証明せよ．

$$\Delta KE = mf\Delta y(M_{g_1} - M_{g_2})$$

(b) M_g の等値線の傾きが，θ_e の等値線の傾きよりゆるやかになることが，不安定の条件（$\Delta KE < 0$）になるのか，説明せよ．

7.11. 図7.5Aは米国南中部上空の典型的な総観場である．テキサス州西部上空に，500 hPaでの気圧の谷の軸があり，テキサス州南部の中央に地表低気圧の中心がある．

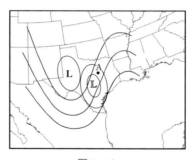

図 **7.5A**

(a) A地点における500 hPaおよび地表の地衡風を描け．
(b) A地点上空（500 hPaおよび地表）の空気塊の起源の領域はどこか．
(c) この総観場から，A地点の上空には，どの型の不安定が生じるかを特定し，A地点の上空の気温と露点を描け．
(d) A地点の付近で，空気は一般的には上昇するか，下降するか．その答えを説明せよ．
(e) これまで述べたような状況で，この日のテキサス州北部およびオクラホマ州南部では，どのような予報になるか，説明せよ．

7.12. 地衡風の湿潤渦位（PV_{e_g}）のラグランジュ的な変化率は

$$\frac{d}{dt}(PV_{e_g}) = -\vec{\eta}_g \cdot \nabla \dot{\theta}_e + f\frac{\partial \vec{V}_g}{\partial p} \cdot \nabla \theta_e$$

により与えられる.
(a) 断熱的な生成項（$f(\partial \vec{V}_g/\partial p) \cdot \nabla \theta_e$）は次のように書けることを示せ.

$$f\frac{\partial \vec{V}_g}{\partial p} \cdot \nabla \theta_e = \gamma \hat{k} \cdot (\nabla \theta_e \times \nabla \theta)$$

(b) 右手規則を使い, 図 7.29(a) で描かれた温帯低気圧の模式図の「ドライスロット」における, この項の符号を求めよ.

7.13. 図 7.6A は, 温位 θ の第 1 次オーダーの不連続性により特徴づけられる流体の 2 つの領域（1 および 2 の表示のある）の境界面 F の傾きが正であることを示している. x-z 平面におけるこの境界面の傾きが次式により与えられることを示せ.

$$\left(\frac{dz}{dx}\right)_F = \frac{(\partial \theta/\partial x)_1 - (\partial \theta/\partial x)_2}{(\partial \theta/\partial z)_2 - (\partial \theta/\partial z)_1}$$

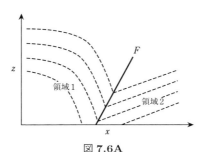

図 7.6A

7.14. 等温位線を横切る $\vec{Q}$ の成分 ($\vec{Q}_n$) に伴う鉛直運動は, 地衡風の前線形成と, 前線を横切る傾度の両方に依存していることを示せ.

解答

7.2. (b) 示される地衡風の前線形成はない.
7.3. (a) $|\nabla \theta|$ の減少を強制する. (c) 熱的な間接循環である.
7.4. 正
7.6. (a) 水平の気温勾配 (b) $-\zeta_g$
7.7. (a) 空気塊 2 と 4 (b) 負
7.8. (a) $\zeta = 4 \times 10^{-5}\,\text{s}^{-1}$, $D = -3 \times 10^{-5}\,\text{s}^{-1}$, $F_2 = 0$, $F_1 = -5 \times 10^{-5}\,\text{s}^{-1}$
(b) $0°$ (c) $5.5\,\text{K}(100\,\text{km})^{-1}(10^5\,\text{s})^{-1}$

第 8 章 温帯低気圧のライフサイクルの力学的様相

目的

　中緯度において最もよく見られる天気現象は，前線を伴う低気圧である．この事実から，温帯低気圧に関して，200年以上にわたり多くの研究がなされてきた．この章では，これまでに発展してきた診断手法と力学的な洞察を用いることにより，温帯低気圧のライフサイクルの構造，時間発展，それを支配する力学を理解する．

　このライフサイクルは，様々な段階からなる．低気圧は，流れの中での有限振幅の擾乱により生起され発達したものであり，無限小振幅の擾乱の不安定成長から生成したものではないという考え方に基づき，これらの段階のいくつかを調べる（訳注：無限小振幅の擾乱が不安定により発達するには時間がかかりすぎ，実際の現象を説明できない．現在では有限振幅の擾乱が不安定により発達すると考えられている）．低気圧のライフサイクルにおける低気圧の発生期（cyclogenesis），完熟期（post-mature），衰退期（decay）の各段階の力学を上記の観点から考察するために，これまでの章で述べてきた準地衡の枠組みにおける力学診断を用いる．完熟期の段階を吟味する中で，閉塞（occlusion）の構造的および力学的な性質を考察する．温帯低気圧の研究は，18世紀にまで遡ることができるが，いわゆる低気圧の「寒帯前線理論（polar front theory）」に現れる初期の観測事実を統合し，これらの低気圧の広範な構造的な特徴を考察することから始める．

8.1　序：低気圧の寒帯前線理論

　20世紀になる頃には，温帯低気圧の理解はまだまだ断片的であり，系統的な概念の枠組みができていなかった．第1次世界大戦終了後，ヴィルヘル

ム・ビヤクネス（Vilhelm Bjerknes）[1]の指導の下，ノルウェーのベルゲン大学の気象学者たちは，ノルウェー低気圧モデル（Norwegian Cyclone Model; NCM）と呼ばれる，温帯低気圧の構造とライフサイクルの寒帯前線（極前線）理論を作り上げた．この概念的モデルの本質的な特質は，各時点での低気圧の構造を記述し，その構造をライフサイクルと結びつけて捉えたことである．そのことで，低気圧に関する従前の考え方が統合された．対流圏における極域の寒気と熱帯の暖気を分離するナイフのように鋭い境界である寒帯前線（polar front）が，緯度円を取り巻くように存在するという概念がNCMの核心である（図8.1(a)）．

NCMを導入したBjerkness and Solberg (1922)の有名な論文では（その理由は，議論されていないが）ときどき擾乱性の渦がこの寒帯前線に沿って発達するとされた（図8.1(b)）．次に，そのような渦により寒帯前線が変形し，局所的に熱帯の暖気が極側に移動し，極域の寒気が赤道側に移動する（図8.1(b)）．渦擾乱が増幅するきちんとしたメカニズムは，NCMでは十分に説明されていないが，摂動の持続的な成長により寒帯前線が更に変形し，摂動の中心では海面気圧が低下すると考えられた（図8.1(c)）．ライフサイクルの成熟段階では，寒帯前線の変形は非常に大きなものになり，よく知られた特徴的な前線構造が低気圧に現れる．すなわち，地上の低気圧中心から，赤道方向へ延びる寒冷前線（cold front）と東方へ延びる温暖前線（warm front）である．2つの前線の間にある均一な温度領域は，暖域（warm sector）と考えられた．低気圧が引き続き強まると，寒冷前線が温暖前線に向けて近づき，その後，追いつくようになる．この過程により(1)暖域の頂点は，地上低気圧中心ではなくなり(2)低気圧中心と暖域の頂点とを結ぶ閉塞前線（occluded front）が形成されるという2つの重要な結果が生じ，これにより低気圧において2

---

[1] Vilhelm Bjerknes (1862-1951) は，ノルウェー，クリスチャニア（今のオスロ）で，1862年3月14日に数学の教授の息子として生まれた．その息子であるヤコブ・ビヤクネス（Jacob Bjerknes）は，ソルベルグとともに有名な論文を出版し，ノルウェー低気圧モデルを確立した．彼は1888年に理学修士を取得し，それから，ドイツのボンに移り，ヘルツ（Heinrich Hertz）と共同研究を行い，1892年に博士号を授与された．1897年には，自分の名がついた循環定理を発見し，その後，科学的な天気予報に循環定理を用いることを目的にした研究を行った．彼は，ベルゲン地球物理研究所（通称，ベルゲン・スクールとして知られている）の設立を推進した．ベルゲン・スクールは，ソルベルグ，ベルシェロン，ペターセン，ロスビーのような巨人を輩出した．彼は，1951年に亡くなった．

8.1 序：低気圧の寒帯前線理論　249

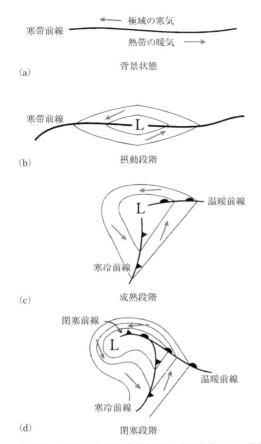

図 8.1 ノルウェー低気圧モデルによる温帯低気圧の時間変化．(a) 背景状態としての寒帯前線．(b) 最初の低気圧性の摂動．(c) 成熟した段階．(d) 閉塞段階．細い実線は，海面での気圧の等圧線であり，矢印は，地表風ベクトルである．

種類の閉塞過程がもたらされる．1つは，寒冷前線が温暖前線に追いついて，それに沿って這い上がると，いわゆる温暖型閉塞（warm occlusion）となる．その鉛直構造を図 8.2(a) に示した．逆に，進行する寒冷前線が温暖前線の下に寒気を押しやれば，図 8.2(b) に描かれた鉛直構造を持つ，いわゆる寒冷型閉塞（cold occlusion）が生じる．温暖（寒冷）型閉塞は，温暖前線の極側の空気が，寒冷前線の西の空気よりも密度が高い（低い）時に発生すると考えられた．どちらの場合も，閉塞前線の発達は密度がより高い空気が低い空気を上

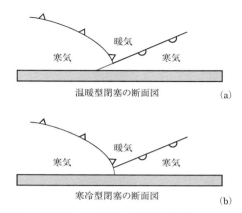

図 8.2 (a) 温暖型閉塞の断面図．寒冷前線が温暖前線面を這い上がると，地表近くに温暖型閉塞前線（灰色の線）ができる．(b) 寒冷型閉塞の断面図．温暖前線が寒冷前線面を這い上がると，地表近くに寒冷型閉塞前線（灰色の線）ができる．

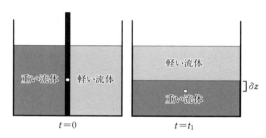

図 8.3 $t=0$ において，容器の中で，異なる密度の流体が壁（太い黒線）により，水平に分離されている．白い点は 2 つの流体系の重心の高さを表している．$t=t_1$ では，壁が取り除かれた後，流体系の重心は δz だけ低くなる．

へ持ち上げることに起因している．このような空気の移動が起こると，低気圧の特徴である密度の水平勾配（寒冷前線に伴う水平温度傾度からわかるような）は弱化し，低気圧中心近傍に安定な鉛直成層が徐々に形成される．図 8.3 に示されるように，元々の水平密度勾配が鉛直密度勾配に変換されることによって流体系の重心が下がり，その系は徐々に位置エネルギーが最も低い状態へ移行していく．NCM によるエネルギー論的な考察に基づくと，閉塞前線の発達により，温帯低気圧の完熟期（post-mature phase）や低気圧の発達が終わり，低気圧の衰退が始まることになる．NCM では，完熟期の低気圧が，地表面での摩擦散逸効果に屈して減衰していくことについては述べられているが，

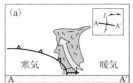 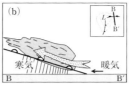

図 8.4 (a) NCM による寒冷前線の鉛直断面図．点付の矢印は前線面境界における空気の上昇を表す．挿入図は A-A′ の位置（図 8.1(c) 参照）を示す．(b) NCM による温暖前線の鉛直断面図．挿入図は B-B′ の位置図（図 8.1(c) 参照）を示す．点付の矢印は前線面境界における空気の上昇を表す．

低気圧減衰の性質についてはそれ以上の詳細は述べられていない．

NCM では温帯低気圧に伴う典型的な雲や降水の分布が，前線自体の鉛直構造と関連して，説明されている．寒冷前線は，極域と熱帯の気団の間の境界で，その境界面は急な勾配を持ちつつ，熱帯の暖気を絶え間なく押しのけて進んでいくと考えられた．寒気の前進に伴い境界面に沿って這い上がる運動が生ずるが，その勾配が急であるため，激しい上昇気流が狭い水平領域で起き，しばしばスコールのような降水分布が生じる（図 8.4(a)）．一方，進行する熱帯の暖気と徐々に後退する極側の寒気の間の境界が温暖前線であり，寒冷前線に比べ，その境界面の勾配は緩やかである（図 8.4(b)）．傾斜がより小さい温暖前線面に沿って滑り上がる運動はより穏やかであると考えられていた．結果として，温暖前線に伴う雲領域は水平に，より広く分布しており，降水もより穏やかなものと考えられた．

NCM は偉大な概念的飛躍を含む優れたモデルであったが，その限界もあった．たとえば，低気圧に成長する擾乱の性質の理解と，擾乱とその成長を促す大規模気象場との関係の解明は，温帯低気圧のライフサイクルを理解するための核心部であるが，NCM においては，そのことは取り扱われていない．さらに付け加えると，前線での鉛直循環の生成を説明するためには，第 7 章で議論されたような，より深い力学的な議論が必要となる．実際，前線は NCM で考えられていたようなナイフ状の不連続なものではなく，帯状の構造をしている．温度，密度，気圧の値は，その帯を横切った方向に勾配があるが，それらは連続的に分布している．前線帯は，地表から対流圏上端までの対流圏全高度域に延びているものでもない．また，低気圧が初期の段階（図 8.1(b)）からその完熟期（図 8.1(d)）までに増幅する物理的メカニズムが，NCM には含まれていないことにも留意すべきである．また NCM では，地表の閉塞前線の形成が前線の鉛直構造に関連して部分的に説明されてきたものの，その形

成は閉塞に関連する過程の中で包括的に考察する方がより適切である．更にいえば，低気圧の衰退は低気圧のライフサイクルの主要な要素であるが，NCM ではほとんど議論されていない．最後に，NCM の展開期にはまだ上層観測がなかったため，NCM では低気圧の鉛直構造が調べられておらず，鉛直構造が低気圧を支え，そのライフサイクルを通じ変化することに関する記述がないことを述べておく．この章の残りでは，(1) 低気圧発生の性質（低気圧の強化），(2) 閉塞過程，(3) 低気圧の減衰過程を調べていく．これらの議論の背景をまず理解し，また，温帯低気圧の存在の根底にある流体力学的不安定性のいくつかの特徴を明らかにする必要がある．そのために，まず低気圧に共通する基礎的気象条件を調べ，発達する温帯低気圧の特徴的な鉛直構造を調べることにより，モデルを構築する．

8.2 低気圧の基本構造とエネルギーの特性

　地球は球状であり，その不均一な加熱分布により，極から赤道へ向けての温度勾配が生じる．中緯度では温度風平衡が成り立っているため，そのような温度勾配の結果，西風に鉛直シアーが生じる．中緯度での流れが完全な東西流で，温度風平衡が成り立っているとすると，中部あるいは上部対流圏の高度では，ジオポテンシャル等高度線が等温線とどこでも平行になる．この流れの中に，波状擾乱が置かれ，その速さが背景の東西風の速さと等しいものとしよう．そのような場合には，擾乱に伴う南北方向の運動のみが見えることになる．それらの南北方向の運動により，図 8.5 に示されるように，気圧の谷の軸の下流側に暖気移流が生じ，上流側には寒気移流が生じる．それらの移流により温度場の波が生じ，その波は運動量の場の波から 1/4 波長分遅れている．この波状の擾乱が成長するためには，次の 2 つの条件が満たされる

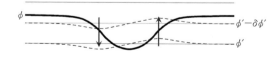

図 8.5　東西方向を向いた気柱平均の等温線の束に運動量の場の波を導入する効果．薄い灰色の線は擾乱のない状態での層厚の等値線である．破線は南北方向の波の運動により擾乱を受けた層厚の等値線．太い黒線はジオポテンシャル等高度線を表す．層厚の波の位相は，ジオポテンシャル高度の波の位相から 1/4 波長ずれていることに留意せよ．

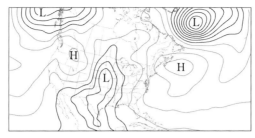

図 8.6　2004 年 4 月 16 日 1200 UTC における北アメリカ上空の海面気圧の解析データ．実線は 4 hPa ごとでの等圧線であり，黒（灰）色の線は 1012（1016）hPa 以下（以上）の気圧に相当する．L と H は地表における低気圧，高気圧の中心を示す．

必要がある．(1) 正および負の東西方向の温度偏差（anomaly）が増幅すること，(2) 波に伴う運動エネルギーが増加することである．

　極から赤道への温度傾度は，図 8.3 の左図に示された密度勾配に，概念的には似ている．何らかのメカニズムで，高密度の流体が低密度の流体の下に最終的に位置するようになったならば（図 8.3 の右図に示されるように），流体系の重心は下がり，元々の位置エネルギーのうちのいくらかが再配置に伴う流体運動の運動エネルギーに変換されたことになる．全位置エネルギーのうち，運動エネルギーへ変換され得る部分は，**有効位置エネルギー（available potential energy; APE）**と呼ばれる．仮想的な波状の擾乱が，背景東西風の鉛直シアーに伴う APE をそれ自身の運動エネルギーに変換することができるならば，波状の擾乱は基本場の鉛直シアーを弱めることで成長する（訳注：基本場の流れを一様にする（鉛直シアーを減らす）ことで基本場の APE を減らしている）．そのような場合，背景の流れは，こうした擾乱に対し不安定であるといえる．

　中緯度の低気圧や高気圧は，波動現象である．結果として，図 8.6 に示された例のように，海面気圧の解析データから，地表における低気圧または高気圧の擾乱が交互に連続して現れることがわかる．地表での低（高）気圧システムの領域が維持されるためには，空気が地表より上の気柱から流出（流入）しなければならない．各気柱における空気の上昇または下降に伴い，低気圧および高気圧が交互に並ぶ．このような中緯度での特徴的な波列を，図 8.7(a) に示す．単に流れの曲率に伴う効果を考察することにより，上部対流圏では気圧の谷（峰）の下流側で上向き（下向き）運動が起こることを既に示した（訳注：4.4.4 項で述べられている）．その結果，上層における低（高）ジオポテンシャル

254　第8章　温帯低気圧のライフサイクルの力学的様相

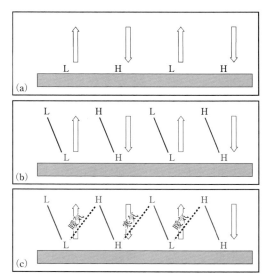

図 8.7　発達する温帯低気圧の鉛直構造．(a) 地表の高気圧および低気圧が交互に連なっており，低（高）気圧から，僅かに下流には上昇（下降）域がある．(b) 上部対流圏の低気圧および高気圧は，高度とともに西へ移る（説明は本文参照）．太い実線は，地表低気圧（高気圧）と上部対流圏のジオポテンシャル高度が最も低い（高い）位置を結んだ軸を表す．(c) 太い破線は，高度とともに少し東に傾く温度軸である（説明は本文参照）．この波の連なりにおいて，暖気は上昇し，寒気は下降していることに留意すること．

高度の領域は，図 8.7(b) に示されるように，上昇する（下降する）気柱の西に位置する．したがって，発達する中緯度擾乱では，ジオポテンシャル高度の軸（地表低気圧（高気圧）と上層のある気圧面のジオポテンシャル高度の極小（極大）を結んだ軸）は，高度とともに西向きに傾く（西風鉛直シアーとは逆向き）（訳注：図 8.7(b) で上部対流圏の気圧の谷および峰が地上低気圧および高気圧の西に位置することは，4.4 節および，6.1 節の解析によっても示唆されている）．

温帯低気圧の成熟段階では，低気圧の中心は暖域の頂点に位置する．地表高気圧は地表低気圧の西方にあり，地表では高気圧中心は温度の極小の近くにある．層厚と気柱の平均温度を関係づける測高公式（訳注：式 (3.6)）により，上部対流圏のジオポテンシャル高度の極小（極大）域は，相対的に冷たい（暖かい）気柱の上端にある．したがって，図 8.7(c) に示されるように，発達する中緯度擾乱の温度軸は，高さの増加とともに東へと傾く（訳注：付録 14 では

傾圧ベクトルを用いて，発達する低気圧ではジオポテンシャル高度の軸が高度とともに西向きに傾くこと（図 8.7(b)）と，上層の気圧の谷の少し西側の気柱で低温になること（図 8.7(c)）が示されている．弱化する低気圧では，この逆になることも示されている）．また，暖かな気柱の中で空気が上昇し，冷たい気柱の中を空気が沈降するので，背景大気の傾圧性（baroclinicity）に由来する APE が擾乱の運動エネルギーに変換される．このような熱的な直接循環は，発達する中緯度擾乱の特徴である．なお，傾圧性が存在することは，大規模スケールでの西風に鉛直シアーがあることから明らかである．

温帯低気圧の構造が，APE から運動エネルギーへの自発的な変換を促すことは，背景東西風の鉛直シアーがある波動擾乱に対し不安定であり，温帯低気圧が主に不安定性から生じることを示唆している．さらに高度な傾圧不安定論[2]によれば，観測された鉛直シアーの条件下では，中緯度の短波擾乱（波長 3000-4500 km）が最も効率的に成長することが示される．

ここで述べた低気圧の特徴的な鉛直構造の要素は 19 世紀後半には知られていたが，NCM では波の鉛直構造についてはほとんど触れていない．次節以降では，傾圧不安定の理論を包括的に論じたり，理論を支持する観測[3]（温帯低気圧のライフサイクルの様々な段階に関する）について述べたりすることはせず，そのライフサイクルにおける時間発展の基本要素を理解するうえで，これまでに開発してきた診断手法が有効であることを説明する．

8.3 低気圧発生の段階：準地衡傾向方程式の視点

低気圧発生（**cyclogenesis**）とは，地表低気圧の初期発達からその直後の増幅をもたらす過程のことである．その増幅というのは，移動する低気圧中心において海面気圧が低下することである．このように，半ラグランジュ的（semi-Lagrangian）に，気圧が減少する傾向にあると，下層の地衡風渦度が増加することとなる（訳注：半ラグランジュ的とは，固定した 1 点での変化ではなく，また，特定の空気塊に沿っての変化でもなく，低気圧中心の動きに沿った変化とい

---

[2] 傾圧不安定論は，Jule Charney (1947) と Eric Eady (1949) により，かなり異なった方法で独立に発見された．チャーニー（Charney）は，本書で多く用いられている準地衡方程式系を，最初に厳密な形で導いた．

[3] 関連する膨大な文献があり，それをレビューすることは大変な仕事である．それらの文献から，いくつかの重要な参考文献を選び，本章の最後に記した．

う意味である). したがって, 低気圧発生は下層での渦度の生成過程として見ることもできる. 既に見たように, 渦度が生成されるためには, 収束・発散と鉛直運動が必要となる. 気圧座標系での連続の式から, 次式を得る.

$$\int_0^{\omega_{p_s}} d\omega = -\int_0^{p_s} (\nabla \cdot \vec{V})dp \quad \text{または} \quad \omega_{p_s} = -\int_0^{p_s} (\nabla \cdot \vec{V})dp \tag{8.1}$$

(訳注：大気上端の鉛直速度をゼロとし, 地表面での気圧を p_s とした).

$$\omega = \frac{dp}{dt} = \frac{\partial p}{\partial t} + \vec{V}_a \cdot \nabla p + w\frac{\partial p}{\partial z}$$

であり, w および $\vec{V}_a \cdot \nabla p$ とも地表面ではほぼゼロであるから[4], 式 (8.1) は, 次のように書き直すことができる.

$$\frac{\partial p_s}{\partial t} \approx -\int_0^{p_s} (\nabla \cdot \vec{V})dp \tag{8.2}$$

この式は, 気圧の傾向方程式として知られ, ある地点における地表の気圧傾向は, その上空に伸びた気柱への全収束発散により生じることを示している. したがって, 気柱内における正味の質量発散（収束）により, その場所における海面気圧の低下（上昇）が生じる. しかし, 前に見たように, 収束発散を正確に推定することは困難である. したがって, 意味のある結果を得るためには, 式 (8.2) を近似する必要がある. 近似式の最も簡単な一組の式は, 第 5 章で導いた準地衡方程式である. 準地衡風近似の渦度と熱力学の方程式は, 次のように与えられる.

$$\frac{\partial \zeta_g}{\partial t} = -\vec{V}_g \cdot \nabla(\zeta_g + f) + f_0 \frac{\partial \omega}{\partial p}$$

$$\frac{\partial}{\partial t}\left(-\frac{\partial \phi}{\partial p}\right) = -\vec{V}_g \cdot \nabla\left(-\frac{\partial \phi}{\partial p}\right) + \sigma\omega$$

ジオポテンシャル傾向 (geopotential tendency) を, $\chi = \partial\phi/\partial t$ として表すと, 地衡風渦度の傾向 (vorticity tendency) は, 次のように表現できる.

$$\frac{\partial \zeta_g}{\partial t} = \frac{1}{f_0}\nabla^2\chi$$

この式を用いると, 上記の 2 つの方程式は, 次のように書き直すことができ

---

[4] しかし非地衡風の気圧移流 ($\vec{V}_a \cdot \nabla p$) は, 地表のすぐ上では 0 になるとは限らない.

る．

$$\nabla^2 \chi = -f_0 \vec{V}_g \cdot \nabla \left(\frac{1}{f_0} \nabla^2 \phi + f \right) + f_0^2 \frac{\partial \omega}{\partial p} \quad (8.3\text{a})$$

$$\frac{\partial \chi}{\partial p} = -\vec{V}_g \cdot \nabla \left(\frac{\partial \phi}{\partial p} \right) - \sigma \omega \quad (8.3\text{b})$$

式 (8.3) における ω 項を除くために，式 (8.3b) に $(f_0^2/\sigma)\partial/\partial p$ の演算を行い，それを式 (8.3a) に加えると，次式を得る．

$$\left(\nabla^2 + \frac{f_0^2}{\sigma} \frac{\partial^2}{\partial p^2} \right) \chi = -f_0 \vec{V}_g \cdot \nabla \left(\frac{1}{f_0} \nabla^2 \phi + f \right) - \frac{f_0^2}{\sigma} \frac{\partial}{\partial p} \left(\vec{V}_g \cdot \nabla \left(\frac{\partial \phi}{\partial p} \right) \right) \quad (8.4)$$

これは，**準地衡高度傾向方程式（quasi-geostrophic height tendency equation）** と呼ばれる．式 (8.4) の左辺の演算子は，準地衡オメガ方程式の左辺の演算子と，まったく同じであり，同様に解釈できる．

$$\left(\nabla^2 + \frac{f_0^2}{\sigma} \frac{\partial^2}{\partial p^2} \right) \chi$$

が，負（正）であるとき，χ 自体は正（負）となる（訳注：付録 1 参照）．式 (8.4) の右辺から，局所的なジオポテンシャル高度の変化を起こすには，2 つの過程があることが示唆される．これらのうち最初のものは，

$$-f_0 \vec{V}_g \cdot \nabla \left(\frac{1}{f_0} \nabla^2 \phi + f \right)$$

により表される．これは，ジオポテンシャル高度の時間変化傾向（χ）与える地衡風渦度移流の効果を表している．図 8.8 は上部対流圏の気圧の谷を模式的に表しており，その最南端では，低気圧性の渦度が最大となる．気圧の谷の軸のすぐ東（西）に，正（負）の地衡風の渦度移流がある．他の過程がなければ，正の渦度移流（positive geostrophic vorticity advection; PVA）が，高度低下（$\chi < 0$）を起こし，逆に，負の渦度移流（negative geostrophic vorticity advection; NVA）が，高度上昇（$\chi > 0$）を引き起こす．しかし，興味深いことに，気圧の谷の軸では，地衡風渦度が最大であるので地衡風の渦度移流はゼロである（地衡風渦度の傾度がゼロであるので）（訳注：気圧の谷の軸では南北風がゼロであるので，惑星渦度の移流もゼロとなる）．したがって，その位置では高度の時間変化傾向はなく，既に存在する擾乱を伝搬させるのみであり，擾乱が強まることはない！　地衡風の絶対渦度は $\eta_g = (1/f_0)\nabla^2\phi + f$ によって与

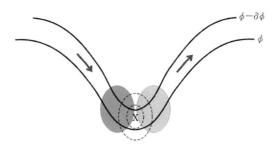

図 8.8 北半球の上部対流圏の気圧の谷．太い黒線はジオポテンシャルの等値線である．灰色の矢印は地衡風ベクトルであり，破線は低気圧性の渦度の等渦度線である．'X' は渦度の最大域である．薄い（濃い）影の部分は，正（負）の渦度移流の領域を表す．

えられるので，地衡風の水平渦度移流は，次のように書くことができる．

$$-f_0 \vec{V}_g \cdot \nabla \left(\frac{1}{f_0} \nabla^2 \phi + f \right) = -f_0 \nabla \cdot (\vec{V}_g \eta_g) \tag{8.5}$$

（訳注：$\nabla \cdot \vec{V}_g = 0$ なので）．したがって，地衡風の絶対渦度フラックスの収束（発散）により，ジオポテンシャル高度は下降（上昇）する．

式 (8.4) の右辺の第 2 項は，次のように書き直すことができる．

$$-\frac{f_0^2}{\sigma} \frac{\partial}{\partial p} \left[-\vec{V}_g \cdot \nabla \left(-\frac{\partial \phi}{\partial p} \right) \right] \tag{8.6a}$$

$-\partial \phi/\partial p = RT/p$ であり，$-\partial/\partial p$ は鉛直方向の微分であるので，式 (8.6a) は，次のようにも表現できる．

$$-\frac{Rf_0^2}{\sigma} \frac{\partial}{\partial p} \left(-\frac{1}{p} \vec{V}_g \cdot \nabla T \right) \tag{8.6b}$$

このように，式 (8.4) の右辺の第 2 項は，地衡風の温度移流の鉛直微分に比例することがわかる．準地衡高度傾向方程式の視点から，擾乱の発達を支配するのはこの項である．地衡風の温度移流が，高度とともに増加（減少）すると，ジオポテンシャル高度が低下（上昇）することがわかる．発達する温帯低気圧において，中部対流圏のジオポテンシャル高度の上昇（気圧の峰の増幅）は，典型的に，低気圧の温暖前線の近傍の，海面気圧極小 (sea level pressure (SLP) minimum) の東方で起こる．傾向方程式の視点からは，このことは，その領域で暖気移流が下部対流圏で大きく，中部および上部対流圏で小さいということによって生じていると理解される．この結果，暖気移流が高度とともに減少し（寒気移流が高度ともに増加することと，現象的には同等），ジオポ

8.3 低気圧発生の段階：準地衡傾向方程式の視点　259

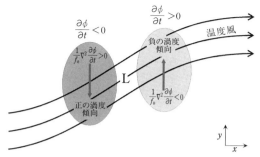

図 8.9 ジオポテンシャルの傾向に及ぼす水平温度移流の効果．黒い実線の矢印は，下部対流圏の温度風の流線である．地表の低気圧中心が 'L' で示されており，灰色の矢印は，嵐に伴う下部対流圏の風を表す（訳注：低気圧の東側では暖気流，西側では寒気流という配置になっている）．薄い（濃い）影の領域は，暖（寒）気移流が高度とともに減少し，ジオポテンシャル高度の上昇（下降）と負（正）の渦度傾向が生じている．

テンシャル高度が上昇する．一方，地表の寒冷前線の近傍で SLP 極小の西側において，中部対流圏のジオポテンシャル高度が低下するが，このことは，地表の寒冷前線に伴う下部対流圏の寒気移流が，同じ領域における中部および上部対流圏での寒気移流より強いことと整合的である．つまり，その付近で地衡風による正の温度移流が高度とともに増大する結果，中部対流圏の高度が低下するのである．

図 8.9 に示されるように，発達する SLP 極小の西方においてジオポテンシャル高度が下がることにより，中部対流圏の地衡風渦度に増加傾向が生じる．SLP 極小の東方では，ジオポテンシャル高度の上昇傾向が生じ，そこでの中部対流圏の地衡風渦度に減少傾向が生じる．地衡風渦度が正と負の傾向となる領域が地表低気圧の上流，下流側に並んでいるため，より強い正の渦度の温度風による移流が SLP 最小値付近で促進され（また上向きの鉛直運動が強化される），その結果，下部対流圏での低気圧発生が続くことになる．このように，発達する温帯低気圧に伴う非対称な温度移流場は，低気圧発生の力学に大きな役割を果たす．ただし多くの場合，自然界で起こる現象はより複雑であり，現実の大気において準地衡傾向診断を有効に用いる際には，地衡風の温度移流の高度分布を注意深く解析する必要がある．

式 (8.6b) に連鎖律を用いると，次式が成り立つ．

$$-\frac{Rf_0^2}{\sigma}\left[\frac{\partial}{\partial p}\left(-\frac{1}{p}\vec{V}_g\cdot\nabla T\right)\right] = \frac{Rf_0^2}{p\sigma}\left[\frac{\partial\vec{V}_g}{\partial p}\cdot\nabla T - p\vec{V}_g\cdot\frac{\partial}{\partial p}\left(-\frac{\nabla T}{p}\right)\right] \quad (8.7)$$

式 (8.7) の右辺の第 1 項は温度風による温度移流であり，これはゼロとなる（訳注：式 (4.27b) 参照）．一方，右辺第 2 項は

$$-\frac{Rf_0^2}{\sigma}\left[-\vec{V}_g\cdot\frac{\partial}{\partial p}\left(\frac{\nabla T}{p}\right)\right] = -\frac{f_0^2}{\sigma}\left[-\vec{V}_g\cdot\frac{\partial}{\partial p}\nabla\left(\frac{RT}{p}\right)\right]$$

と変形できることから，準地衡傾向方程式は，次のようになる．

$$\left(\nabla^2 + \frac{f_0^2}{\sigma}\frac{\partial^2}{\partial p^2}\right)\chi = -f_0\vec{V}_g\cdot\nabla\left(\frac{1}{f_0}\nabla^2\phi + f\right) - \frac{f_0^2}{\sigma}\left(-\vec{V}_g\cdot\frac{\partial}{\partial p}\nabla\left(\frac{RT}{p}\right)\right)$$

または，静水圧平衡の式から

$$T = -\frac{p}{R}\frac{\partial\phi}{\partial p}$$

であるので，

$$\left(\nabla^2 + \frac{f_0^2}{\sigma}\frac{\partial^2}{\partial p^2}\right)\chi = -f_0\vec{V}_g\cdot\nabla\left(\frac{1}{f_0}\nabla^2\phi + f\right) - \frac{f_0^2}{\sigma}\left(\vec{V}_g\cdot\nabla\frac{\partial^2\phi}{\partial p^2}\right) \quad (8.8)$$

第 9 章 (9.2 節) で，この形式の傾向方程式を用いる．

8.4　低気圧発生の段階：準地衡オメガ方程式の視点

これまで，準地衡オメガ方程式およびジポテシャル高度（以下，「高度」という）傾向方程式を用意した．それにより，典型的な低気圧発生の事例に対する質量と温度場の調節（応答）を特徴づけるような一連の事象を考察することができる．ほとんどの場合，低気圧の発生は，上層の流れ場における擾乱に端を発し進行することがわかっている．この擾乱は，図 8.10(a) に示した相対渦度の極大域として現れる．傾向方程式において，渦度移流の効果があるので，擾乱は下流側へ伝搬する．初期の擾乱は，しばしば中部または上部対流圏の高度で最大となる．そこでは地衡風も最大となるため，擾乱の下流（上流）では，正（負）の渦度移流（PVA（NVA））が高度とともに増加する．準地衡オメガ方程式からは，この状況では，図 8.10(b) に示されるように，気圧の谷の軸の下流（上流）側で上向きの鉛直運動が生じる．鉛直運動に対するこの強制を理解する別の方法として，準地衡オメガ方程式の近似であるトレンバース形式がある．この式では，温度風による正（負）の渦度移流に伴

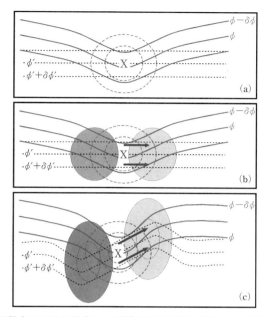

図 8.10 低気圧発生における温度および質量場の初期の調節．(a) 東西方向を向いた温度風場における上部対流圏の温度の最大値．灰色の実線は 500 hPa のジオポテンシャル高度であり，灰色の破線は 500 hPa の地衡風の絶対渦度であり，黒い破線は 1000-500 hPa の層厚の等値線である．'X' は絶対渦度最大の位置を示す．(b) $\vec{Q}_{TR}$ ベクトルを表す灰色のベクトルの他は (a) と同じ．薄い（濃い）影の領域は上向き（下向き）の鉛直運動および上部対流圏の発散（収束）の領域．(c) 低気圧の発達における (b) より後の時刻であること以外は (b) と同じ．上層の気圧の谷の軸の下流で温度の峰が発達し，その上流で温度の谷が発達することに留意．$\vec{Q}_{TR}$ ベクトルと鉛直運動が強まったのは，500 hPa での一組の気圧の谷および峰が強まった結果である．

い上昇（下降）が生じることになる．この強制は，層厚の等値線に平行なベクトル場（第 6 章の終わりで議論された $\vec{Q}_{TR}$）の発散により表現される（訳注：ここでの議論では，式 (6.32) で表現される温度風による渦度移流を強制項としたオメガ方程式を用いている．式 (6.32) を変形した式 (6.52b) は，その強制項を $\vec{Q}_{TR} = f_0 \gamma \zeta_g (\hat{k} \times \nabla \theta)$ を用いて表したものである．図 8.10(a) において，$\nabla \theta$ は南向きであり，$\hat{k} \times \nabla \theta$ は東向きである．この温度場に正の渦度 ζ_g が X 近傍で重なるため，図 8.10(b) で示されている東向きの $\vec{Q}_{TR}$ が生じることになる）．したがって，図 8.10(b) で描かれた初期状態では，上昇・下降領域が温度風に沿って（shearwise）位置している．$\nabla \theta$ ベクトルは Q ベクトルの $\vec{Q}_s$ 成分の存在により回転し，温度風の

方向も回転する．新たな温度風に沿って鉛直運動が起きることになる（訳注：ここでは，Qベクトル（$\vec{Q}_{TR}$）は$\vec{Q}_s$成分しかもたない．式 (6.48b) より，$f\gamma \dfrac{d_g}{dt}\nabla\theta = \vec{Q}_s$なので$\nabla\theta$は，$\vec{Q}_s$方向，即ち反時計回りに回転する．付録7参照）．したがって，図 8.10(b) で示された$\vec{Q}_{TR}$の分布により，温度場も変形し，発達しつつある地上低気圧の中心の近傍（東）においては温度の峰が，その上流においては温度の谷（thermal trough; 低温域とも呼ばれる．以降，「温度の谷」と呼ぶ）が生成される．

下部対流圏で発達しつつある擾乱に伴う低気圧性の循環の影響により，上層での気圧の谷の軸の下流側で，下層での暖気移流が生じ，その上流側で下層の寒気移流が起こる（訳注：$\vec{Q}_{TR}$により気圧の谷の軸の下流側で上昇流が起き（図 8.10(b)），下層で収束となり，それに伴う低気圧性の渦による北向きの流れによる暖気移流が生じる．逆に，気圧の谷の軸の上流側では下降流が起き，下層で発散となり，それに伴う高気圧性の渦による南向きの流れによる寒気移流が生じる）．傾向方程式から，そのような状況下では中部・上部の対流圏においては，ジオポテンシャル高度は地上の低気圧の東側で上昇し，その西側で低下することがわかる（図 8.9）．その一方，図 8.10(b) に示された上昇・下降運動に伴う上部対流圏の収束と発散により，気圧の谷近傍の上部対流圏で渦度が増大傾向となり，下流側の気圧の峰近傍では減少傾向となる（訳注：気圧の谷の軸の上流（下流）側で収束（発散）があるので，渦度方程式 (5.36) より，相対渦度が増大（減少）する．上層での渦度極大が増加すると，正の渦度の温度風移流が増加し，低気圧 X 付近の下層で上向きの鉛直運動が強まる．このことにより，上層の気圧の谷の下流側に位置する地上低気圧が強化される．温度風に沿う方向の一組の上昇，下降運動によって$\nabla\theta$が回転し，傾圧性の配置が変化する．変化した傾圧性の配置においては，低気圧発生に特徴的な変形場により，局所的に$|\nabla\theta|$が増大し始める（訳注：鉛直運動により下層で低気圧性の回転が強まるので，その周囲で，図 6.12 にあるような合流性の変形場が強化され，$|\nabla\theta|$が増加する）．

このようにして，寒冷前線帯および温暖前線帯が発達し始め，前線帯を横切る循環も前線形成により発達し始める．温帯低気圧を特徴づけるコンマ形の雲の分布の下には，このようにして生じた温度風に沿った上昇・下降運動の一対と，前線を横切る鉛直運動の一対が存在している（訳注：$\nabla\theta$と比例する$\vec{Q}_n$は前線を横切る方向を向いており，コンマ形の雲の尾部の形成に関与し，$\vec{Q}_s$は低気圧中心付近に存在し，コンマ形の雲の頭部の形成に関与すると考えられている）．

上層の擾乱が，発達しながら東進し続けると，次第に地上低気圧に追いつ

き，追い越し始める．結果として，地表における収束（SLP 極小のところで最大になる）は，上空の発散域から徐々に切り離されて，地上低気圧はもはや強まることができなくなる．つまり，上層と下層の擾乱の位相関係は相互の発達にとって重要である．

これまでの低気圧発生の議論では，雲や降水（潜熱の放出）の過程が含まれていなかった．当然のことながら，力学的過程および非断熱過程の間の相互作用は，低気圧発生の過程全般にわたり重要である．そのような相互作用は，すべての低気圧発生事象の特性に関係しているが，爆弾低気圧発生と呼ばれる劇的な地上低気圧の発達を考察することにより，これらの相互作用を明確に理解することができる．

8.5 低気圧発生への非断熱過程の影響：爆弾低気圧発生

爆発的な低気圧発達は，SLP 極小の急速な深まりとして特徴づけられる．これまでの研究により，これら爆弾低気圧を定義するため，24 時間[5]に 24 hPa 以上，下がることが閾値として提案されてきた．図 8.11 に，1 年間に北半球で発生したすべての低気圧の気圧低下率の頻度分布を示した．その分布は明らかに大きな低下率側へと歪んでおり[6]，これら急速に発達する低気圧が特別な存在である可能性を示唆している．実際，これら稀な低気圧と他の大多数の

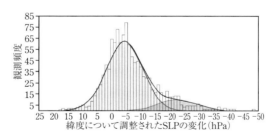

図 **8.11**　1 年当りの北半球のすべての地上低気圧に関する 24 時間の最低気圧低下率の頻度分布．濃い実線は 2 つの正規分布の合計を示し，灰色の線と影は，2 つの正規分布（「普通」の低気圧に対しては薄い影，爆弾低気圧にはより濃い影）を表している．Roebber (1984) を基に作成．

---

[5] この値は Sanders and Gyakum (1980) により提案された．そして，次の式：深化率 $= \Delta p(\sin\phi/\sin 60°)$ により，緯度に関し正規化されている．

[6] この情報の基になる完全な研究については，Roebber (1984) を参照のこと．

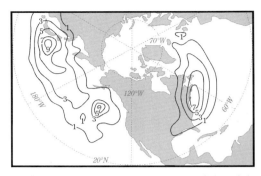

図 8.12 1976-1982 年の北半球で，$24\,\mathrm{hPa}(24\,\mathrm{h})^{-1}$ より大きな速度で低下したすべての低気圧の最大低下率を示した場所の地理的分布．数字は各場所での年間の発達頻度を示す．Roebber (1984).

「普通の」低気圧との間には，いくつかの明らかな相違が見られる．両集団の間の有意な相違の 1 つは，爆発的に発達する低気圧は，「普通の」低気圧に比べ，より急速に中心気圧が低下するのみならず，それがより長期にわたり低下が続くことである．この違いをもたらす物理過程は何であろうか？ 爆発的に発達する低気圧の空間分布から，それらを生じさせる環境場に関する手がかりが得られる．図 8.12 に示されるように，北半球の爆弾低気圧は，黒潮やメキシコ湾流という暖かい西岸境界流に沿って発達する傾向がある．大多数の見解は，関与する物理学的および力学的な過程は，すべての低気圧で共通であるが（程度の差こそあれ），爆発的に発達する低気圧では，それらが特に激しく起きるということである．次の疑問は「これらの強い低気圧では，通常の過程が，どのようにして激しく起こるのか？」ということになる．前に述べたように，地上低気圧の発達は，渦度方程式を通じて，上向きの鉛直運動に強く結びついているので，準地衡オメガ方程式を再掲する．

$$\sigma\left(\nabla^2 + \frac{f_0^2}{\sigma}\frac{\partial^2}{\partial p^2}\right)\omega = -2\nabla\cdot\vec{Q}$$

ある領域で，2 日間，右辺の強制項 $(-2\nabla\cdot\vec{Q})$ が一定であると仮定する．同じ強制項の下で，より強い鉛直運動を生み出すのに影響を及ぼしうる要素は，静的安定度 σ である．実際，σ はオメガ方程式の振幅変調器（amplitude modulator; AM）のように作用する（あたかも，AM つまみのように）．具体的には，与えられた強制項に対し，σ が小さい（大きい）と応答 ω は大きな（小さな）ものになる．

8.5 低気圧発生への非断熱過程の影響：爆弾低気圧発生　265

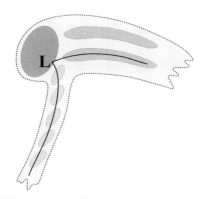

図 8.13　典型的な温帯低気圧における雲と降水の非対称な分布の模式図．破線で囲まれた薄い影の地域は，雲のパターンである．その領域の中の実線は，地表の寒冷前線および温暖前線である．雲塊領域において，特に影の部分は，寒冷前線（薄い影）および温暖前線（濃い影）に伴う降雨域，地表低気圧中心の北と北西方向の降雨域（最も濃い影）である．

　図 8.12 に戻ると，暖流（黒潮，メキシコ湾流）海域の下層大気は高温であり，静的安定度が低い．そのため，上向きの鉛直運動の強制に対する応答がより大きく，爆発的に成長する低気圧が頻発することがわかる．鉛直運動が大きいと，より強い低気圧が生じることになる．しかし，この（訳注：成長度を介した）物理的なつながりは，低気圧の特徴的な雲や降雨の分布への効果においては触れられてこなかった．

　中緯度の低気圧に伴う特徴的な降水分布は（訳注：低気圧の中心に対して）非対称になる（図 8.13）．低気圧が最も急速に発達するのは，激しい降水が低気圧中心の極側および西側で生じる期間である．それに伴う潜熱放出（latent heat release; LHR）は，(1) 系に（有効位置）エネルギーを加え，(2) 飽和した上昇空気塊の中で，静的安定度が局所的に低下し（訳注：潜熱が放出された高度では気温が上昇し，その上（下）の静的安定度を低下（増加）させる），鉛直運動の水平領域が狭まり鉛直速度が強まる．そして，最も興味深いことには，(3) 低気圧そのものより大きな空間スケールの構造や力学にも影響を及ぼし，低気圧発生の通常の力学過程の効果を強める．この最後の点は，「自己発達（self-development）」パラダイムとして知られる低気圧発生の概念的／力学的なモデルの核心である．最初の例として，下部対流圏における顕熱・潜熱フラックスによる低気圧形成へのフィードバックを考える．図 8.14 で概念的に示すように，低気圧の東側で空気が上昇し，同時に，極方向に向けた風が境界層内で

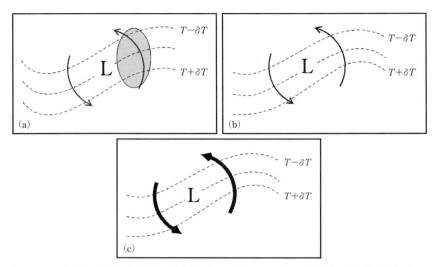

図 8.14 大気境界層における顕熱と潜熱のフラックスが，地表低気圧中心の東において，下部対流圏の温度移流の大きさに与える影響の模式図．(a) 熱のフラックスの影響がないときは温度傾度が一様である．破線は等温線で，'L' は，SLP が極小（低気圧中心）．矢印は低気圧の周りの流れを表し，灰色の影の地域は，熱フラックスにより，暖められる境界層の場所を示す．(b) 境界層における加熱の結果，温度傾度が強まる．下部対流圏の暖気移流が強まる結果，低気圧が強化される．(c) 低気圧が強まる結果，下部対流圏の風（太い矢印）が強まり，暖気移流が増加する．

吹き，発達しつつある温暖前線の赤道側の下部対流圏を暖めている．この加熱は，暖気移流に伴う（顕熱）加熱と，上昇する湿潤空気塊中での LHR による非断熱加熱に起因する．この加熱は，下層温度傾度を強め，そこでの暖気移流を強め上昇気流も強める傾向にある（訳注：式 (6.26) の右辺第 2 項により）．上昇流が強まると，傾圧的なエネルギー変換が強化されることで（訳注：図 8.3 参照）低気圧が強まり，それによって強化された循環が正のフィードバックを生じさせることになる．より大きなスケールでは，雲と降水の生成が増大し，それに伴う LHR により短波長（訳注：総観規模の）の上層の気圧の谷の軸のすぐ東で層厚に正の偏差が生じる（図 8.15）．したがって，その領域の中部・上部対流圏においてジオポテンシャル高度が増加し（訳注：正の渦度が減少し），小さいスケール（訳注：総観規模）の気圧の峰が，潜熱加熱の極大域上空で発達し始める．正の渦度は上層の短波の東方へ移流されるので，短波（訳注：総観規模システム）の特徴的構造は，東へ移動する．一方，雲生成による LHR に伴い非

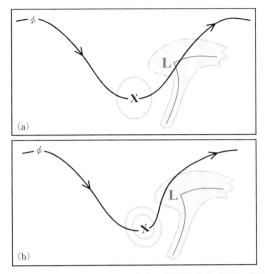

図 8.15 発達中の温帯低気圧における雲・降水に伴う潜熱放出が，低気圧の発達に与えるフィードバック．(a) ジオポテンシャル高度の等値線に現れる上部対流圏の初期の波．'X' は，ジオポテンシャル高度の等値線上で上層の渦度が最大となる所．地表での低気圧とそれに伴う雲と降水が，'X' の下流に発達する．(b) 雲・降水に伴う潜熱放出により，上層の渦度最大域の下流での気柱の層厚が増し，上部対流圏のジオポテンシャル高度の等値線が変形する．その結果，上層の気圧の谷の下流で気圧の峰が発達し，上層の気圧の谷の軸付近で大きな過度（曲率効果による）が生じる．

断熱的な気圧の峰形成が谷のすぐ東側で起こるため，上流の谷と下流の峰の間隔が短くなる．こうして波長が短くなる結果，上空の気圧の谷の下流側における温度風による低気圧性渦度の移流が著しく強化され，上昇流が強まる（訳注：式 (5.25) の右辺第 1 項により，曲率が大きくなれば渦度が増加する．このため，気圧の谷の近傍で渦度が増加し，渦度移流も増加する）．上昇流が強まると低気圧生成が強化され，上層の気圧の谷の下流側で LHR も強まる．この結果，上層の擾乱の波長が更に短くなる．このようにして，正のフィードバックが出来上がる．

過去 30 年間，LHR の低気圧生成への影響を調べるために，多くの数値モデル研究がなされてきた．水蒸気は受動的な変数ではなく，その相変化により，狭い領域に傾圧過程（温度傾度が強まる過程）が集中して起きるようになるというのが，多くの研究の一致した結論である．このことは，これらの爆発的に発達する嵐において，水平スケールが小さくなり，強度（SLP 極小値の

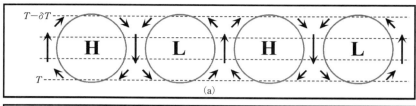

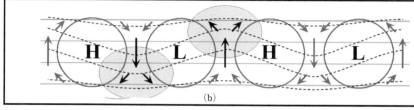

図 8.16 (a) 北半球における，東西に延びた等温線に重なる波列．'H' と 'L' は，各々，海面高度での高気圧と低気圧の中心を示し，矢印は，それらに伴う地衡風を表す．(b) 等温線上における (a) での波列に伴う変形の効果．細い実線は，等温線の元々の向きを示し，破線は変形された等温線を表す．薄い灰色の影の領域は，低気圧中心に伴い生じる前線形成性の変形が起きやすい領域を示す．

低下率）が増大するというフィードバックを構成する．その視点から考えると，これらの嵐（爆弾低気圧）の生成には，「特有の」力学的な過程が関与しているわけではなく，中緯度のあらゆる低気圧において作用している通常の物理的および力学的な過程（訳注：安定度による振幅変調，渦度移流，温度移流，潜熱の放出など）が，異常に強く相互作用する結果，生じていることは明らかである．

NCM においては，対流圏全層にわたって極域の気団と熱帯の気団を分けている寒帯前線に沿って，低気圧が形成されると示唆されていた．その後の研究により，低気圧発生と前線形成は，ほぼ同時に起こっている過程であることが確実になってきた．東西に延びた傾圧帯（訳注：南北気温傾度は寒帯前線ほどは顕著でない）に重ねた理想化された波列を，図 8.16 に示した．図示されているように，擾乱が発達するにつれ，変形領域が発達する．擾乱により生じた南北風の東西シアー（訳注：高気圧と低気圧の間で，風向が南向きあるいは北向きに変わっている）は，温度の峰と温度の谷の東西分布を生み出す．波列における各低気圧の擾乱の北東および南西で起きる変形（特に分流（訳注：たとえば，低気圧の北東部では，東側を北上する流れが東西に分流する））により，多くの物理量の南北傾度が強められるような大気場を生み出す．これは，温度にも当てはまり，こ

れらの2つの変形領域は前線形成的に作用し，温暖前線帯と寒冷前線帯を生成する．この簡単な例示から，前線の形成は低気圧発生の原因ではなく，結果であるという結論が得られ，それは NCM の考え方と根本的に異なる．NCMを擁護する立場からは，傾圧不安定性理論によれば，低気圧形成が起こるためには，背景の西風鉛直シアー（水平温度勾配と温度風平衡からその存在が示される）が必要である（訳注：それとともに地表の傾圧帯の存在も不可欠である）．この温度勾配が存在し，かつ上部対流圏の明瞭な短波の気圧の谷が存在する場合には，温度風による低気圧性の渦度移流により上昇運動が起き（訳注：この章で議論してきたように，式 (6.32) のトレンバース形式のオメガ方程式が対応する），下層での低気圧性回転が加速する（spin-up）．この強制項は，等温位線に沿った Q ベクトルの成分として表されうるので，上昇流が発生するとともに，発達しつつある下層循環中心から少し下流側で，温度の峰が生成する（訳注：前述のように，$\vec{Q}_{TR}$ が $\nabla\theta$ ベクトルを回転させることに対応する）．そのとき，循環自体は，低気圧中心の東西で逆向きの水平（温度）移流を通じて，元々あった傾圧帯を変形する．この異なる方向の水平移流により，傾圧性が強まり（前線形成を通して），鉛直運動の一対が生じる．この準線形の上昇・下降流の一対（訳注：前線を横切る非地衡風による循環に伴う鉛直運動）が，等温位線方向を向いた強制項 ($\vec{Q}_{TR}$) によって生じる鉛直運動の一対に加わると，温帯低気圧に伴う鉛直運動の（特徴的な）コンマ状のパターンが発生する．この見方によれば，低気圧はその一生において，低気圧形成と前線形成はほとんど同時に発生する過程であり，前者がおそらく後者に先行しているということになる．

　これまでの議論では，地表の低気圧発生が，上層の擾乱によって始まる力学過程の結果であると仮定した．この節を終えるにあたり，このメカニズムが地表の温帯低気圧の発生を説明する唯一のものであるかどうかについては，まだ意見が分かれていることを述べておく．Petterson and Smebye (1971) は，低気圧が3次元の擾乱であり，それゆえに，その生成については，多くの総観規模のシナリオがありうると考え，それを分類するために，多数の嵐を調査した．彼らは，中緯度の低気圧発達に2つの大まかなタイプ，いわゆる A 型と B 型があると結論した．通常，A 型の低気圧発生は，直前に通過した擾乱の寒冷前線上に発達した下部対流圏の波動擾乱の増幅が関係しており，上空に短波擾乱が存在しないときに起こると考えられている．典型的には，そのような嵐の発達は，「ボトム・アップ」と呼ばれており，かなり稀であるものの，大洋上空で起きやすいと言われている．そのような「ボトム・アップ」の発達の

仕方については，次章で詳細に述べる．ただし，A 型低気圧発生はデータが不十分な時代に行われた研究にてデータが希薄な領域で見出された点は指摘しておかなければならない．つまり，A 型の低気圧形成は極めて稀な出来事と言えるだろう．

B 型の低気圧形成の特徴は，上層に明瞭な擾乱（絶対渦度の極大という形で）が存在することである．この上層の擾乱が下部・中部対流圏の傾圧帯の上を横切ると（訳注：図 8.10 参照），たとえば，上空ほど強い低気圧性の渦度移流などを通じて，地上低気圧の発生が誘発される．この B 型の低気圧形成は，中緯度における現実の低気圧形成の事例の大半を占めると，一般的に考えられている．

これまで，温帯低気圧のライフサイクルにおける低気圧発生期の力学のみを考察してきた．NCM では，低気圧強度が頂点に達し，衰退が始まるという段階としての閉塞の概念が導入されている．次節では，ライフサイクルにおける閉塞期で作用している特徴的な力学と，閉塞期の本質的な特性を議論する．

8.6 完熟期：温度構造の特性

閉塞の概念が初めて導入されて以来，温帯低気圧ライフサイクルの閉塞（完熟期）段階の性質に関して，多くの論争がなされてきた．この多くの論争においては，閉塞期に特徴的な温度構造がどのような過程によって，完熟期の低気圧に形成されてゆくのかが中心課題であった．したがって，この節では，(1) 閉塞した温度構造の特性と (2) その温度構造の発達と温帯低気圧の閉塞象限での上昇流の特性を同時に説明する力学的なメカニズム（準地衡方程式を用いて診断される）を吟味する．まずは，閉塞した温度構造の側面を簡単に概観する．

1920 年代にまで遡ってみると，閉塞の過程は寒冷前線が温暖前線面を侵食し，その後追いつき，その上を上昇するものとして提案された[7]（図 8.2(a)）．「温暖閉塞」の過程として，上空に押し上げられた暖気が楔（wedge）状に分布し，地表の温暖前線および（新たに作られた）閉塞前線のわずか極側にずれて位置することが重要である．温暖閉塞の発達に伴う雲や降水は，寒冷前線の

---

[7] この考えは，Bjerknes and Solberg (1922) により初めて発表されたが，NCM における閉塞の概念は，最初にトール・ベルシェロンにより考案されていた．

前面で暖気が上昇する結果としてもたらされると考えられていた．したがって，それらはSLP極小点の北側および西側に分布している．2つの交差する前線面の間の上空の暖気は徐々に狭められ，温暖閉塞の水平温度構造は，暖域の頂点とジオポテンシャルまたはSLPの最小点を結ぶ温度の峰により特徴づけられる．この温度の峰は，1000-500 hPaの層厚の極大域，または，水平の断面図における θ または θ_e の極大軸として，よく現れる（図8.17参照）．大きな上向きの鉛直運動が，この温度の峰で起きることに留意すべきである．

図8.17の温度の峰の軸に直交する鉛直断面図を，図8.18(a)に示す．この図から温暖閉塞の鉛直構造の2つの特徴として，θ_e の極大軸が極側に傾いていることと，この軸が傾圧性の強い2つの領域を分けていることがわかる．地表の温暖閉塞前線は一般に最大 θ_e の極大軸が地面と交差する線で与えられるが，2つの傾圧帯（寒冷前線と温暖前線）の間の暖気の底部は，2つの前線が交差する点の上空に位置している（図8.18(a)においてAと表示）．しかし，この断面図からは，上向きの運動が最大になる場所は寒冷前線の強い傾圧領域の前面に位置しており，地表の閉塞前線の位置より離れていることがわかる．極側に張り出した温度の峰に寄り添うように地表低気圧の中心へと向かう方向で，もう1つの鉛直断面をとる（図8.18(b)）．温暖前線の傾圧域と寒冷前線の傾圧域が接する場所（図8.18(b)のA）は，図8.18(a)に比べより高高度に位置しているが，基本的な温度の構造は同じであり，鉛直運動の分布は同様であることがわかる．

低気圧の閉塞象限（訳注：地表における寒冷前線と温暖前線の交点を中心に，平面を東西南北で4つの象限に区分したときの1つの象限）の特徴である雲量と降水は，極側に張り出した温度の峰付近で起こるということが観測で知られていた．このことにより，1950年代と1960年代にカナダ気象庁の研究者は，温暖閉塞の本質的な特色は，寒冷前線（上層の）の前方に持ち上げられた「暖気のトラフ（訳注：上空の暖気領域が低高度まで楔状に垂れ下がった領域）」であり，地表の閉塞前線ではないと考えていた．寒冷および温暖前線の傾圧帯で構成される2つの面の交線は傾いており，それは「上方暖気のトラフ（**trough of warm air aloft (trowal)**；トロワル）」と名付けられている．北米では閉塞した低気圧における雲や降水は，地表面での弱い温暖閉塞前線よりも，トロワルとよく対応していることがわかった．トロワルは，温暖閉塞を構成する部分である寒冷前線面（地表より上にある）と温暖前線面との交線を表し，NCMで導入された温暖閉塞の3次元構造を改良したものとなっている．トロワルの概念的

272　第 8 章　温帯低気圧のライフサイクルの力学的様相

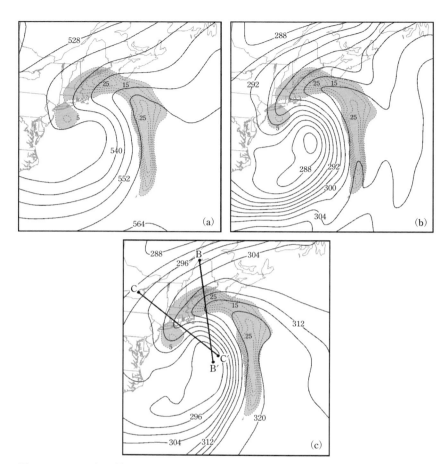

図 8.17　1997 年 4 月 1 日 0600 UTC に観測された閉塞した温度の峰. (a) 実線は 1000–500 hPa の層厚で，単位がデカメートル (dam) で，6 dam ごとに，等値線が描かれている．影を付した破線は 700 hPa での上向きの鉛直運動であり，5 cm s^{-1} ごとに等値線が描かれている．この 2 つの変数は NCEP Eta モデルで計算された 18 時間予報値. (b) 実線は 700 hPa 高度での θ (NCEP Eta モデルで計算された 18 時間予報値) であり，2 K ごとに等値線が描かれている．鉛直運動は (a) と同じ. (c) 700 hPa 高度での θ_e (NCEP Eta モデルで計算された 18 時間予報値) であり，4 K ごとに等値線が描かれている他は (b) に対する説明と同じ．鉛直運動は (a) と同じ．線 B-B′ と C-C′ に沿った鉛直断面図が，図 8.18 に示されている．

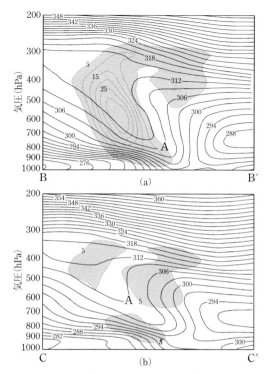

図 8.18 (a) 図 8.17(c) における線 B-B′ に沿って，閉塞した温度の峰を通る θ_e の鉛直断面図．実線は相当温位であり，3 K ごとに等値線が描かれている．影の付された領域では，上向きの鉛直運動があり，5 cm s^{-1} ごとに等値線が描かれている．'A' は温暖閉塞の温度構造において，寒冷前線面と温暖前線面の交線上の点を表している．(b) 図 8.17(c) における線 C-C′ に沿った断面図であることを除き，(a) に関する説明と同じ．

モデルとその説明を図 8.19 に示す．

　数値シミュレーションによる各格子点での計算結果を用い，ソフトウェアのパッケージを利用して，比較的簡単に，閉塞した低気圧のトロワル構造を表示することができる．図 8.18 において，温暖な閉塞構造を構成する温暖および寒冷両前線に伴う傾圧帯が楔状になって暖気に接する付近に，$\theta_e = 312$ K の相当温位面が位置することに留意せよ．この事例の格子点データセットを用い，312 K の相当温位面を 1000 hPa から 100 hPa ごとにプロットすると，$\theta_e = 312$ K 面の気圧座標での高度分布が得られる（図 8.20(a)）．この分布から次のことが確認できる．(1) 寒冷前線面が急斜面になっていること，(2) 温

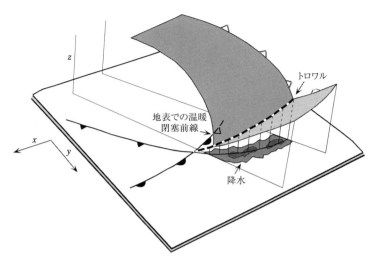

図 8.19 トロワルの概念モデルの模式図．濃い（薄い）影を付した表面は，寒冷（温暖）前線帯が楔状に分布した暖気と接している面を表す．これらの2つの前線面の傾いた交線における太い破線は，上空の暖気の谷（トロワル）の底部を表す．低気圧の閉塞した象限に描かれた降水領域は，地表面での温暖閉塞前線よりも，トロワルを地表面へ射影した場所の近くに位置している．

暖前線面の勾配がよりゆるやかであること，(3) 312 K 面がなすトロワル（3次元の谷）が極方向および西方向に傾いていること．この高度分布は，異なるソフトウェアにより作成された $\theta_e = 312$ K 面を精査することによっても得られる（図 8.20(b)）．

閉塞過程の性質に関しては，歴史的な論争があったが，ここで述べた温度構造が，完熟期にある温帯低気圧の基本的な構造的特徴の1つであると広く認められている．次に，そのような低気圧の閉塞象限の中で，上向きの鉛直運動と温度の峰を同時に説明する基本的な力学的メカニズムを洞察するために，準地衡オメガ方程式を用いる．

8.7 完熟期：閉塞象限における準地衡力学

第6章で述べたように，Q ベクトルを自然座標系で表したとき，等温位面に沿った成分とそれを横切る成分とに分解される．等温位面を横切る成分は，準地衡近似での前線形成関数に大きさが等しいことは既に示した（訳注：式(7.13b) より）が，等温位面に沿う成分を考察することで，その成分と閉塞過程

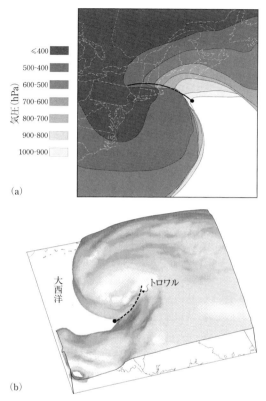

図 8.20 (a) 1997 年 4 月 1 日 0600 UTC の $\theta_e = 312$ K の相当温位面の気圧．太い実線はトロワルの位置を表し，312 K の相当温位面において 3 次元の谷として明瞭に見える．(b) 視覚化ソフトウェア・パッケージ VIS-5D からの 1997 年 4 月 1 日 0600 UTC の $\theta_e = 312$ K の相当温位面を北側から見下ろした眺め．太い破線は，トロワル（312 K の相当温位面における傾斜する 3 次元の谷）．

の問題との関係が明らかになる．図 8.21 は，東西方向に一様な傾圧帯を示しており，その傾圧帯に沿って $\vec{Q}_s$ の収束領域が存在する状況を考える（訳注：このような $\vec{Q}_s$ の分布は図 6.11 に対応する）．準地衡オメガ方程式によれば，$\vec{Q}_s$ の収束は上昇運動を伴うが，これに加え図 8.21(b) に示されたように，収束軸のいずれかの側で $\nabla\theta$ を異なる向きに回転させる（8.4 節の訳注および付録 7 を参照）．$\vec{Q}_s$ は $\nabla\theta$ の大きさを変えないので，図 8.21(c) に示したように，極側へ張り出した温度の峰（上昇流によって特徴づけられた）が形成される！

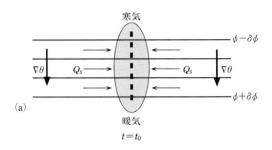

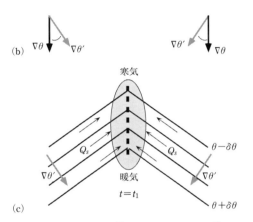

図 8.21 水平的な温度の構造に対する $\vec{Q}_s$ 収束の効果.(a) $\vec{Q}_s$ 収束(影の領域)の場合における直線状の等温位線(実線).太い破線は $\vec{Q}_s$ 収束が最大になる軸を表す.$\vec{Q}_s$ の収束が最大となる破線部の東西側で $\nabla\theta$ ベクトルの方向が示されている.(b) (a) における $\vec{Q}_s$ の収束最大部の東西側での $\vec{Q}_s$ により生じる $\nabla\theta$ の回転.$\nabla\theta$ として示された太く黒い矢印は,$\nabla\theta$ ベクトルの初期の方向.$\nabla\theta'$ として示された太い灰色の矢印は,$\vec{Q}_s$ による回転後の $\nabla\theta$ ベクトルの方向を表す.(c) $\vec{Q}_s$ の収束の最大域の東西側での $\nabla\theta$ の回転後における傾圧帯の方向.

図 8.22 は完熟期の温帯低気圧の閉塞象限において 500-900 hPa で鉛直平均した Q ベクトル強制の各成分を示す.その領域で,$\vec{Q}_s$ 成分(図 8.22(b))が $\vec{Q}_n$ 成分(図 8.22(c))よりはるかに大きいことがわかる.温帯低気圧の閉塞象限の近傍では,$\vec{Q}_s$ 成分が $\vec{Q}_n$ 成分を大きく上回るという特性がある[8].このように,地衡風による $\nabla\theta$ の回転($\vec{Q}_s$ により表現される)が,閉塞した温度構造を作り出し,閉塞に伴い準地衡的に上昇運動(訳注:図 8.17,図 8.18 において

---

[8]Martin (1999) 参照.

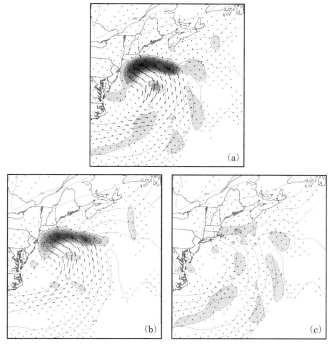

図 8.22 (a) 1997 年 4 月 1 日 0600 UTC の 500-900 hPa 気柱平均の Q ベクトルおよび Q ベクトルの収束（NCEP Eta モデルで計算された 18 時間予報値）．影で示した $\vec{Q}$ の収束域は 5×10^{-16} m kg^{-1} s^{-1} から始まり，5×10^{-16} m kg^{-1} s^{-1} ごとに等値線が記載されている．細い灰色の破線は 500-900 hPa 気柱平均の温位で，3 K ごとに等温位線が描かれている．(b) $\vec{Q}_s$ に対するものであることの他は (a) と同じ．(c) $\vec{Q}_n$ に対するものであることの他は (a) と同じ．

温度の峰付近で強い上昇流が起きていることが示されている）が生じる原因となる力学的なメカニズムになる．

　もちろん，この上昇運動により断熱冷却が生じる．閉塞前線に伴い極向きに張り出した暖気の軸では上昇運動が最大になるので，そこで断熱冷却も局所的に極大になる．当然，この冷却により，暖気の張り出しは弱まることになる．しかし，これまでの議論では，LHR の効果をまったく考慮してこなかった．閉塞前線に沿って張り出した暖気に伴う上昇流による LHR は，断熱冷却による暖気張り出しの弱化を緩和する．したがって，LHR は中緯度大気における閉塞した温度構造の発達にとって本質的な要素であると考えられるかもしれない．この推定は正しいことがわかってきており，第 9 章で述べられる低気圧

のライフサイクルに関する渦位の視点から示される．その視点を発展させる前に，低気圧のライフサイクルの衰退期の，力学的な面を考察する．

8.8 衰退期

温帯低気圧の衰退期については最も研究が遅れており，低気圧の一生の中で最も理解されていない部分である．基本的には，衰退期では，下部対流圏のジオポテンシャル高度の上昇，SLP の上昇，下部対流圏の渦度の単調な減少が起きる．それゆえ，低気圧の衰退は，低気圧形成とは反対に，低気圧減衰（cyclolysis）と呼ばれる．前に述べたように，低気圧発生には気柱の引き延ばしや上向き運動が必要である（訳注：気柱の引き伸ばしによる気圧の谷の形成は 5.2 節および 9.5.3 項で述べられている）．それゆえ，低気圧減衰には，気柱の押し縮みや下向き運動が必要であると考えられるかもしれない．確かに，このような物理的な状況が生ずれば，下部対流圏の渦度を減らすことが十分可能である．しかし，地表低気圧の減衰にはこれら一連の過程は必ずしも必要ではない．

前述したように，発達中の温帯低気圧の鉛直構造の特徴として，各高度でのジオポテンシャルの極小をつないだ軸が鉛直シアーと反対方向に傾くことが挙げられる（図 8.7(b) に示されたように西に）．上昇運動は，上層の渦度極大（上層のジオポテンシャル高度の極小）の下流側で起こる．その鉛直構造によって，力学的に強制された上層での発散の極大域が SLP 極小域の真上に位置することになる．その結果生じる上昇運動は，摩擦で生じる地表付近の収束により SLP 極小域へ集まってくる質量を排出することができる．低気圧が成熟し閉塞に至る間に，ジオポテンシャル極小軸が徐々に鉛直方向を向くようになってくる．この軸が完全に鉛直になると，上層の発散の極大域が SLP 最小域の東方へ移ることになる．SLP 極小値が最も低下し，そこでの摩擦収束も最大に達すると，低気圧の衰退が始まる．この段階で，上層での発散域が東方に移り，地上低気圧の中心近くに集まる質量を排出するメカニズムがなくなるため，地表気圧は上昇を始める．地表気圧のこの上昇は，地表付近の渦度の減少を伴う低気圧減衰につながる．この一連の事象は，地上低気圧の中心の上空で有意な下向きの鉛直運動がなくても起こりうることに留意せよ．低気圧衰退に必要な力学的構成要素は下向き鉛直運動ではなく，地上低気圧中心近くに集まってくる質量を排出するのに十分な上向きの鉛直運動がなくなることである．地上低気圧中心の直上での上層発散を弱める過程が低気圧を衰退させるの

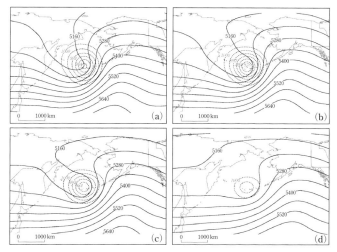

図 8.23 (a) 地上低気圧の衰退の開始 24 時間前における，500 hPa のジオポテンシャル高度（黒い実線）と海面高度の等圧線（灰色の破線）の合成値（北太平洋で観測された急速地表低気圧減衰の 180 事例に基づく）．ジオポテンシャル高度は，60 m ごとに等高線が描かれている．SLP は 1000 hPa まで，4 hPa ごとに等圧線が描かれている．(b) 地上低気圧の衰退の開始 12 時間前であることの他は (a) と同じ．(c) 地上低気圧の衰退の開始時であることの他は (a) と同じ．(d) 地上低気圧の衰退の開始 12 時間後であることの他は (a) と同じ．背景の地図は，空間スケールの目安となる．Martin et al.(2001) に基づき作成された．

である．

　北太平洋における地表の低気圧減衰過程の最近の気候学的な研究結果から，衰退段階における特徴的な要素を示すことができる．特に，急速な低気圧減衰期（rapid cyclolysis period; RCP）（温帯低気圧中心で，12 時間の間に 12 hPa 以上の SLP 上昇が起こる事象と定義される）の 180 事例を合成した 500 hPa のジオポテンシャル高度と SLP 分布の時間変化を調べる[9]．

　急速な低気圧減衰開始の 24 時間前では，500 hPa ジオポテンシャル高度の谷（強く曲がっており，わずかに負の方向に傾いている）のすぐ下流に，かなり強い SLP 極小域がある（図 8.23(a)）（訳注：ここで傾きが負というのは，500 hPa 面上の気圧の谷の軸が北西から南東方向に向いているという意味である）．12 時間後に，上層の気圧の谷の軸の傾きは，さらに負となり，さらに低下した SLP

---

[9] そのような RCP は，相対的に稀な事象であり，ここで引用された Martin et al.(2001) によれば，温帯低気圧総数の 7% 以下を占めるにすぎない．

極小点は気圧の谷の軸のより近くに引き寄せられている（図 8.23(b)）．これは，閉塞した低気圧によく見られる特性である．

12 時間の急速な低気圧減衰の開始までには（図 8.23(c)），SLP 最小域の真上に 500 hPa ジオポテンシャル高度の極小が位置しており，気圧の谷の軸の傾きがさらに負になっている．500 hPa ジオポテンシャル高度場の急速な変容は，12 時間の RCP 内で起きている．SLP 極小値は，急激に弱まり，SLP 極小の南側で 500 hPa ジオポテンシャル高度の間隔が広がり，地衡風流線関数の曲率半径が急激に増加する（図 8.23(d)）．低気圧衰退の開始までは 500 hPa の面での気圧の谷と峰はともに増幅していたが，地上低気圧減衰の開始に伴い，これら上空の気圧の谷・峰も急速に弱まり，平坦化した．これに伴い，上層気圧の谷の軸の下流（SLP 極小点の北東）で，上部対流圏での発散が急激に弱化している．そのような状況が，地上低気圧の強度が最大に達した直後に生じており，これが，地上低気圧が急速に減衰するための重要な鍵と考えられる．地上低気圧の強度が最大に達するとき，おそらく下部対流圏での質量収束も最大に達する（下部対流圏での摩擦による強制で，この収束は渦度とともに強まる）．低気圧の曲率が急速に減少し，その結果として上空の質量発散が急激に減少すると，下部対流圏で集積する質量を気柱から排除する効率が下がり，SLP が急速に上昇する．急速な地上の低気圧減衰が，主に総観規模の力学過程により支配されていることが，その後のこれらの事象の研究により[10] 明らかになった（境界層における摩擦の影響もあるが）．気圧の谷の軸が，徐々にシアー方向に（即ち東方向に）鉛直に立ち上がってくることは，完熟期の低気圧に共通する特徴である．「通常の種類の」低気圧衰退においても，気圧の谷の軸が立ち上がってくる効果の方が，上部対流圏の流れの曲率が弱まるという効果よりも低気圧減衰に及ぼす影響が大きい．

特に急速に進行する RCP の例を調べると，地表の低気圧衰退には，上部対流圏の短波擾乱（訳注：上部対流圏の気圧の谷の構造）の急速な侵食が伴っていることがわかった．この大気中の現象を明らかにするためには，多くの異なった手段がある．渦位の視点を利用することは，大変強力な方法であり，次章で詳しく述べる．この方法により，低気圧衰退（通常のものおよび急速に起きるもの）を詳細に調べることが可能となる．

---

[10]この結論が導かれた研究の詳細については，McLay and Martin (2002) を参照のこと．

参考文献

Bjerknes and Solberg (1922) では，NCM が紹介されている．

Bluestein, *Synoptic-Dynamic Meteorology in Midlatitudes, Volume I* では，準地衡高度傾向方程式が，詳細に議論されている．

Holton, *An introduction to Dynamic Meteorology* では，同様に，準地衡高度傾向方程式が議論されている．

Martin (2006) では，温帯低気圧ライフサイクルにおける鉛直シアーに沿った方向およびシアーを横切る方向の準地衡鉛直運動の役割が議論されている（訳注：付録 7 参照）．

Sutcliffe and Forsdyke (1950) では，「自己発達」の概念が導入されている．

Palmén and Newton, *Atmospheric Circulation Systems* では，低気圧ライフサイクルの多くの例が与えられている．

Martin (1999) では，温帯低気圧の閉塞象限における上昇流を起こす準地衡強制が議論されている．

Schultz and Mass (1993) では，閉塞過程に関する文献の包括的なリストが与えられている．

Posselt and Martin (2004) では，温帯低気圧における温暖閉塞の温度構造の発達に及ぼす潜熱放出の効果が議論されている．

Martin and Marsili (2002) では，急速な地上低気圧減衰の総観規模の事例研究がなされている．

問題

8.1. 前線を伴う低気圧の現代的な理解と Bjerknes and Solberg (1922) により提案された初期概念との間の主な相違を，次の事項に関連させて，手短に述べよ．
  (a) 低気圧発生における「前線」とその役割
  (b) 前線自体の性質
  (c) 前線領域における降水分布の性質
  (d) 前線領域における鉛直運動の生成
  (e) 低気圧発生と前線形成との間の関係

8.2. 温帯低気圧に伴う典型的な雲の分布を，図 8.1A に示した．この分布に伴う潜熱放出により，準地衡高度傾向方程式において，差分的な地衡風温度移流の強制がどのようにして強まるかを説明せよ．

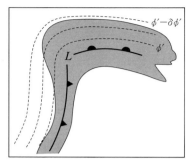

図 8.1A

8.3. 図 8.7(b) は，SLP 極小とそれに対応する上部対流圏のジオポテンシャルの極小の位置により，発達中の温帯低気圧の鉛直構造を示している．
   (a) 閉塞している低気圧の場合について，同様の理想化された図を描け．
   (b) 閉塞の時点が衰退の開始であると考えることが妥当な理由を述べよ．
   (c) 地上低気圧の衰退にとって，強い下向きの鉛直運動は必要か．
   (d) 衰退しつつある低気圧の場合について，同様の理想化された図を描け．
   (e) ジオポテンシャル極小が高度とともに傾くことは，低気圧のライフサイクル段階を診断するのに，大変重要である理由を述べよ．

8.4. 温暖閉塞および寒冷閉塞の古典的な定義に従うと，ある低気圧において形成されると予期される閉塞の型は，温暖前線の極側の気団あるいは寒冷前線の上流の気団のどちらが，より冷たいかということに依存する．地表での閉塞前線の特徴の基本的な解析を行うとともに，問題 7.13 の結果を使って，どのような物理的パラメーターが，閉塞前線の傾斜を実際に支配するのか求めよ．この答えを古典的視点と比較すると，その違いはどのようなものになるか．ほとんどの閉塞した構造は温暖閉塞であるという観測事実を説明する物理的理由があるか．

8.5. 図 8.2A は，地上低気圧，それに伴う降水および雲の並び，そして $t=0$ における 500 hPa のジオポテンシャル高度の等高線を示す．

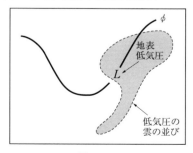

図 8.2A

(a) 少し後の時間における，500 hPa のジオポテンシャル高度の線を，定性的にスケッチし，潜熱放出により，それがどのように変わるか説明せよ．
(b) 非断熱的にゆがんだ 500 hPa の気圧の谷は，その高度における渦度の極大値に，どのように影響を及ぼすか説明せよ．
(c) 非断熱的にゆがんだ 500 hPa の気圧の谷は，地表での低気圧発生の強度を増加させるか，または減少させるか．

8.6. 地球が完全に乾燥していた場合（水がどのような形態でも大気中に存在しない）でも，爆弾低気圧発生は中緯度で起きるか，答えよ．

8.7. ノルウェー低気圧モデルでは，寒帯前線が低気圧発生の必要条件であり，前線形成が低気圧発生に先行すると考えられた．後の研究により，前線形成と低気圧発生は，同時発生の過程であるとが示唆された．図 8.16 を用いて，低気圧発生が前線形成より，わずかに先行するという考えが，より正確であるかもしれない理由を説明せよ．

8.8. 図 8.3A は，1995 年 1 月 20 日 0000 UTC での米国中部における温暖閉塞の θ_e 鉛直断面図である（主観解析による）．この閉塞した温度構造を構成する温暖前線帯および寒冷前線帯の両方の面に接する暖気表面の θ_e 値を求めよ．この場合について数値モデル計算された格子点のデータを用いて θ_e 面の等圧面のトポグラフィを，どのようにして作成するか，述べよ．そのような実習から，どのような興味ある様相が明確になるか．

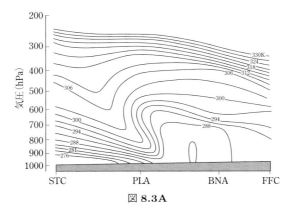

図 **8.3A**

8.9. 低気圧減衰の過程が，高気圧発生の過程と，物理的にどのように異なるかを説明せよ．特に，各現象を特徴づける動力学的および非断熱的な過程の性質を考察せよ．

8.10. 中緯度では，地上高気圧が赤道方向に伝搬するのに対し，地上低気圧は極方向へ伝搬する．中緯度気象システムにおけるこの基本的な特徴を物理的に説明せよ．

8.11. 2000 年 1 月 21 日，ノバスコシア州の南部で，強い地上低気圧が発達した．下に示した表は，ルヘイブ海岸のブイで午前 11 時と午後 1 時（地方標準時）に地表で観測された値である．常時，風は角度 20° で等圧線を横切り，SLP 極小点からブ

イまでの距離は，午前 11 時と午後 1 時とでは同じである．次の質問に答えよ．
(a) 2 時間の間に，SLP 極小点は，ブイに相対的に，どのような経路をとったか説明せよ．
(b) この 2 時間の間における，低気圧の極小の SLP は，いくらだったか説明せよ．

時刻（地方時）	気温	風向	風速	SLP
11 AM	8.4°C	100°	10 m s^{-1}	50.4 hPa
1 PM	6.5°C	270°	15 m s^{-1}	951.0 hPa

8.12. 次式を示せ．

$$\frac{\vec{Q}\cdot(\hat{k}\times\nabla\theta)}{|\nabla\theta|} = \frac{f_0\gamma|\nabla\theta|}{2}\left[\frac{2F_{1_g}\frac{\partial\theta}{\partial x}\frac{\partial\theta}{\partial y}+F_{2_g}\left(\left(\frac{\partial\theta}{\partial y}\right)^2-\left(\frac{\partial\theta}{\partial x}\right)^2\right)}{|\nabla\theta|^2}\right] + \frac{f_0\gamma|\nabla\theta|\zeta_g}{2}$$

ここで，$\vec{Q}$ は Q ベクトルであり，F_{1_g} および F_{2_g} は，地衡風の伸長変形およびシアー変形である．

解答
8.11.
(a) 205° から 25° へ．概ね南南西から北北西へ．
(b) $p_{\min} = 949.2$ hPa

第9章 渦位と中緯度気象システムへの応用

目的

これまで、中緯度大気の力について、いくつかの変数（気圧／ジオポテンシャル、気温、オメガ）を同時に考察するような（それらの間の物理学的関係やその数学的表現という観点から）、いわゆる「基礎状態変数」の視点から調べてきた。本書の基礎となる準地衡システムにおいて、ジオポテンシャルを追跡するだけで、かなりの診断が可能であった（準地衡オメガ方程式や高度傾向方程式を構築する際に見てきたように）。この章では、単一の変数である渦位の分布がわかれば、中緯度大気で作用している力学過程について、同等の理解が得られることを示す。

まず、温位座標系で、渦度と静的安定度の間の興味ある関係を調べることから始める。渦位の定義とその診断的特性は、この物理的な関係をそのまま拡張したものになっている。次に、渦位の分布に正や負の偏差が存在するような大気場における運動学的および熱力学的な特徴的構造を考察する。この議論から、渦位の視点からの低気圧発生過程の概念を導く。この渦位の視点では、非断熱的な過程、特に潜熱放出を伴う過程の影響も考察する。最後に、渦位の視点のいくつかの応用例を考察する。温位座標における水平発散の効果を調べることから始める。

9.1 渦位と温位座標系での発散

断熱的な流れを考え、その流れを温位座標で記述することにする。このとき流体に対する水平発散の効果を温位座標で考えてみる。発散と渦度の不変性（訳注：座標の回転における不変性については、1.4.4項参照）と、これらの量の物理的な関係（渦度方程式に現れる）によれば、温位座標における水平発散の1つの効果は、相対渦度を変化させることであることがわかる。この効果は、温位座標形式の渦度方程式で表現される。

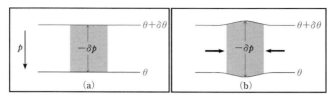

図 9.1 (a) 2 つの等温位面に挟まれた気柱（影を付してある）．2 つの等温位面間の気圧間隔は $-\delta p$ である．(b) 空気の水平収束（太い矢印で表されている）により，2 つの等温位面間の気圧間隔が増加する．

$$\frac{d(\zeta_\theta + f)}{dt} = -(\zeta_\theta + f)(\nabla \cdot \vec{V}_\theta) \tag{9.1}$$

（訳注：この式の導出は付録 13 を参照のこと）．

次に，図 9.1(a) に描かれた 2 つの等温位面で挟まれた仮想的な気柱を考える．この気柱への水平収束があれば，気柱の質量は増加する．気柱の質量は，両等温位面間の気圧差と直接関係付けられる（$M = -\delta p/g$）．したがって，温位面 θ と $\theta + \delta\theta$ 間の気圧間隔 δp は，図 9.1(b) に示されるように，水平収束のため増加する．その結果，比 $-(1/g)\delta p/\delta\theta$ は，この気柱内で増加する．この関係は，温位座標における連続の式の表現の基礎になっている．

$$\frac{d}{dt}\left(-\frac{1}{g}\frac{\partial p}{\partial \theta}\right) = -\left(-\frac{1}{g}\frac{\partial p}{\partial \theta}\right)(\nabla \cdot \vec{V}_\theta) \tag{9.2}$$

（訳注：この式は，式 (4.24) で，$d\theta/dt = 0$ とおくことにより求まる）．

簡単のために，

$$\sigma = -\frac{1}{g}\frac{\partial p}{\partial \theta}$$

とし，式 (9.1) および式 (9.2) の両方から，$\nabla \cdot \vec{V}_\theta$ の式を取り出すと，次式を得る．

$$-\nabla \cdot \vec{V}_\theta = \frac{d\ln(\zeta_\theta + f)}{dt} \quad \text{および} \quad -\nabla \cdot \vec{V}_\theta = \frac{d\ln \sigma}{dt}$$

これらの 2 つの式を等しいとおくと，次式を得る．

$$\frac{d\ln(\zeta_\theta + f)}{dt} = \frac{d\ln \sigma}{dt} \tag{9.3}$$

この式に dt を掛けると，次式を得る．

$$d\ln(\zeta_\theta + f) = d\ln \sigma \quad \text{または} \quad \frac{d(\zeta_\theta + f)}{(\zeta_\theta + f)} = \frac{d\sigma}{\sigma} \tag{9.4}$$

式 (9.4) を積分し，次式を得る．

$$\int_{(\zeta_\theta+f)_0}^{(\zeta_\theta+f)} \frac{d(\zeta_\theta+f)}{(\zeta_\theta+f)} = \int_{\sigma_0}^{\sigma} \frac{d\sigma}{\sigma}$$

ここで，添字は表示された変数の初期値を表している．これを積分し次式を得る．

$$\ln \frac{(\zeta_\theta+f)}{(\zeta_\theta+f)_0} = \ln \frac{\sigma}{\sigma_0} \quad \text{または} \quad \frac{(\zeta_\theta+f)}{(\zeta_\theta+f)_0} = \frac{\sigma}{\sigma_0}$$

これは，次の式に並べ直すことができる．

$$\frac{(\zeta_\theta+f)}{\sigma} = \frac{(\zeta_\theta+f)_0}{\sigma_0}$$

上式は，断熱的な流れに対して，次の量

$$(\zeta_\theta+f) \Big/ -\frac{1}{g}\frac{\partial p}{\partial \theta}$$

が一定であることを示している．その量

$$-g(\zeta_\theta+f)\left(\frac{\partial \theta}{\partial p}\right) \tag{9.5}$$

を**等温位渦位（isentropic potential vorticity；IPV）**と呼ぶ（訳注：エルテルの渦位とも呼ぶ．また，式 (5.30) の渦位をロスビーの渦位とも呼ぶ）．等温位渦位（あるいは，単に渦位）は，絶対渦度と静的安定度の積であることが，式 (9.5) から明らかである．渦位という名称は，緯度変化（f の緯度依存性を通じて）と等温位層の間隔の断熱的変化による（$-\partial \theta/\partial p$ の変化を通じて）相対渦度生成の潜在的可能性があることに由来している．そのような積が保存されることは，渦位は渦度と連続の式の組み合わせから導き出され，それが質量を考慮した循環であるということを考えると理解しやすい．渦位の保存は，空気塊の循環の変化が成層（stratification）を変化させ，その逆も成り立つことを示唆しており，また，成層と循環の積は，流れが等温位面を横切らない限り（流れが断熱的である限り），変化しないことを示唆している．

　渦位には，2 つの重要な特性がある．第 1 は，渦位が保存するという既に考察した性質である．断熱的で摩擦のない流れに対して，空気塊は永久に渦位を保持する．したがって，与えられた領域での渦位分布の初期値が与えられ，その領域での流れが断熱的であるならば，その後の渦位分布の変化は，渦位の移

流により生じていることになる．逆に，実際の大気のように，流れが断熱的でなければ，その領域の渦位分布の変化のある部分は，摩擦による生成／散逸あるいは，何らかの非断熱加熱から生じていることになる．後で，渦位のこの性質を利用する．

2番目に重要な渦位の性質は，それが逆変換可能（$invertible$）なことである．これは，流れの特徴についての多くの情報が，流れの渦位分布に含まれていることを意味する．これは，渦度場の知見が水平風 u, v についての情報から得られるということに起因している．これと同じように，静的安定度の知見は，温度の鉛直分布から得られるのである．静水圧平衡の関係式を用いれば，鉛直温度分布の情報は，ジオポテンシャル高度場 ϕ に変換できる．ϕ および (u, v) 場から非地衡風分布が導かれ，それにより ω そのものが求まる．質量場と運動量場の間の関係がよくわかっている場合，領域の境界条件が適切に与えられれば，渦位分布からこれらの特性を導き出すことができる．したがって，(1) ある領域における渦位分布の知見，(2) その領域の境界条件の知見，(3) 領域内での質量と運動量の場を関係づける平衡条件，が与えられていれば，渦位に含まれる情報を逆に求めることができる．地球上の中緯度の流れに対し，平衡条件の主要な例は地衡風平衡であるが，それ以外にもある（傾度風平衡）．逆変換の可能性（即ち，反転性）の概念，および境界条件の重要性は，簡単な例からも明確に理解できる．

次のように表される順圧の渦度方程式を考えてみる．

$$\frac{d\eta}{dt} = \frac{\partial \eta}{\partial t} + \vec{V}_\psi \cdot \nabla \eta = 0 \tag{9.6}$$

ここで，$\vec{V}_\psi = \hat{k} \times \nabla \psi$ であり，η は相対渦度（$\eta = \nabla^2 \psi$），ψ は流れを記述する非発散の流線関数である（訳注：付録 10 参照）．そのような場合，平衡条件は地衡風平衡である．η だけが知られている有限領域を考える．$\eta = \nabla^2 \psi$ であるから，これらの状況下で，ψ について解くことは可能である．しかし，有限領域の境界に沿って ψ の値が与えられていなければ，$\eta = \nabla^2 \psi$ の条件を満たす多くの解が存在し，ψ に対する解は一意的には決まらない．これを簡単に示すために，有限領域内のどこでも $\eta = 0$ である場合を考える．そのような場合は，流れに曲率や水平的なシアーはなく，流線はどこも平行で等間隔になる．図 9.2 で示されるように，これらの特性を満たす解は無限にある．しかし，有限領域の境界条件が与えられれば，平衡条件（$\eta = \nabla^2 \psi$）と境界条件を同時に満たす解は一意的に決まる．この場合には，ψ に関し唯一の解が存在

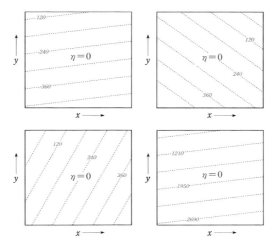

図 9.2 境界条件が与えられない有限領域における，順圧の渦度方程式（$\eta = 0$）に対する一連の 4 つの異なる解．

する．

このような方法で ψ 場に対する解が求められると，その領域での平衡風を計算し，その風により，η の移流の計算を行うことができる．この移流の結果として新しい η が求まると（その領域の境界条件が更新されるならば），新しい ψ 場が求まる．(1) η の全球（または領域規模）での値，(2) η と質量場とを結びつける平衡条件（$\eta = \nabla^2 \psi$，地衡風平衡），(3) ψ の境界条件の 3 つが与えられれば，このような方法で，η 場を逆算し，ψ 場を求めることができる．渦位の逆算は，順圧の渦度方程式を用いた逆算よりも，かなり複雑であるが，同様に計算することができる．全球の渦位分布と，平衡条件および境界条件が与えられていれば，渦位を逆変換し，ϕ，u，v，T，ω の値と，領域内の静的安定度を求めることができる（訳注：これがまさに渦位の式を導いたエルテル (Ertel, 1942) の思想であった）．

渦位分布の局所的な偏差（長時間にわたる，または大きな空間スケールの平均場からのずれ）は，それに特有で明瞭な循環を伴っているので，大変重要である．このため，渦位の反転性（invertibility）を利用して，これらの渦位偏差に焦点を当てる．渦位反転の性質を調べ，渦位偏差が温帯低気圧系に与える影響を考察する前に，渦位偏差に伴う大気場（特に，**正の渦位偏差（positive PV anomaly）**）に特徴的な運動学的および熱力学的構造を調べる必要

がある．

9.2 正の渦位偏差の特性

上層にある正の渦位偏差の模式図を図 9.3 に示した．偏差は 300 hPa における + の符号で描かれており，局所的な渦位が空間あるいは時間平均より大きい領域を表す．より厳密に言えば，渦位偏差は，積 $-(\zeta_\theta + f)\partial\theta/\partial p$ がその場での平均より大きい場所を表す．これは，次の 3 つの事柄のうちの 1 つを意味する．(1) 渦度が平均より大きい，(2) 静的安定度が平均より大きい，(3) 渦度および静的安定度ともに平均より大きい．これらの 3 つの可能性のどれが正しいかを決めるために，次の思考実験を行う．まず温度風平衡にある大気の渦度偏差として現れる正の渦位偏差を作り出してみよう．図 9.3 と同じ配置を考えると，渦位偏差は 300 hPa で最大になるので，風もその高度で最大になることがわかる（図 9.4(a)）．したがって，この例においては，正の渦位偏差の下にある気柱において，300 hPa 面より下の高度では風速は高さとともに増加することになる．温度風平衡を仮定しているので，相対的に冷たい気柱が正の渦位偏差の直下にあり，その周りを相対的に暖かな気柱が取り囲んでいることになる（図 9.4(b)）．300 hPa 面以上の高度では，風は高さとともに減少するので，渦位偏差の直上に，相対的に暖かな気柱があり，その周囲を相対的に冷たい気柱が取り囲んでいるという構造になる（図 9.4(c)）（訳注：300 hPa 面より上空の正の渦度の減少は，暖気と寒気の気圧差あるいはジオポテンシャルの差の低下による．そのためには，式 (3.5d) により，寒気の上空を高温にして気圧低下の高度依存性を緩め，暖気の上空では低温にし，気圧低下の高度依存性を強めればよ

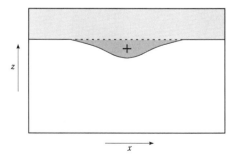

図 9.3 上部対流圏の正の渦位偏差の模式図．+ 符号を付した暗い影の領域は偏差を表す．明るい影の領域は下部成層圏，影のない領域は対流圏を表す．

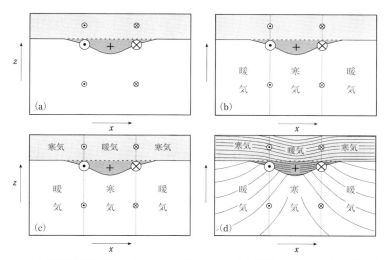

図 9.4 (a) 対流圏界面付近における正の渦度偏差により特徴づけられる上部対流圏の正の渦位偏差．その中に×（点）を記した大きな円は，紙面に入り込む（から出てくる）風を示す．より小さな円は，風速がより小さいことを示す．(b) 温度風平衡を仮定したときの，対流圏での相対的な温度分布．(c) 温度風平衡を仮定したときの，下部成層圏での相対的な温度分布．(d) 等温位線分布の全体断面図．正の渦位偏差には，正の渦度偏差と正の静的安定度偏差が伴っていることに留意．

い．図 9.4(c)，9.4(d) はそのような温度分布を示している）．温度のこの相対的な分布に適合するように，模式的に等温位線を引くと，正の渦位偏差がある場合には，渦度偏差も静的安定度の偏差も，両方とも正になっていることがわかる（図 9.4(d)）．渦位偏差の構造を一般化して言うと，渦位偏差には，同じ符号の渦度偏差と静的安定度偏差が必ず伴うということになる（訳注：成層圏では等温位線の間隔は狭い．図 9.4(d) で，正の渦位偏差の領域では，渦位偏差の直下に寒気があり，直上の成層圏に暖気があるので，等温位線の鉛直方向の密度がより大きくなる．周辺の大気の等温位線の傾きは，正の渦位偏差のある領域に向かって傾くようになる）．

このように，渦位偏差に伴う特徴的な構造や循環が存在することがわかる．負の渦位偏差には，高気圧性の流れが伴い，偏差がある高度でその大きさは最大となりその流れは上下に広がっている．渦位偏差が引き起こす循環への影響の鉛直方向の広がりは，偏差の浸透の深さ（penetration depth）と呼ばれ，次式で与えられる．

$$H = \frac{fL}{N} \tag{9.7}$$

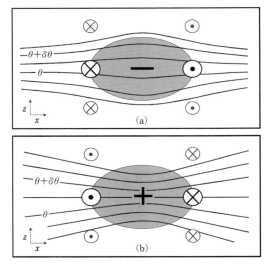

図 9.5 (a) 負の渦位偏差の特徴的な構造．灰色の領域は，負の偏差を描いており，細い実線は等温位面である．紙面へ入り込む風は，×で表示され，紙面から出てくる風は点で表す．(b) 正の渦位偏差の特徴的な構造．

ここで，L は偏差の特徴的な長さ（訳注：水平規模）であり，N はブラント-バイサラ振動数である（訳注：H はロスビーの深さ（Rossby height）とも呼ばれる）．したがって，渦位偏差に伴う浸透の深さ H は偏差のスケール L とともに増加し，周囲の静的安定度に反比例する（訳注：式 (3.61) 参照．それ故，図 9.4(d) にて，渦位偏差の影響は，成層圏では対流圏より深く及ぶ．負の渦位偏差では等温位面は偏差の周りに膨らみ，この辺りで負の静的安定度偏差になっていることがわかる（図 9.5(a))．一方，正の渦位偏差は，低気圧性の流れを伴い，その流速は渦位偏差がある高度で最大となり，式 (9.7) で表されるように，偏差の上と下の領域に広がる．正の渦位偏差は，偏差に向けて収縮するような等温位面により特徴づけられ，その付近で静的安定度に正の偏差があることになる（図 9.5(b))．

上層の正の渦位偏差の構造から，正の渦位移流と低気圧発生との間の関係を理解することができる．図 9.6(a) に示されるように，初期条件として，順圧の流れを仮定し（$\nabla_p \theta$ がゼロ），個々の等圧面に等温位面が，一対一に対応していると考える．上層で正の渦位偏差が西からこの領域に入ってくると，等温位面は正の渦位偏差の特徴的な構造を持つように変形する．正の渦位偏差が

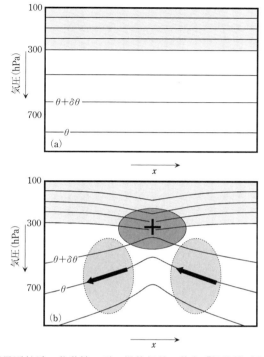

図 9.6 対流圏界面付近の移動性の正の渦位偏差に伴う「掃除機（あるいは，吸い込み）」効果の図示．(a) 順圧状態における等温位面の鉛直断面．明灰色の部分は，成層圏を表す．(b) 西向きに移動する正の偏差がこの大気場に貫入し，温度構造を変形している．太い矢印は，移動する渦位に相対的な断熱流を表し，偏差の下流側では強制的な上昇流が生じ，上流側では強制的な下降流が生じる．

東進すると，この渦位偏差に相対的な断熱的な流れは，傾斜が生じた等温位面の傾きに沿って西進するように見える．したがって，図 9.6(b) に示されるように，偏差の東側で上向きの運動が生じ，西側で下向きの運動が生じる．この鉛直運動の分布は，中緯度総観規模の短波擾乱に特徴的な分布と一致する．即ち，低気圧性渦度の最大領域の下流（上流）で上昇（下降）する配置となる！

第 8 章で検討した準地衡高度傾向方程式を用いることにより，正の渦位偏差の下流側で，上昇流の配置になっているということを確かめてみる．第 8 章で書き直した傾向方程式 (8.8) を再度，以下に示す．

$$\left(\nabla^2 + \frac{f_0^2}{\sigma}\frac{\partial^2}{\partial p^2}\right)\chi = -f_0 \vec{V}_g \cdot \nabla\left(\frac{1}{f_0}\nabla^2\phi + f\right) - \frac{f_0^2}{\sigma}\left(\vec{V}_g \cdot \nabla\left(\frac{\partial^2 \phi}{\partial p^2}\right)\right)$$
(9.8)

$\chi = \partial\phi/\partial t$ であるので,式 (9.8) の右辺の 2 つの項が地衡風の移流を含むことに留意すると,式 (9.8) は次のように書き直すことができる.

$$\frac{\partial}{\partial t}\left(\nabla^2\phi + \frac{f_0^2}{\sigma}\frac{\partial^2 \phi}{\partial p^2}\right) = -\vec{V}_g \cdot \nabla\left(\nabla^2\phi + ff_0 + \frac{f_0^2}{\sigma}\frac{\partial^2 \phi}{\partial p^2}\right) \quad (9.9a)$$

$\partial(ff_0)/\partial t$(これはゼロに等しい)を式 (9.9a) の左辺に加えることにより,次式を得る.

$$\frac{\partial}{\partial t}\left(\nabla^2\phi + ff_0 + \frac{f_0^2}{\sigma}\frac{\partial^2 \phi}{\partial p^2}\right) = -\vec{V}_g \cdot \nabla\left(\nabla^2\phi + ff_0 + \frac{f_0^2}{\sigma}\frac{\partial^2 \phi}{\partial p^2}\right) \quad (9.9b)$$

式 (9.9b) の両辺を f_0 で割り次式を得る.

$$\frac{\partial}{\partial t}\left(\frac{1}{f_0}\nabla^2\phi + f + \frac{f_0}{\sigma}\frac{\partial^2 \phi}{\partial p^2}\right) = -\vec{V}_g \cdot \nabla\left(\frac{1}{f_0}\nabla^2\phi + f + \frac{f_0}{\sigma}\frac{\partial^2 \phi}{\partial p^2}\right) \quad (9.9c)$$

次に,準地衡渦位(PV_g:QG potential vorticity)を次のように定義する.

$$PV_g = \left(\frac{1}{f_0}\nabla^2\phi + f + \frac{f_0}{\sigma}\frac{\partial^2 \phi}{\partial p^2}\right) \quad (9.9d)$$

これを用い,式 (9.9c) を次のように書き直す.

$$\frac{\partial}{\partial t}(PV_g) = -\vec{V}_g \cdot \nabla(PV_g) \quad (9.10a)$$

または,

$$\frac{d_g}{dt}(PV_g) = 0 \quad (9.10b)$$

ここで

$$\frac{d_g}{dt} = \frac{\partial}{\partial t} + \vec{V}_g \cdot \nabla$$

したがって,準地衡傾向方程式は,PV_g が断熱的な地衡流に沿って保存されることを示している.図 9.6(b) に戻ると,そこで描かれた上昇運動は,正の渦位移流がある領域(正の渦位偏差が進行してくる領域)で起きていることがわかる.準地衡系においては,式 (9.10a) から,正の渦位移流が起きている領域では,PV_g が局所的に増加(これは,伝統的な準地衡傾向方程式の左辺が正であることと合致)することがわかる.

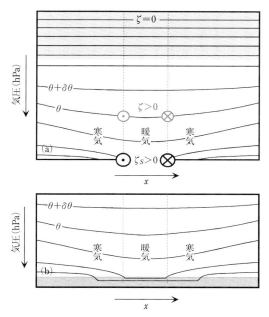

図 9.7 正の渦位偏差と地表の暖気偏差が同等であることを示す模式図．(a) 地表の暖気偏差は，温暖な気柱を下部対流圏に作り出す．大気の上端では渦度はゼロなので，その気柱の中では，正の相対渦度（灰色の円により表示された ζ）が生じる．地表にはより強い正の相対渦度（黒い円で表示された ζ_S）が生じる．灰色部分は成層圏である．(b) 正の静的安定度は，暖気偏差をまたぐ（地下の）等温位線を結ぶことにより作り出される．地面は灰色部分である．

$$\left(\nabla^2 + \frac{f_0^2}{\sigma}\frac{\partial^2}{\partial p^2}\right)\chi$$

が正のとき，χ は常に負であり，図 9.6(b) に示された上向き鉛直運動の領域では，ジオポテンシャル高度は低下することになる．このことにより，気柱の層厚が縮むが，このことは，上昇する空気における断熱冷却の効果として対流圏全域でジオポテンシャル高度が低下することと整合的である．

これまで，上層の渦位偏差のみを議論してきた．自然界では，渦位偏差は，地表を含め，様々な高度で起きる．低気圧発生を，渦位の視点から説明するためには，地表面における渦位偏差の構造を考察する必要がある．寒冷前線の前方で見られるような，地表における温位（θ）の正偏差を図 9.7(a) に示した．大気の上端では，風速がゼロであり，渦度もゼロである．しかし，地表の暖気偏差の上空にある暖気域に対応して，高気圧性の水平風シアーが存在すること

になる.大気の上端で渦度がなく,高気圧性の温度風渦度(即ち,高気圧性の温度風に伴う渦度)があるということは,正の θ 偏差に伴って,地表に低気圧(正の渦度)が存在しているはずである!(訳注:(1) 考えている大気の気柱上端での気圧が場所によらず一定ならば,(2) 暖気の気柱では気温が高いため,式 (3.5d) により,寒気の気柱に比べ,高度の低下とともにより緩やかに気圧が増加する.このため寒気と暖気の気圧差(ジオポテンシャルの差も)は高度の低下とともに増加する.したがって,(3) 地上気圧は暖気の方がより低くなる.この議論から,寒気側から暖気側に向けての気圧傾度力が高度の低下とともに増加することがわかる.大気上端で渦度がゼロであるとしているので,すべての高度で渦度は正であり,地上では大きな正の渦度となる.渦度が高度の増加とともに減少する($\zeta_T < 0$)ことがわかる).地表の暖気偏差をまたぐように等温位面を,地下を通って結ぶという仮想的な状況を考えると(図 9.7(b)),地表では暖気偏差に伴う静的安定度が最大になる(ブリザートン(F. P. Bretherton)による数学的トリック).この結果,地表に正(負)の θ 偏差があるならば,地表に正(負)の渦位偏差があると考えることができる.地表近くおよび上層(対流圏界面付近)における渦位偏差の性質を議論してきたので,渦位の視点から低気圧発生について述べることにする.

9.3 渦位の視点からの低気圧発生

渦位に基づく低気圧発生の議論を展開するために,まず渦位偏差の振舞いを上層と下層に分けて考察する.図 9.8 に,3 つの異なる時刻における上層の渦位偏差の模式図を示す.初めの時刻 ($T = 0$) における偏差は,赤道方向に突き出た高渦位の部分(+ 符号で表示された)により表される.この正の渦位偏差には,偏差をまたぐ太い矢印により表示されるように,低気圧性の循環が伴う.図示した循環により,偏差の西側において高渦位は南向きに移流し,偏差の東側において低渦位の空気は北向きに移流することになる(訳注:正の渦位偏差の西(東)側では,絶対渦度($\zeta + f$)のより大きな(小さな)高緯度側(低緯度側)の空気が流れ込む).このような移流により,2 つのことが生じる.即ち,$T = t_1$ において,(1) 初期の偏差を上流に(西へ)伝搬する.(2) 元々の偏差の東側に負の渦位偏差が生じる.元々の渦位偏差の下流側に発達する負の渦位偏差には,それに伴う循環が生じる.図 9.8(b) の実線の矢印で表示).さらに後の時刻 ($T = t_2$) において,元々の渦位偏差は西向きに伝搬し,その一方で,負の渦位偏差に伴う循環はさらにその東方で 2 次的な正の渦位偏差を生

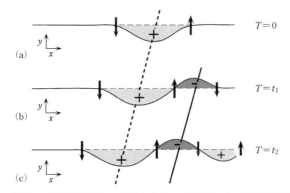

図 9.8 (a) ＋符号および灰色部により示された，北半球における上部対流圏の正の渦位偏差．実線は1つの等渦位面で，矢印は渦位偏差に伴う低気圧性の循環を示す．(b) しばらく後の時刻における等渦位面．－の符号のついた暗灰色の領域は，当初の正の偏差の東方での低渦位の北向き移流により強制された，上部対流圏の負の渦位偏差を示す．(c) 更に後の時刻における同じ等渦位面．長い破（実）線は，当初の正（新たに形成された負）の渦位偏差の等位相面を表す．

成する（図 9.8(c)）．上層渦位偏差の等位相線は，この作用のみが働くならば，偏差は上流に（西向きに）伝搬することが示唆される．同じことが西向きに伝搬する大規模の波（ロスビー波）についてもあてはまる．コリオリ・パラメーターの緯度変化により，正（負）の渦度の時間変化（低（高）気圧性の惑星渦度の移流による）が，偏西風中の低気圧性擾乱の西（東）側で起こり，渦度偏差を西向きに移動させるのである．

ここで，地表の温位偏差（下層の渦位偏差の代わりとなる）を考察し，下層との違いを吟味する．図 9.7 と関連した説明で示されたように，下層での暖気偏差は，正の渦位偏差と見なすことができる．そのため，下層の暖気偏差には低気圧性の循環が伴っており，それを図 9.9(a) の＋符号の左右にある矢印（実線）で示した．偏差中心の下流（上流）側での南（北）風は水平暖（寒）気移流を伴っている．

暖気偏差の下流における暖気移流と上流における寒気移流は，暖気偏差を下流に伝搬するという正味の効果をもたらす（暖気偏差を暖気移流に向かわせ，寒気移流から離れさせる）（図 9.9(b)）．さらに後の時刻では，循環により暖気偏差は下流に伝搬し続ける（図 9.9(c)）．図 9.9 からわかるように，下層の暖気偏差は，上流にはほとんど伝搬しない．即ち，もともとの偏差だけが，時間が経っても持続しているにすぎない．

298　第9章　渦位と中緯度気象システムへの応用

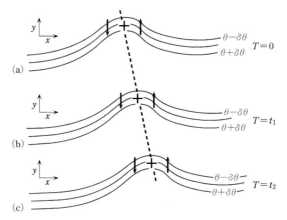

図 9.9　(a) 北半球における地表の暖気偏差の模式図．灰色の実線は地表の等温位線であり，＋符号は暖気偏差に伴う正の渦位偏差の中心を示す．矢印は，その偏差構造に伴う低気圧性の循環を表す．(b) その後の時刻における同じ暖気偏差．(c) さらに後の時刻の同じ暖気偏差．破線は，時間の経過に伴う暖気偏差の等位相線を示す．

　渦位偏差があると，その「浸透の深さ」に応じて，渦位偏差のある場所とは異なった領域で循環が起きることを述べた．このことから，上層の渦位偏差に伴う循環の一部が下方に浸透し，水平移流により下層での暖気偏差の発達に影響を及ぼす可能性がある．同様に地表の暖気偏差に伴う循環の上側の部分が対流圏上層にまで浸透し，上層での渦位の水平移流を通し，そこでの正の渦位偏差の振幅に影響を与える可能性がある．つまり，上層および下層の渦位偏差は，それらが空間的に適切な位相関係にあれば，互いに増幅し合うことができる可能性がある．顕著な地上低気圧になるためにはその発達過程が継続することが必要なのである．渦位の視点からみれば，低気圧が発達するためには上層と下層との偏差の相互増幅（先に述べた）の期間の長さが極めて重要となる．しかし，図 9.8 や図 9.9 の解析から示されるように，上層および下層の渦位偏差は互いに反対方向に伝搬する（お互いに反対方向に伝搬するロスビー波のように）．したがって，それぞれの偏差が長期にわたり相互に増幅し合うためには，それら偏差が長期間にわたりお互い十分に近くにあることが必要である．2つの偏差は異なった方向に伝搬するため，これが起きにくいと考えるかもしれない．しかし，低気圧が中緯度大気において普遍的に存在することを考えると，実際にはそうしたことが起きていると思われる．なぜこのようなことが起きるのかを理解するために，渦位の視点から低気圧の発生を基本的な立場から

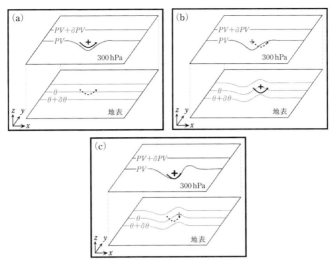

図 9.10 下層の傾圧帯の上空を移動する上部対流圏の正の渦位偏差．(a) 上層の渦位偏差（黒い「+」符号）に伴う循環を，太い矢印で示した．その循環により引き起こされた地表での循環を，地表の破線の矢印で示した．(b) 下層の温度移流は，地表に暖気偏差を引き起こす（その循環は，太い矢印で表示されている）．その循環により上部対流圏で循環が誘起される（破線の矢印により表示されている）．(c) 上部対流圏の渦位移流は，上層の渦位偏差（黒い「+」符号）を強め，太い矢印で表示された循環が強まる．その循環の地表への影響（破線）により，地表の暖気偏差を強める温度移流が生じる．

考察する．

図 9.10(a) に模式的に示すように，下部対流圏の傾圧帯の上空を移動していく上層の渦位偏差を考える．上層での渦位偏差が伴う低気圧性循環は，渦位偏差の存在する高度で最大になるが，対流圏全域の循環にも影響を及ぼす．上層にある渦位偏差の影響は地表にまで及ぶ（浸透の深さが大きいほど，地表への影響が大きい）．これにより，地表に弱い低気圧性循環が生じ，それに伴う水平温度移流を通じ地表の等温線が変形する（図 9.10(a)）．地表での循環による暖気移流部分は，下層の暖気偏差（図 9.10(b) で + 符号により表されている）を作り出し，地表近くで正の渦位偏差を生じさせる．この偏差により生成される循環は地表で最も強いが，対流圏上層にも影響が及ぶ（浸透の深さが大きいほど，より上方に影響が及ぶ）．地表の渦位偏差の影響として，対流圏界面近くで弱い低気圧性循環が生じ，それが上層の低気圧性偏差の東半分の領域で正の渦位移流をもたらして偏差を強めようとする（訳注：地表での暖気移流は，

上層の渦位偏差の東側領域の直下に位置するため).この下層からの影響が,上層偏差がその東半分の領域にもたらす負の渦位移流と組み合わさって,上層の渦位偏差を下流側へ伝搬させることになる.これは,上層での渦位偏差が西向きに伝搬しようとする本来の傾向とは逆である！ 上層の渦位偏差が強化されることで,下層の温度場への低気圧性循環の影響も強まる (図 9.10(c)).上層の渦位偏差は,地表の暖気偏差の上流側にあるので,この影響により地表の暖気偏差の中心において暖気移流が最大となり,その西側において寒気移流が最大となる.この上層の渦位により引き起こされた下層での暖気および寒気の移流分布は,地表の暖気偏差を強めるだけでなく,東向きに伝搬させようとする元来の傾向と反対に,その偏差を西向きに伝搬させようとする傾向がある！ したがって,上層と地表の渦位偏差が,互いに適切に接近すると,それらの相互への影響は,それぞれの偏差を増幅させるだけでなく,それらが互いから離れようとする傾向を打ち消し,結果的に相互作用が長時間持続するという正の干渉効果としての「位相固定 (phase locking)」が促進される.

　渦位の視点というのは低気圧発生に対する補完的な視点とみなすのが最も適切であり,既に述べてきた低気圧発生の過程の多くの要素は,渦位の観点からも明解である.それらの中で主なものは,下層と上層の擾乱を結ぶ軸が基本流のシアーと反対方向へ傾いていなければ擾乱が発達できない,ということである.低気圧の発生の,基礎状態変数の（またはオメガ方程式を中心とした）見方では,この要請は次のように述べることができる.ジオポテンシャルの極小域を結んだ軸が高度とともにシアーと逆方向へ傾くことで,上層のジオポテンシャルの極小域の下流域（温度風による正の渦度移流の領域）が,SLP 極小域の真上に位置することになり,その後の低気圧の増幅が可能となる.低気圧の発達において下部対流圏での暖気偏差が普遍的に関与することも,渦位の視点が従来の視点と物理的に類似している点である.低気圧発達の基本的な要素は,前線形成過程とは物理的に無関係に見えるとこれまで述べてきた.このことは,渦位の視点からはより明確に理解できるのである（訳注：これは「位相固定」を起こす過程のことを指す.上層と下層の偏差が相互作用するためには,それぞれの層の間に空気の循環が起きる必要がある.図 9.10 には,そのような循環は示されていないが,章末の問題 9.3 の詳細解答には,負の渦位偏差に伴う鉛直循環が模式的に示されているので,参照されたい).

　これまでは,低気圧発生の過程を純粋に断熱的な視点のみから考察してきた.低気圧発生に関する渦位の視点を深く理解し,この過程に対する渦位の視

点と古典的な考え方の関係とを十分に理解するためには，渦位の視点から潜熱放出の効果を考察する必要がある．しかし，そのような効果を定量的に考察するためには，渦位への非断熱加熱の効果をまず理解する必要がある．

9.4 渦位に及ぼす非断熱加熱の効果

式 (9.5) により，等温位渦位を次のように定義した．

$$PV = -g(\zeta_\theta + f)\left(\frac{\partial \theta}{\partial p}\right)$$

渦位のラグランジュ的な変化率の式を導く．導出を容易にするために，まず気圧座標形式での渦位を求める．

温位座標において，相対渦度は $\zeta_\theta = (\partial v/\partial x)_\theta - (\partial u/\partial y)_\theta$ であり，$(\partial v/\partial x)_\theta$ と $(\partial u/\partial y)_\theta$ の表式が必要である．等温位面上での u と v の微分は次のように書くことができる．

$$du_\theta = \left(\frac{\partial u}{\partial x}\right)_{y,p} dx_\theta + \left(\frac{\partial u}{\partial y}\right)_{x,p} dy_\theta + \left(\frac{\partial u}{\partial p}\right)_{x,y} dp_\theta \qquad (9.11a)$$

$$dv_\theta = \left(\frac{\partial v}{\partial x}\right)_{y,p} dx_\theta + \left(\frac{\partial v}{\partial y}\right)_{x,p} dy_\theta + \left(\frac{\partial v}{\partial p}\right)_{x,y} dp_\theta \qquad (9.11b)$$

$(du/dy)_\theta$（これは $(\partial u/\partial y)_\theta$ と等しい）について解くため，式 (9.11a) を並べ替えると，次式を得る．

$$\left(\frac{du}{dy}\right)_\theta = \left(\frac{\partial u}{\partial y}\right)_\theta = \left(\frac{\partial u}{\partial y}\right)_{x,p} + \left(\frac{\partial u}{\partial p}\right)_{x,y}\left(\frac{dp}{dy}\right)_\theta \qquad (9.12a)$$

式 (9.11b) を次の式のように並べ替えると，$(dv/dx)_\theta$ について同様の結果を得る．

$$\left(\frac{dv}{dx}\right)_\theta = \left(\frac{\partial v}{\partial x}\right)_\theta = \left(\frac{\partial v}{\partial x}\right)_{y,p} + \left(\frac{\partial v}{\partial p}\right)_{x,y}\left(\frac{dp}{dx}\right)_\theta \qquad (9.12b)$$

ポアソンの式の簡単な並べ替えにより，次式が得られる．

$$p = 1000 \left(\frac{T}{\theta}\right)^{c_p/R}$$

この式から，次のことがわかる．

$$\left(\frac{dp}{dy}\right)_\theta = c_p \rho \left(\frac{dT}{dy}\right)_\theta \quad \text{および} \quad \left(\frac{dp}{dx}\right)_\theta = c_p \rho \left(\frac{dT}{dx}\right)_\theta \qquad (9.13)$$

式 (9.11) と同様にして，等温位面上での T の微分は，次のように書ける．

$$dT_\theta = \left(\frac{\partial T}{\partial x}\right)_{y,p} dx_\theta + \left(\frac{\partial T}{\partial y}\right)_{x,p} dy_\theta + \left(\frac{\partial T}{\partial p}\right)_{x,y} dp_\theta \qquad (9.14)$$

これより，次式が得られる．

$$\left(\frac{dT}{dx}\right)_\theta = \left(\frac{\partial T}{\partial x}\right)_\theta = \left(\frac{\partial T}{\partial x}\right)_{y,p} + \left(\frac{\partial T}{\partial p}\right)_{x,y} \left(\frac{dp}{dx}\right)_\theta \qquad (9.15\text{a})$$

および

$$\left(\frac{dT}{dy}\right)_\theta = \left(\frac{\partial T}{\partial y}\right)_\theta = \left(\frac{\partial T}{\partial y}\right)_{x,p} + \left(\frac{\partial T}{\partial p}\right)_{x,y} \left(\frac{dp}{dy}\right)_\theta \qquad (9.15\text{b})$$

式 (9.13) の右辺に式 (9.15) を代入すると，次式が得られる．

$$\frac{1}{c_p \rho} \left(\frac{dp}{dx}\right)_\theta = \left(\frac{\partial T}{\partial x}\right)_{y,p} + \left(\frac{\partial T}{\partial p}\right)_{x,y} \left(\frac{dp}{dx}\right)_\theta \qquad (9.16\text{a})$$

$$\frac{1}{c_p \rho} \left(\frac{dp}{dy}\right)_\theta = \left(\frac{\partial T}{\partial y}\right)_{x,p} + \left(\frac{\partial T}{\partial p}\right)_{x,y} \left(\frac{dp}{dy}\right)_\theta \qquad (9.16\text{b})$$

これらの式を解くと，次式が得られる．

$$\left(\frac{dp}{dx}\right)_\theta = \left(\frac{\partial T}{\partial x}\right)_{y,p} \bigg/ \left[\frac{1}{c_p \rho} - \left(\frac{\partial T}{\partial p}\right)_{x,y}\right] \qquad (9.17\text{a})$$

$$\left(\frac{dp}{dy}\right)_\theta = \left(\frac{\partial T}{\partial y}\right)_{x,p} \bigg/ \left[\frac{1}{c_p \rho} - \left(\frac{\partial T}{\partial p}\right)_{x,y}\right] \qquad (9.17\text{b})$$

ここで，ポアソンの式の両辺を $-\partial/\partial p$ で偏微分すると，次式が得られる．

9.4 渦位に及ぼす非断熱加熱の効果

$$-\frac{T}{\theta}\frac{\partial \theta}{\partial p} = \frac{1}{c_p \rho} - \left(\frac{\partial T}{\partial p}\right)_{x,y}$$

同様に，等圧面上での温位の x と y の偏微分は，次のようになる．

$$\frac{T}{\theta}\left(\frac{\partial \theta}{\partial x}\right)_p = \left(\frac{\partial T}{\partial x}\right)_p \quad \text{および} \quad \frac{T}{\theta}\left(\frac{\partial \theta}{\partial y}\right)_p = \left(\frac{\partial T}{\partial y}\right)_p$$

これらの式を式 (9.17) に代入すると，次式が得られる．

$$\left(\frac{dp}{dx}\right)_\theta = -\frac{\partial \theta}{\partial x}\bigg/\frac{\partial \theta}{\partial p} \tag{9.18a}$$

および

$$\left(\frac{dp}{dy}\right)_\theta = -\frac{\partial \theta}{\partial y}\bigg/\frac{\partial \theta}{\partial p} \tag{9.18b}$$

式 (9.12) は次のように書き直すことができる．

$$\left(\frac{\partial v}{\partial x}\right)_\theta = \left(\frac{\partial v}{\partial x}\right)_{y,p} + \left(\frac{\partial v}{\partial p}\right)_{x,y}\left[-\frac{\partial \theta}{\partial x}\bigg/\frac{\partial \theta}{\partial p}\right] \tag{9.19a}$$

$$\left(\frac{\partial u}{\partial y}\right)_\theta = \left(\frac{\partial u}{\partial y}\right)_{x,p} + \left(\frac{\partial u}{\partial p}\right)_{x,y}\left[-\frac{\partial \theta}{\partial y}\bigg/\frac{\partial \theta}{\partial p}\right] \tag{9.19b}$$

式 (9.19a) から式 (9.19b) を引くと，等温位面上での相対渦度として，次式を得る．

$$\zeta_\theta = \left(\frac{\partial v}{\partial x}\right)_\theta - \left(\frac{\partial u}{\partial y}\right)_\theta = \left(\frac{\partial v}{\partial x}\right)_{y,p} - \left(\frac{\partial u}{\partial y}\right)_{x,p}$$
$$+ \left(\frac{\partial v}{\partial p}\right)_{x,y}\left[-\frac{\partial \theta}{\partial x}\bigg/\frac{\partial \theta}{\partial p}\right] - \left(\frac{\partial u}{\partial p}\right)_{x,y}\left[-\frac{\partial \theta}{\partial y}\bigg/\frac{\partial \theta}{\partial p}\right]$$

$\zeta_p = (\partial v/\partial x)_{y,p} - (\partial u/\partial y)_{x,p}$ であることを考慮し，上式の両辺に $-g\partial\theta/\partial p$ を作用させると，次のように書き直すことができる．

$$-g\zeta_\theta \frac{\partial \theta}{\partial p} = -g\frac{\partial \theta}{\partial p}\zeta_p + g\frac{\partial v}{\partial p}\frac{\partial \theta}{\partial x} - g\frac{\partial u}{\partial p}\frac{\partial \theta}{\partial y} \tag{9.20}$$

式 (9.20) の右辺のすべての項は等圧面上で評価されており，右辺全体は気圧座標での相対渦度による渦位を表している．式 (9.20) の両辺に惑星渦度を加えると，渦位をベクトル式で表すことができる（訳注：式の導出は付録 13 参照）．

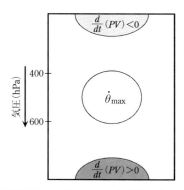

図 9.11 非断熱加熱に伴う渦位のラグランジュ的傾向．$\dot{\theta}_{\max}$ と表示された円は，非断熱加熱の最大箇所である．その上方（下方）の明灰色（暗灰色）の部分は，渦位の消滅（生成）領域である．

$$PV = -g(\zeta_\theta + f)\frac{\partial \theta}{\partial p} = -g(f\hat{k} + \nabla \times \vec{V}_h) \cdot \nabla\theta \tag{9.21}$$

渦位をより一般的に導くことができる．そのような計算により，渦位は3次元的（ω の傾度も含む）になるが，単純な等温位表式と同じ保存の特性を持っている[1]．非断熱加熱による渦位の変化を求める必要があるので，式 (9.21) のラグランジュ的な微分を導出する．

この導出には，式 (9.21) の右辺をすべての成分に展開することが必要となる．気圧座標でのラグランジュ微分演算子，

$$\frac{d}{dt} = \frac{\partial}{\partial t} + u\frac{\partial}{\partial x} + v\frac{\partial}{\partial y} + \omega\frac{\partial}{\partial p}$$

をその成分の式に作用させる．多くの代数的操作を行い，微分の連鎖律を用いると，次式を得る（訳注：問題 9.6 および，その詳細解答を参照）．

$$\frac{d(PV)}{dt} = -g(\vec{\eta}_a \cdot \nabla\dot{\theta}) \tag{9.22}$$

ここで $\vec{\eta}_a$ は，3次元の絶対渦度ベクトルであり，$\dot{\theta}$ は非断熱加熱率である．式 (9.22) の鉛直成分のみを考慮すると，次式を得る．

$$\frac{d}{dt}(PV) \approx -g(\zeta + f)\frac{\partial \dot{\theta}}{\partial p} \tag{9.23}$$

---

[1] 渦位のこのより完全な導出は Ertel (1942) により初めて行われ，しばしば「エルテルの渦位」と呼ばれている．

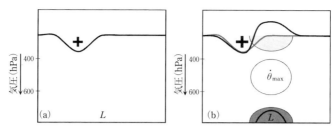

図 9.12 (a) 上部対流圏の正の渦位偏差（＋符号）と地表低気圧の中心（「L」）の間の関係．実線は，渦位の等値線を表す．(b) 渦位偏差の下流域では上昇流があることから，$\dot{\theta}_{\max}$ で表される潜熱放出が生じる．上空の渦位の減少は，初期の偏差の東側に位置する渦位の等値線を変形し，偏差を更に増幅する（より大きな＋符号）．下部対流圏では，渦位が生成され，そのことにより，「L」を囲む太い実線の中心の近くで発達する地上低気圧（渦位の値が高い）が強まる．

この式より，非断熱加熱の鉛直傾度が正（負）のところで，渦位は増加（減少）する．この結果を図 9.11 に模式的に表した．そこでは典型的な温帯低気圧における非断熱加熱が最大になるところは，中部対流圏（400 と 600 hPa の間）であると仮定されている（訳注：上昇運動と水蒸気量との組み合わせにより，しばしばこの高度で非断熱加熱が最大になる）．そのような場合には，渦位の「消滅」が対流圏界面近くで起こるのに対し，その「生成」は下部対流圏で起こることがわかる．このように生成した下層での正の渦位偏差には，（他の正の渦位偏差と同様）低気圧性の循環が伴っており，地上の低気圧に伴う下層の循環を強める．図 9.12 に示したような，発達中の低気圧と関連させて，潜熱放出（図 9.11 で示したような）を考察することで，その渦位の構造に対する効果を，より包括的な視点から理解することができる．

空気の上昇は上層の正の渦位偏差の少し下流側域で最も著しく，そこで潜熱加熱も最大となる（訳注：図 9.6 参照）．前述したように，その加熱により上部対流圏では渦位が減少し，下層では正の渦位偏差が生じる．上部対流圏の渦位のこの減少により，上層の正の渦位偏差の下流側において渦位勾配が強まる．そのような勾配の強化は，「自己発達」に関する記述で述べたように（訳注：8.5 節の説明と図 8.15 参照），上層の気圧の谷とその下流側の気圧の峰との間の波長が短くなることを，渦位で表現したものである．渦位の視点からは，勾配の増加により，上層の渦位偏差は強化されることになる．同時に，下層の正の渦位偏差に伴う低気圧性の循環により，上層と下層の偏差が増幅し，位相固定が強まる結果，低気圧の強化が継続する．さらに，潜熱放出により，そのような領域では静的安定度が一般的には減少し，各偏差の浸透の深さが増加する

(訳注：式 (9.7) より) という効果もある.

9.5 渦位の視点の更なる応用

渦位の分割逆変換（piecewise PV inversion）と呼ばれる渦位の反転性の原理を利用することにより，渦位の視点からの診断的な手法を拡張することができる．この診断の道具を使用することで，典型的な温帯低気圧の発達に関する新たな理解が得られる．この節では，渦位の分割逆変換の性質を吟味し，渦位の視点からいくつかの普遍的な中緯度の現象を考察する．

9.5.1 渦位の分割逆変換とその応用

温帯低気圧の理解のために渦位の観点を適用することの主な目的は，渦位の分割逆変換により，渦位分布の各区分（piece）とそれに対応する大気の流れとの関係を明らかにすることである．渦位の逆変換により，渦位擾乱の各区分が，流れ全体の中のどの部分と直接的な対応関係にあるかを推定することができる．任意の時刻で，ある位置での全渦位擾乱は，次のように定義できる．

$$P' = P - \bar{P} \tag{9.24}$$

ここで，$\bar{P}$ はある位置での渦位の時間平均（または空間平均）であり，P はその位置とある時刻における渦位である．全渦位擾乱（P'）を分割するには多くの方法がある．たとえば，気柱を半分に分け，500 hPa 面より上層の P' を1つの区分と考え，500 hPa 面より下層のすべての P' をもう1つの区分と考えることができる．P' の各区分を逆変換すると，循環，ジオポテンシャル高度，温度，鉛直運動などの物理量において，P' 各区分に対応した部分だけを取り出して推定することができる．

全渦位擾乱をうまく分割したうえで逆変換することで，物理的な理解を深めることができる．たとえば，P' の要素として，上部対流圏の渦位を1つの区分として取り出すことが考えられる．もう1つの区分としては地表の温位偏差に伴う P' が考えられ，さらにもう1つの区分は非断熱的に生成された渦位（前述したように，原理的に分離が相対的に容易）とすることも考えられる．こういった分割のために，等圧面高度や周囲の相対湿度などのパラメーターを

用いることもできる[2].

　数値演算でエルテルの渦位を逆変換することは容易ではない．その方法と分割した渦位の逆変換の詳細は脚注2にある原文献を参照されたい．準地衡渦位を逆変換することは，これに比べかなり容易であるので，その逆変換の概要とその性質を説明する．準地衡渦位の定義式 (9.9d) から，準地衡渦位の擾乱は次式で表される．

$$P'_g = \frac{1}{f_0}\nabla^2 \phi' + f + f_0 \frac{\partial}{\partial p}\left(\frac{1}{\sigma}\frac{\partial \phi'}{\partial p}\right) \tag{9.25}$$

ここで，ϕ' は擾乱のジオポテンシャルであり，

$$\sigma = \frac{\alpha}{\Theta}\frac{d\Theta}{dp}$$

である．Θ は各等圧面における θ の領域平均値である（訳注：よって気圧のみの関数）．P'_g から f を引くことにより，$P^*_g = P'_g - f$ を得る．そして，P^*_g は，次のように，任意の数に分割できる．

$$P^*_g = \sum_{i=1}^{n} P^*_{g_i} \tag{9.26}$$

ここで，$P^*_{g_i}$ は分割された準地衡渦位である（訳注：後述する図9.13の例では，渦位偏差を高度方向に分割しているが，水平方向にも分割する場合がある．さらに，式 (9.25) の項別に分割することもできる）．各 $P^*_{g_i}$ には，それぞれに，ジオポテンシャル高度の擾乱 ϕ'_i が対応する．式 (9.25) から，次式を得る．

$$P^*_{g_i} = l(\phi'_i) \tag{9.27a}$$

ここで，l は線形演算子

$$l = \left[\frac{1}{f_0}\nabla^2 + f_0 \frac{\partial}{\partial p}\left(\frac{1}{\sigma}\frac{\partial}{\partial p}\right)\right] \tag{9.27b}$$

である．各 ϕ'_i は，式 (9.27a) の逆変換により，次のように表される．

$$\phi'_i = l^{-1}(P^*_{g_i}) \tag{9.27c}$$

---

[2] 全（エルテルの）渦位を効率的に逆変換する手法は，Davis and Emanuel (1991) により開発された．その手法を用いて，ある基準に基づいて各区分に分割されたエルテルの渦位を逆変換することは，たとえば，Korner and Martin (2000) により行われた．

準地衡オメガ方程式の場合と同様，式 (9.27c) による準地衡渦位の逆変換は，適切な境界条件のもとに逐次過緩和法を実行することにより行うことができる．エルテルの渦位擾乱をジオポテンシャルの擾乱に関係づける演算子はこれほど簡単ではないため，その逆変換は容易ではないが，逆変換の性質は準地衡のものと同じである．

基礎的な状態変数からの視点とは異なり，渦位からの視点では非断熱的過程が明確に示されている（訳注：非断熱加熱とそれに伴う PV の時間変化が，式 (9.23) で直接的に結びつけられている）．そのため，中緯度大気力学における渦位の多くの応用ではその利点が用いられている．既に議論したように，典型的な温帯低気圧に伴う雲と降水の分布は，前線帯付近の等温位面を横切るような（transverse）上昇流と等温位面に沿うような（shearwise）より大規模な上昇流（これはコンマ形の雲域の頭部（cloud head）を形成する）により生じる（訳注：付録 7 参照）．全体として，これらの上昇運動に伴う雲と降水の生成により，下部対流圏において大きな渦位が生じる．自然に湧いてくる疑問は，非断熱的に生じる下部対流圏の渦位が，低気圧に伴う循環のどの部分に影響を及ぼしているかである．渦位の分割逆変換を用いた研究により，この問題が調べられてきた．図 9.13 は，これらの多くの研究のうちの 1 つの研究結果である．北部中央太平洋で時間発展する低気圧において，ある時刻での 950 hPa ジオポテンシャル高度の全擾乱を図 9.13(a) に示した．この時刻において，上部対流圏の渦位（図 9.13(b)），非断熱的に生成された渦位（図 9.13(c)），および下層の暖気偏差（図 9.13(d)）が，この低気圧に伴うジオポテンシャルの極小値に対して，ほぼ同程度に寄与していることがわかる．他の同様の研究によれば，非断熱的に生じる渦位は，強い温帯低気圧における全循環の 50% 近くも寄与しうると推定されている．

また，図 9.14 に示されるように，前線帯の下部対流圏には，非断熱的に生成される渦位が存在する[3]．寒冷前線の降水は，しばしば，前線に平行に，狭い帯状に分布している（図 9.14(a)）．この降水による潜熱放出により，同様な配置をした渦位の高い帯状の領域が下部対流圏で生じる（図 9.14(b)）．この下部対流圏の渦位に伴う循環は，前線帯を横切っての低気圧性シアーを強め，寒冷前線に伴う下層ジェット（low level jet；LLJ）を大いに強化する．

---

[3] 寒冷前線に伴う非断熱的に生成される渦位は，Lackmann (2002) により調べられている．

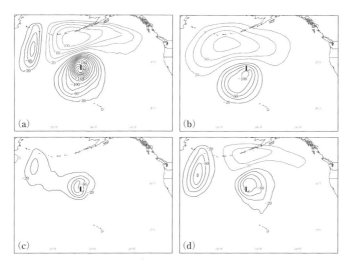

図 **9.13** (a) 1986 年 11 月 6 日 0000 UTC における 950 hPa のジオポテンシャル高度の擾乱．黒（灰）色の線は，負（正）の高度の擾乱で，20 m ごとに等高線が描かれている．「L」は，その時刻の 950 hPa のジオポテンシャル高度の極小値の位置を示す．(b) ジオポテンシャル高度の全擾乱に対する，上部対流圏の渦位偏差の寄与．等高線の間隔および単位は (a) と同じ．(c) ジオポテンシャル高度の全擾乱に対する，非断熱加熱の寄与．ジオポテンシャル高度の擾乱の等高線の間隔および単位は (a) と同じ．(d) ジオポテンシャル高度の全擾乱に対する，地表近くの渦位偏差の寄与．ジオポテンシャル高度の擾乱の等高線の間隔および単位は (a) と同じ．

この強化された下層ジェットにより，低気圧の暖域への水蒸気輸送が増加する．この増加により，非断熱的な効果が強まって雲と降水の生成が促進されることで，低気圧が強化される（訳注：降水に伴う非断熱加熱により，下層で渦位が生成されることは図 9.11 に関連して説明されている．次に，8.4 節の本文と訳注で述べたように，前線を横切る方向の $\vec{Q}_n$ ベクトルにより前線を横切る循環（上昇流も）が発達し，図 9.14(a) に示されたように前線方向に伸びた雲と降水の帯が形成される．寒冷前線に沿った降水（潜熱放出）により帯状に生成される渦位の重ね合わせが，図 9.14(b) の矢印で示した低気圧性の流れである．帯状に並んだ渦位の重ね合わせの効果は図 9.19(a) とその説明を参照のこと．この雲の帯はコンマ状の雲の尾部（たとえば図 9.16(a) に描かれている，寒冷前線に沿った雲のこと）に相当する）．

9.5.2 閉塞に関する渦位の視点

温帯低気圧の一生において渦位の視点が多く適用できるが，閉塞する低気

310　第9章　渦位と中緯度気象システムへの応用

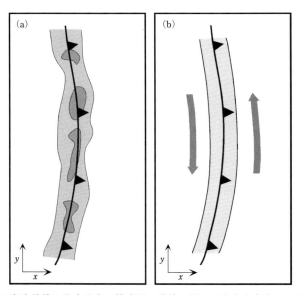

図 9.14　(a) 寒冷前線の降水分布の模式図．前線に沿った降水を表すレーダーエコーを影で表した．(b) 灰色の影は，寒冷前線の降水に伴う非断熱加熱を通して生成された細い，下部対流圏の正の渦位偏差の領域．太い矢印は，非断熱的に生成された渦位に伴う下層での低気圧性の流れを表す（訳注：ここで示されたような寒冷前線と低気圧，および温暖前線との位置関係は図 8.1(c)，図 9.16(a) を参照）．

圧の時間変化との関係づけが，最も有効である．閉塞低気圧の発達に際し，音譜で使われる「ト音記号 (treble clef)」[4] に似た形 (以降，「ト音記号型」と呼ぶ) の特徴的な上部対流圏の渦位分布がときどき生じることが知られている．図 9.15(a) に示されるように，ト音記号型の渦位分布では低緯度側に孤立した高渦位があるといったことが特徴的で，それは高渦位の細いフィラメントにより，高緯度側のより広大な高渦位領域（訳注：極渦）に結びついている．既に述べたように，温度風（または傾度風）平衡にある大気において，上部対流圏の高渦位領域は相対的に寒冷な気柱の上端に位置し，上部対流圏の渦位の極小領域は相対的に温暖な気柱の上端に位置している（訳注：図 9.4 とその説明を参照．また，渦度の最大はジオポテンシャルの最小に対応する（付録 1）ことと，層厚は気柱の平均温度に比例する（式 (3.6)）ことからも理解できる）．図 9.15(b) に，典

---
[4] 対流圏界面高度の渦位と対流圏の熱的構造の間の関係については，Martin (1998a) で詳細に議論されている．

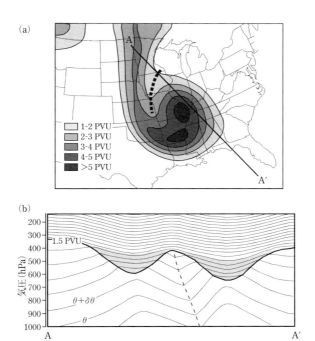

図 **9.15** (a) 本文で述べられたト音記号型の上部対流圏渦位構造の模式図. 実線は等圧面での渦位の等値線であり, PVU ($1\ \mathrm{PVU} = 10^{-6}\ \mathrm{m^2\,K\,kg^{-1}\,s^{-1}}$) の単位で等値線が描かれ, 影がつけられている. 太い破線は, 本文に記述される渦位の「V字形の切れ目」を示している. (b) 上部対流圏の渦位に見られるト音記号型の構造付近の温位 (θ) の断面図. 破線の軸は, 対流圏における傾いた暖気の軸 (閉塞低気圧の特徴) を示す.

型的な温暖閉塞の温度構造を示した. これは, 特徴的な対流圏の温度構造を示しており, 上層において異なった強さの2つの正渦位偏差が水平に並び, それらは渦位の極小領域 (図 9.15(a) における A-A′ 線上の断面図における) により分離されている. したがって, 上部対流圏にト音記号型の渦位構造がある場合には, その下の対流圏で温暖閉塞の温度構造が必ず存在することになる. このト音記号型渦位分布の形成は, 図 9.15(a) で強調されている低渦位ノッチ ('notch'「V字形の切れ目」) の発達に依存する. 一方, このノッチの発達は, 低気圧の閉塞象限において非断熱加熱 (潜熱放出に起因する) による対流圏界面付近での渦位減少 (erosion) による[5]. この過程を図 9.16 において模式的

---

[5]この議論の詳細については, Posselt and Martin (2004) による研究を参照.

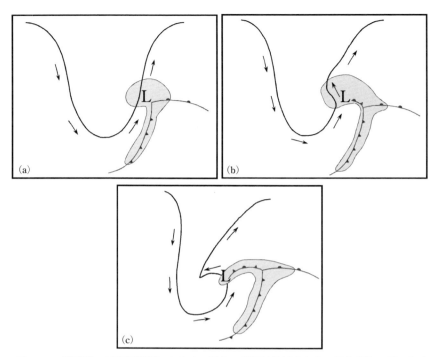

図 **9.16** 閉塞時の対流圏界面における，渦位の非断熱的減少と負の渦位移流の間の相乗作用を説明する模式図．灰色の部分は，低気圧に伴う非断熱加熱による対流圏界面の渦位の減少を表し，低気圧の地表の位置を「L」により示す．伝統的な地表の前線記号は，地表での前線の位置を示している．太い実線は対流圏界面における，$PV = 2\,\mathrm{PVU}$ の等値線を表す．矢印は上部対流圏の渦位の構造に伴う，対流圏界面高度での流れを表す．(a) 閉塞前の段階 (open wave stage)．加熱は寒冷前線に沿い発達する地上低気圧の付近に集中している．(b) 閉塞の開始．低気圧の北西象限において非断熱的な上層の渦位の減少 (erosion) が続くことで，地上低気圧の北西部の上部対流圏の等渦位線が変形を被り，対流圏界面高度での流れもまたその近くで変形される．(c) 十分に閉塞した段階．低気圧は，地表の暖域の頂点から遠くに離れた位置にある．加熱領域は上部対流圏の低渦位ノッチから遠くに離れた位置にある．対流圏界面高度での流れにより，上部対流圏における負の渦位移流が生じ，ノッチが強化される（訳注：地上低気圧 L の上空で非断熱加熱率の最大高度より上の上部対流圏では，式 (9.23) により，負の渦位生成があるため，負の渦位が移流する）．

に示した．

図 9.16(a) で示したように，低気圧の一生で閉塞前の段階 (open wave stage) では，SLP 極小付近（上部対流圏の正の渦位偏差のやや下流側に位置する）で大きな上昇流が生じる．水蒸気が十分にあるとき，この上昇運動

により雲と降水が生じ，それに伴う潜熱放出により，上部対流圏の渦位が，式 (9.23) に従って減少する．こうして上部対流圏において渦位が非断熱的に持続的に減少するために，上部対流圏の渦位構造にノッチが形成される（図 9.16(b)）．このノッチの形成は，上流側から気圧の峰（訳注：低渦位域）が東方に進行することと相まって，上部対流圏の高渦位域を低緯度へと孤立させる．さらにその後，この構造に伴う循環がもたらす負の渦位移流を通じて発達中のノッチの渦位がさらに減少し，低緯度側への高渦位域の孤立がさらに進行し，この領域が切り離されるようになる（図 9.16(c)）．ノッチにおける局所的な上部対流圏の渦位極小域が発達することに呼応して，その下層では，孤立した暖かく弱い成層の気柱が同時に形成される（訳注：図 9.4 では上部対流圏で正の渦位偏差を考えているが，今の場合は負の偏差があることを考えているので，その直下に鉛直温度勾配が緩やかな暖気があるということになる．前の訳注にあるように，渦度とジオポテンシャルとの関係からも同じ結果になる）．この気柱は地表付近で極側に張り出した温度の峰を起点にし，極向きおよび西向きに傾き，その軸は温暖閉塞の本質的な構造的特徴であるトロワルと同一のものである（訳注：図 9.15(b) の破線 A-A'（北西から南東に向けた）の鉛直断面内で，暖気の軸が北西の A 側に傾いている）．

9.5.3 山脈の風下での低気圧発生に関する渦位の視点

渦位の視点のもう 1 つの応用として，北アメリカのロッキー山脈の風下側などで起こる地形性の低気圧形成を考える．北アメリカの低気圧発生がよく起こる領域の 1 つは，コロラド州（米国）とアルバータ州（カナダ）のロッキー山脈の風下側である（図 9.17）．図 9.18(a) に示されるように，西寄りの気流は，障壁となる山脈を越えた後に下降し，それが対流圏中層の θ を下向きに移流する．したがって，下部対流圏では風下側で空気が暖められ，南北方向に延びる温暖な気圧の谷の軸を作る．高 θ の下向き移流により，山脈直上の高度において隣接していた等温位面の間隔が風下側で増加し（図 9.18(b)），$-\partial\theta/\partial p$ が減少する．したがって，積 $-g(\zeta_\theta + f)\partial\theta/\partial p$ が保存されるためには，ζ_θ が増加する必要がある．結果として，風下側の温暖な気圧の谷の軸に沿って，下部対流圏で低気圧性渦度が極大となる．南北方向に連なる山脈の風下側において低気圧の発生が最大になるのは，中緯度域では西風が支配的であり，風下側での下降運動に伴い，渦位の保存則から ζ_θ が増加することによる．

314　第9章　渦位と中緯度気象システムへの応用

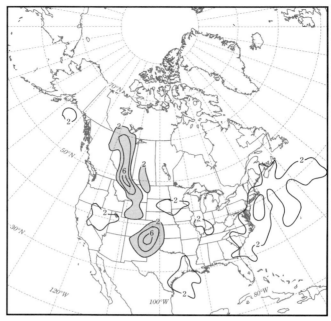

図 **9.17**　1950年から1977年までの1月における低気圧発生の頻度の地域的な分布．灰色の影を付した領域は，ロッキー山脈東方の風下側での低気圧発生地域を表す．Zishka and Smith (1980) を基に作成．

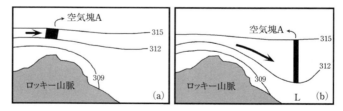

図 **9.18**　(a) ロッキー山脈にあたる西からの流れ（太い矢印）．空気塊 A は，312 K と 315 K の等温位面の間に閉じ込められている．(b) 流れが，空気塊 A をロッキーの峰を越えて押すので，312 K 等温位面は，地表の方へ強制的に動き，空気塊は鉛直方向に引き伸ばされる．地表の低気圧の中心（「L」）は，渦位の保存則により発達する．

9.5 渦位の視点の更なる応用　315

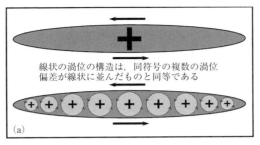

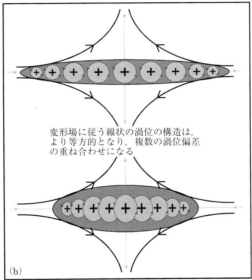

図 9.19　(a) 線状の正の渦位偏差は，個々の正の渦位偏差が線状に並んだものと考えることができる．並んでいる円（明るい灰色の部分）は，線状構造を構成する個々の渦位偏差を表すのに対し，暗い灰色の部分は，線状の渦位の構造を表す．(b) 線状の渦位の構造に及ぼす変形場の効果．線状の渦位構造の長軸が，変形場の収縮軸とほぼ一致するとき，個々の渦位偏差は重ね合わされ，低気圧性の循環が強まる．

9.5.4　渦位の重ね合わせと減衰の効果

　渦位偏差に伴い生じる循環はその偏差の分布形態に大きく影響される．たとえば，図 9.19(a) に示されるように，正渦位の線状フィラメントは，低気圧性の循環を持った複数の正渦位偏差のつながったものと考えることができる．これらの循環が線状に並ぶと，隣り合った循環の間で打ち消しが起こり，線状

の低気圧性のシアーが生じることになる（訳注：図 9.14(b) の矢印はこれに相当する）．

　上部対流圏に線状の構造を持った渦位があると，それに伴う下部対流圏の循環もまた，線状シアーの形をとることになる．しかし，こうした様相が地上低気圧の原型になる確率は，特に高いわけではない．一方，背景場の風による変形の影響によって，渦位擾乱がより等方的になるということが，多くの研究によって示されている．図 9.19(b) に示されるように，背景風による変形の膨張軸が，渦位偏差の長軸に対し十分大きな角度（90° が最適）を持つ場合，渦位偏差は時間とともに円形になる．このようにして生じる円形の渦位分布では，図 9.19(a) の線状に分布する正渦位偏差の集団が互いに重ね合わせられるということになる．この渦位の各要素は，それ自身の循環とジオポテンシャル高度場の偏差を保つので，個々の偏差を重ね合わせることで循環の極大値が増大し，ジオポテンシャルの極小値が更に小さくなり，それらの領域はより等方的になる．渦位偏差がより等方的になるとき，渦位偏差に伴う循環の擾乱とジオポテンシャルの高度偏差が強まるが，これは，**重ね合わせの原理**と呼ばれる．

　逆に，背景風による変形により，渦位擾乱の非等方性が促進されることも起こりうる（図 9.20）．渦位偏差の分布がより非等方的になるとき，それに伴う循環やジオポテンシャル高度偏差は弱まる．渦位重ね合わせの逆であるこの過程は**渦位減衰**と呼ばれ，低気圧減衰が特に急激な場合でも，地上での低気圧減衰に重要な影響を与えることが示されてきた．したがって，総観規模の短波に伴う上部対流圏渦位偏差が減衰されるような（たとえば，薄くしたり，引き伸ばしたりする）大規模場において，地上低気圧の減衰が起こると考えられる（訳注：図 9.20 下図に示したような形状の渦位が前線に沿った降水に伴う非断熱加熱により生じることは，前の訳注で述べた．図 9.20 下図にあるような前線における変形場は，渦位の延びた構造を維持する作用がある．しかし，この変形場が弱くなると，図 9.20 上図にあるようなより等方的な構造になり，下部対流圏で局所的に渦位が強まる．この過程は上部対流圏での渦位の偏差の存在に依存しないためペターセン（Petterssen）の A 型の低気圧発生機構と整合的である（章末問題 9.11））．

　この短い概観から示唆されることは，低気圧のライフサイクルに関する渦位の視点から，その過程に対するまったく新しい洞察が得られるというよりは，むしろ別の視点からの洞察が得られるということである．たとえば，低気圧発生が起きるためには，地表傾圧帯の上空を擾乱が移動することが，この渦位の視点からも必要である．低気圧発達に関する準地衡力学の視点からの渦度移流

9.5 渦位の視点の更なる応用　317

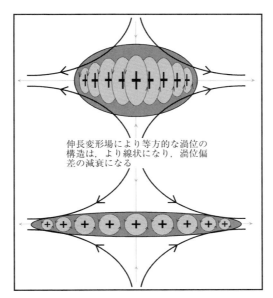

図 9.20 渦位減衰を説明する模式図．正の渦位偏差は，変形場に従うので，個々の渦位偏差からなる線状の連なりに引き伸ばされ，循環が弱まる．そのような過程は，渦位減衰と呼ばれる．

のすべての考察は渦位の観点から再解釈でき，その逆も成り立つ．渦位の明らかな有用性は，低気圧発達およびその特徴的な熱的構造に対する潜熱放出効果を明確に説明できることである．低気圧の問題に対する準地衡オメガ方程式を中心とする見方では，この効果を容易に取り出すことができない．明らかに，中緯度の気象力学におけるすべての問題を単一の視点だけから解析することはできない．日常生活で家財道具を修理する場合には，仕事の種類に応じて異なる道具が必要になるのと同様に，準地衡的な見方と渦位の見方を，自然を調べるための異なった補完的な道具であると見なすのが最も有効である．人間は，共通の経験を記述するため，たくさんの異なる言語を発達させてきた．しかし，これらのうち，特定の言語が他のものに比べ，表現が優れているということはない．これと同様に，本書で中緯度大気力学を調べるために，2 つの「言語」，即ち，基礎状態変数と渦位の「言語」を用いてきた．2 つの「言語」を相補的に用いることにより，温帯低気圧がどのようにして生じるかといったことや，そのライフサイクルにおける変化の魅惑的で重要な様相を記述することができたのである．

参考文献

Hoskins, *et al.* (1985) では，温帯低気圧の診断と予報におけるエルテルの渦位の理論と使用の包括的な概観が示されている．

Ertel (1942) は，渦位の重要な文献である（原著は独語だが英語に翻訳されている）．

Eliassen and Kleinschmidt, *Dynamic Meteorology* では，渦位の視点から，低気圧ライフサイクルが議論されている．

Davis and Emanuel (1991) では，区分分割された渦位の逆変換法が開発されている．この計算法は，中緯度大気力学の診断的な研究において，広範に使用されている．

Nielsen-Gammon and Lefevre (1996) では，準地衡渦位の逆変換により，様々な物理的な過程に伴うジオポテンシャル高度傾向を識別する計算法の開発が記述されている．

Stoelinga (1996) では，温帯低気圧のライフサイクルにおける渦位の発生源と消失源が調べられている．

Hoskins and Berrisford (1988) では，渦位の視点から，1987 年の Great October Storm の様相が診断されている．

Morgan and Nielsen-Gammon (1998) では，温帯低気圧の診断における，動的な対流圏界面上での温位の天気図（対流圏界面の天気図）の利用が議論されている．

問題

9.1. (a) 図 9.1A に示されるように，北半球の上部対流圏で，負の渦位偏差が，東西方向の地衡風の鉛直シアーに導入されるとする．そのような渦位偏差の特徴的な温度構造に基づき，この状況設定に伴う鉛直運動の分布を求めよ．

(b) (a) と整合的な鉛直運動の分布が，準地衡オメガ方程式の視点から診断されることを示せ．

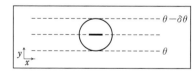

図 9.1A

9.2. f 平面上の地衡風の流れに対し，ジオポテンシャル高度の変化は，準地衡渦位の流束の発散によって支配されることを示せ．

9.3. 高気圧生成の過程とそれに伴う鉛直運動の分布を記述する模式図を，図 9.10 に似せて作成せよ．

(a) この場合，相互増幅の概念は成り立つか．

(b) 相互の増幅を強めるより，むしろ制限するような特別なことが高気圧生成に存在するか．

(c) 1013 hPa を SLP の基準にしたとき，低気圧での気圧低下が，高気圧での気圧上昇に比べて大きい物理的な理由を，(b) の答えに基づいて述べよ．

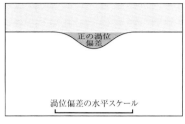

図 9.2A

9.4. 図 9.2A は，上部対流圏の渦位偏差を含む鉛直断面図を示す．渦位偏差の水平スケールは，渦度偏差の大きさに，どの程度影響するか．偏差は軸対称であると仮定せよ．

9.5. 気圧座標での渦位の式 $PV = g(-f\hat{k} - \nabla \times \vec{V}_h) \cdot \nabla\theta$ を用いて，静的に安定で，完全に帯状で，傾圧的な大気の流れにおける渦位の式を作れ．
(a) 渦位に対する傾圧の基礎状態の寄与を記述せよ．
(b) どのような条件下で，この乾燥大気は対称不安定を示すか．
(c) このことは，大規模な斜行運動に必要な条件について，何を示唆するか（傾圧不安定に伴う条件のようなものとして）．

9.6. 式 (9.21) から次式を証明せよ．
$$\frac{d(PV)}{dt} = -g(\vec{\eta}_a \cdot \nabla\dot\theta)$$

ここで，
$$\frac{d}{dt} = \frac{\partial}{\partial t} + u\frac{\partial}{\partial x} + v\frac{\partial}{\partial y} + \omega\frac{\partial}{\partial p}$$

9.7. (a) 図 9.3A は発達する低気圧の鉛直断面図である．最大の潜熱放出が，約 500 hPa で起こる場合，非断熱過程で変化した 2 PVU 面（ある時間後の）を描け．その画について説明せよ．

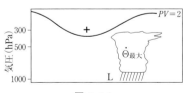

図 9.3A

(b) (a) の答えに基づき，熱帯低気圧が中緯度へ移動し，温帯低気圧として発達する場合，その発達に及ぼす移動の効果に関して推察せよ．そのような移動が，中緯度の気象システムに与える力学的影響および熱力学的影響を考察せよ．

9.8. 温度風平衡にある大気において，正の渦位偏差は，正の静的安定度偏差としての

320　第9章　渦位と中緯度気象システムへの応用

み現れるわけではないことを示せ．
9.9. 渦位偏差の擾乱は，時間平均からの偏差としても定義される．
(a) そのような場合，渦位の擾乱の局所的変化率は，4つの異なる物理過程に起因することを示せ．
(b) これらの過程を記述せよ．
(c) 4つの過程うち，どの2つが，最大の大きさになりうるか推定せよ．その答えを説明せよ．
9.10. 発達する低気圧における雲と降水の特徴的な分布を考えることにより，次の各項目に対する潜熱放出効果を記述せよ．
(a) 上部対流圏および下部対流圏での渦位の分布
(b) 下部対流圏の渦度
(c) 下部対流圏での静的安定度
(d) 図9.10（低気圧発生の渦位の見方）に描かれた，上層および下層の渦位偏差の相互作用および増幅の効果が，どのように潜熱放出により影響されるかを記述せよ．
(e) (d) で概観された見方の要素と，Sutcliffe and Forsdyke (1950) の古典的な自己発展理論を構成する物理要素が，同等であることを説明せよ．
9.11. 図9.4Aは，前線形成が活発な地表の寒冷前線に沿った降水による非断熱加熱に伴い生成される下部対流圏の正の渦位を示す．

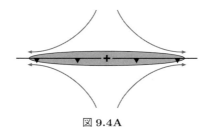

図 9.4A

地表の前線が，全体の変形場の伸張の軸であると考える．
(a) この引き伸ばされた正の渦位偏差を表す別の方法を述べよ．
(b) 渦位の重ね合わせの概念に関して，前線生成を起こす変形が，時間とともに弱まるならば，何が起こるか述べよ．
(c) (b) で記述した状況は，Petterssen の A 型の低気圧発生の事象に伴うものか．説明せよ．

解答
9.4. 水平スケールが増加するにつれ，渦度の大きさは減少する．
9.5. $PV = -g\dfrac{\partial u}{\partial p}\dfrac{\partial \theta}{\partial y} - g\left(f - \dfrac{\partial u}{\partial y}\right)\dfrac{\partial \theta}{\partial p}$

付録 A　仮温度

　空気中に含まれる水蒸気量は変動する．この変動する成分は，その分子量（$18\,\mathrm{g\,mol^{-1}}$）が見かけの分子量が $28.97\,\mathrm{g\,mol^{-1}}$ である乾燥空気の分子量よりも小さいため，空気密度を減少させる．したがって，湿潤空気 $1\,\mathrm{kg}$ の気体定数は乾燥空気の気体定数より大きい．このため理想気体の法則を適用するには，水蒸気量に依存する気体定数を使用することが必要となる．別の方法として，仮温度を用いて乾燥空気に対する気体定数を使用することができる．

　体積 V で温度 T の湿潤空気の全圧が P とする．この湿潤空気は，質量 m_d の乾燥空気と質量 m_v の水蒸気を含んでいるとする．そのような場合，湿潤空気の密度は次式で与えられる．

$$\rho = \frac{m_d + m_v}{V} = \rho'_d + \rho'_v \tag{A1}$$

ここで，ρ'_d と ρ'_v は乾燥空気と水蒸気のそれぞれの密度である．理想気体の法則を水蒸気および乾燥空気のそれぞれに適用し，次式を得る．

$$e = R_v \rho'_v T \tag{A2}$$

および

$$p'_d = R_d \rho'_d T \tag{A3}$$

ここで，e および p'_d はそれぞれ水蒸気および乾燥空気の分圧であり，R_v と R_d は水蒸気および乾燥空気の気体定数である．

　ドルトンの分圧の法則より次式を得る．

$$P = p'_d + e \tag{A4}$$

式 (A2)，(A3)，(A4) を組み合わせると，密度に対する別の式が得られる．

$$\rho = \frac{P - e}{R_d T} + \frac{e}{R_v T} \tag{A5}$$

または，

$$\rho = \frac{P}{R_d T}\left[1 - \frac{e}{P}(1 - \varepsilon)\right] \tag{A6}$$

付録 A 仮温度

ここで，ε は気体定数の比であり，水蒸気の分子量と乾燥空気の分子量の比（$\varepsilon = M_w/M_d = 18/28.97 = 0.622$）と同等である．

式 (A6) は，次のように書き直すことができる．

$$P = R_d \rho T_v \tag{A7}$$

ここで，

$$T_v = \frac{T}{1 - (e/P)(1-\varepsilon)} \tag{A8}$$

であり，これは**仮温度**として知られる．物理的には，仮温度は乾燥空気の圧力と密度が，温度 T の湿潤空気の圧力と密度に等しくなるような乾燥空気の温度である．

仮温度の式は，ドルトンの法則を再度考えることで簡単になる．混合気体を構成する各成分の分圧は，それぞれの成分のキロモル（kilomoles）の割合に等しい．したがって，蒸気圧 e は次式により与えられる．

$$e = \left(\frac{m_v/M_w}{m_d/M_d + m_v/M_w} \right) P$$

または

$$e = \left(\frac{m_v M_w M_d}{M_w^2 m_d + m_v M_w M_d} \right) P = \left[\frac{(m_v/m_d) M_w M_d}{M_w^2 + (m_v/m_d) M_w M_d} \right] P \tag{A9}$$

定義により，m_v/m_d は混合気体中での水蒸気混合比（w）である．

したがって，式 (A9) は次のように表される．

$$e = \left(\frac{w}{\varepsilon + w} \right) P \tag{A10}$$

式 (A10) を式 (A8) に代入すると，次式を得る．

$$T_v = \frac{T}{1 - [w/(\varepsilon + w)](1-\varepsilon)} = T \left(\frac{w + \varepsilon}{\varepsilon w + \varepsilon} \right) \tag{A11}$$

この割り算を実行し，w^2 のオーダーの項を無視することにより更に簡単になる．その結果，最終的な式を得る．

$$T_v = T(1 + 0.61 w) \tag{A12}$$

ここで，w は，$\mathrm{kg\,kg^{-1}}$ の単位で表される．w が大きな場合でも，仮温度は実際の空気温度より，約 1% 大きいだけである．

参考文献

Acheson, D. J., 1990: *Elementary Fluid Dynamics*, Oxford University Press, New York.

Bennetts, D. A., and B. J. Hoskins, 1979: Conditional symmetric instability—a possible explanation for frontal rainbands, *Quart. J. Roy. Meteorol. Soc.*, 105, 945-962.

Bergeron, T., 1928: Über die dreidimensional verknüpfende Wetteranalyse I, *Geofys. Publ.*, 5, 1-111.

Bjerknes, J., and H. Solberg, 1922: Life cycle of cyclones and the polar front theory of atmospheric circulation, *Geofys. Publ.*, 3(1), 1-18.

Bleck, R., 1973: Numerical forecasting experiments based on conservation of potential vorticity on isentropic surfaces, *J. Appl. Meteorol.*, 12, 737-752.

Bluestein, H., 1992: *Synoptic-Dynamic Meteorology in Midlatitudes, Volume I*, Oxford University Press, New York.

Bluestein, H., 1993: *Synoptic-Dynamic Meteorology in Midlatitudes, Volume. II*, Oxford University Press, New York.

Bretherton, F. P., 1966: Baroclinic instability and the short wavelength cutoff in terms of potential vorticity, *Quart. J. Roy. Meteorol. Soc.*, 92, 335-345.

Brown, R. A., 1991: *Fluid Mechanics of the Atmosphere*, Academic Press, Orlando, FL.

Cammas, J.-P., D. Keyser, G. M. Lackmann, and J. Molinari, 1994: Diabatic redistribution of potential vorticity accompanying the development of an outflow jet within a strong extratropical cyclone. Preprints, *Int. Symp. On the Life Cycles of Extratropical Cyclones, Volume. II*, Bergen, Norway, Geophysical Institute, University of Bergen, 403-409.

Carlson, T. N., 1991: *Mid-Latitude Weather Systems*, Routledge, New York.

Crocker, A. M., W. L. Godson, and C. M. Penner, 1947: Frontal contour charts, *J. Meteorol.*, 4, 95-99.

Danielsen, E. F., 1964: Project Springfield report. DASA 1517, Defense Atomic Support Agency, Washington, DC. [NTIS AD-607980]

Davis, C. A., 1997: The modification of baroclinic waves by the Rocky Mountains, *J. Atmos. Sci.*, 54, 848-868.

Davis, C., and K. A. Emanuel, 1991: Potential vorticity diagnostics of cyclogenesis, *Mon. Weather Rev.*, 119, 1929-1953.

Eliassen, A., 1962: On the vertical circulation in frontal zones, *Geofys. Publ.*, 24, 147-160.

Eliassen, A., 1984: Geostrophy. *Quart. J. Roy. Meteorol. Soc.*, 110, 1-12.

Eliassen, A., and E. Kleinschmidt, 1957: Dynamic meteorology, in *Handbuch der Physik*. Vol. 48, 1-154. Springer-Verlag, Berlin.

Emanuel, K. A., 1979: Lagrangian parcel dynamics of moist symmetric stability, *J. Atmos. Sci.*, 36, 2368-2376.

Ertel, H., 1942: Ein neuer hydrodynamischer Wirbelsatz, *Meteor. Z.*, 59, 271-281.

Galloway, J. L., 1958: The three-front model: its philosophy, nature, construction and use, *Weather*, 13, 3-10.

Galloway, J. L., 1958: The three-frontal model: its philosophy, nature, construction and use. *Weather*, 13, 3-10.

Galloway, J. L., 1960: The three-front model, the developing depression and the occluding process, *Weather*, 15, 293-301.

Godson, W. L., 1951: Synoptic properties of frontal surfaces, *Quart. J. Roy. Meteorol. Soc.*, 77, 633-653.

Halliday, D., and R. Resnick, 1981: *Fundamentals of Physics* (2nd Edn), John Wiley & Sons, Inc., New York.

Hess, S. L., 1959. *Introduction to Theoretical Meteorology*, Holt, New York.

Holton, J. R., 1992: *An Introduction to Dynamic Meteorology* (3rd Edn), Academic Press, New York.

Hoskins, B. J., and P. Berrisford, 1988: A potential vorticity perspective of the storm of 15-16 October 1987, *Weather*, 43, 122-129.

Hoskins, B. J., and F. P. Bretherton, 1972: Atmospheric frontogenesis models: mathematical formulation and solution, *J. Atmos. Sci.*, 29, 11-37.

Hoskins, B. J., and M.A. Pedder, 1980: The diagnosis of mid-latitude synoptic development, *Quart. J. Roy. Meteorol. Soc.*, 106, 707-719.

Hoskins, B. J., I. Draghici, and H. C. Davies, 1978: A new look at the ω-equation, *Quart. J. Roy. Meteorol. Soc.*, 104, 31-38.

Hoskins, B. J., M. E. McIntyre, and A. W. Robertson, 1985: On the use and significance of isentropic potential vorticity maps, *Quart. J. Roy. Meteorol. Soc.*, 111, 877-946.

Keyser, D., and M. A. Shapiro, 1986: A review of the structure and dynamics of upper-level frontal zones, *Mon. Weather Rev.*, 114, 452-496.

Keyser, D., B. D. Schmidt, and D. G. Duffy, 1992: Quasigeostrophic vertical motions diagnosed from along- and cross-isentrope components of the Q vector, *Mon. Weather Rev.*, 120, 731-741.

Korner, S. O., and J. E. Martin, 2000: Piecewise frontogenesis from a potential vorticity perspective: Methodology and a case study, *Mon. Weather Rev.*, 128, 1266-1288.

Lackmann, G. M., 2002: Cold-frontal potential vorticity maxima, the low level jet, and moisture transport in extratropical cyclones, *Mon. Weather Rev.,* 130,

59–74.

Margules, M., 1906: Uber temperaturschichtung in stationar bewegter und ruhender luft Hann-Band, *Meteorol. Z.*, 243–254.

Martin, J. E., 1998a: The structure and evolution of a continental winter cyclone. Part I: Frontal structure and the classical occlusion process, *Mon. Weather Rev.*, 126, 303–328.

Martin, J. E., 1998b: On the deformation term in the quasi-geostrophic omega equation, *Mon. Weather Rev.*, 126, 2000–2007.

Martin, J. E., 1999: Quasi-geostrophic forcing of ascent in the occluded sector of cyclones and the trowal airstream, *Mon. Weather Rev.*, 127, 70–88.

Martin, J. E., 2006: The role of shearwise and transverse quasi-geostrophic vertical motions in the mid-latitude cyclone life cycle, *Mon. Wea. Rev.,* 134, 1174–1193.

Martin, J. E., and N. Marsili, 2002, Surface cyclolysis in the north Pacific Ocean. Part II: Piecewise potential vorticity analysis of a rapid cyclolysis event, *Mon. Weather. Rev.*, 130, 1264–1281.

Martin, J. E.,and J. A. Otkin, 2004: The rapid growth and decay of an extratropical cyclone over the central Pacific Ocean, *Weather and Forecasting*, 19, 358–376.

Martin, J. E., J. P. Locatelli, and P. V. Hobbs, 1992: Organization and structure of clouds and precipitation on the mid-Atlantic coast of the United States, Part V: The role of an upper-level front in the generation of a rainband, *J. Atmos. Sci.*, 49, 1293–1303.

Martin, J. E., R. A. Grauman, and N. Marsili, 2001: Surface cyclolysis in the north Pacific Ocean. Part I: A synoptic-climatology, *Mon. Weather Rev.*, 129, 748–765.

McLay, J. G., and J. E. Martin, 2002: Surface cyclolysis in the North Pacific Ocean. Part III: Composite local energetics of tropospheric-deep cyclone decay associated with rapid surface cyclolysis, *Mon. Weather Rev.*, 130, 2507–2529.

Miller, J. E., 1948: On the concept of frontogenesis, *J. Meteor.*, 5, 169–171.

Montgomery, R. B., 1937: A suggested method for representing gradient flow in isentropic surfaces, *Bull. Am. Meteorol. Soc.*, 18, 210–212.

Moore, J. T., and T. E. Lambert, 1993: The use of equivalent potential vorticity to diagnose regions of conditional symmetric instability, *Weather and Forecasting*, 8, 301–308.

Morgan, M. C., and J. W. Nielsen-Gammon, 1998: Using tropopause maps to diagnose midlatitude weather systems, *Mon. Weather Rev.*, 126, 2555–2579.

Nielsen-Gammon, J. W., and R. J. Lefevre, 1996: Piecewise tendency diagnosis of dynamical processes governing the development of an upper-tropospheric mobile trough, *J. Atmos. Sci.,* 53, 3120–3142.

Palmén, E., and C. W. Newton, 1969: *Atmospheric Circulation Systems.* Academic Press, New York.

Penner, C. M., 1955: A three-front model for synoptic analyses, *Quart. J. Roy. Meteorol. Soc.*, 81, 89–91.

Petterssen, S., 1936: Contribution to the theory of frontogenesis, *Geofys. Publ.*, 11,

1-27.

Petterssen, S., 1957: *Weather Analysis and Forecasting*, McGraw-Hill, New York.

Petterssen, S., and S. J. Smebye, 1971: On the development of extratropical cyclones, *Quart. J. Roy. Meteorol. Soc.*, 97, 457-482.

Petterssen, S., D. L. Bradbury, and K. Pedersen, 1962: The Norwegian cyclone models in relation to heat and cold sources, *Geofys. Publ.*, 24, 243-280.

Posselt, D. J., and J. E. Martin, 2004: The effect of latent heat release on the evolution of a warm occluded thermal structure, *Mon. Weather Rev.*, 132, 578-599.

Reed, R. J., 1955: A study of a characteristic type of upper-level frontogenesis, *J. Meteorol.*, 12, 226-237.

Reed, R. J., and E. F. Danielsen, 1959: Fronts in the vicinity of the tropopause, *Arch. Meteorol. Geophys. Bioklimatol.*, A11, 1-17.

Reed, R. J., and F. Sanders, 1953: An investigation of the development of a mid-tropospheric frontal zone and its associated vorticity field, *J. Meteorol.*, 10, 338-349.

Roebber, P., 1984: Statistical analysis and updated climatology of explosive cyclones, *Mon. Weather Rev.*, 112, 1577-1589.

Sanders, F., 1955: An investigation of the structure and dynamics of an intense surface frontal zone, *J. Meteorol.*, 12, 542-552.

Sanders, F., and L. F. Bosart, 1985: Mesoscale structure in the Megalopolitan snowstorm, 11-12 February 1983. Part I: Frontogenetical forcing and symmetric instability, *J. Atmos. Sci.*, 42, 1050-1061.

Sanders, F., and J. R. Gyakum, 1980: Synoptic-dynamic climatology of the "bomb", *Mon. Weather. Rev.*, 108, 1589-1606.

Sanders, F., and B. J. Hoskins, 1990: An easy method for estimating Q-vectors from weather maps, *Weather and Forecasting*, 5, 346-353.

Saucier, W. J., 1955: *Principles of Meteorological Analysis*, University of Chicago Press, Chicago.

Sawyer, J. S., 1956: The vertical circulation at meteorological fronts and its relation to frontogenesis, *Proc. R. Soc.*, A234, 246-262.

Schultz, D. M., and C. F. Mass, 1993: The occlusion process in a midlatitude cyclone over land, *Mon. Weather. Rev.*, 121, 918-940.

Schultz, D. M., and P. N. Schumacher, 1999: The use and misuse of conditional symmetric instability, *Mon. Weather. Rev.*, 127, 2709-2732.

Spiegel, M. R., 1959: *Vector Analysis and an Introduction to Tensor Analysis*, McGraw-Hill, New York.

Stoelinga, M., 1996: A potential vorticity-based study of the role of diabatic heating and friction in a numerically simulated baroclinic cyclone, *Mon. Wea. Rev.*, 124, 849-874.

Sutcliffe, R. C., 1938: On development in the field of barometric pressure, *Quart. J. Roy. Meteorol. Soc.*, 64, 495-504.

Sutcliffe, R. C., 1939: Cyclonic and anticyclonic development. *Quart. J. Roy.*

Meteor. Soc., 65, 518–524.

Sutcliffe, R. C., 1947: A contribution to the problem of development, *Quart. J. Roy. Meteorol. Soc.*, 73, 370–383.

Sutcliffe, R. C., and A. G. Forsdyke, 1950: The theory and use of upper air thickness patterns in forecasting, *Quart. J. Roy. Meteorol. Soc.*, 76, 189–217.

Sutcliffe, R. C., and O. H. Godart, 1942: Isobaric analysis, *SDTM 50*, Meteorological Office, London.

Thomas, G. B. Jr., and R. L. Finney, 1980: *Calculus and Analytic Geometry*, Addison-Wesley, London.

Thorpe, A. J., 1985: Diagnosis of balanced vortex structure using potential vorticity, *J. Atmos. Sci.*, 42, 397–406.

Trenberth, K. E., 1978: On the interpretation of the diagnostic quasi-geostrophic omega equation, *Mon. Weather. Rev.*, 106, 131–137.

Uccellini, L. W., 1990: Processes contributing to the rapid development of extratropical cyclones, in *Extratropical Cyclones: The Erik Palmen Memorial Volume*, C. W. Newton and E.O. Holopainen, Eds., *Amer. Met. Soc.*, Boston, MA, 81–105.

Warsh, K. L.. K. L. Echternacht, and M. Garstang, 1971: Structure of near-surface currents east of Barbados, *J. Phys. Oceanogr.*, 1, 123–129.

Williams, J., and S. A. Elder, 1989: *Fluid Physics for Oceanographers and Physicists*, Pergamon Press, New York.

Winn-Nielsen, A., 1959: On a graphical method for an approximate determination of the vertical velocity in the mid-troposphere, *Tellus*, 11, 432–440.

Zishka, K. M., and P. J. Smith, 1980: The climatology of cyclones and anticyclones over North America and surrounding ocean environs for January and July, 1950–1977. *Mon. Weather. Rev.*, 108, 387–401.

訳者の参考文献

気象学・気候学・大気科学の現象の数式を用いない基本的な解説としては

Ahrens, C. D. 2012: *Meteorology Today: An Introduction to Weather, Climate, and the Environment* (10th edition), Cengage Learning

があり，第8版は日本語に翻訳されている．

ドナルド・アーレン（古川・椎野・伊藤 訳）2008『最新気象百科』丸善株式会社

古典的な気象学の教科書として

Hess, S. L., 1959: *Introduction to Theoretical Meteorology*, Holt, New York.

がある．基本的概念が明確に書かれている．
中緯度大気力学の本格的な教科書としては

Bluestein, H. B., 1992: *Synoptic-Dynamic Meteorology in Midlatitudes*, Vol. I Oxford University Press.

Bluestein, H. B., 1993: *Synoptic-Dynamic Meteorology in Midlatitudes*, Vol. II, Oxford University Press.

がある．Vol. I は本書の第 1-6 章，Vol. II は第 7-9 章に相当する内容である．数式の導出は丁寧なので，読みやすい．また

Carlson, T. N., 1992: *Mid-Latitude Weather Systems*, Routledge.

も名著として知られている．方程式の意味を明快に記述してあり，示唆に富む本である．今回の翻訳にあたり，特にこの3冊の本が大変参考になった．著者に感謝する次第である．

Holton, J. R., 2004: *An Introduction to Dynamic Meteorology* 4th edition, Elsevier Academic Press.

は，中緯度だけでなく，赤道，中層大気も取り扱った定評のある教科書である．

小倉義光，1978：『気象力学通論』東京大学出版会

は気象力学の基礎的な式や概念を体系的に説明している．この本に基づく，いくつかの重要な式の導出方も訳者の付録で説明した．

Dutton, J. A., 1986: *Dynamics of Atmospheric Motion*, Dover Publications, Inc., New York.

大気力学の基礎を極めて体系的かつ数学的に厳密に記述している．比較的大部であるが読みやすく，有用である．

栗原宣夫，1979：『大気力学入門』岩波書店

では大気力学の基礎が数学的に厳密に記述されている．

小倉義光，2000：『総観気象学入門』東京大学出版会

は，本書と比べて読むとより深い理解が得られる．特に第5章の一部と第8章は本書の第7章に相当し，参考になる．

Mak, M., 2011: *Atmospheric Dynamics*, Cambridge University Press.

も部分的に参考にした．

Markowski, P., Y. Richardson, 2010: *Mesoscale Meteorology in Midlatitudes*, Wiley-Blackwell.

本書の第7章で述べられている前線や関連する種々の不安定については，この本の第3章に大変わかりやすい説明がある．この章は一読に値する．
本書ではほとんど大気熱力学に触れていない．
熱力学そのものは

砂川重信，1993：『熱・統計力学の考え方』岩波書店

がわかりやすい．大気熱力学の入門書としては

Petty, G. W., 2008: *A First Course in Atmospheric Thermodynamics*, Sundog Publishing.

が理解しやすい．より高度な本として

Ambaum, M. H. P., 2010: *Thermal Physics of the Atmosphere*, Wiley-Blackwell.

がある．
本書で必要とされる数学は主としてベクトル解析と多変数の微積分学である．たとえば

小形正男，1996：『キーポイント 多変数の微分積分』岩波書店
高木貞治，1961：『定本 解析概論』岩波書店

がある．
偏微分方程式を含む物理数学の本としては

犬井鉄郎，1957：『偏微分方程式とその応用』コロナ社
中村宏樹，1981：『偏微分方程式とフーリエ解析』東京大学出版会
田辺行人・中村宏樹，1981：『偏微分方程式と境界値問題』東京大学出版会

などがある．

Butkov, E., 1968: *Mathematical Physics*, Addison-Wesley. Publishing Company. は物理的に書かれており示唆に富んでいる．Green 関数の説明もわかりやすい．

索 引

[あ行]

圧縮性流体　69
アリストテレス（Aristotle）　43
安定性を決める条件　74
異常高気圧　108
異常低気圧　106
位相固定と渦位　300
イーディ（Eady, Eric）　255
移流　10, 14
　　差分熱——　181
　　水平温度——と鉛直運動　86
　　絶対渦度の温度風——　165, 171
　　地衡風による温度——（気柱平均した）　94
渦位　134, 221
　　——減衰　316
　　——減衰の効果　314-317
　　——擾乱　306
　　——と位相固定　300
　　——と渦度　128-135
　　——に及ぼす非断熱加熱の効果　301
　　——と温位座標系での発散　285-289
　　——の重ね合わせの効果　315-317
　　——と山脈の風下での低気圧発生　313
　　——と低気圧発生　296-300
　　——と非断熱加熱の効果　301-305
　　準地衡——　215, 294, 307
　　対流圏界面高度での——減少　311
　　地衡湿潤——　237
　　等温位——（IPV）　287
　　ト音記号の形状の——の分布　310
　　分割逆変換　306-309
渦位擾乱場
　　——における等方性　316
　　——における非等方性　316

渦位の分割逆変換　306-309
渦位偏差
　　——とブラント-バイサラ振動数　292
　　——と重ね合わせの原理　316
　　——の浸透の深さ　291
　　——の特性　290-296
　　下層の——　298-300
　　上層の正の——　290
　　負の——　291-292
渦度　18, 128
　　——と渦位　134-135
　　——と循環の関係　128
　　——と発散の関係　135-143
　　——と流体の回転　119
　　——の時間的傾向　135
　　——方程式　137, 146, 166, 256
　　曲率——　132
　　シアー——　132
　　絶対——と変化率　137
　　相対——　128, 145
　　地球の——　129
　　渦位　128, 134, 221, 285-317
　　水平収束との関係　137
運動
　　——方程式　50-66
　　鉛直方向の——方程式　44
　　慣性——　32, 101-102
　　相対——　50
運動粘性係数　31
運動方程式
　　——の適用　79-113
　　——の導出　50-66
　　球座標における——　54-65
　　摩擦のない——　97, 135, 234
運動量　26, 29
　　——とニュートンの第2法則　25

――の保存 50-53
角―― 37
A 型および B 型の低気圧発生 269
エネルギー
――の式 69-75, 85
――の保存 69-75
――保存の法則 49, 69
内部―― 69
放射―― 69
力学的――の方程式 70
エネルギーの式における運動エネルギー 70
エリアッセン（Eliassen, Arnt） 214
エルテルの渦位 287, 307
遠心
――加速度 34
――力 26, 33-34
鉛直運動
――と低気圧発生 198-210
――の準地衡診断 161-188
温度風に沿う（シアー方向（shearwise））―― 186-188, 262
温度風を横切る（横方向（transverse））―― 186-188, 262
総観規模の――の特徴的な値 165
鉛直気圧傾度力と静水圧平衡 44
鉛直シアー 30, 174
――と傾斜運動 234
地衡風の―― 93-97
西風の―― 97
鉛直座標としての気圧 79
鉛直循環
――と前線形成 215-216
前線における―― 193-240
鉛直方向の運動方程式 44
鉛直の力のつり合い 34
エントロピー 72
オイラー的微分 1, 13
オイラー的変化率 13
オメガ方程式（準地衡オメガ方程式も見よ） 166-188
――のサトクリフ/トレンバース形式 169-171, 183

オメガ方程式，低気圧発生 260
温位 72, 86, 134
鉛直座標としての―― 87-92
等温位面 73
温位座標系 79, 87-92
――での静水圧方程式 89
――での発散と渦位 285-289
温帯低気圧
――と温度風方向の一対の鉛直運動 262
――と寒帯前線理論 247-252
――とコンマ形の雲 193
――とスケール相互作用 194
――と前線を横切る一対の鉛直運動 262
波動現象としての―― 253
完熟期 250, 270-277
構造とエネルギーの特性 252-255
時間変化 249
成熟段階 249
摂動段階 249
冷たい中心部 49
低気圧衰退 250, 278-280
低気圧発生の段階 255-263
非断熱過程の影響 263-268
閉塞段階 249
ライフサイクル 247-280
温度風 94
――と地衡風の鉛直シアー 172
――の関係 79
――平衡 92-97
地衡風渦度の移流 165, 171
θ_e の移流 208
温度風渦度 296
温度風平衡 92
地衡風による破壊 172-176

［か行］

外積 6
回転
――半径 37
――ベクトル 59
静止している物体にはたらく――の効果

索引 333

35
　　地球の——角速度　39-40
回転に対する不変量　21
回転に伴い変化する量　21
海陸風循環　124
海流　101
重ね合わせの原理と渦位偏差　316
風
　　——のラグランジュ的な加速度と非地衡
　　　　風　65
　　温度——　94-95
　　傾度——　105-111
　　地衡——　62-63
　　非地衡——　64
　　変圧——　159
　　慣性移流　159-161
　　慣性移流の成分，非地衡風　158-161
　　速さの変化と地衡風平衡　63
　　方向変化と地衡風平衡　63
下層の渦位偏差　297-298
加速度　25
　　——と流れの方向　98
　　——と流速　98
　　——ベクトルと非地衡風　151-158
　　遠心——　34
　　鉛直のコリオリ——　36
　　向心——　34
　　絶対——　122
　　ラグラジジュ的な——，慣性系における
　　　　53
仮温度　46, 321-322
ガリレイ不変量　21
完熟期の低気圧
　　——と温度構造　270-274
　　——と準地衡力学　274-277
　　——と閉塞象限　274-277
慣性運動　32, 101
慣性系　25
慣性不安定　237
慣性流　101
慣性力　60
間接循環　153-154, 222
乾燥断熱減率　73-74

寒帯前線とノルウェー低気圧モデル　248
気圧　1, 46
　　鉛直座標としての——　79-86
　　海面更正——　47
気圧傾度力　25-27, 54, 62, 81, 100
気圧座標系　79
気圧の傾向方程式　256
基礎的状態変数　1
気体定数　46
偽断熱過程　232
球座標　54, 126
Q ベクトル　172, 187
　　——と自然座標　179-182
　　——と地衡風のパラドックス　172-178
　　——の成分　184-188
　　——の等温位線に沿った成分
　　　（shearwise）と等温位線を横切る
　　　（transverse）成分　184
Q ベクトルの等温位線に沿った成分による
　　鉛直運動　186, 261-262
Q ベクトルの等温位線を横切る成分による
　　鉛直運動　186
局所的な風の時間変化成分，非地衡風
　　158-159
曲率項　60
曲率渦度　132
均一な流体　134
空気塊　12-13
　　流跡線　98, 101, 111
傾圧大気（流体）　123, 125
傾圧不安定論　255
傾圧ベクトル　140
傾斜運動
　　——と鉛直シアー　234
　　——と2次元の流れ　234
傾斜項（tilting term）　137, 141
傾度　8
　　——風方程式　105
　　——流　105-111
ケルビン卿（Kelvin, Lord）　3
ケルビンの循環定理　123
波動現象としての高気圧　253
恒星日　40

向心加速度 34
向心力 34
高度公式 48
勾配 8
国際単位系 22
合流性の流れ 177
合流するジェットの入口 179
コリオリ力 26, 35-40, 54, 63, 99, 106
　――の成分表示 59
コリオリ・パラメーター 36

[さ行]

サトクリフ（Sutcliffe, R. C.）152
サトクリフ/トレンバースの近似 183, 184
サトクリフ/トレンバース形式のオメガ方程式 227
サトクリフの発達定理 161-165, 167
3次元の前線形成関数 203
シアー渦度 132
シアー応力 30
　流体中の―― 29
シアーベクトルの変化率 157
シアー変形 17
　純粋な―― 20
　地衡風の―― 215
ジェット・ストリーク 64
ジオポテンシャル 47
　――傾向と渦度移流 257
　――傾向と温度移流 259
　――高度 47, 308
　――高度の擾乱 308
　――のラプラシアン 166
　各瞬間の――高度の場と鉛直運動 167
自己発達パラダイムと低気圧発生 265
軸
　回転の―― 51
　収縮の―― 19
　膨張の―― 19
自然座標系 79
　――と平衡流 97-111
　――とQベクトル 179-182
湿潤渦位に対する非断熱効果 238-239

湿潤断熱減率 232
湿度 1, 321-322
質量の保存 66-68
質量 2, 43
　――の保存 66-68
　――の連続の式 68
　――発散 68
　大気中の―― 43
質量フラックス 67
収束 9, 138
　水平――，渦度に対する関係 137
重力 44
　有効重力 34
重力不安定 74, 231
順圧 123
順圧大気（流体）123, 125
順圧の渦度方程式 288
循環
　――定理 139
　――定理と物理的解釈 121-127
　――と渦度，その関係 130
　――と流体の回転 119
　――の変化 121
　絶対―― 125
　相対―― 125
　熱的な間接――と上層における前線形成 221
　非地衡風の2次―― 174
純粋な渦度 18
純粋なシアー変形 20
純粋な伸長変形 19
純粋な発散 19
準地衡オメガ（鉛直速度）
　温度風に沿う（shearwise）―― 186, 260-263
　温度風を横切る（transverse）―― 186, 260-263
　サトクリフ／トレンバース強制に伴う―― 183
　変形項に伴う―― 184
準地衡渦位 215, 294, 307
準地衡渦度方程式 146, 166, 256
準地衡オメガ方程式 166-188

——と水平温度移流のラプラシアン　169
——と絶対地衡風渦度の温度風移流　166-171
——と低気圧性の渦度移流　168
——と低気圧発生段階　260-263
——と変形項　171
——の Q ベクトル形式　172-188
準地衡傾向方程式と低気圧発生　255-260
準地衡システム　119
準地衡高度傾向方程式　257-260
準地衡の力学と閉塞象限　274-279
準地衡の熱力学方程式　146
準地衡方程式系　143-147
上層前線　194-221
——と対流圏界面境界　220
上層における前線形成　220-228
上層のジェット／前線系　220
上方暖気のトラフ（トロワル）　271
条件付対称不安定（CSI）　237
伸長変形　17
　純粋な——　19
　地衡風の——　216
真の力（fundamental forces）　25-32
水蒸気　321
水平
　——温度移流のジオポテンシャル傾向への効果　259
　——収束，渦度に対する関係　137
　——的な前線形成　199
　——の前線衰弱　222
　——発散　137
スカラー　2
　——積　5
　——不変演算子　10
スケール解析　16
　運動方程式の——　61
ストークスの定理　130
スーパーローテーション大気（金星）　104
静的安定度　146
　前線を横切る方向の——の差　231
静水圧平衡　44
　温位座標系における——　89

　気圧座標系における——　93
静水圧平衡の式　44
絶対加速度　122
絶対渦度，変化率　137
絶対渦度ベクトルの鉛直成分　138
絶対速度　52
絶対循環　125
絶対地衡風運動量　213
セミ地衡方程式　210-218
ゼロ・オーダーの前線　194
　——の不連続性　194
旋衡
　——風　103
　——流　102-104
　——流平衡　103
潜在不安定　231-233
前線における降水過程　230-240
前線性の低気圧，中緯度　247
前線帯の特性　194-198
前線形成
　——と鉛直運動　198-210
　——と地衡風の合流　209
　——と熱的な直接循環　216
　——と非断熱加熱　200
　上層における——　219-228
　3次元の——関数　203-204
　水平的な——　199
　正の水平的な——　207
　非地衡的な——　210
　2つの過程（two-step process）　219
前線形成関数　199
　——と Q ベクトルとの関係　208
　地衡風近似の——　208
　2次元の——の幾何学的形式　204-208
前線衰弱，水平の　222
前線に沿う方向での地衡風平衡　194
前線を横切る方向での非地衡風　194
前線を横切る方向の静的安定度の差　231
層厚　45
総観規模の現象の特徴的長さ　61
相対渦度　128
相対循環　126-127
相対運動のラグランジュ微分　59

相当温位 232
速度
　水平——の特徴的な値 61
　絶対的な—— 52
　——発散 68
　連続方程式の——発散の形式 68
ストークスの定理 130
ソーヤー—エリアッセン循環方程式
　210-218
ソーヤー—エリアッセン方程式の地衡風強制 217
ソーヤー（Sawyer, John S.） 211
ソレノイド項 123, 137
ソレノイドベクトル 140
ソルベルグ（Solberg, Halvor） 248

[た行]

大気
　スーパーローテーション——（金星） 104
　中緯度—— 62
大規模な低気圧 119
対称不安定 234
対流圏界面境界と上層前線 220
対流圏界面高度での渦位の侵食 311
対流不安定 231-233
太陽日 39
単位ベクトル 3
断熱加熱 135, 146, 178
断熱減率 73
断熱膨張，上昇する空気の 168
断熱冷却 178
力
　遠心—— 26, 33-34
　気圧傾度—— 25-26, 54, 62-63, 81, 100, 106
　コリオリ—— 26, 35-40, 54, 99, 106
　真の——（fundamental forces） 25-32
　地球の引力（gravitational force） 25, 27-28, 54
　摩擦—— 25, 28-21, 53
　見かけの—— 26, 32-33
地球の引力（gravitational force） 25, 27-28, 54
地球の渦度 129
地球の回転角速度 39
地形性の低気圧発生 313
地衡風 62, 100
　——による温度移流（気柱平均の） 94
　——のシアー変形 171, 216
　——の伸長変形 171
　——のパラドックス 172-178
　——の変形 183
　——より遅く，気圧の谷を通る 110
　——より速く，気圧の峰を通る 110
地衡風平衡 61-63, 100, 169, 208
　風向の変化と—— 63
　風速の変化と—— 63
地衡運動量近似 212
地衡流 100
チャーニー（Charney, Jule） 255
中央差分近似 11
中央差分法 11
中緯度と前線性低気圧 247
中緯度前線
　——における鉛直循環 193-240
　——における温度および密度の傾度 195
　——における降水過程 230-240
　1次オーダー 195
　構造 194-198
　上層 194-219, 221
　ゼロ・オーダー 194
　特性 194-198
直接循環 154, 178, 221
低気圧
　——のエネルギーの特性 252-255
　——の寒帯前線理論 247-252
　——の構造 252-255
　——の衰退 250
　温帯—— 49
　大規模な—— 119
低気圧減衰 277-280
低気圧発生 255
　——と渦位 296-300
　——とオメガ方程式を中心とした見方

300
　——と山脈の風下　313
　——と「自己発達」パラダイム　265
　——と準地衡オメガ方程式　260-263
　——と準地衡傾向方程式　255-260
　——と熱のフラックス　265
　——と爆弾低気圧　263-270
　地形性の——　313
　A 型と B 型　269
低気圧発生への非断熱過程の影響
　　263-268
デカルト座標系　3, 18
テイラー級数展開　10-11
デル（del）演算子　8
等圧面の傾き　93
等エントロピー過程　72
等エントロピー面　73
等エントロピー流　73
等温線　14
等温位線　73
等温位渦位　287-289
等温位面　73, 91
等比容線　123
等風速線　77
等密度面　123
ト音記号形状の渦位分布　310
トレンバース近似，準地衡オメガ方程式の
　　169-171, 183, 187-188
トロワル（trowal）　271

[な行]

内積　5
内部エネルギー　69
流れの方向と加速度　98
西風の鉛直シアー　97
2 次元流と傾斜運動　234
2 次元の前線形成関数の幾何学的形式
　　204-206
ニュートン，アイザック（Newton, Sir Isaac）　32
ニュートンの
　万有引力の法則　27
　第 2 法則　25, 43, 74, 143
　第 3 法則　31
熱的な間接循環と上層前線　222
熱のフラックスと低気圧発生　266
熱力学の方程式　85, 146, 166, 256
熱力学第 1 法則　70
粘性係数
　渦——　32
　運動——　31
粘性率　30
粘性力　30
ノルウェー低気圧モデル　194, 248-252
　——と寒帯前線　248

[は行]

発散　9, 119, 138
　——と渦度，その関係　135-143
　渦度方程式における——項　137, 142
　傾度の——　9
　質量——　68
　純粋な——　19
　水平——　137
　速度——　68
　ベクトルの——　9
爆弾低気圧発生　263-270
波動現象
　——と温帯低気圧　253
　——と高気圧　253
ハミルトン卿（Hamilton, Sir William Rowan）　3
半振り子日　101
万有引力定数　27
非圧縮性流体　69
非断熱加熱　88, 146
　——と前線形成　200
　渦位に及ぼす影響，——　301-305
非断熱過程，低気圧発生への影響
　　263-268
変圧風　159
非地衡風　64
　——的な前線形成　210
　——的 2 次循環　174
　——と加速度ベクトル　151-158
　——の成分，前線を横切る　194

——の流れ　64
——の発散に対するサトクリフの式　155-158
　慣性移流の成分　158-161
　局所的な風の時間変化成分　159
　対流に伴う成分　158
比熱
　定圧——　72
　定積——　70
ビヤクネス，ヴィルヘルム（Bjerknes, Vilhelm）　248
ビヤクネスの循環定理　127
ビヤクネス，ヤコブ（Bjerknes, Jacob）　248
比容　47, 70
標準高気圧　108
標準低気圧　107
不安定
　——とブラント-バイサラ振動数　75
　慣性——　237
　傾圧——　255
　重力——　231
　条件付対称——　237
　潜在——　231-233
　対称——　234
　対流——　231-233
ブラント-バイサラ振動数　75
　——と渦位偏差　292
浮力振動　74
平衡流　79
　——と自然座標　97-111
閉塞象限と準地衡力学　274-277
閉塞した温度構造　270-274
閉塞前線，寒冷型　249
閉塞前線，温暖型　249
ベクトル　3
ベクトル演算　3
ベクトル演算の要素　2-10
ベクトル積　6
ベクトルの回転（curl）　9
ベータ面近似　145
ベルシェロン（Bergeron, Tor）　270
ベルヌーイ（Bernoulli, Daniel）　71

ベルヌーイの式　71
変圧風　159
変形
　純粋なシアー——　20
　純粋な伸長——　19
　準地衡オメガ方程式における——項　163, 183
　総——　21
　地衡風のシアー——　171, 215
　地衡風の伸長——　171, 216
ポアソンの式　73, 92, 133
放射エネルギー　69

[ま行]

摩擦
　——係数　28
　流体中の——　29
摩擦力　25, 53
摩擦のない運動方程式　97, 136, 234
見かけの力　25, 32-33
右手の法則　6
密度　45-46
モンゴメリー流線関数　88, 91
モンゴメリーポテンシャル　88

[や・ら行]

ヤコビアン　170
有効位置エネルギー（APE）　253
有効重力　34
有限差分　11
ラグランジュ的加速度
　風の——と非地衡風　65
　慣性系における——　53
ラグランジュ的変化率　13
ラプラシアン演算子　9
力学的エネルギーの方程式　70
理想気体の法則　45
流跡線　98, 101
流線と流跡線との関係　111-113
流体の運動学　17-21
流体の速度と加速度　98
連続体　2
連続変数の時間変化　12-15

ロスビー（Rossby, Carl Gustav） 65
ロスビー数 65, 103

ロスビー波 297

著訳者紹介

J. E. マーティン（Jonathan E. Martin）
1992 年　ワシントン大学理学博士（大気科学）
2000 年　ウィスコンシン大学マディソン校大学大気・海洋科学科　准教授
2004 年　ウィスコンシン大学教授

近藤　豊
1949 年　生れる
1972 年　東京大学理学部地球物理学科卒業
1977 年　東京大学大学院理学系研究科地球物理学専攻博士
1992 年　名古屋大学教授
2000 年　東京大学先端科学技術研究センター教授
2011 年　東京大学大学院理学系研究科地球惑星科学専攻教授
2016 年　情報・システム研究機構国立極地研究所特任教授
2016 年　東京大学名誉教授
受賞等：2009 年　アメリカ地球物理学連合（AGU）フェロー，2012 年　紫綬褒章，2014 年　日本地球惑星科学連合（JpGU）フェロー，2015 年　日本学士院賞
著訳書：『大気化学入門』（訳，2002，東京大学出版会），『地球環境と公共性（公共哲学 9)』（共著，2002，東京大学出版会）

市橋正生
1949 年　生れる
1972 年　東京大学理学部地球物理学科卒業
1974 年　東京大学大学院理学系研究科地球物理学専攻修士
1974 年　科学技術庁入庁
1980 年　ハーバード大学大学院行政学修士（MPA—midcareer）
1996 年　宇宙開発事業団・地球観測推進本部・主任開発部員
2010 年　宇宙航空研究開発機構・研究開発本部・主幹研究員

大気力学の基礎　中緯度の総観気象

2016 年 12 月 21 日　初　版

[検印廃止]

著　者	ジョナサン E. マーティン
訳　者	近藤　豊・市橋正生
発行所	一般財団法人　東京大学出版会
	代表者　古田元夫
	153-0041　東京都目黒区駒場 4-5-29
	電話 03-6407-1069　　Fax 03-6407-1991
	振替 00160-6-59964
印刷所	大日本法令印刷株式会社
製本所	牧製本印刷株式会社

©2016 Yutaka Kondo and Masaki Ichihashi
ISBN978-4-13-062726-9 Printed in Japan

JCOPY 〈(社)出版者著作権管理機構　委託出版物〉
本書の無断複写は著作権法上での例外を除き禁じられています．複写される場合は，そのつど事前に，(社)出版者著作権管理機構（電話 03-3513-6969, FAX 03-3513-6979, e-mail: info@jcopy.or.jp）の許諾を得てください．

D.J. ジェイコブ 著／近藤　豊 訳
大気化学入門

A5 判／296 頁／3,600 円

小倉義光
一般気象学　［第 2 版補訂版］

A5 判／320 頁／2,800 円

小倉義光
日本の天気　その多様性とメカニズム

A5 判／416 頁／4,500 円

小倉義光
総観気象学入門

A5 判／304 頁／4,000 円

松田佳久
気象学入門　基礎理論から惑星気象まで

A5 判／256 頁／3,000 円

近藤純正
身近な気象の科学　熱エネルギーの流れ　［オンデマンド版］

A5 判／208 頁／2,900 円

近藤純正
地表面に近い大気の科学　理解と応用

A5 判／336 頁／4,000 円

高橋　劭
雷の科学

A5 判／288 頁／3,200 円

ここに表示された価格は本体価格です．ご購入の
際には消費税が加算されますのでご諒承ください．